三江源科学研究丛书

王光谦　总主编

青藏高原陆地生态系统遥感监测与评估

王思远　马元旭　彭代亮　匡文慧　等——著

长江出版社
CHANGJIANG PRESS

总　序

三江源被誉为"中华水塔"，它地处世界屋脊——青藏高原的腹地，是世界高海拔地区生物多样性最集中的地区，湿地湖泊星罗云布，长江、黄河、澜沧江等大江大河在这里发源，孕育和滋养着中华大地的山林万物，哺育出灿烂的中华民族文明历史。

近几十年来，由于自然环境和人类活动的影响，三江源区雪山冰川退缩，湖泊和湿地发生显著变化，生物种类和数量锐减，沙化和水土流失面积扩大，水源涵养能力急剧减退，水量变化威胁到长江、黄河流域的水安全。正确认识和保护好三江源区的生态环境，对中国的可持续发展和生态安全具有十分重要的战略作用。

《三江源科学研究丛书》是由长江出版社组织三江源研究领域的专家和学者，基于他们的长期研究，对三江源区涉及的生态、环境、水资源等问题的一个全面总结。其中，针对日益严重的生态环境问题，《青藏高原陆地生态系统遥感监测与评估》《三江源区优势种植物矮嵩草繁殖策略与环境适应》《三江源区水资源与生态环境协同调控技术》《空中水资源的输移与转化》探讨了水资源以及生态环境保护和治理对策，为水资源与生态环境协同发展提供了科学支撑；《南水北调西线工程调水方案研究》《黄河上游梯级水库调度若干关键问题研究》《南水北调西线工程生态环境影响研究》《黄河上中游灌区生态节水理念、模式与潜力评估》等专著针对我国水资源南北分布不均衡的问题，详细探讨了南水北调的方案、运行调度、生态与环境影响、水资源高效利用等问题，是西线南水北调方面较为全面和权威的研究成果。这些专著基本上覆盖了三江源研究中水科学领域的方方面面，具有系统性、全面性的特点，同时反映了最新的研究成果。

我们相信，《三江源科学研究丛书》的出版，将有助于三江源相关研究的进一步发展。同时，丛书在重视学术性的同时，力求把专业知识用通俗的语言介绍给更为广大的读者群体，使得保护三江源成为每一个读者的自觉，保护好中华民族的生命之源。

中国工程院院士　青海大学校长

王光谦

SANJIANGYUAN

三江源科学研究丛书

KEXUE YANJIU CONGSHU

高原雪山

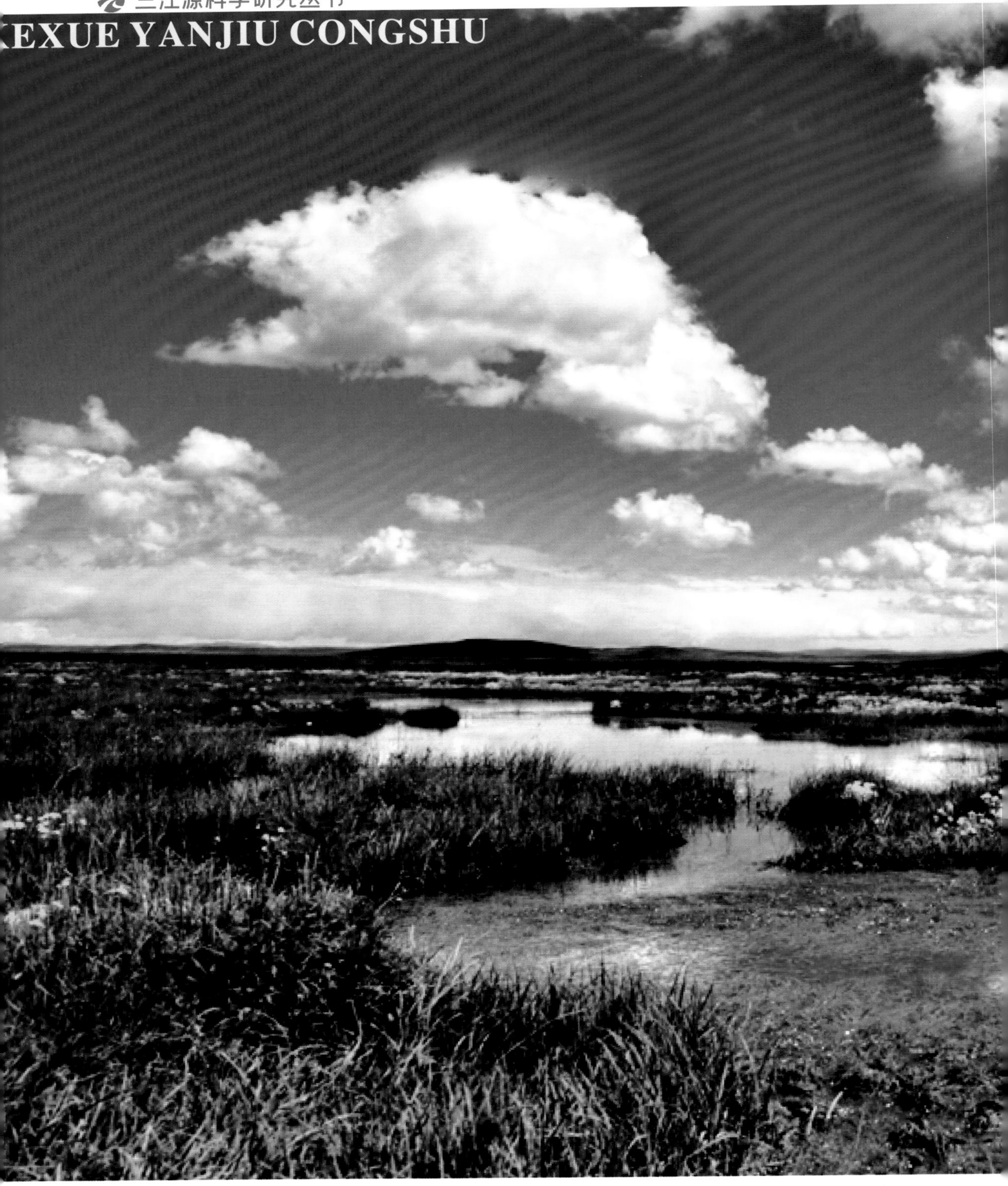

三江源风光

藏羚羊

牦牛

高原苔藓

高原地质

冻土

草甸

20 世纪全球气候变化越来越显著,突出表现为全球地表温度升高、海平面不断升高、高纬度地区冰雪的面积不断退缩,而大量的观测结果和证据也表明,最近 100 年全球平均地表温度升高了 0.6℃左右,是过去千年最暖的一个世纪。这一气候变化对陆地生态系统产生了深刻影响,如生物多样性下降、生物种群分布格局与植被演替过程发生改变、植被生产力及陆地生态系统碳—氮—水循环的改变等。因此,如何客观、系统、全面地进行陆地生态系统的监测与评估,从多个尺度来定量评估陆地生态系统的结构、功能与服务,不仅是全球气候变化研究的核心问题,也对满足国家需求、积极应对全球气候变化、缓解温室气体排放具有重要意义。

近 30 年来,随着对地观测技术的发展,遥感逐渐形成多平台、多尺度、高时空分辨率的遥感对地观测系统,如 NOAA/AVHRR、MODIS、Landsat TM/ETM、SPOT、ALOS、GF1~6、吉林一号等各类分辨率对地观测系统等卫星星座,广泛应用于监测全球或区域陆地生态系统的宏观结构变化、土地覆盖调查、作物估产以及植被生产力估算等,有效克服了传统生态系统人工调查的区域局限性。而连续长时间序列对地观测数据的积累,为研究大区域、长时间序列的陆地生态系统结构与功能演变提供了基础。

青藏高原作为地球"第三极",位于 75°~104°E、25°~40°N,平均海拔 4000~5000m,是全球气候变化最敏感的区域之一。随着全球气候的变化,青藏高原的气候环境也发生着显著变化,而这些变化直接影响着高原陆地生态系统的安全性。青藏高原严酷的大气环境使高原生态系统常处于临界阈值状态,高原气候的微小波动也会对高寒生态系统产生强烈响应,

直接导致高寒生态系统格局、过程、功能发生剧烈变化。由于青藏高原地形复杂，气候因子分布具有地带性和非地带性，高原植被分布随经、纬度和海拔高度的变化有推移性。因此，青藏高原是研究全球气候变化影响下的陆地生态系统的理想区域，针对青藏高原这个独特地域单元上特殊的高寒陆地生态系统的群落分布、生长发育及植物生产力、碳氮循环机制展开研究具有非常重要的意义。

在国家自然基金重大计划"西南河源区径流变化与适应性利用"、中国科学院A类战略先导科技专项"地球大数据科学工程"、国家973项目"空天地一体化对地观测传感网的理论与方法"，以及国家自然科学基金海外合作项目、国家自然基金重点项目与国家自然基金面上项目等的支持下，本课题组在青藏高原多年实践研究的基础上编撰了这本书。本书基于遥感对地观测资料、部分生态站网观测资料以及野外调查资料，通过改进与建立各类遥感反演模型与生态系统模型，对近30年青藏高原陆地生态系统宏观结构、植被物候、生物量、固碳过程进行了研究，也对全球气候变化影响下的青藏高原陆地生态系统的演变格局、驱动机制进行了分析。我们期望通过本书，尽可能全面系统地从遥感对地观测的角度，介绍青藏高原陆地生态系统的空间格局、演变过程以及驱动机制，为相关研究尽一点微薄之力。

本书分为4篇共12章，第一篇包括第1、2、3章，介绍了青藏高原生态系统的总体状况与模型方法；第二篇包括第4、5、6章，重点介绍了青藏高原植被生态系统绿波、植被物候、生物量的遥感监测与分析;第三篇包括第7、8、9章,主要介绍了青藏高原各类水体、水环境以及积雪的遥感监测与分析;第四篇包括第10、11、12章,围绕高寒植被赖以生存的积雪环境变化,重点介绍了在全球气候变化影响下的青藏高原高寒植被生态系统对气候与积雪变化的响应。各章节的执笔人如下:

第1章:王思远、游永发、刘卫华、张敬书;

第2章:王思远、殷慧、常清、孙云晓、汪萧悦、游永发;

第3章:匡文慧、陈磐;

第4章:彭代亮、焦雪敏、张赫林、徐富宝;

第5章:常清、杨柏娟、汪萧悦、游永发、王思远;

第6章:孙云晓、杨柏娟、游永发、王思远;

第7章:马元旭、刘卫华、吴林霖、海凯;

第8章:申明、马元旭、刘卫华、海凯、王思远;

第9章:殷慧、汪萧悦、尹航、王思远;

第10章:殷慧、常清、孙云晓、汪萧悦、王思远;

第11章:汪萧悦、杨柏娟、常清、王思远;

第12章:游永发、汪萧悦、杨柏娟、王思远。

全书由王思远统稿,在本书编写过程中,得到了清华大学水沙科学与水利水电工程国家重点实验室、青海大学三江源生态与高原农牧业国家重点实验室等单位的支持以及许多师长、同事与朋友的关怀与帮助,同时也要感谢课题组多位研究生为本书处理了大量数据、查阅了大量文献,并编辑修改了插图及格式等,在此致以真挚的谢意!

　　本书是近年来课题组老师与历届研究生在有关青藏高原陆地生态系统部分研究成果的结晶,但由于编者知识积累、学识水平的局限性,加上编写时间仓促,错误和疏漏之处在所难免,在此敬请广大读者批评指正。同时书中也有部分内容来源于互联网和相关文献,因编写疏忽而遗漏对这些文献的引用,在此敬请谅解。

著　者
2019 年 10 月

CONTENTS

目　录

第一篇　青藏高原生态系统总体状况与模型方法

CONTENTS

第二篇　青藏高原植被生态系统遥感监测与评估

CONTENTS

CONTENTS

CONTENTS

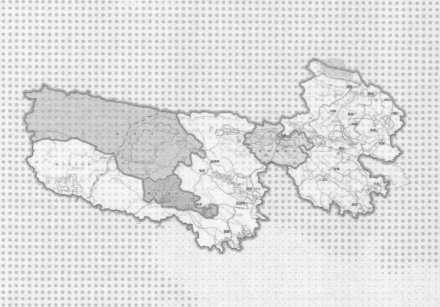

第一篇

青藏高原生态系统总体状况与模型方法

第1章 青藏高原自然社会特征与陆地生态系统概况

1.1 青藏高原自然特征

1.1.1 青藏高原地形地貌特征

青藏高原耸立于亚洲大陆南部的我国西部境内,总面积近 300 万 km²,中国境内面积 257 万 km²,约占中国领土面积的 1/4,是中国最大、世界上海拔最高、地形最为复杂的高原(朱金焕,2011;吴国雄等,2014)。青藏高原平均海拔 4000m 以上,有"世界屋脊""雪域高原"和"第三极"之称。青藏高原在中国境内部分西起帕米尔高原,东至横断山脉,东西长约 2945km;南自喜马拉雅山脉南麓,北迄昆仑山—祁连山北侧,南北宽达 1532km,位于 75°~105°E,25°~40°N,占中国陆地总面积的 26.8%,地理位置如图 1.1 所示。青藏高原在地形上可分为藏北高原、藏南谷地、柴达木盆地、祁连山地、青海高原和川藏高山峡谷区等 6 个部分,包括中国西藏全部和青海、新疆、甘肃、四川、云南的部分以及不丹、尼泊尔、印度、巴基斯坦、阿富汗、塔吉克斯坦、吉尔吉斯斯坦的部分或全部。受地质构造的影响,青藏高原主要的山脉、河谷和盆地走向以沿东西向为主,其次是沿南北向。高原周围大山环绕,南有喜马拉雅山,北有昆仑山和祁连山,西为喀喇昆仑山,东为横断山脉,高原内还有唐古拉山、冈底斯山、念青唐古拉山等。这些大山海拔都在五六千米以上。青藏高原在地形上的另一个重要特色为湖泊众多。高原上有两组不同走向的山岭相互交错,把高原分割成许多盆地、宽谷和湖泊,同时高原是亚洲地区许多大河的发源地,如长江、黄河、澜沧江等,水力资源丰富。

因为纬度低、地势高、空气密度小、太阳辐射强、日照时间长,青藏高原形成了光照和地热资源充足、冻土分布广泛的地貌特征。青藏高原分布着世界中低纬地区面积最大、范围最广的多年冻土区,占中国冻土面积的 70%(程国栋,1979;沈永平,2007)。其中藏北冻土区又是整个高原分布最为广泛的,约占青藏高原冻土区总面积的 57.1%。除去多年冻土之外,青藏高原在海拔较低区域内还分布有季节性冻土,即冻土随季节的变化而变化,冻结、融化交替出现,呈现出一系列融冻地貌类型。另外,青藏高原上冰川及其雕塑的冰川地貌也广泛分布。

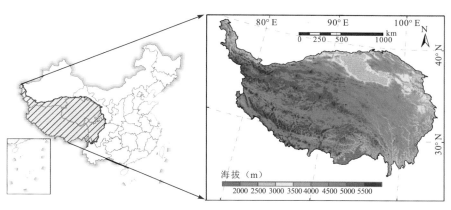

图 1.1　青藏高原地理位置及地形特征概况

1.1.2　青藏高原气候特征

青藏高原平均海拔在 4000m 以上,决定了高原气候特点突出。其总体特征为:辐射强烈,日照多;气温低,积温少,气温随高度和纬度的升高而降低;空气稀薄,降水少,降水季节变化大。与同纬度的其他地区相比较,青藏高原气候干冷,风速大,这是巨大高原的动力和热力作用的结果(张庆奎,2006)。青藏高原是地球北半球气候变化的启张器和调节器,这里的气候变化不仅直接驱动我国东部和西南部气候的变化,而且对亚洲甚至全球的气候变化都有巨大的影响,也具有明显的敏感性和调节性(马丽娟等,2009;丁明军等,2014)。

(1)温度

青藏高原温度比同纬度平原地区低,年均气温为 1.37℃,海拔 4000m 以上地区年均气温在 0℃以下。因此,青藏高原年平均气温低是青藏高原的主要气温特征(李栋梁等,2005;樊红芳,2008)。根据推算,海拔高度每上升 100m,年均气温降低 0.57℃,纬度每升高 1°,年均气温降低 0.63℃,1月和7月的平均气温都比同纬度东部平原低 15～20℃。从地区差异上来看,高原边缘的气温较高,内部气温较低,西藏东南部雅鲁藏布江和横断山区的三江源地区,年均气温分别为 18℃和 12℃,相对暖区分布于柴达木盆地、青海东部的黄河、湟水谷地,年均气温为 3～5℃。而低温区主要分布在藏北高原、青南高原,年平均气温在 -5～-3℃。按气候分类来说,除东南缘河谷地区外,整个西藏全年无夏,青藏高原各区最冷月都出现在 1月,最热月大多数地区出现在 7月,也有少数区域出现在 6月或 8月。高原气温日较差大,干湿分明,冬季干冷漫长,大部分地区的最暖月均温度在 15℃以下。

青藏高原气温日较差也比同纬度其他地区大,日较差大表明这里具有大陆性气候特征。阿里高原、藏北高原、柴达木盆地等地的年均日较差为 17℃左右,拉萨、日喀则等地的年均日较差均在 14～16℃,如此大的气温日较差主要与当地的地形、植被、土壤干湿程度等下垫面情况有关,如柴达木盆地地表干燥,多晴少雨,白天日晒增温急剧,夜间地面辐射强,降温快,其日较差就比较大。而在多阴雨的藏东南地区,白天增温不高,夜间云层低,地面辐射相对较弱,降温少,所以昼夜温差较小。与此相对的是青藏高原气温年较差比同纬度东部地区要小,而造成青藏高原这种气温年较差小的一般原因为:青藏高原属于中低纬的大高原,夏季因其海拔高,气温不太高;冬季因纬度低,且受高大地形的影响,南下的寒冷气流影响不到,气温不太低,导致气温年变化较小。

（2）降水

青藏高原年降水的分布自雅鲁藏布江河谷向西北逐渐递减,雅鲁藏布江下游地区降水最多(年降水量一般在 600～800mm,是我国第二大多雨中心),柴达木盆地西北部冷湖降水最少(平均年降水量仅 17.6mm,是我国降水量最少的地区),最多降水量约是最少降水量的200 倍。青藏高原的降水主要出现在夏季,雨季与旱季分明。降水大多集中在 5—9 月,个别地区雨季开始较迟(鲁春霞等,2007;齐文文等,2013;林厚博等,2015)。

海拔是影响青藏高原降水的重要因子。由于高耸的喜马拉雅山呈东西走向,缅甸西部的那加山呈南北走向,构成朝西南开口的马蹄形的地形,因而每当夏季从孟加拉湾吹来的温暖偏南气流冲入马蹄形的地形后,迫使气流转变成气旋性弯曲,可以从马蹄形内台站地面风向频率看出:东北风和西南风频率几乎相等,形成季风复合区,而巴昔卡正好地处西南气流转为东北气流的位置上,易造成丰沛的降水。溯雅鲁藏布江北上,深入高原腹地,降水急剧减少,而且沿雅鲁藏布江地区的降水可达 400mm,比流域两侧山麓一带降水多,雅鲁藏布江河谷地是西藏主要农区。在喜马拉雅山北麓与雅鲁藏布江之间有一狭长的少雨区,年降水量少于 300mm。由于喜马拉雅山的屏障作用,阻挡南来的暖湿气流北上,气流翻过高大山体,下沉增温,相对湿度变小,不易形成降水,为“雨影区”,是西藏较为干旱的地区。东念青唐古拉山以北地区降水较多,为 400～600mm。藏北地区受切变线、低涡天气系统影响,加上有利的地形条件,成为藏北多雨中心,气候比较湿润。雅鲁藏布江下游与怒江下游以西河谷地区,是青藏高原年平均降水量较多的地区,一般降水量都在 600～800mm 以上。黄河流域的松潘地区,年平均降水量 700mm。祁连山脉的东南部也是一个年降水量较多的地区,年平均降水量 500mm 左右。其他大部分地区在 200～500mm,高原东部的三江流域横断山地区降水偏少,在 400mm 以下,其中尤以怒江河谷降水更少,是著名的干热河谷,出现具有亚热带干暖河谷特征的灌丛。被河流切割的地区,像吉隆、亚东等地,受印度洋暖湿气流的影响,年降水量也可达 1000mm 以上,随着高原抬升降水迅速减少(张庆奎,2006)。

（3）太阳辐射

太阳辐射是驱动地球气候系统的能量来源,是促进地球上的水、大气、生物活动及变化的主要动力,对气候以及作物成长有重要作用。青藏高原海拔高,空气稀薄洁净,水汽含量低,大气透明度高,对日光的漫反射、辐射均较小,从而到达地面的太阳辐射强度很高,年总辐射量为 3000～6000 MJ/m²,最高值超过 8500 MJ/m²,是全国年总辐射量最大的地区,比同纬度低海拔地区高 50%～100%。青藏高原年总辐射的分布趋势自东南向西北增多,藏东南地区小于 5000 MJ/m², 是低值区, 藏北高原、阿里地区、柴达木盆地的年总辐射量可达 7000~8000 MJ/m², 为太阳辐射高值区(张海龙等, 2010; 武荣盛和马耀明, 2010)。

众所周知, 太阳辐射对气候以及陆地生态系统都有重要影响。太阳辐射主要包括紫外辐射、可见光和红外辐射三个波段, 其中达到植被表面的红外辐射的能量约占太阳辐射总量的一半, 而紫外辐射虽然在总辐射中所占比例很小, 但对植物的发育、颜色与品质优劣起着重要作用。研究计算表明, 在高原地区, 高原的紫外辐射、可见光波段的相对通量要高于东部平原与西部干旱地区, 而红外波段的相对通量则要低于东部平原区和西部干旱地区。同时, 就太阳辐射资源来看, 太阳辐射资源主要集中在春末至秋初, 如高原 4—9 月的辐射总量约占全年辐射总量的 67%, 与植被的生长发育季节同步, 这对植被生态系统有着重要作用。

1.1.3 青藏高原水文特征

青藏高原水资源十分丰富, 是国内多个大江大河的发源地。区内河流湖泊众多, 年径流量大。但全区域水资源分布极不均匀, 东南多、西北少, 南多北少, 外流区与内流区年径流量差距悬殊。青藏高原冰川面积达 4.9 万 km², 多年平均融水量约为 350 亿 m³, 故有"亚洲水塔"之称。

(1)湖泊与河流

湖区共有大小湖泊 1437 个, 其中, 面积 1km² 以上的湖泊 1091 个, 大于 10km² 湖泊有 346 个, 总面积为 42816.10km², 约占全国湖泊总面积的 49.5%(孟庆伟, 2007; 杨珂含, 2017)。

青藏高原是亚洲包括长江、黄河、澜沧江、怒江、雅鲁藏布江等大河的发源地。高原上河流按其归属分为外流和内流两大水系(刘天仇, 1999; 王兆印等, 2014; 李志威, 2016)。外流水系主要分布于高原东部和藏南地区, 内流水系多分布在高原西北腹地。外流水系又可分为太平洋水系和印度洋水系, 太平洋水系包括长江、黄河和澜沧江上游。金沙江是长江上游, 其源头有楚玛尔河、沱沱河、通天河、布曲和当曲 5 条较大的河流。黄河发源于青海省玛多县, 其上游有约古宗列曲、卡日曲等。两河各自东流, 流经宽阔的谷地, 由于河流比降小, 两岸地下水位较高, 沼泽化草甸发育。澜沧江水系发源于青海唐古拉山北麓、海拔 5200m 的吉富山(位于玉树藏族自治州杂多县扎青乡), 其上源扎曲、予曲与长江源头之一的当曲仅一山之隔, 但流向却与当曲相反, 朝东南方流去, 至西藏昌都与右岸支流昂曲汇合后, 称澜沧江。印度洋水系主要为怒江和雅鲁藏布江。怒江发源于唐古拉山中段海拔 5200m 的将美尔山, 通过唐古拉山南麓, 穿行在唐古拉山脉和念青唐古拉山之间, 先后有索曲和姐曲汇入。怒江上游河谷大致呈东西走向, 平均海拔约 4000m, 两岸地势平缓, 河谷较宽, 湖泊、沼泽广布。雅鲁藏布江发源于杰马央宗冰川, 河流主要受冰雪融水和夏季降水补给, 在中国境内平均海拔 4500m, 河长 2229km, 依次穿越高原亚寒带、高原温带、山地亚热带和低山热带。内流水系的发育受湖盆地形的影响, 大部分流域面积不大, 绝大部分属季节性或间歇性河流。

内流水系分布主要以羌塘高原为主,该水系北有昆仑山、唐古拉山,南部有冈底斯山、念青唐古拉山,东部和西部也有高山分布,形成了一个巨大的封闭区域。内流水系的河流多注入至内陆湖泊,还有不少河流汇集水量被入渗与蒸发损耗。

(2)冰川与积雪

青藏高原是世界上中低纬度地区最大的现代冰川分布区,是很多河流的源头,包括我国的母亲河长江和黄河。青藏高原在我国境内统计有现代冰川 36973 条,冰川面积 49873.44km²,储冰量 4561.3857km³(刘宗香等,2003;吴丹丹,2016)。青藏高原的冰川主要分布于昆仑山、喜马拉雅山、喀喇昆仑山、帕米尔、唐古拉山、羌塘高原、横断山、祁连山、冈底斯山及阿尔金山等各大山脉,特别集中分布于以下几处:一是藏东南即念青唐古拉山东南段纳木错湖周围,著名的有南迦巴瓦雪峰和加拉白垒雪峰,有西藏境内最长的恰青冰川;二是喜马拉雅山脉东段的羊卓雍错附近区域、横断山脉的贡嘎山周围,并以海洋性冰川为主;三是珠穆朗玛峰周围地区有名的为绒布冰川,这一带以壮观的冰塔林而著称。其中,昆仑山、喜马拉雅山和喀喇昆仑山在冰川条数、面积和冰储量方面最多,占整个青藏高原冰川总数的 55.5%、总面积的 66.3% 和冰总储量的 73.5%。近几十年来,受全球气候变暖的影响,青藏高原的冰川表现出了不同程度的退缩现象,根据中国科学院寒区旱区环境与工程研究所等单位开展的"中国冰川资源及其变化调查"项目调查,中国西部冰川总体呈现萎缩态势,面积缩小了 18% 左右,年均面积缩小 243.7km²/a。其中,中国阿尔泰山和冈底斯山的冰川退缩最为显著,冰川面积分别缩小了 37.2% 和 32.7%;喜马拉雅山、唐古拉山、天山、帕米尔高原、横断山、念青唐古拉山和祁连山的冰川变化幅度居中,冰川面积缩小了 21%～27.2%;喀喇昆仑山、阿尔金山、羌塘高原和昆仑山则缩小了 8.4%～11.3%。

与冰川分布相对应,青藏高原积雪的空间分布差异很大,主要分布有 5 个积雪高值中心(周国良,1993;柯长青和李培基,1998;韦志刚等,2002):①由喜马拉雅山脉北麓沿线各站组成的南部高值中心,该区域的值远高于其他区域,尤其聂拉木站的值更是远高于其他站点;②唐古拉山和念青唐古拉山的东段山区;③位于高原东部的阿尼玛卿山和巴颜喀拉山地区;④分布于祁连山区与帕米尔高原的天山地区。而积雪低值区则呈现带状分布,主要分布于高值区之间,其中一条分布于南部的改则、定日、泽当、察隅一带,其主要原因是由于雅鲁藏布江河谷地区地势较低,气温较高,从而降雪难以维持;⑤分布于北方的西宁、茶卡、诺木洪、冷湖一带,该地区除了地势低外,还受北部祁连山阻挡的作用,水汽难以进入。不同于青藏高原冰川受全球气候变暖影响而退缩的现象,基于气象台站观测资料,大部分研究人员发现青藏高原积雪在 20 世纪 60 年代初期到 90 年代中期普遍呈现出增加的趋势,在 90 年代末期则表现出减少的趋势,而气温和降水是影响高原积雪的重要因子(马丽娟,2008;Wang,2016)。

1.2　青藏高原社会经济特征

1.2.1　行政区划

　　青藏高原作为世界海拔最高的高原,除了分布在中国的区域外,整个青藏高原还包括不丹、尼泊尔、印度、巴基斯坦、阿富汗、塔吉克斯坦、吉尔吉斯斯坦的部分,总面积近300万 km²。而分布在中国境内的部分包括西藏自治区西南部、四川省西部以及云南省西北部分地区、青海省的大部分区域以及新疆维吾尔自治区南部和甘肃省部分地区。行政上涉及 6 个省(自治区)、27 个地区 179 个县,包括西藏自治区(错那、墨脱和察隅等 3 县仅包括少部分地区)和青海省(部分县仅含局部地区),云南省西北部迪庆藏族自治州,四川省西部甘孜藏族自治州和阿坝藏族羌族自治州、木里藏族自治县,甘肃省的甘南藏族自治州、天祝藏族自治县、肃南裕固族自治县、肃北蒙古族自治县、阿克塞哈萨克族自治县以及新疆维吾尔自治区南部巴音郭楞蒙古族自治州、和田地区、喀什地区以及克孜勒苏柯尔克孜自治州等的部分地区(陈庆英和冯智,1996;成升魁等,2000;张镱锂等,2002,2004)。具体行政区划范围如表 1.1 所示。

表 1.1　　　　　　　　　　　　　　　青藏高原行政区划范围

省(自治区)	市、地区、自治州	县级市、县、区
西藏自治区	拉萨市	城关区、林周县、达孜县、尼木县、当雄县、曲水县、墨竹工卡县、堆龙德庆县
	那曲地区	那曲县、嘉黎县、申扎县、巴青县、聂荣县、尼玛县、比如县、索县、班戈县、安多县
	昌都地区	昌都县、芒康县、贡觉县、八宿县、左贡县、边坝县、洛隆县、江达县、类乌齐县、丁青县、察雅县
	山南地区	乃东区、扎囊县、贡嘎县、桑日县、琼结县、曲松县、措美县、洛扎县、加查县、隆子县、错那县、浪卡子县
	日喀则地区	日喀则市、江孜县、白朗县、拉孜县、萨迦县、岗巴县、定结县、定日县、聂拉木县、康马县、亚东县、仁布县、南木林县、谢通门县、吉隆县、昂仁县、萨嘎县、仲巴县
	阿里地区	噶尔县、普兰县、札达县、日土县、革吉县、改则县、措勤县
	林芝地区	林芝县、工布江达县、米林县、墨脱县、波密县、察隅县、朗县

省（自治区）	市、地区、自治州	县级市、县、区
青海省	西宁市	城北区、城东区、城西区、城中区、大通回族土族自治县、湟中县、湟源县
	海东地区	平安县、乐都县、民和回族土族自治县、互助土族自治县、化隆回族自治县、循化撒拉族自治县
	海北藏族自治州	门源回族自治县、刚察县、海晏县、祁连县
	黄南藏族自治州	同仁县、泽库县、尖扎县、河南蒙古族自治县
	海南藏族自治州	共和县、同德县、贵德县、兴海县、贵南县
	果洛藏族自治州	玛沁县、班玛县、甘德县、达日县、久治县、玛多县
	玉树藏族自治州	玉树县、杂多县、称多县、治多县、囊谦县、曲麻莱县
	海西蒙古族藏族自治州	德令哈市、格尔木市、乌兰县、天峻县、都兰县
四川省	阿坝藏族羌族自治州	马尔康市、九寨沟县、小金县、阿坝县、若尔盖县、红原县、壤塘县、汶川县、理县、茂县、松潘县、金川县、黑水县
	甘孜藏族自治州	康定县、丹巴县、炉霍县、九龙县、甘孜县、雅江县、新龙县、道孚县、白玉县、理塘县、德格县、乡城县、石渠县、稻城县、色达县、巴塘县、泸定县、得荣
	凉山彝族自治州	冕宁县（部分）、木里藏族自治县
云南省	怒江傈僳族自治州	泸水县（部分）、福贡县、贡山独龙族怒族自治县、兰坪白族普米族自治县
	迪庆藏族自治州	香格里拉县、德钦县、维西傈僳族自治县和香格里拉开发区
	丽江市	玉龙纳西族自治县（部分）、宁蒗彝族自治县（部分）
甘肃省	甘南藏族自治州	合作市、临潭县、卓尼县、舟曲县（部分）、迭部县（部分）、玛曲县、碌曲县、夏河县
	武威市	天祝藏族自治县（部分）
	张掖市	肃南裕固族自治县（部分）
	酒泉市	肃北蒙古族自治县（部分）、阿克塞哈萨克族自治县（部分）
新疆维吾尔自治区	巴音郭楞蒙古自治州	且末县（部分）、若羌县（部分）
	和田地区	和田县（部分）、策勒县（部分）、于田县（部分）、民丰县（部分）
	喀什地区	喀什库尔干、叶城、莎车县
	克孜勒苏柯尔克孜自治州	阿克陶县、乌恰县

注：引用自百度文库百科。

1.2.2　社会经济发展

青藏高原是中华民族的摇篮——黄河、长江的发源地,辽阔的高原是整个中华民族文化发祥地之一。这里地域辽阔,民族众多,集中聚居了包括藏族、汉族、回族、土族、蒙古族、羌族、门巴族等多个兄弟民族。这里的少数民族基本全民信教,主要的宗教有藏传佛教、伊斯兰教、基督教等,其中藏传佛教和伊斯兰教信仰的人数最多,影响最大。青藏高原虽然面积较大,但人口尚不足全国人口的 1%,人口密度也是全国最低的地方。虽然近年来人口总量增长较快,但人口素质偏低的问题依然不容忽视,是影响高原可持续发展的重要因素之一(成升魁和沈镭,2000)。

由于青藏高原海拔高、气候寒冷、人员稀少,因此一直以来青藏高原的产业发展以高寒畜牧业为主。改革开放以来,青藏高原第一、二、三产业得以全面发展,也加快了特色经济的发展。目前青藏高原特色经济已经体现在农牧业、工业、第三产业的各个产业部门和经济过程,特色农牧业有高原牧业、种植业;特色工业有清洁能源地热、风能、水电等产业、优势矿业、民族特需品工业、绿色食品加工业等;第三产业有旅游业、文化产业等。但高原总体经济发展水平相对内地依然比较低下。20 世纪 60 年代以来,特别是 90 年代以来,随着国家对自然生态环境保护的重视以及生态文明体制改革的推进,2016 年国家在青藏高原区正式批准《三江源国家公园体制试点方案》,三江源国家公园建设将为青藏高原及周边地区的绿色发展发挥引领和示范作用。同时,我国在青藏高原部署了类型多样的生态保育工程,包括野生动植物保护及自然保护区建设、重点防护林体系建设、天然林资源保护、退耕还林还草、退牧还草、水土流失治理以及湿地保护与恢复等。西藏自治区也实施了生态安全屏障保护与建设工程和“两江四河”(雅鲁藏布江、怒江、拉萨河、年楚河、雅砻河、狮泉河)流域造林绿化工程等,青海省实施了祁连山“山水林田湖草”生态保护修复工程、青海湖流域生态环境保护与综合治理工程、三江源生态保护和建设等重点生态工程。这些政策措施都将对整个青藏高原社会经济的可持续发展起到促进作用,也将促进青藏高原旅游业的进一步发展,从而带动整个高原经济的绿色可持续发展。

1.3　青藏高原陆地生态系统概况

1.3.1　生态系统总体概况

陆地生态系统(terrestrial ecosystem)是指地球陆地表面由陆生生物与其所处环境相互作用构成的统一体。这一系统以大气和土壤为介质,生境复杂,类型众多,占地球表面总面积的 1/3。按生境特点和植物群落生长类型可分为森林生态系统、草原生态系统、荒漠生态系统、湿地生态系统以及受人工干预的农田生态系统(郭何生,1998;车凤翔,2006)。青藏高原地处我国三大自然阶梯中的最高一级,平均海拔超过 4000m,由于其自 21 世纪以来地势的强烈隆升,形成了自己鲜明的自然特征及陆地生态系统,表现为生物多样性丰富、高原内部自然环境差异显著,具有明显的区域分异特征,水平地带变化与垂直地带变化明显。根据自然生态分区方法与指标,青藏高原陆地生态系统可划分为 10 个各具特色的自然生态系统分区(赵东升等,2009;郑度和赵东升,2017),包括果洛那曲高原山地高寒灌丛草甸区、青南高原宽谷高寒草甸草原区、羌塘高原湖盆高寒草原区、昆仑高山高原高寒荒漠区、川西藏东高山深谷针叶林区、青东祁连高山盆地针叶林草原区、藏南高山谷地灌丛草原区、柴达木盆地荒漠区、昆仑山北翼山地荒漠区、阿里山地荒漠区。

根据郑度院士等(2008,2017)提出的我国生态地理区划系统,青藏高原陆地生态系统 10 个分区如图 1.2 所示,具体地理状况如下:

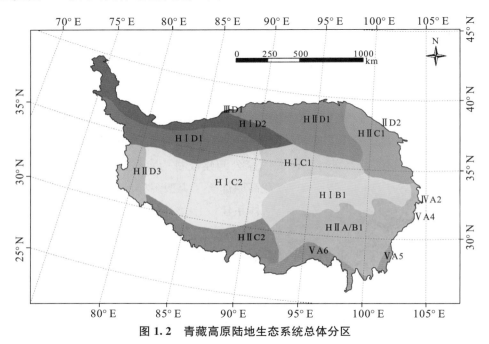

图 1.2 青藏高原陆地生态系统总体分区

(1)HⅡA/B1 川西藏东高山深谷针叶林区

位于青藏高原东南部,西起雅鲁藏布江中下游,东至横断山脉中北部,即怒江、澜沧江、金沙江及其支流雅砻江和大渡河的中上游,是以高山峡谷为主体的自然区,本区受来自印度洋和太平洋暖湿气流的影响,具有湿润、半湿润的气候。

(2)HⅡC1 青东祁连高山盆地针叶林草原区

位于青藏高原东北部,包括西倾山以北的青海东部,祁连山以及洮河上游的甘南地区。该区域海拔较低,气候温和,受偏南湿润气流影响,暖季仍有较多降水。

(3)HⅡC2 藏南高山谷地灌丛草原区

该区域气候受地形的影响显著,宽谷盆地最暖月平均气温为 10~16℃,冬季并不太冷,日平均气温≥5℃的天数在100～200d;其中喜马拉雅山南北两翼降水差异悬殊,北翼高原湖盆年降水量为200～300mm;雅鲁藏布江中上游谷地降水量由东向西递减,年降水量在300～500mm;该区日照丰富,太阳辐射强,有利于农作物的发育。

（4）HⅡD1 柴达木盆地荒漠区

位于青藏高原北部,包括柴达木盆地及其西北缘的阿尔金山地,是一个封闭的内陆高原盆地,海拔2600～3100m,地势自西北向东南倾斜;本区全年受高空西风带控制,且受到蒙古高压反气旋的影响,晴朗干燥、降水稀少,是整个青藏高原最干旱的地区;仅盆地东部受夏季风尾闾影响,气候稍湿润,东部年降水量为100～200mm,且自东向西递减;该区最暖月平均气温10～18℃,最冷月平均气温−16～−10℃。

（5）HⅡD2 昆仑北翼山地荒漠区

本生态区包括帕米尔高原东缘,西、中昆仑山的北翼,毗邻新疆塔里木盆地,山峰与盆地高差达4000m;本区年平均气温0～6℃,1月平均气温为−12～−4℃,7月平均气温为12～20℃,年降水量为70～150mm,山地中上部降水量可达300～400mm。

（6）HⅡD3 阿里山地荒漠区

位于青藏高原西部,北起喀喇昆仑山脉,南抵喜马拉雅山脉,中部为冈底斯山脉所贯穿,南连羌塘高原,西与喜马拉雅和克什米尔地区毗邻,呈南北径向延伸;本区高山、盆地与宽谷相间,地形比较复杂;山峰海拔高达5000～6000m,宽谷、盆地一般海拔3800～4500m。

（7）HⅠB1 果洛那曲高原山地高寒灌丛草甸区

该区西部海拔为4000～4600m,东部较低,海拔在3500m左右;受松潘低压控制,气候比较冷湿,最暖月平均气温6～10℃,年降水量400～700mm。

（8）HⅠC1 青南高原宽谷高寒草甸草原区

该区平均海拔4200～4700m,是巨大冻土岛的主体部分,多年冻土连续分布,平均厚度达80～90m,冻结—融化作用频繁,冻缘地貌普遍发育;植物生长期很短;受湿润气候影响,年降水量为200～400mm,略大于羌塘高原。

（9）HⅠC2 羌塘高原湖盆高寒草原区

该区整个地势南北高、中间低,北部海拔在4900m左右,南部约为4500m;气候寒冷,气温日变化大;年降水量为100～300mm,自东南向西北递减;该区植物种类较少,是以放牧绵羊为主的牧区,北部人类活动少。

（10）HⅠD1 昆仑高山高原高寒荒漠区

该区是青藏高原主体西北部地势最高的部分,冰川资源丰富,湖泊亦较多;本区气候严酷,寒冷干旱,最暖月平均气温在3～7℃,暖季日最低气温多在0℃以下。除高山上降水较多外,高原上年降水量一般不超过 100mm,且多以固态形式为主,低值区为 20～50mm。

青藏高原区植物种类繁多,植物地理成分交错,植被类型复杂、植物资源丰富。青藏高原地区的植被覆盖以典型高寒植被为主,其中高寒草甸与苔原、高寒草原分布最广,分别占青藏高原总面积的 27.93% 和 25.58%。其次为高山稀疏植被及灌丛(分别占青藏高原总面积的 11.70% 及 10.56%)。另外,还分布有少量针阔混交林、常绿阔叶林、耕地栽培植被、落叶阔叶林及低矮灌林丛,如图 1.3 所示。

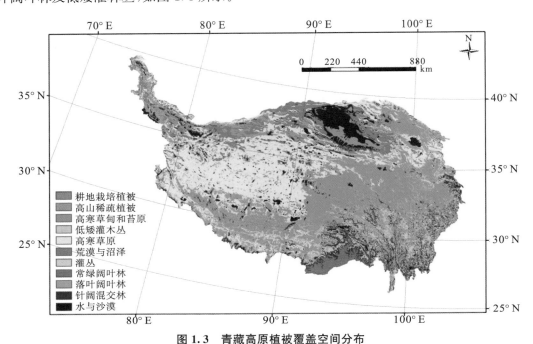

图 1.3　青藏高原植被覆盖空间分布

(来源于中国科学院地理科学与资源研究所 1:100 万植被分类图,2000 年)

1.3.2　植被(森林与草地、灌丛等)生态系统

青藏高原植物种类繁多、类型复杂、植被资源丰富,表现出了明显的区域差异,包括水平地带的变化与垂直地带的变化。首先看一下青藏高原的植被种类,根据估计,青藏高原植物种类可达 10000 种左右,仅高原东南部的横断山区,自山麓河谷至高山顶部就具有从山地亚热带至高山寒冻风化带的各种类型的植被,高等植物种类就有 5000 种以上,是世界上高山植物区系最丰富的区域(王金亭,1988)。高原植被种类的分布也是有着显著的区域差异(张新时,1988;唐领余,2002;许娟,2007;于海彬等,2018),如青藏高原南缘、东喜马拉雅南翼的低海拔地区属古热带植物区,热带地理成分占优势,种属数虽较多,每属内所含的种数却较少;而青藏高原东南部属森林植物区系,以中国—喜马拉雅成分为主,含有数量众多的木本植物,组成各种类型的森林,如壳斗科、茶科和樟科的一些常绿树种,高山栎类植物以及针叶林中的代表树种,如高山松、乔松,多种冷杉和云杉等;在高原内部由于高原强烈隆升过程中

逐渐适应于寒冷干旱的自然生态条件而发展起来的许多年前的植物种、属,以青藏高原成分占支配地位,包括高原的典型代表植物如小嵩草、紫花针茅、固沙草、西藏蒿、垫状驼绒藜等;高原的西北部和柴达木盆地等干旱区域则以亚洲中部荒漠成分为主,如驼绒藜、膜果麻黄、合头草、蒿叶猪毛菜、沙生针茅等。典型的温带和高山成分如金露梅、羊茅、珠芽蓼等在高原上分布比较广泛,是高山灌丛和草甸的组成成分。

森林生态系统主要位于青藏高原的东南部与南缘,即喜马拉雅山脉、念青唐古拉山脉东段和横断山脉地区,由于受南来夏季风的影响,这里气候湿润、降水较多,广泛分布着茂密的森林,是我国的重要森林区之一(郑度和杨勤业,1985;王金亭,1988;罗天祥等,1999)。在青藏高原北部边缘,如祁连山东段和昆仑山西段北翼山地也有少量森林零星分布。森林的类型主要以阔叶林和针叶林为主,热带常绿雨林和半常绿雨林主要分布在东喜马拉雅南翼海拔 1000～1100m,乔木高大,森林茂密,通常高达 30～40m,主要树种由龙脑香科、桑科、四数木科等多种树木组成常绿雨林,由千里榄仁、阿丁枫等组成半常绿雨林。常绿阔叶林在喜马拉雅山脉中、东段南翼山地和察隅地区分布较广,它由壳斗科的栲、青冈、石栎等属及茶科、樟科、木兰科等常绿乔木组成,具有浑圆的波浪形林冠,森林郁闭度大,高 20～30m。落叶阔叶林适于气候寒冷的生态条件,多由冬季落叶的阳性树种所组成,如桦木、桤木和杨树等。山杨、白桦混交林则是针叶林破坏后自然更新形成的次生林类型,主要分布在青藏高原东南部森林区。此外,在青海东部山地阴坡也有小片辽东栎林分布。由于阔叶林类型对温度、水分条件的要求有一定规律,随着由暖热湿润向寒冷湿润或寒旱的变化,大体上出现自热带雨林—常绿阔叶林—硬叶常绿阔叶林—落叶阔叶林的更迭,森林组成种类由多至寡,森林结构自繁及简,层次减少,高度变矮。针叶林是青藏高原上分布最广的森林类型,主要包括常绿针叶林和落叶针叶林,其中常绿针叶林主要分布在察隅和横断山区、喜马拉雅山脉南翼,由松林、铁杉林、云杉林、冷杉林、圆柏林、柏木林等组成;落叶林针叶林分布在横断山区与西藏东南缘山地,以大果红杉和西藏落叶松为主。针叶林的乔木通常高大、挺直,单位面积蓄积量高,具有重要的经济价值,在保持水土、改善环境方面有明显的生态功能和效益。

适应高原高海拔寒冷气候,青藏高原腹地分布着广泛的高寒草甸与草原生态系统。高寒草甸由适应低温的中生多年生草本植物组成,其中以嵩草植物为主,这种植物生长期短,适应冻融作用频繁及大陆性高原寒冷旱化的生态环境,最典型的代表是小嵩草草甸,覆盖度达到 80%～90%。在湿润的东南部高山上则由圆穗蓼、嵩草草甸以及由圆穗蓼、香青、委陵菜、黄总花草和嵩草等组成的杂草类草甸,这类草甸根系密集、交错盘结形成土壤上部致密紧实的毡状草皮层,厚达 10 余厘米,适合用作放牧与燃料。嵩草沼泽化草甸广泛分布于青藏高原各地的湖滨、山间盆地、河流两岸的低阶地、山麓潜水溢出带等地段。这些地段海拔高,气候寒冷,地下有多年冻土层为不透水层,因而地表积水形成沮洳地带,同时由于长期的融冻作用形成了"塔头"状的冻胀丘和积水的热融洼地。沼泽化草甸以藏嵩草、大嵩草等为代表,还有黑褐苔草、驴蹄草、垂头菊等。群落外貌为深绿色,植物生长茂密、叶层厚,产草量较高,适合放牧。高寒草原从高原西南向东北展布在藏南、羌塘、青南高原,青海湖盆地及祁连山一带,它适应高海拔地区寒冷半干旱气候,是青藏高原腹地占据优势的植被生态系统。该生态系统以耐寒旱生的多年生丛生禾草、根茎苔草和小半灌木为建群种,具有代表性的包括紫花针茅草原、青藏苔草以及各种蒿属草原、各类山地草原等,该生物群落具有草丛低矮、层次简单、草群稀疏、覆盖度小、生长季节短、生物产量较低等特点(王秀红,1997;王建兵等,2013;邹珊等,2016)。

青藏高原的灌丛生态系统也分布广泛,它们分布面积不大,但类型众多,既有主要分布于东南部的常绿阔叶灌丛和常绿针叶灌丛,也有散布在高原各地的不同类型的落叶阔叶灌丛,干旱谷地中的浆质刺灌丛和荒漠地区的盐生灌丛。每年4—6月在高原东南部的高山上可以见到盛开着红、紫、白和黄等各色花朵的杜鹃灌丛,紧接着森林带上部的山地阴坡有以钟花杜鹃为代表的高大的无鳞杜鹃类灌丛,它们的枝叶较大,绽放着粉色、白色的杜鹃花。和杜鹃灌丛形成鲜明对照的是圆柏灌丛,主要分布在这一地区阳坡,它们耐干瘠寒冷,常形成直径1~1.5m的暗绿色圆盘状匍匐在坡面上。而在雅鲁藏布江中游谷地的山坡、洪积扇或沿江沙地上普遍生长着西藏狼牙刺灌丛,它们一般高50~100cm,适应性强,是山地灌丛草原的建群种。在藏南高原及阿里地区的山麓洪冲积扇及山坡上可以见到由变色锦鸡儿为主组成的灌丛,它们生长低矮,形成直径1~2m的圆盘状展伏在平缓的高原面或山坡上构成独特的景观。而在湿润半湿润的高山上,鬼箭锦鸡儿灌丛分布较普遍。在森林覆盖区内,与湿润高山上杜鹃灌丛显著不同的是深切谷底两侧山坡上生长的干旱河谷灌丛,它们大多由具刺的耐旱灌丛组成,如海拔较低处有霸王鞭和仙人掌等浆质刺灌丛,海拔稍高谷地中则有羊蹄甲、鼠李、白刺花等灌丛。此外,在柴达木盆地的河漫滩、低阶地和扇缘地下水溢出带生长着柽柳类盐生灌丛,在盆地西南部边缘由于植株阻聚风沙而形成固定、半固定的沙包,高可达5~7m,对防风固沙具有重要作用(淮虎银,1997;周华坤等,2008;李东等,2010)。

1.3.3 荒漠与冻原

在青藏高原西北部有着亚洲最干旱的高原生态系统——高寒荒漠生态系统,这里的气候十分干旱,土壤贫瘠,生境恶劣,但仍然有超旱生的灌木、半灌木植物顽强生长,成为高寒荒漠生态系统的主要荒漠植被。在超旱生的灌木和小半灌木荒漠中以藜科的一些属如猪毛菜、驼绒藜、盐爪爪,合头草以及柽柳科的红砂等植物种类为主,广泛分布在柴达木盆地及其周围山地。在灌木荒漠中膜果麻黄分布比较广泛,多生长在山前洪积、冲积倾斜平原及卵石质的干河床或暂时地表径流形成的小冲沟或浅凹地旁,在砂质地段或砂砾质戈壁上则有沙拐枣荒漠分布,该植被耐沙又耐高温、不怕风蚀沙埋,是典型的喜沙植物。驼绒藜荒漠分布在昆仑山北坡、柴达木盆地及阿里西部山地,其代表植被是垫形的小半灌木垫状驼绒藜,高度仅10cm左右,却有百年以上的寿命,主要分布于昆仑山和喀喇昆仑山之间海拔4600~5500m的高原湖盆、宽谷和山地下部的石质坡上,也分布在羌塘高原北部的湖盆周围和阿尔金山、祁连山西段的高山带以及有多年冻土层的古湖盆底部(郭鹏飞等,1995;王绍令,1997;边疆等,2011)。

在青藏高原高山树木线以上生长着一种以苔藓、地衣、多年生草类和耐寒小灌木构成的植被带,这里的生境条件更加严酷,风力强劲且寒冷,土壤下面常有永冻层存在,营养物质缺乏且生境基质不稳定,为典型的寒带冻原生态系统。这些植被植株矮小,呈莲座状和座垫状,植物体密被绒毛,根系发达,进行营养繁殖和胎生繁殖等,是分布在海拔最高区域的植被类型(陈正宏,2009;信熙卿,2010)。

1.3.4 湿地(沼泽)生态系统

湿地作为一种特殊的陆地生态系统,是由水陆相互作用形成的自然生态综合体。青藏高原作为诸多大江大河的源头,是我国重要的湿地分布区,面积大约 $13.3 \times 10^4 km^2$,主要由高寒沼泽、高寒沼泽化草甸和高寒湖泊组成,分为草丛湿地、森林湿地、河流湿地和湖泊湿地四种类型(孙广东,2002;白军红等,2004;赵志龙等,2014),其中草丛湿地占地面积最大为 $4.8 \times 10^4 km^2$,按地理位置划分为长江源、黄河源和若尔盖高原三大草丛湿地,而分布在唐古拉山的草丛湿地最高海拔达 5350m,是世界上海拔最高的沼泽湿地。青藏高原地形复杂、自然环境类型多样,使得高原湿地成为世界上生物多样性最富集的地区。如位于喜马拉雅东缘横断山地区的高原湿地,由于独特的自然条件和成因以及南北走向的河流,使得河谷气候自南向北变化缓慢,有利于南北成分的各种生物交会,多样性极为丰富,有着丰富的动植物资源。而且,由于古地理环境的变迁,使得这里既保留了若干古老的物种,同时又产生了许多新的种属,生物区系组成也较为复杂,包含了世界广布、热带分布、北温带分布、东亚分布、极高山分布和淡水湖泊特有植物群落类型六大地理成分,并由于其孤立分散,相对封闭而分化发育了丰富的特有物种,从而使该区域成为全球 25 个生物多样性关键地区和现代物种的分化和分布中心。同时,高原湿地尤其是高寒沼泽地的泥炭储藏量非常丰富,植被通过光合作用将大气中的 CO_2 转化成有机物,由于气候寒冷,有机物沉淀积累形成泥炭储存于沼泽之中,而这种泥炭形成对减少大气 CO_2 浓度、降低温室效应、稳定气候具有重要作用,是大气重要的碳汇,特别对 CO_2、N_2O 和 CH_4 等温室气体的固定和释放起着重要的开关作用,对全球气候变化有着重要意义。如在川西北若尔盖地区分布着大面积人畜难以通行的沼泽草甸和沼泽,由于有机质分解缓慢,泥炭积累加速,若尔盖沼泽泥炭层厚达 2~4m。但在一些高海拔地区,如海拔 4000~4500m 以上区域,泥炭层较薄,仅 0.5m 左右。即使在雪线上,只要有土壤就有高山苔藓草甸,如同粘在地上的绿屑,厚度仅为毫米级或厘米级。

湿地生态系统是青藏高原生态环境中最稳定的生态系统,维护着面积最广泛的高山草甸,调节着区域气候,如增加湿度、防止沙化、缓解干旱、提供生物栖息生境,对缓解区域环境退化、维系高原生态系统稳定和全球环境调节起着重要作用。但由于青藏高原是我国生态脆弱带和敏感地区,目前受气候变化叠加人为活动的影响,导致高原湿地不断减少;无序旅游、过度放牧等不合理利用湿地资源引起高原湿地不断退化;工农业扩展、不经处理的污水排放使湿地水质污染;随着城市扩展、基础设施建设使生物迁移通道被切断,斑块增加、景观分割,使得湿地面积萎缩。这些问题正严重威胁着高原湿地生态系统的稳定与高原生态脆弱地区的生态安全(罗磊,2005;冯璐和陈志,2014)。

1.3.5 农田与城市生态系统

农田生态系统是指人类在以作物为中心的农田中,利用生物和非生物环境之间以及生物种群之间的相互关系,通过合理的生态结构和高效生态机能,进行能量转化和物质循环,并按人类社会需要进行物质生产的综合生态系统。青藏高原海拔高、自然环境恶劣,农业受限于气候寒冷,因而主要农田分布在海拔较低、温度较高的谷地,如藏南谷地、雅鲁藏布江河谷地和湟水谷地等区域,分布面积较小,主要农作物为耐寒耐旱生长季短的冬小麦、青稞、豌豆等。但是,由于青藏高原光照充足、太阳辐射强,自然灾害较少,青藏高原适合发展下一代农业,如人工控制的温室农业、具有高原特点的现代农业等。

城市生态系统是城市居民与其环境相互作用而形成的综合系统,是人类对自然环境的适应、加工、改造而建设起来的特殊的人工生态系统。同农田生态系统一样,青藏高原因其海拔高、空气稀薄且水热条件不好,所以城市分布较零散,多分布在河谷等地势相对较低的地方,如湟水谷地和雅鲁藏布江谷地。比较大的城市有西宁、拉萨、格尔木、德令哈、日喀则等,其中西藏大部分的人口分布在"拉萨河谷"的谷底,拉萨河谷包括了 4 个县市(达孜、拉萨市城关区、堆龙德庆和曲水),总面积有 6280km²,人口 49.2 万,人口密度 78.34 人/km²,是西藏人口密度最大、经济最发达的地区。青海省城镇也大多分布于较低海拔的河流谷地,其中湟水谷地和黄河谷地分布尤为集中,共集中了 25.58% 的城镇与 63.09% 的人口(马玉英,2006;赵玲,2014)。

1.4 小结

本章首先介绍了青藏高原主要地形地貌特征、自然气候特征以及社会经济发展状况。作为"世界屋脊"的青藏高原平均海拔在 4000m 以上,有着自己独特的地理特征与气候特征,突出表现为纬度低、地势高、太阳辐射强、日照时数多、气温低积温少、空气稀薄降水少。其次,本章也简要介绍了青藏高原主要的生态系统以及主要生态分区。由于青藏高原气候分布具有地带性和非地带性,从而高原植被生态系统随经纬度和海拔高度的变化有推移性,分布上表现出了明显的水平地带变化与垂直地带变化等区域差异。

参考文献

[1] 朱金焕.青藏高原对流层大气能量分布和变化[C].中国气象学会年会,2011.

[2] 吴国雄,徐祥德,周秀骥,等.国家自然科学基金重大研究计划"青藏高原地—气耦

合过程及其全球气候效应"简介[C].中国大地测量和地球物理学学术大会,2014.

[3] 程国栋.中国青藏高原多年冻土与加拿大北部多年冻土的一些差别[J].冰川冻土,1979,1(2):39-43.

[4] 沈永平.高处不胜寒——世界屋脊上的多年冻土[J].华夏地理,2007(12):152-155.

[5] 张庆奎.青藏高原的气候特征[D].中国数字科技馆,2006.

[6] 丁明军,李兰晖,张镱锂,等.1971—2012年青藏高原及周边地区气温变化特征及其海拔敏感性分析[J].资源科学,2014,36(7):1509-1518.

[7] 马丽娟,秦大河,卞林根,等.青藏高原积雪日数的气温敏感度分析[C].中国气象学会年会,2009:1-7.

[8] 李栋梁,钟海玲,吴青柏,等.青藏高原地表温度的变化分析[J].高原气象,2005,V24(3):291-298.

[9] 樊红芳.青藏高原现代气候特征及大地形气候效应[D].兰州大学,2008.

[10] 鲁春霞,王菱,谢高地,等.青藏高原降水的梯度效应及其空间分布模拟[J].山地学报,2007,25(6):655-663.

[11] 齐文文,张百平,庞宇,等.基于TRMM数据的青藏高原降水的空间和季节分布特征[J].地理科学,2013,33(8):999-1005.

[12] 林厚博,游庆龙,焦洋,等.基于高分辨率格点观测数据的青藏高原降水时空变化特征[J].自然资源学报,2015,30(2):271-281.

[13] 张海龙,刘高焕,叶宇,等.青藏高原短波辐射分布式模拟及其时空分布[J].自然资源学报,2010,25(5):811-821.

[14] 武荣盛,马耀明.青藏高原不同地区辐射特征对比分析[J].高原气象,2010,29(2):251-259.

[15] 孟庆伟.青藏高原特大型湖泊遥感分析及其环境意义[D].中国地质科学院,2007.

[16] 杨珂含.基于多源多时相卫星影像的青藏高原湖泊面积动态监测[D].中国科学院大学(中国科学院遥感与数字地球研究所),2017.

[17] 刘天仇,其美多吉.青藏高原国际河流区水资源特征及开发利用前景[J].地理学报,1999(b06):11-20.

[18] 王兆印,李志威,徐梦珍.青藏高原河流演变与生态[M].北京:科学出版社,2014.

[19] 李志威,余国安,徐梦珍,等.青藏高原河流演变研究进展[J].水科学进展,2016,27(4):617-628.

[20] 郑度,赵东升.青藏高原的自然环境特征[J],科技导报,2017.

[21] 张戈丽,欧阳华,张宪洲,等.基于生态地理分区的青藏高原植被覆被变化及其对气候变化的响应[J].地理研究,2010,29(11):2004-2016.

［22］郑度.中国生态地理区域系统研究［M］.北京:商务印书馆,2008.

［23］刘宗香,苏珍,姚檀栋,等.青藏高原冰川资源及其分布特征［J］.资源科学,2003,22(5):49-52.

［24］吴丹丹.青藏高原地区冰川动态变化遥感研究［D］.中国地质大学(北京),2016.

［25］柯长青,李培基.青藏高原积雪分布与变化特征［J］.地理学报,1998(3):209-215.

［26］韦志刚,黄荣辉,陈文,等.青藏高原地面站积雪的空间分布和年代际变化特征［J］.大气科学,2002,26(4).

［27］马丽娟.近50年青藏高原积雪的时空变化特征及其与大气环流因子的关系［D］.中国科学院研究生院,2008.

［28］Siyuan Wang, et al. Spatiotemporal patterns of snow cover retrieved from NOAAAVHRR LTDR:a case study in the Tibetan Plateau,China［J］. International Journal of Digital Earth,2016,DOI:10.1080/17538947.2016.1231229.

［29］陈庆英,冯智.藏族地区的行政区划［J］.中国西藏,1996(5):53-57.

［30］成升魁,沈镭.青藏高原人口、资源、环境与发展互动关系探讨［J］.自然资源学报,2000,15(4):297-304.

［31］张镱锂,张玮,摆万奇,等.行政单元与自然地理单元之间的数据耦合方法初探——以青藏高原人口统计数据为例［C］.中国地理学会2004年土地变化科学与生态建设学术研讨会,2004.

［32］张镱锂,李炳元,郑度.论青藏高原范围与面积［J］.地理研究,2002,21(1):1-8.

［33］郭何生.农业大词典［M］.北京:中国农业出版社,1998.

［34］车凤翔.陆地生态系统通量观测的原理及方法［M］.北京:科学出版社,2006.

［35］赵东升,吴绍洪,郑度,等.青藏高原生态气候因子的空间格局［J］.应用生态学报,2009,20(5):1153-1159.

［36］郑度,赵东升.青藏高原的自然环境特征［J］.科技导报,2017,35(6):13-22.

［37］王金亭.青藏高原高山植被的初步研究［J］.植物生态学报,1988,12(2):81-90.

［38］张新时.青藏高原的植被地带性及对中国植被地理分布的作用.中科院机构知识库,1988.

［39］唐领余.最近12000年来青藏高原植被的时空分布［J］.植物学报(英文版),2002,44(7):872-877.

［40］许娟.青藏高原植被垂直带谱的空间分布模式及地学解释.中国科学院地理科学与资源研究所,2007.

［41］于海彬,张镱锂,刘林山,等.青藏高原特有种子植物区系特征及多样性分布格局［J］.生物多样性,2018,26(2):130-137.

［42］郑度,杨勤业.青藏高原东南部山地垂直自然带的几个问题［J］.地理学报,1985(1):

60-69.

　　[43] 王金亭.青藏高原高山植被的初步研究[J].植物生态学报,1988,12(2):81-90.

　　[44] 罗天祥,李文华,罗辑,等.青藏高原主要植被类型生物生产量的比较研究[J].生态学报,1999,19(6):823-831.

　　[45] 王秀红.青藏高原高寒草甸层带[J].山地学报,1997(2):67-72.

　　[46] 王建兵,张德罡,曹广民,等.青藏高原高寒草甸退化演替的分区特征[J].草业学报,2013,22(2):1-10.

　　[47] 邹珊,吕富成.青藏高原两种特殊的植被类型:高寒草原和高寒草甸[J].地理教学,2016(2):4-7.

　　[48] 淮虎银.青藏高原高寒灌丛的特征[J].甘肃科学学报,1997(4):22-24.

　　[49] 周华坤,赵新全,汪诗平,等.青藏高原高寒灌丛植被对长期放牧强度试验的响应特征[J].西北植物学报,2008,28(10):2080-2093.

　　[50] 李东,曹广民,黄耀,等.青藏高原高寒灌丛草甸生态系统碳平衡研究[J].草业科学,2010,27(1):37-41.

　　[51] 郭鹏飞,王健,边纯玉.青藏高原多年冻土概论[J].青海国土经略,1995(2):58-69.

　　[52] 王绍令.青藏高原冻土退化的研究[J].地球科学进展,1997,12(2):164-167.

　　[53] 边疆,寇丽娜,绽蓓蕾.青藏高原多年冻土区冻害类型及防治[J].中国地质灾害与防治学报,2011,22(3):129-133.

　　[54] 陈正宏.高寒草甸沙化过程中生物结皮藻类组成及分布的变化[D].兰州理工大学,2009.

　　[55] 信熙卿.青藏高原东缘沙化区生物结皮中藻类组成及其特性研究[D].兰州理工大学,2010.

　　[56] 孙广东.青藏高原的湿地[J].大自然探索,2002(12):30-32.

　　[57] 白军红,欧阳华,徐惠风,等.青藏高原湿地研究进展[J].地理科学进展,2004,23(4):1-9.

　　[58] 赵志龙,张镱锂,刘林山,等.青藏高原湿地研究进展[J].地理科学进展,2014,33(9):1218-1230.

　　[59] 罗磊.青藏高原湿地退化的气候背景分析[J].湿地科学,2005,3(3):190-199.

　　[60] 冯璐,陈志.青藏高原沼泽湿地研究现状[J].青海草业,2014,23(1):11-16.

　　[61] 马玉英.青藏高原城市化的制约因素与发展趋势分析[J].青海师范大学学报(哲学社会科学版),2006(4):22-25.

　　[62] 赵玲.城镇化进程中青藏高原城市适度人口容量分析[J].生态经济,2014,30(8).

　　[63] 周国良,范钟秀,彭公炳,等.青藏高原积雪与长江中上游汛期的旱涝,长江三峡致洪暴雨与洪水的中长期预报[M].北京:气象出版社,1993.

第 2 章 陆地生态系统建模及用于生态学的遥感数据处理方法

2.1 陆地生态系统建模

2.1.1 陆地生态系统建模原理

陆地生态系统(terrestrial ecosystem)是指地球陆地表面由陆生生物与其所处环境相互作用构成的统一体,它为人类提供食物、能量以及生存环境。这一系统以大气和土壤为介质,生境复杂,类型众多,占地球表面总面积的1/3。按生境特点和植物群落生长类型可分为森林生态系统、草原生态系统、荒漠生态系统、湿地生态系统以及受人工干预的农田生态系统。陆地生态系统在人类活动以及自然活动影响下,正在发生着许多变化,如人类活动导致的森林砍伐、草地退化、温室气体上升等,自然活动导致的森林火灾、植被结构演替以及生态环境变化等。因此,研究陆地生态系统的演化过程及其发展趋势已经成为当代地理与生态科学研究的核心课题。陆地生态系统是一个复杂的系统,其影响因素众多,涉及地球大气圈、水圈、生物圈各个圈层的交互作用。如何解析这一复杂系统并进行模型化,即利用数学模型模拟来估算大气、植被、土壤、水体等的相互作用,全球各国科学家都在做出巨大努力。从国家机构来看,自 20 世纪 60 年代以来,包括美国国家科学基金会(NSF)、环境保护局(EPA)、美国宇航局(NASA)、美国农业部(USDA)、美国海洋大气局(NOAA)、欧洲科学基金会(ESF)、法国国家科学研究中心(CNRS)、中国国家基金委(NSFC)等都在持续地支持该方面的研究工作,并取得了很大进展。

对陆地生态系统碳循环、氮循环和水循环的基本过程、基本作用机制和变化特征分析,构成了陆地生态系统建模的基础(于贵瑞等,2014)。根据陆地生态系统植被、土壤、大气、微生物与环境因子共同作用的循环过程,可将其生态作用过程划分为 4 个基本过程:

(1)土壤—植被之间的碳—氮—水耦合过程

该过程主要表现为植被根系对土壤水分、营养物的吸收以及根系的呼吸、根系和地上凋落物对土壤碳库的补充及其分解过程等(赵风华和于贵瑞,2008)。植物主要依靠根系从土壤中吸收水分,供给植物生长发育、新陈代谢等生理活动和蒸腾作用。植被根呼吸作为土壤呼吸的主要形式之一,不同的生态系统,植物根系对土壤总呼吸的贡献率并不一样,如草地生态系统中根呼吸向大气中释放的 CO_2 量占土壤总呼吸的 $17\%\sim74\%$,其中热带草地生态系统占比为 $41\%\sim64\%$,温带草地生态系统为 $8\%\sim56\%$(Raich and Tufekeiogul,2000;Wang and Fang,2009)。而森林生态系统中根呼吸占比近 2/3,对全球森林生态系统的研究发现,森林根呼吸向大气中释放的 CO_2 量占土壤总呼吸的 $10\%\sim90\%$,大部分区域为 $40\%\sim60\%$(Yang et al.,2004;Zhao et al.,2013)。地上凋落物如植物残落物进入土壤后,根据残落物分解的难易程度,经过不同速率的分解,这些残落物被分配到了不同的土壤碳库中,也有部分转化为土壤微生物。而微生物死亡后,遗体变为土壤活性有机质,活性有机质被微生物利用,再次转为惰性有机质。最终惰性有机质参加土壤结构构造,可在土壤中稳定存在数十年或数百年。

(2)植被与大气之间的碳—水—氮的耦合过程

该过程以植被气孔为主要耦合节点,主要表现为植被与大气间 CO_2、水汽、氮的交换过程,包括植被光合作用和蒸腾作用等。

植被光合作用(photosynthesis)通常是指绿色植物(包括藻类)吸收光能,CO_2 和 H_2O 合成富能有机物,同时释放氧的过程,是由一系列生理生化反应组成的。光合作用的总反应式如下:

$$CO_2 + H_2O \longrightarrow (CH_2O) + O_2$$

可以看出,光合作用释放的氧气全部来源于水,光合作用的产物不仅是糖类,也包括氨基酸、脂肪等有机物。光合作用的过程包括光反应阶段和暗反应阶段:光反应阶段的特征是在光驱动下,水分子氧化释放的电子通过类似于线粒体呼吸电子传递链那样的电子传递系统传递给 $NADP^+$,使它还原为 NADPH。电子传递的另一结果是基质中质子被泵送到类囊体腔中,形成的跨膜质子梯度驱动 ADP 磷酸化生成 ATP;暗反应阶段则是利用光反应生成的 NADPH 和 ATP 进行碳的同化作用,使气体二氧化碳还原为糖。由于这个阶段基本上不直接依赖于光,而只需要提供 ATP 和 NADPH,故称为暗反应阶段。在自然界中,不同植物的光能利用率存在很大差异,在光合作用的碳同化途径上,依据固定 CO_2 的最初产物的不同,可把植物分为 C_3(碳三植物)、C_4(碳四植物)和 CAM 途径,它们的光合能力和光能利用率有明显不同。C_3 类植物,如米和小麦等,CO_2 经气孔进入叶片后,直接进入叶肉进行卡尔文循环。而 C_3 植物的维管束鞘细胞很小,不含或含很少叶绿体,卡尔文循环不在这里发生。而 C_4 类植物如玉米、甘蔗等热带绿色植物,除了和其他绿色植物一样具有卡尔文循环外,CO_2 首先通过一条特别的途径被固定。这条途径也被称为哈奇—斯莱克途径(Hatch-Slack 途径)。由于这些植物主要是那些生活在干旱热带地区的植物,在这种环境中,植物若长时间开放气孔吸收 CO_2,会导致水分通过蒸腾作用过快地流失。所以,植物只能短时间开放气孔,CO_2 的摄入量必然少。植物必须利用这少量的 CO_2 进行光合作用,合成自身生长所需的物质。在 C_4 类植物叶片维管束的周围,有维管束鞘围绕,这些维管束鞘细胞含有叶绿体,但里面并无基粒或发育不良。在这里,主要进行卡尔文循环。其叶肉细胞中,含有独特的酶,即磷酸烯醇式丙酮酸碳羧化酶,使 CO_2 先被一种三碳化合物——磷酸烯醇式丙酮酸同化,形成四碳化合物草酰乙酸,这也是该暗反应类型名称的由来。草酰乙酸在转变为苹果酸盐后进入维管束鞘,就会分解释放 CO_2 和一分子丙酮酸。CO_2 进入卡尔文循环,后同 C_3 进程。而丙酮酸则会被再次合成磷酸烯醇式丙酮酸,此过程消耗 ATP。因此,C_4 类植物可以在夜晚或气温较低时开放气孔吸收 CO_2 并合成 C_4 化合物,再在白天有阳光时借助 C_4 化合物提供的 CO_2 合成有机物。景天酸代谢(Crassulacean Acid Metabolism,CAM)——如果说 C_4 类植物是空间上错开 CO_2 的固定和卡尔文循环的话,那景天酸循环就是在时间上错开这两者。行使这一途径的植物,是那些有着膨大肉质叶子的植物,如凤梨。这些植物晚上开放气孔,吸收 CO_2,同样经哈奇—斯莱克途径将 CO_2 固定。早上的时候气孔关闭,避免水分流失过快。同时在叶肉细胞中卡尔文循环开始。这些植物 CO_2 的固定效率也很高。

植物的蒸腾作用(transpiration)是指水分从活的植物体表面(主要是叶子)以水蒸气状态散失到大气中的过程,它与物理学的蒸发过程不同。蒸腾作用不仅受外界环境条件的影响,而且还受植物本身的调节和控制,因此它是一种复杂的生理过程。其主要过程为:土壤中的水分→根毛→根内导管→茎内导管→叶内导管→气孔→大气。植物幼小时,暴露在空气中的全部表面都能蒸腾。模拟植物的光合作用时的碳固定过程与蒸腾的水输运过程,是评价全球和区域初级生产力、模拟作物生长、研究陆面过程与气候相互作用和预测生态环境变化等科学问题的关键环节,也是陆地生态系统建模首要建立的生态方程。

(3)土壤—大气—水耦合作用过程

该过程主要以土壤—大气界面为耦合节点,表现为土壤水分蒸发、土壤 CO_2 的排放、土壤微生物分解与合成、土壤碳存储与氮固定等作用过程。土壤微生物是土壤有机质中最为活跃的组分。其中,微生物生物量碳是其重要的组成部分。微生物量碳(MBC)是土壤中易于利用的养分库及有机物分解与氮矿化的动力,与土壤中的 C、N、P、S 等养分循环密切相关。作为土壤活性碳的一部分,微生物生物量碳虽然只占土壤总有机碳的较小部分(1%~4%),但它既可以在土壤全碳变化之间反映土壤微小的变化,又直接参与了土壤生物化学转化过程,而且是土壤中植物有效养分的储备库,并能促进土壤养分的有效化。因此,在土壤肥力和植物营养中具有重要的作用。土壤微生物生物量碳易受土壤中易降解的有机物如微生物生物体和残余物分解、土壤湿度和温度季节变化以及土壤管理措施的影响。与土壤总有机质相比,MBC 对土壤管理措施如翻耕、秸秆培养的变化响应更快,可以成为土壤总有机质变化的早期指标和活性有机质变化的指标。土壤微生物碳量虽然仅占土壤全碳量的很小一部分,然而,微生物的活性与土壤有机碳的关系非常密切。一方面,土壤有机碳的分解进程与土壤微生物量碳的动态变化趋势相似,因此,可以把土壤中有机碳分解的快慢看作是土壤微生物活动强弱的外在表现;另一方面,土壤微生物量的多少反映了土壤同化和矿化能力的大小,是土壤活性大小的标志。微生物对有机碳的利用率是一项反映土壤质量的重要特性,利用率越高,维持相同微生物量所需的能源越少,说明土壤环境越有利于土壤微生物的生长,土壤质量比较高。

(4)自然与动物影响下的生态过程

这个过程包括全球气候变化影响的陆地生态系统结构、功能与化学性状的改变,自然林火、森林砍伐、植被退化等由自然环境变化、人类活动与动物活动引起的陆地生态系统对大气碳—水—氮的反馈过程。除了自然环境的突变(如火山喷发、各类重大自然灾害等)对生态系统产生影响外,人类活动对陆地生态系统正在产生持久的影响力。人类活动与陆地生态系统之间存在着持久的动态的相互影响、相互作用的关系,特别是20世纪以来,人类活动与全球变化成为了全球生态系统格局、结构和功能变化的主要驱动力(周广胜,2002;郑华等,2003;周广胜等,2004;彭少麟等,2005;徐志刚,2008)。因此,一个完备的陆地生态系统模型,除了具备各类陆地生态系统发育过程的数学描述外,也需要综合考虑各类人类活动的影响,对人类活动影响下陆地生态系统的种群演替、生长发育、物质分配、水分利用、碳氮循环等进行数学描述,最终模拟人类活动与自然因素驱动下的生态系统演化过程。

生态系统建模是把陆地生态系统作为一个功能整体进行数学模拟的。由于生态系统本身比较复杂,涉及不同的地理尺度,模型模拟从个体到种群、种群到群落、群落到生态系统、生态系统到生物圈或地球生态系统。因此,陆地生态系统建模是一项从简单到复杂,从单一种群、单一功能到复杂生态系统发展的过程。尤其是现代科学技术的发展,随着地理信息系统(GIS)、遥感(RS)以及计算科学技术的飞速发展,大大提高了我们对生态系统的过程描述、交互分析以及推理能力,从而推动未来生态系统模型向更为综合、模拟精度更高、时空动态与尺度转换的方向发展。

2.1.2　当前通用陆地生态系统模型介绍

为了描述、模拟陆地生态系统各项生物物理特性,以及分析人类活动与全球变化对生态系统的影响及其反馈作用,近年来国际上发展了几十个生态系统模型。由于生态系统本身的复杂性,加上目前对生态系统一些基本过程功能还缺乏必要的了解,因此,不同的生态模型进行了不同的假设以及简化,从不同的角度进行生态功能与生物物理特性描述,因而这些模型各有侧重,也各有优劣。总体来说,目前生态系统模型可概括为3类:统计模型(或经验模型)(statistical model),参数模型(parameter model)和过程模型(process-based model)。在这三种模型中过程模型是机理模型,其他两种模型属于经验模型或半经验模型。

(1)统计模型

统计模型又称气候相关模型,即建立温度、降水、蒸散量等气候因子与NPP的统计关系。其中以 Miami 模型（Lieth，1975）、Thornthwaite Memorial 模型（Lieth，1972，Goward and Dye，1987）、Chikugo 模型（Uchijima and Seino，1985）和中国的北京模型（朱志辉，1993）、综合模型（周广胜等，1995）为代表。

　　植被生态系统第一性生产力受到气候环境因子的限制，其中影响最大的是温度和降水。Miami 模型是全球第一个陆地生态系统初级生产量模型，由德国生态学家利思（Lieth）于 1972 年根据自然生态系统温度和降水，收集了世界五大洲 50 多个可靠的自然植被净第一性生产力样地资料和相匹配的年平均温度、降水资料，用最小二乘法建立的全球初级生产力模型。该模型分别拟合了 NPP 与年平均温度与降水之间的经验关系：

$$NPP_t = 3000/(1 + e^{1.315 - 0.1196t})$$

$$NPP_r = 3000/(1 + e^{-0.000664r})$$

　　式中：NPP_t 为根据年平均温度计算的 NPP，t 为年均温度；NPP_r 为根据年均降水计算的 NPP，r 为年均降水量；分别选择温度和降水量计算所得的 2 个植被 NPP 中较小者即为该地的自然植被的 NPP。

　　Miami 模型在一定程度上反映了温度和降水在植物生存中的重要作用，是一个比较贴合客观实际情况的方程。但考虑到植被的净第一性生产力不仅仅受温度和降水的影响，也受土壤湿度、植被蒸散等因素的影响。因此，Lieth 把 Miami 模型和 Thornthwaite 的可能蒸散模型（Thornthwaite，1948）结合起来，将年平均蒸散量作为唯一输入参数，采用最小二乘法原理建立了 Thornthwaite Memorial 模型。Thornthwaite Memorial 模型模拟了蒸腾蒸发量（ET）与气温、降水量和植被之间的关系，并建立了 NPP 与 ET 之间的统计关系：

$$NPP_E = 3000/(1 + e^{0.0009695(E - 20)})$$

　　式中：NPP_E 为根据年实际蒸散计算的 NPP，E 为年实际蒸散量（mm）。由于蒸散量是蒸发量与植物蒸腾量的总和，蒸发量受太阳辐射、温度、降水、气压、风速等一系列气候因素的影响，能综合反映一个地区的水热状况，而蒸腾量与植物的光合作用有关，所以 Thornthwaite Memorial 模型用蒸散量把一个地区的气候状况和植物的生理过程结合起来，对植被生产力的估算更加合理。

　　1985 年日本内岛利用繁茂植被的 CO_2 通量方程与水汽通量方程之比确定植被的水分利用效率，利用国际生物计划（International Biosphere Plan，IBP）研究期间取得的 682 组森林植被资料与相应的气候要素进行相关分析，建立了根据净辐射（Rn）和辐射干燥度（RDI）计算植被生产力的 Chikugo 模型：

$$NPP = 0.29e^{-0.216RDI} \times R_n$$

　　式中：RDI 为辐射干燥度（RDI $= R_n/(Lr)$），R_n 为净辐射量（kcal/(cm^2·a)），L 为蒸发潜热，r 为年降水量（mm）。

Chikugo 模型也是一种半理论半经验的方法,它把植物的生理生态原理和统计学方法相结合,能够很好地估算自然植被的第一性生产力。但是,该模型是在土壤水分供给充足、植物生长茂盛的前提下推算出来的,对于广大的干旱半干旱地区并不适用。为弥补这一缺陷,国内许多学者也进行了相关统计植被生产力与相关控制因子之间的研究,建立了北京模型(或朱志辉模型)(朱志辉,1993)、NPP 估算模型(周广胜等,1997;Zhou et al.,1998)等。1993 年朱志辉为弥补 Chikugo 模型对于草原及荒漠考虑的不足,以 Chikugo 模型为基础,增加了叶菲莫娃 IBP 期间获得的 23 组自然植被资料及中国森林和草原的 46 组资料,建立了 Chikugo 改进模型(北京模型):

$$NPP=6.93\exp(-0.22RDI^{1.82})\times R_n$$

$$NPP=8.26\exp(-0.498RDI)\times R_n$$

式中:RDI 为辐射干燥度,第一式中 RDI≤2.1,R_n 为陆地表面所获得的净辐射量。

周广胜与张新时(1995)基于和 Chikugo 模型相似的推导过程,根据植物的生理生态学特点以及联系能量平衡和水量平衡方程的实际蒸散模型,补充了叶菲莫娃的 23 组自然植被资料及相应的气候资料后,建立了考虑植物生理生态学特点和水热平衡关系的植物 NPP 估算模型(综合模型):

$$NPP=RDI^2\times\frac{r\times(1+RDI+RDI^2)}{(1+RDI)\times(1+RDI^2)}\exp(-\sqrt{9.87+6.25RDI})$$

综合模型以与植被光合作用密切相关的蒸散作为基础,综合考虑了各种因子的相互作用,比其他几个模型具有更广泛的适用范围。

总体上,这类模型比较简单,应用方便,以统计数据为基础有一定的合理性,在特定区域得到了不同程度的验证,在植被生物量模型估算的初期得到广泛应用。但是该类模型仅仅考虑了温度、降水、蒸散量等简单的气候因子,没有涉及植被复杂的生物物理过程,忽略了许多影响植被生物量的植被生理反应、复杂生态系统过程和功能的变化,在不同的研究区域估算误差较大,大部分该模型的估算结果是潜在的生物量或称气候生产力,而非某一区域实际生产力;这类模型也没有考虑到 CO_2 浓度、土壤养分以及植被对环境的反馈作用,在研究大区域植被生物量估算或区域与全球气候变化时其应用受到了很大的限制。

(2)参数模型或光能利用率模型

1972 年 Monteith 提出光能利用率(LUE)的概念,用其表示植被地上部分单位时间内每吸收一个单位的光合有效辐射(PAR)所生产的干物质质量,并提出利用植被吸收的光合有效辐射(APAR)和光能利用率(ε)的乘积(APAR×ε)来计算 NPP。基于光能利用率概念发展起来的模型称为参数模型或生产效率模型,这类模型是以植物光合作用过程和 Monteith(1972)提出的光能利用率(ε)为基础,基于资源平衡的观点建立的,即当植被遇到某些极端气候或者环境因子很快变化的情况时,如果不可能完全适应,或者植物还来不及适应新的环境,植被生产力则受最紧缺资源的限制(陈利军和刘高焕,2002;崔霞等,2007)。理论上可以认为,水、氮、光照等任何对植物生长起限制性的资源都可用于植被生物量的估算,它们可以通过一个转换因子或若干个比率系数联系起来。近年来,大量的研究也发现总初级生产力(GPP)与可吸收的光合有效辐射(APAR)的线性关系更为稳定,因为 GPP 的光能利用率 ε 受气候条件和环境因子的影响小,不同植被间的差异也小(Prince et al.,1995)。这类模型的代表模型主要有 CASA 模型(Potter et al.,1993;Field et al.,1995),GLO-PEM模型(Prince et al.,1995;Goetz et al.,1999),SDBM 模型(Knorr and Heimann,1995)等,其中参数模型中 NPP 与其限制资源间的关系可用如下公式表示:

$$NPP = F_c \times R_u$$

式中:F_c 代表转换因子,R_u 代表植被吸收的 NPP 限制性资源。

Potter 等在 1993 年建立的国际上知名的生态模型 CASA 模型就是典型的光能利用率模型,后来由 Field 等(1995)对 CASA 模型进行了改进。CASA 模型允许参数随时间和地点的变化而变化,并通过与之对应的温度和水分条件对参数进行校正。CASA 模型中温度对光能利用率的影响主要体现在两个方面:一是植被的生长存在最适温度,当现实温度偏移最适温度时,会对植被的生长产生一定的影响;另一个方面是植被的生存存在温度极限,当现实温度低于植被生存的极低温度或高于极高温度时,植物体内的生化反应受到影响,从而影响光能利用率。最适温度根据一年内 NDVI 值达到最高时月份的平均气温确定。模型中植被 NPP 的具体表示方式为:

$$NPP(x,t) = APAR(x,t) \times \varepsilon(x,t)$$

式中:x 代表空间位置,t 代表时间,APAR 代表植被所吸收的光合有效辐射,ε 表示植被光能利用率。

假定光合有效辐射占太阳总辐射的比例系数为 k,则 APAR 可以利用公式表示如下:

$$APAR(x,t) = PAR(x,t) \times fPAR(x,t) = k \times SOL(x,t) \times fPAR(x,t)$$

植被对光合有效辐射的吸收比例 fPAR 与植被类型和植被的覆盖状况有关,在 CASA 模型中利用根据遥感数据得到的植被指数 VI 计算,并规定其最大值不超过 0.95。

$$fPAR(x,t) = \min \left| \frac{VI(x,t) - VI_{min}}{VI_{max} - VI_{min}}, 0.95 \right|$$

模型中规定所有栅格 VI_{min} 的取值统一为 1.08,VI_{max} 的大小与植被类型有关。CASA模型中利用的植被分类方法是 Sellers 等(1993)的植被分类系统,该分类系统包含 13 种植被类型,如表 2.1 所示。

表 2.1　　　　　　　　　　　**各典型植被类型的 VI$_{max}$**

ID	植被类型	VI$_{max}$	ε_{max}(gC/MJ)
1	常绿阔叶林	4.14	1.259
2	落叶阔叶林	6.17	1.004
3	混交林	6.17	1.116
4	常绿针叶林	5.43	1.008
5	落叶针叶林	5.43	1.103
6	具有地被植被的阔叶林	5.13	1.004
7	草地	5.13	0.608
8	灌丛	5.13	0.888
9	稀疏灌丛	5.13	0.774
10	苔原与湿地	5.13	0.389
11	裸土地	5.13	0.389
12	耕地	5.13	0.604
13	冰雪	5.13	0.389

注：引自 Sellers,1993。

植被通过光合作用把大气中的 CO_2 固定为植物体内的有机碳,光能利用率反映了植被将吸收的光合有效辐射转化为有机碳的效率。光能利用率主要受温度和水分条件的影响,植被光能利用率为:

$$\in(x,t) = \in^* \times T_1(x,t) \times T_2(x,t) \times W(x,t)$$

式中: $\in^*$ 为植被最大光能利用率。Potter 等认为全球植被的最大光能利用率为 0.389gC/MJ。$T_1(x,t)$ 反映了当温度达到或超过植物对温度的耐受范围时由于植物内在生化作用的限制而引起的植被净第一性生产力的降低。$T_2(x,t)$ 反映了当温度偏移光能利用率最大时的温度,这时光能利用率有逐渐变小的趋势。而水分胁迫影响系数 $W(x,t)$ 则反映了植物所能利用的有效水分条件对光能利用率的影响。

上式中的 $T_1(x,t)$ 和 $T_2(x,t)$ 可分别根据下列式子计算:

$$T_1(x,t) = 0.8 + 0.02T_0(x) - 0.0005[T_0(x)]^2$$

$$T_2(x,t) = \frac{1.1814}{\{1 + e^{0.2[T_0(x)-10-T(x,t)]}\}} / \{1 + e^{0.3[-T_0(x)-10+T(x,t)]}\}$$

式中: $T_0(x)$ 为最适温度,即某一区域一年内 NDVI 值达到最高时月份的平均温度, $T(x,t)$ 为某一像元处某一月份的平均温度。为更加符合实际情况,CASA 模型中作如下规定:当某一月份的平均温度小于或等于 $-10℃$ 时, $T_1(x,t)$ 取 0;当某一月份平均温度比最适温度高 10℃或低 13℃时,该月的 $T_2(x,t)$ 等于月平均温度为最适温度时 $T_2(x,t)$ 值的一半。

水分胁迫影响系数 $W(x,t)$ 随着环境中有效水分的增加而增大,其取值范围从 0.5(极端干旱条件)到 1(水分充裕条件),具体值由下式计算:

$$W(x,t)=0.5+0.5\mathrm{EET}(x,t)/\mathrm{PET}(x.t)$$

式中:$\mathrm{PET}(x.t)$ 为可能蒸散量(potential evapotranspiration,mm),即最大蒸散量,可以根据 Thornthwaite(1948)的植被—气候关系模型的计算方法求算。$\mathrm{EET}(x,t)$ 为估计蒸散量(estimated evapotranspiration),也就是实际蒸散量,利用 CASA 模型中的土壤水分子模型计算。对 $W(x,t)$ 有如下规定:当月平均温度小于或等于 0℃时,该月的 $W(x,t)$ 值等于前一个月的值,即 $W(x,t)=W(x,t-1)$。

与生理生态过程模型相比,光能利用率模型比较简单,模型中的植被指数可由遥感获得,可以获得植被生产力的季节、年际变化,且能比较真实地反映陆地植被生物量的时空分布状况,适合向区域乃至全球推广。但它的理论基础决定了这类模型不像生理生态过程模型那样可靠,因此光能传递及转换的过程中还存在许多不确定性。

(3)过程模型

过程模型以植物的生理生态学原理为基础,把光合作用作为陆地生态系统碳循环的最终推动力。基于植物生长发育和个体水平动态的生理生态学模型以及基于生态系统内部功能过程的仿真模型,目前已成为植被生产力生态学研究的热点(李轩然,2006)。生理生态过程模型是通过对植物的光合作用、有机物分解及营养元素的循环等生理过程的数学模拟而得到的,这类模型从机理上模拟植被的光合作用、呼吸作用、蒸腾作用以及土壤水分散失过程,把土壤—植被—大气连续体作为一个系统加以考虑,同时考虑温度、养分、水分等因子对光合作用、生物量分配以及呼吸作用的综合影响,所以更能揭示生物生产过程以及与环境相互作用的机理,理论框架也更完整,可靠性比较高,从而能够从机理上分析和模拟植被的生物物理过程及影响因子。但是过程模型本身比较复杂,涉及植物生理生态、太阳辐射、植被冠层、土壤以及气象等众多参数,而且有些参数不易获得,这些条件在一定程度上限制了过程模型的发展。目前,最典型的过程模型是 Biome-BGC(Kimball et al. ,1997;White et al. ,2000),其他还有 TEM(Melillo et al. ,1995)、CENTURY(Parton et al. ,1987;Gilmanov et al. ,1997;Prasad et al. ,2001)、BEPS(Liu et al. ,1997;Higuchi et al. ,2005)、DLEM(田汉勤等,2010)等。

1)Biome-BGC 模型

Biome-BGC 模型是基于森林生态系统模型 Forest-BGC 发展起来的多生物群系模型。该模型充分考虑气候和各类生态参数的影响,将气象数据(每日的降水、温度、湿度、日常和辐射等)和一些生理生态参数(死亡率、最大气孔导度、叶子碳氮比、表皮导度和光衰减系数等)作为输入参数来模拟每天的水文和生物地球化学循环过程,如碳、水、氮和能量在大气、植被、枯枝落叶和土壤各个库之间的流动和动态特征等(Runing et al.,1993,1994;Kimball et al.,1997;White et al.,2000),其主要数学控制模型如下:

$$GPP=\varepsilon \times APAR$$

$$APAR=PAR \times fPAR$$

$$PAR=0.45 \times SWRad$$

$$\varepsilon =\varepsilon_{max} \times T_{min}-scalar \times VPD-scalar$$

$$PsnNet=GPP-R_{ml}-R_{mr}$$

$$NPP=\sum_{1}^{365} PsnNet-R_{mo}-R_{g}$$

式中:GPP 为植被总初级生产力;APAR 为植被所吸收的光合有效辐射;PAR 为光合有效辐射;fPAR 为植被对光合有效辐射的吸收比例;SWRad 为单位时间内太阳总辐射;常数 0.45 为光合有效辐射(波长为 0.4~0.7 μm)占太阳总辐射的比例;ε 是光能利用率,是由不同植被类型最大光能利用率 ε_{max} 受环境中的温度 T 和水汽压 VPD 因子影响的结果;R_{ml} 和 R_{mr} 分别是枝叶和根部呼吸作用消耗的能量;R_{mo} 是除根部和枝叶外其余部分呼吸作用消耗的能量;R_{g} 为植物自身生长呼吸消耗的能量。

Biome-BGC 模型共有 3 个输入文件,分别是初始化文件、气象文件和植被生理学参数文件。初始化文件主要是对样地的地理学、物理学描述,较容易确定。气象文件包含 6 个气象参数:日最高气温(℃)、日最低气温(℃)、日平均气温(℃)、日降水量(cm)、气压差(Pa)和短波辐射(W/m²)。模型将自然植被分为 6 种类型即常绿阔叶林、常绿针叶林、落叶阔叶林、灌木林、C_3 类草地和 C_4 类草地,每一种类型植被对应一个生理学文件,每个生理学文件共 42 个参数。模型输出包括 GPP、NPP、生长呼吸(Growth Respiration,GR)、净生态系统碳交换量(Net Ecosystem Exchange,NEE)、维持呼吸(Maintenance Respiration,MR)、叶面积指数(Leaf Area Index,LAI)等 40 多个变量的动态变化(Hunt et al.,1996;White et al.,2000;Thornton et al.,2005)。

CENTURY 模型最早由美国科罗拉多州立大学的 Parton 等建立,是基于过程的陆地生态系统地球化学循环模型,主要关于植被、土壤水分通量、土壤有机质以及主要营养物质的模拟模型,它模拟了不同土壤—植被系统间碳和土壤主要营养物质的动态循环,可用于对草地、农业生态系统、森林、热带或亚热带稀疏草原生态进行模拟。CENTURY 模型由植物产量子模型、土壤水分和温度子模型、土壤有机质子模型三个子模型组成。CENTURY 模型主要输入数据包括:①月平均最高气温和最低气温;②月降水量;③植物体木质素含量;④植物中 C、N、P 和 S 含量;⑤土壤质地;⑥大气和土壤 N 素输入;⑦初始土壤 C、N、P 和 S 水平。CENTURY 模型是评价农田生态系统土壤有机碳演变最有效的工具之一,现在已广泛应用于草地生态系统、农田生态系统、森林生态系统等,取得了较好的应用效果。相比于其他生态系统模型,CENTURY 模型具有更强的适用性,能够应用于不同环境,但其运行机制也更为复杂。由于运行该模型需要大量的参数,但部分参数获取比较困难,需要通过其他因子计算而得,增加了模型的不确定性,特别是部分时间序列资料的缺失,会造成 CENTURY 模型模拟结果具有一定的不准确性。

2)BEPS 模型

BEPS(Boreal Ecosystem Productivity Simulator)模型是 Liu 和 Chen 等(1997)在 FOREST-BGC 模型的基础上发展起来的基于过程生物地球化学循环的生态模型,涉及植物生化、生理和物理等机理,结合生态学、生物物理学、气象和水文学等方法来模拟植物的光合、呼吸、碳分配、水分平衡和能量平衡关系。整个模型由能量传输子模型、碳循环子模型、水循环子模型和生理调节子模型组成。该模型最初用于模拟加拿大北方森林生态系统的生产力,取得了很好的效果。该模型的主要控制方程如下(Chen et al.,1999;王秋凤等,2004):

①光合作用:模型中光合作用模拟基于 Farquhar 的叶片尺度瞬时光合模型进行空间尺度扩展,模型如下:

$$A_c = \frac{1}{2}((C_a + K)g + V_m - R_d - [((C_a + K)g + V_m - R_d)^2 -$$
$$4(V_m(C_a - \Gamma) - (C_a + K)R_d)g]^{\frac{1}{2}})$$

$$A_j = \frac{1}{2}((C_a + 2.3\Gamma)g + 0.2J - R_d - [((C_a + 2.3\Gamma)g + 0.2J - R_d)^2 -$$
$$4(0.2J(C_a - \Gamma) - (C_a + 2.3\Gamma)R_d)g)$$

式中:A_c 和 A_j 分别为 Rubisco 限制和光限制的净光合速率;C_a 为大气中的 CO_2 浓度;V_m 为最大羧化速率;R_d 为白天叶片的暗呼吸;K 为酶动力学函数;Γ 为没有暗呼吸时的 CO_2 补偿点;J 为电子传递速率;g 为气孔导度,光合速率取 A_c 和 A_j 中的最小值。

利用上述方程分别计算阳生叶和阴生叶的光合作用,冠层总光合作用由下面的方程求出:

$$A_{canopy} = A_{sun}LAI_{sun} + A_{shade}LAI_{shade}$$

式中:A_{canopy} 为冠层总光合;A_{sun} 为阳生叶的光合;A_{shade} 为阴生叶的光合;LAI_{sun} 和 LAI_{shade} 分别为阳生叶和阴生叶的叶面积指数。

②呼吸作用:生态系统的呼吸分为自养呼吸和异养呼吸,其中自养呼吸又包括维持呼吸(R_m)和生长呼吸(R_g),维持呼吸可由下式计算:

$$R_m = \sum_{i=1}^{3} M_i a_{25}^i Q_{10}^{\frac{T-25}{0}}$$

式中:$i=1,2,3$ 分别代表叶、树干和根;M_i 为各器官的生物量;a_{25}^i 为各器官的呼吸系数;Q_{10} 为呼吸作用的温度敏感系数;T 为空气温度。

根据 Bonan 的研究，生长呼吸占总第一性生产力（GPP）的 25%，因此 $R_g=0.25\text{GPP}$，模型中的土壤呼吸主要考虑了土壤水分和土壤温度的影响：

$$R_h=R_{h,10}f(\theta)f(T_s)$$

式中：$R_{h,10}$ 为土壤温度等于 $10℃$ 时的土壤呼吸速率。

③水循环控制：模型中的水循环控制方程主要考虑了大气降水、冠层截留、穿透降水、融雪、雪的升华、冠层蒸腾、冠层和土壤蒸发、地表径流和土壤水分变化等多个过程，其中地上部分的蒸散用下式计算：

$$\text{ET}=T_{\text{plant}}+E_{\text{plant}}+E_{\text{soil}}+S_{\text{ground}}+S_{\text{plant}}$$

式中：ET 为蒸散发量；T_{plant} 为植被的蒸发量；E_{plant} 和 E_{soil} 分别为植被和土壤的蒸发量；S_{ground} 和 S_{plant} 分别为植物表面雪的升华量和地面雪的升华量。

上式中各项均采用修正后的 Penman-Monteith 方程计算。

3）DLEM 模型

美国气候与全球变化研究中心开发了陆地生态系统动态模型（Dynamic Land Ecosystem Model，DLEM）。DLEM 是针对当前生态系统模型发展的缺陷与不足以及输入数据、模型的不确定性，依据生态系统基本原理构建和发展起来的一个多影响因子驱动、多元素耦合、在多重时空尺度上高度整合的开放式生态系统过程模型（田汉勤等，2010）。DLEM 综合考虑植被动态与生物地球化学过程，可以同时估算多种温室气体的日通量，从机理上模拟时间跨度从天到年，空间范围从几米到几千米、从区域到全球的环境变化事件，以及由此引发的生态系统响应及反馈过程。从创建至今，DLEM 已经在中国、亚洲季风区、北美、亚马孙流域乃至全球尺度的多种生态系统中得到了广泛应用，DLEM 对陆地生态系统的碳、氮、水循环过程的模拟和预测能力得到了国际同行的广泛认可（Melillo et al.，2010；Zhu et al.，2010；Ren et al.，2010；Tian et al.，2010）。图 2.1 为 DLEM 模型的主要组成及其与气候系统、人类系统的关系，图 2.2 为 DLEM 模型的主要输入输出结构图。

虽然过程模型机理清楚，考虑了包括光合作用、蒸腾作用、土壤持水量、土壤质地等在内的多种影响因素，但是过程模型总体模型比较复杂，涉及多个研究领域，模型中输入参数复杂，各类参数获取较困难，再加上模拟区域的参数很难向其他区域甚至全球推广，因此利用此类过程模型估算大尺度甚至全球植被生物量时相对困难，其推广受到一定的限制。

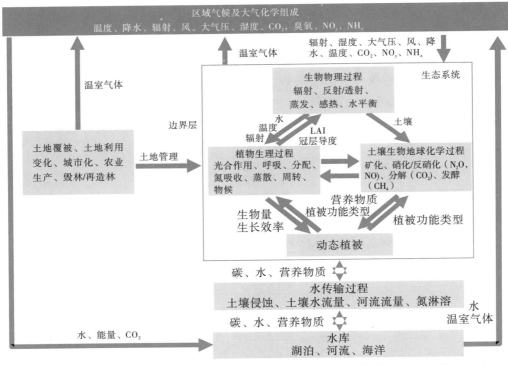

图 2.1　DLEM 模型的主要组成部分及其与气候系统、人类系统的关系（田汉勤等，2010）

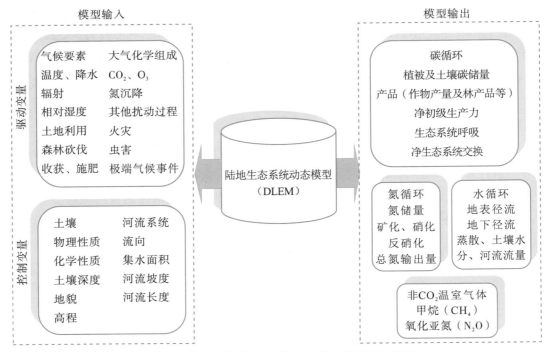

图 2.2　DLEM 模型的主要输入输出（田汉勤等，2010）

2.2　用于生态学的遥感数据及其处理方法

2.2.1　陆地生态系统遥感监测常用传感器及产品分析

2.2.1.1　陆地生态系统遥感监测常用传感器

自 20 世纪 70 年代人类开始获取卫星遥感资料以来,遥感资料就开始用于陆地生态系统监测及相关生物物理参数的获取。尤其近 20 年来,遥感对地观测技术得到了突飞猛进的发展,世界上很多国家都发射了自己的卫星,搭载从可见光到微波各个波段的传感器对地球进行观测,逐渐形成了多平台、多尺度、高时间分辨率的遥感对地观测系统,实现了从地表到近地空间的高时空分辨率、高精度、动态和全球尺度的生态系统监测能力。如以美国宇航局、欧洲航空局和日本宇航开发事业团为主的国际机构建立了全天候、多尺度卫星遥感体系,并为全球陆地生态系统监测和地球科学研究提供了系列陆表、大气、海洋等全球遥感产品。我国也初步建立了陆地、海洋、大气等对地观测技术体系,为全球与区域陆地生态系统监测提供了大量的遥感监测信息。

表 2.2 和表 2.3 分别列出了目前全球常用的陆地生态系统监测的光学遥感卫星和雷达遥感卫星及其载荷信息,可以看出卫星传感器根据陆表应用目标不同,从早期 NOAA 的低分辨率多光谱的 AVHRR、Landsat TM/ETM 到现在的高分辨率多光谱的 CBERS,包含了不同空间分辨率、不同光谱分辨率、不同谱段的光学与雷达传感器,可以为陆地生态系统监测提供多尺度、多角度、多平台的地学信息。

表 2.2　　　　　　　用于陆表监测的主要光学遥感卫星载荷信息

仪器类型	传感器	机构	分辨率(m)	应用目标
低分辨率、多光谱扫描成像	MVIRI	EUMETSAT(ESA)	2500	云、大气湿度、海温观测
	SEVIRI	EUMETSAT(ESA)	1000	云、降水、植被、辐射观测、臭氧、海温观测
	AVHRR	NOAA	1100	陆表资源环境与大气海洋观测
	MODIS	NASA	250	陆表资源环境与大气海洋观测
	VIIRS	NOAA(NASA)	400	陆表资源环境与大气海洋观测
	CCD CAMERA	ISRO	1000	云和植被监测

仪器类型	传感器	机构	分辨率(m)	应用目标
低分辨率、多光谱扫描成像	IMAGER/MTSAT-2	JMA	1000	云、降水、植被、辐射观测、臭氧、海温观测
	MI	KARI(kMA,ITT)	1000	云、降水、植被、辐射观测、臭氧、海温观测
多角度、低分辨率、多光谱成像	MISR	NASA	275	全球地表反照率与植被遥感
红外扫描成像	CIRC	JAXA	200	野火探测、地表温度
中分辨率、多光谱成像	CBERS	CAST(INPE)	5	陆表资源环境监测
	WFI-2(CBERS)	INPE(CAST)	64	陆表资源环境监测
	CCD(HJ)	CAST	30	陆表资源环境与灾害监测
	Sentinel-2	ESA(EC)	10	陆表资源环境监测
	LISS-III	ISRO	23.5	陆表资源环境监测与农业遥感
	AWiFS	ISRO	55	陆表资源环境监测与农业遥感
	ASTER	METI(NASA)	15	陆表资源环境监测、地形制图、火山、地表温度
	ALI	NASA	10	陆表资源环境监测
	Landsat-8	USGS(NASA)	15	陆表资源环境监测
	ETM+	USGS(NASA)	15	陆表资源环境监测
	WFV	CRESDA	16	陆表资源环境监测
	GF-1	CRESDA	5	陆表资源环境监测
	GF-5(多光谱)	CRESDA	20	陆表资源环境监测
	GF-6	CRESDA	8	陆表资源环境监测
	MSI	DLR	6.5	陆表资源环境监测
中分辨率、高光谱成像	HSI(HJ-1A)	CAST	100	地表环境与灾害监测
	IR(HJ-1B)	CAST	150	地表环境与灾害监测
	GF-5(高光谱)	CRESDA	30	地表生态环境监测
	GF-4	CRESDA	50	地表环境与灾害监测
	CHRIS	ESA(UKSA)	18	陆表资源环境与大气海洋观测
	Hyperion	NASA	30	地球资源环境监测
	SPOT	CNES	5,10,20	地球资源环境监测

仪器类型	传感器	机构	分辨率(m)	应用目标
高分辨率、多光谱光学成像	HiRI	CNES	0.7	制图、土地、城市规划管理、数字高程、农林应用、军事侦察等
	Quckbird	DigitalGlobe	0.61	制图、土地、城市规划管理、数字高程、农林应用、军事侦察等
	Worldview3,4 Worldview1,2	DigitalGlobe	0.3 0.5	制图、土地、城市规划管理、数字高程、农林应用、军事侦察等
	Pleiades-1,2	CNES	0.5	制图、土地、城市规划管理、数字高程、农林应用、军事侦察等
	IKonos	GeoEye	1	陆表资源环境监测
	SJ-9A	CRESDA	2.5	陆表资源环境监测
	CBERS-2B	CAST(INPE)	2.36	陆表资源环境监测
	GF-1	CRESDA	2	陆表资源环境监测
	GF-2	CRESDA	0.8	陆表资源环境监测
	GF-6	CRESDA	2	陆表资源环境监测
	GF-7	CRESDA	1	数字高程、测绘制图、农林应用

表 2.3　　　　　用于陆表监测的主要雷达遥感卫星载荷信息

卫星	传感器	在轨时间	波段(GHz)	极化方式	分辨率(m)	应用目标
Sentinel-1(ESA)	SAR	2014-	C	单极化、多极化、极化测量	5	灾害应急、海冰监测、地表沉降、土地覆盖变化、农作物监测
RADARSAT-2 (CSA)	SAR	2007-	C	多极化、极化测量	3	海洋、测绘、农林、环境
ALOS-2	SAR	2014-	L	单极化、多极化、极化测量	1	地形制图、环境、灾害监测
TerraSAR-X (DLR Italy)	SAR	2007-	X	单极化、多极化、极化测量	1	海洋、农林、水文、地质、灾害、制图
SSMIS(NASA)	微波辐射计	2006-	19.3,22.3, 36.5,85.5	双极化	14000	土壤水分监测、积雪,地表温度
AMSR2(NASA)	微波辐射计	2012-	6.9,10.65, 18.7,23.8, 36.5,89.0,	双极化	14000	土壤水分监测、积雪,地表温度

卫星	传感器	在轨时间	波段（GHz）	极化方式	分辨率（m）	应用目标
Crysat-2（ESA）	雷达高度计	2010-	S、X		1600	灾害监测、植被、土地利用、气溶胶
HY-2A（CNSA）	雷达高度计	2011-	13.58、5.25、13.256		2000	海洋参数
GF-3	SAR	2016	C		1	灾害应急、海冰监测、地表沉降、土地覆盖变化、农作物监测

2.2.1.2　陆地生态系统遥感监测常用产品

早期的遥感对地观测技术在陆地生态领域的运用，主要集中在陆地生态系统种群及结构变化遥感调查以及各类植被指数产品的遥感反演上。陆地生态系统种群及结构变化的调查主要通过人机交互来提取各类土地利用/覆盖变化产品，而植被指数主要通过利用红光波段和近红外波段这两个波段反射率的线性组合来获取，进而对植被的生长状况和生物量进行估算。现在，随着遥感传感器的发展以及定量遥感算法的开发，世界上发达国家都发射了自己的卫星，建立了覆盖全球海洋、大气圈、陆地水圈和陆地生态圈和冰冻圈的生态环境遥感监测产品（吴炳方和张淼，2017），而陆地生态系统遥感监测产品也日益多样化。下面主要以美国、欧洲和日本为例来分析陆地生态系统监测产品的现状。

（1）美国陆地生态系统遥感监测产品

1）NASA 对地观测数据产品

对地观测系统（EOS）计划是美国引领全球对地观测事业的代表。经过长达 8 年的制造和前期预研工作，第一颗 EOS 卫星于 1999 年 12 月 18 日发射升空，命名为 TERRA，搭载了可用于大气、陆地、海洋全方位监测的多尺度遥感成像设备。EOS 系列卫星上最主要的仪器是中分辨率成像光谱仪（Moderate-Resolution Imaging Spectroradiometer，MODIS），MODIS 是 Terra 和 Aqua 卫星上搭载的主要传感器之一，两颗星相互配合，每 1～2 天可重复观测整个地球表面，得到 36 个波段的观测数据，其最大空间分辨率可达 250m。MODIS 的多波段数据可以同时提供反映陆地表面状况、云边界、云特性、海洋水色、浮游植物、生物地理、化学、大气中水汽、气溶胶、地表温度、云顶温度、大气温度、臭氧和云顶高度等特征的信息，共设计了 44 个标准产品。其中 MOD04～MOD08、MOD35 为大气产品，MOD9～MOD17、MOD33、MOD40、MOD43、MOD44 为陆地产品，MOD18～MOD32、MOD36～MOD39、MOD42 为海洋产品，产品时间跨度范围从 2000 年至今，产品类型如表 2.4 所示。

表 2.4　　　　　　　　　　　　　　　　　MODIS 产品特性表

产品类型	产品名称	空间范围	空间分辨率	时间分辨率
大气产品	MOD04/大气气溶胶	全球	1km、30s	日、旬、月
	MOD05/可降水量	全球	1km、30s	日、旬、月
	MOD06/云产品	全球	1km、30s	日、旬、月
	MOD07/大气剖面数据	全球	1km、30s	日、旬、月
	MOD35/云掩膜	全球	0.25km、1km	日
陆地产品	MOD10/雪覆盖	全球	0.5km	日、旬、月
	MOD11/地表温度和辐射率	全球	1km、30s	日、旬、月
	MOD12/土地覆盖和土地覆盖变化	全球	1km、0.25°	季
	MOD13/栅格的归一化植被指数和增强型植被指数	全球	0.25km	旬、月
	MOD14/热异常—火灾和生物量燃烧	全球	1km	旬、月
	MOD15/叶面积指数和光合有效辐射	全球	1km	日、旬、月
	MOD16/蒸腾作用	全球	1km	旬、月
	MOD17/NPP	全球	0.25km、1km	旬、月
	MOD43/陆地表面反射率、BRDF/Albedo	全球	1km	日、旬、月
	MOD44/植被覆盖转换	全球	0.25km	季、年
海洋产品	MOD18/海洋标准的水面辐射	全球	1km	日、旬、月
	MOD19/海洋色素浓度	全球	1km	日、旬、月
	MOD20/海洋叶绿素荧光性	全球	1km	日、旬、月
	MOD21 海洋叶绿素—色素浓度	全球	1km	日、旬、月
	MOD22/海洋光合可利用辐射（PAR）	全球	1km	日、旬、月
	MOD23/海洋悬浮物浓度	全球	1km、20km	日、旬、月
	MOD24/海洋有机质浓度	全球	1km、20km	日、旬、月
	MOD25/海洋球石浓度	全球	1km、20km	日、旬、月
	MOD26/海洋水衰减系数	全球	1km	日、旬、月
	MOD27/海洋初级生产力	全球	1km	日、旬、月
	MOD28/海面温度	全球	1km	日、每周/昼夜
	MOD29/海冰覆盖	全球	1km	日、旬
	MOD31/海洋藻红蛋白浓度	全球	1km	日、旬
	MOD32/海洋处理框架和匹配的数据库	全球	1km	日、旬、月
	MOD36/海洋总吸收系数	全球	1km	日、旬、月
	MOD37/海洋气溶胶特性数据	全球	1km	日、旬、月
	MOD39/海洋纯水势	全球	1km	日、旬、月

2）NASA 陆地卫星数据产品

美国陆地卫星（Landsat）系列卫星由美国航空航天局（NASA）和美国地质调查局（USGS）共同管理。自 1972 年起，Landsat 系列卫星陆续发射，是美国用于探测地球资源与环境的系列地球观测卫星系统。陆地卫星的主要任务是调查土地利用和土地覆盖状况、地下矿藏、海洋资源和地下水资源，监视和协助管理农、林、畜牧业和水利资源的合理使用，预报农作物的收成，研究自然植物的生长和地貌，考察和预报各种严重的自然灾害（如地震）和环境污染，拍摄各种目标的图像，以及绘制土地利用/土地覆盖、地质图、地貌图、水文图等。LandsatTM/ETM＋数据是目前应用最广泛的遥感卫星资料之一。其数据产品包括 Level 1、Level 2、Level 3 和 Level 4 级。

Level 1：经过辐射校正，但没有经过几何校正的产品数据，并将卫星下行扫描行数据反转后按标称位置排列。Level 1 产品也称为辐射校正产品。

Level 2：经过辐射校正和几何校正的产品数据，并将校正后的图像数据映射到指定的地图投影坐标下。Level 2 产品也称为系统校正产品。在地势起伏小的区域，Landsat-7 系统校正产品的几何精度可以达到 250m 以内，Landsat-5 系统校正产品的几何精度取决于预测星历数据的精度。

Level 3：经过辐射校正和几何校正的产品数据，同时采用地面控制点改进产品的几何精度。Level 3 产品也称为几何精校正产品。几何精校正产品的几何精度取决于地面控制点的可用性。

Level 4：经过辐射校正、几何校正和几何精校正的产品数据，同时采用数字高程模型（DEM）纠正地势起伏造成的视差。Level 4 产品也称为高程校正产品。高程校正产品的几何精度取决于地面控制点的可用性和 DEM 数据的分辨率。

3）NOAA 卫星与气候数据产品

美国 NOAA 气象观测卫星的轨道是接近正圆的太阳同步轨道，轨道高度为 870km 及 833km，轨道倾角为 98.9°和 98.7°，周期为 101.4 分。NOAA 卫星的应用目的是日常的气象业务，平时有两颗卫星在运行。由于用一颗卫星每天至少可以对地面同一地区进行 2 次观测，因此两颗卫星就可以进行 4 次以上的观测。NOAA 卫星上携带的探测仪器主要有高级甚高分辨率辐射（AVHRR/2）和泰罗斯垂直分布探测仪 TOVS，AVHRR/2 是以观测云的分布、地表（主要是海域）的温度分布等为目的的遥感器，TOVS 是测量大气中气温及温度的垂直分布的多通道分光计，由高分辨率红外垂直探测仪（HIRS/2）、平流层垂直探测仪（SSU）和微波垂直探测仪（MSU）组成。AVHRR/2 数据还可以用于非气象的遥感，其主要特点是宏观、快速、廉价。在农业、海洋、地质、环境、灾害等方面都有独特的应用价值。目前 NOAA 提供两种全球尺度的 AVHRR 数据：NOAA 全球覆盖（Global Area Coverage，GAC）数据和 NOAA 全球植被指数（Global

Vegetation Index,GVI)数据。GAC 是通过对原始 AVHRR 数据进行重采样而生成的，空间分辨率为 4 km，由 5 个 AVHRR 的原始波段组成，没有经过投影变换。GVI 是对 GAC 数据的进一步采样而得到的，空间分辨率为 15 km 或更粗，经过投影变换。此外，为了减少云的影响，GVI 是由连续 7 天图像中 NDVI 值最大的像元所组成。美国国家海洋与大气管理局（NOAA）从 1982 年起就生产 GVI 数据。AVHRR 资料的应用主要有两个方面：一方面是大尺度区域（包括国家、洲乃至全球）调查，应用的方法一般是采用多时相分类的方法对 1 km 空间分辨率的 AVHRR 数据或更低空间分辨率的 GAC 或 GVI 数据进行分类；另一方面是中小尺度区域的调查，这方面的应用主要是由于目前高空间分辨率遥感数据的获取比较困难，遥感调查的实时性较差，利用 AVHRR 数据来获得宏观的、实时的、能达到一定精度的地面信息。

NOAA 气候数据记录（Climate Data Record,CDR）计划的目的是发展并实施稳健的、可持续的、科学上可靠的方法，由卫星观测数据生成和保留气候记录的数据集。主要包括：

①大气产品：a. 地表参量有空气温度、风速、风向、水汽、压强、降水和地表辐射平衡；b. 高空参量有温度、风速、风向、水汽、云参数、地球辐射平衡；c. 大气成分参量有 CO_2、CH_4 和其他长周期温室气体、臭氧、气溶胶等。

②海洋产品：a. 海面参量有海面温度、海面盐度、海平面高度、海水状态、海冰、表面洋流、海色、二氧化碳分压、海洋酸度、浮游植物；b. 海水内部有温度、盐度、营养、二氧化碳分压、酸度等。

③陆地产品：河道流量、水利用、地下水、湖泊、雪盖、冰川和冰盖、冰芯、永久冻土、反照率、地表覆盖、光和有效辐射、叶面积指数、地上生物量、土壤碳、火干扰、土壤湿度。

（2）欧洲陆地生态系统遥感监测产品

1）欧洲航空局陆表分析卫星应用设施

欧洲航空局陆表分析卫星应用设施（Land Surface Analysis Satellite Applications Facility,LSA SAF）利用 SERIVI/MSG 数据，发展业务化的参数产品反演算法，生产相应产品，服务于陆地、地—气相互作用和生物圈的相关研究，数据产品特性如表 2.5 所示。

表 2.5   ESA LSF 产品说明

产品类别	产品名称	空间范围	空间分辨率(km)	时间分辨率
地表辐射平衡	反照率	圆盘	3	5 天/30 天
	地表温度	圆盘/全球	3	15 分/12 小时
	下行短波辐射	圆盘/全球	5	30 分/天
	下行长波辐射	圆盘/全球	5	30 分/天

续表

产品类别	产品名称	空间范围	空间分辨率(km)	时间分辨率
生物物理参数	雪盖	圆盘/全球	3	天
	地表蒸散	圆盘	3	天/30 分
	植被覆盖度	圆盘/全球	3	天/10 天
	叶面积指数	圆盘/全球	3	天/10 天
	光合有效辐射因子	圆盘/全球	3	天/10 天
	火灾危险制图	欧洲	3	天
	火灾探测与监测	圆盘	3	天
	火灾辐射能量	圆盘	3	天/15 分

2)欧洲"哥白尼"计划(欧洲的全球环境与安全监测)

欧洲"哥白尼"计划(Copernicus Programme)以前命名为全球环境与安全监测项目(Global Monitoring for Environment and Security,GMES),计划的主要目标是通过对欧洲及非欧洲国家(第三方)现有和未来发射的卫星数据及现场观测数据进行协调管理和集成,实现环境与安全的实时动态监测,为决策者提供数据,以帮助他们制定环境法案,或是对诸如自然灾害和人道主义危机等紧急状况作出反应,保证欧洲的可持续发展和提升国际竞争力。该项目将利用 30 颗包括 RADARSAT2、ENVISAT ASAR 等 SAR 数据以及 SPOT VGT、Proba-V、ENVISAT MERIS 和 6 颗哨兵(Sentinel)系列卫星等多源卫星数据,这些卫星具有合成孔径雷达、光学传感器、卫星高度计系统、卫星辐射仪、卫星光谱仪等载荷仪器,通过全方位载荷仪器,将打造全球最全面的地球观测系统。服务系统是"哥白尼"计划的一大特色,通过将观测和服务有机结合起来,提供全球中低空间尺度、长时间序列的陆表植被监测、能量平衡和水分监测的多种数据产品,服务于包括陆地、海洋、大气、气候变化、应急管理和安全等领域。之前的 GMES 产品说明如表 2.6 所示。

表 2.6   GMES 产品说明

产品类别	产品名称	空间范围	空间分辨率	时间分辨率
地表辐射平衡	反照率	全球	1km	10 天
	地表温度	全球	0.05°	10 天、小时
	冠层反射率	全球	1km	10 天
生物物理参数	光合有效辐射(FAPAR)	全球	1km	10 天
	植被覆盖度	全球	1km	10 天
	叶面积指数	全球	1km	10 天
	NDVI	全球	1km	10 天

产品类别	产品名称	空间范围	空间分辨率	时间分辨率
生物物理参数	植被状态指数	全球	1km	10 天
	植被生产力指数	全球	1km	10 天
	干物质生产力	全球	1km	10 天
水循环参数	土壤水指数	全球	0.1°	天/10 天
	水体产品	全球	1km	10 天
生态参数	过火区	全球	1km	10 天

（3）日本生态系统遥感监测产品

日本宇宙航空研究开发机构(Japan Aerospace Exploration Agency,JAXA),是负责日本的航空、太空开发事业的独立行政法人。JAXA 研制的 AMSR 传感器是改进型多频率、多极化的被动微波辐射计,通过测量来自地球表面的微波辐射来研究全球范围的水循环及其相关参量的反演。基于 AMSR 传感器的主要参数产品包括总可降水水分含量、云的液态水含量、降水、海表风速、海表温度、海冰浓度、雪深、土壤含水量等,如表 2.7 所示。

表 2.7　　　　　　　　　　　　　　　　AMSR 传感器产品说明

产品类型	产品名称	空间范围	空间分辨率	时间分辨率
水循环参量	总可降水水分含量	全球	天、月	0.1°、0.25°
	云的液态水含量	全球	天、月	0.1°、0.25°
	降水	全球	天、月	0.1°、0.25°
	雪深	全球	天、月	10km、0.25km
	土壤含水量	全球	天、月	0.1°、0.25°
海洋产品	海表风速	全球	天、月	0.1°、0.25°
	海表温度	全球	天、月	0.1°、0.25°
	海冰浓度	全球	天、月	0.1°、0.25°

ALOS 卫星是日本的另一对地观测卫星,载有 3 个传感器:全色遥感立体测绘仪(PRISM),主要用于数字高程测绘;先进可见光与近红外辐射计－2(AVNIR-2),用于精确陆地观测;相控阵型 L 波段合成孔径雷达(PALSAR),用于全天时全天候陆地观测。日本地球观测卫星计划主要包括 2 个系列:大气和海洋观测系列以及陆地观测系列。先进对地观测卫星 ALOS 是 JERS-1 与 ADEOS 的后继星,采用了先进的陆地观测技术,能够获取全球高分辨率陆地观测数据,主要应用目标为测绘、区域环境观测、灾害监测、资源调查等领域。ALOS 卫星产品包括如下几种:①PRISM 数据产品。Level1 1A:原始数据分别附带独立的辐射定标和几何定标参数文件;Level 1B1:对 1A 数据做辐射校正,增加了绝对定标系数;

Level1 1B2：经过辐射与几何校正的产品，提供地理编码数据和地理参考数据两种选择。②AVNIR-2 数据产品。Level1 1A：原始数据附带辐射校正和几何纠正参数；Level1 1B1：对1A 数据做辐射校正，增加了绝对定标系数；Level1 1B2：经辐射与几何校正的产品。提供地理编码数据、地理参考数据和 DEM 粗纠正数据（限日本区域）3 种选择。③PALSAR 数据产品。Level 1.0：未经处理的原始信号产品，附带辐射与几何纠正参数；Level 1.1：经过距离向和方位向压缩，斜距产品，单视复数数据；Level 1.5：经过多视处理及地图投影，未采用DEM 高程数据进行几何纠正，提供地理编码或地理参考数据两种选择，投影方式可选，数据采样间隔根据观测模式可选。

ASTER 传感器是搭载在 Terra 卫星上的由日本研发的先进星载热辐射与反射辐射计，有 3 个波段：可见光近红外波段、短波红外波段和热红外波段。可见光近红外波段有 4 个，短波红外波段有 6 个，热红外波段有 5 个，共 15 个波段。ASTER 数据分辨率为 $15 \sim 90m$，扫描幅宽为 60km。ASTER 数据有着广泛的应用领域。在科研领域，ASTER 数据可被用于监测活火山的活动规律，监测海岸线的侵蚀和下沉状况，监测热带雨林地区的植被生长情况，测量海洋珊瑚、暗礁地图，分析沿海地带的海平面温度变化，研究极地雪川、冰河以及云量；在应用领域，ASTER 数据可被用于农作物估产、土壤质量调查、森林以及平原火灾的调查、野生动物生活环境的调查、地形图的制作、土地使用状况分类、城市发展动态监测、交通和运输路线调查、近海和近河地区的洪水监测、地质特征、地质特征分类、岩石记述学、岩石和土壤的界定、火山分布状况调查、水资源调查、石油泄漏以及其他污染的调查、大气环境监测、水污染监测及土壤污染分布调查。ASTER 传感器的数据产品如表 2.8 所示。

表 2.8 ASTER 传感器数据产品说明

产品级别	产品类别	产品描述
1A 级		1 级产品是从原始数据中提取数据并排列对齐。不进行几何校正及辐射校正，没有地图投影，但为用户进一步处理提供相关系数
1B 级		将 1A 级数据进行几何校正及辐射校正，带有地图投影信息，可利用1B 级产品中图像数据的数字值（DN 值）反演一些物理量如辐射值、温度等
2A02 级	相对波谱反射系数 TIR	将 1B 级数据进行去相关处理，并对热红外波段数据进行拉伸。2A02级产品增强了在热红外图像中微弱的发射系数的变化
2A03V 级	相对波谱反射系数 VNIR	将 1B 级数据进行去相关处理，并对可见光近红外波段数据进行拉伸。2A03V 级产品中可见光近红外波段数据的反射系数变化得到了增强
2A03S 级	相对波谱反射系数 SWIR	将 1B 级数据进行去相关处理，并对短波红外波段数据进行拉伸。2A03S 级产品中短波红外波段数据的反射系数变化得到了增强
2B01V 级	地表辐射系数 VNIR	2B01V 级产品为可见光近红外波段进行大气校正后的产品

产品级别	产品类别	产品描述
2B01S 级	地表辐射系数 SWIR	2B01S 级产品为短波红外波段进行大气校正后的产品
2B01T 级	地表辐射系数 TIR	2B01T 级产品为热红外波段进行大气校正后的产品
2B05V 级	地表反射系数 VNIR	本级别产品的地表反射系数是对可见光近红外波段数据进行大气校正后得到的地表辐射系数
2B05S 级	地表反射系数 SWIR	本级别产品的地表反射系数是对短波红外波段数据进行大气校正后得到的地表辐射系数
2B03 级	地表温度	本级别产品中的地表温度系数是从 5 个红外波段数据,经大气校正了的地表辐射系数 TIR(2801T),并经温度—发射系数分离,计算后得到的
2B04 级	地表发射率	本级别产品中的地表发射系数是从 5 个红外波段数据,经大气校正了的地表辐射系数 TIR(2801T),并经温度—发射系数分离,计算后得到的
3A01 级	正射图像	本产品是正射 ASTER 图像,用相对 DEM(4A01)数据产生的。本数据没有高程差别引起的地理畸变。对应于每个像元的地理位置的高程数据都附在本产品后
4A01 级	相对 DEM	本产品是相对高程数据,这些数据是从 VNIR 3N(星下观测)及 3B(向后观测)波段数据所构成立体数据提取的

2.2.2　用于生态学的遥感数据处理

自 1972 年美国发射第一颗陆地卫星 Landsat-1 以来,遥感技术就开始用于陆地生态系统的监测与评估。特别是近 30 年来,随着遥感传感器的发展、定量遥感水平的提高,遥感技术开始大范围用于陆地生态系统的监测与生态环境的评价。通过光学遥感资料不仅可以获取直观的生态系统种群结构与分布状况,通过遥感反演还可以获取更多的生态系统的物理化学参数,如各类植被指数、地表温度、地面反照率、叶面积指数、土壤湿度等,这些参数可直接作为陆地生态系统模型的驱动变量或参量,也可直接利用高光谱遥感数据获取陆地生态系统植被生物量等信息,分析陆地生态系统碳、氮、水循环等。与光学遥感相比,微波遥感不依赖于太阳辐射的变化,不受时间和天气的限制,能够全天候应用,随时获取植被信息与地表地形信息,对有云层覆盖的热带和极地地区也一样适用。而且微波能够穿透天然植被和地表一定深度,可以直接用于植被尤其是树干和枝条生物量的研究。因此,目前微波遥感技术也大量应用于植被群落结构,森林高度,地上、地下生物量等数据的估算。

由于遥感传感器种类繁多,每类传感器数据有自己的数据订正方法与纠正模型,特别是对于一些高分辨率的遥感影像,需要结合自身传感器的特点以及应用背景,分别进行传感器定标、影像的大气校正与辐射校正、地形投影差改正以及几何校正,最后根据具体应用进行影像间的融合、配准与地物信息提取。本书主要以目前陆地生态系统分析与生态环境评价最常用的 MODIS 数据为主,来说明长时间序列的遥感数据的处理方法。

为了深入调查和研究全球环境变化、全球气候变化和自然灾害增多等全球性问题,从 1991 年起,美国国家航空航天局(National Aeronautics and Space Administration,NASA)正式启动了在宇宙空间中把地球作为一个整体环境系统进行综合观测的地球观测系统(Earth Observation System,EOS)计划。1999 年 12 月 18 日发射升空的上午星 Terra 是 EOS 计划中第一颗开始运转的先进的太阳同步极地轨道环境遥感卫星,标志着人类对地观测新的里程的开始,并首次实现了从单系列极轨空间平台上对地球科学的综合研究和对陆地、海洋和大气进行分门别类的研究,其降轨过境时间为当地时间 10:30,升轨时间为 22:30。上午过境时,云量一般较少,可以取得最好的光照条件并最大限度地减少云的影响,它对地表的视角的范围最大,故着重用于地球生态系统的监测。下午星 Aqua 是于 2002 年 5 月 4 日成功发射的,主要用于研究地球水循环,以增加科学家对全球气候变化的了解,并可用来进行更准确的天气预报,过境时间为每日地方时 13:30 和凌晨 1:30。

Terra 和 Aqua 卫星上都搭载了多通道同步观测的中分辨率成像光谱仪(Moderate-Resolution Imaging Spectroradiometer,MODIS),总共有 36 个波段,波谱范围从 $0.4\mu m$(可见光)到 $14.4\mu m$(热红外),其中有两个通道最高空间分辨率为 250m,5 个通道为 500m,29 个通道为 1000m,扫描宽度较广,达 2330km。Terra 与 Aqua 上的 MODIS 数据在时间更新频率上相配合,加上晚间过境数据,可以得到每天最少 2 次白天和 2 次黑夜更新数据。MODIS 多波段数据可以同时提供反映陆地表面状况、云边界、云特性、海洋水色、浮游植物、生物地理、化学及大气中水汽、气溶胶、地表温度、云顶温度、大气温度、臭氧和云顶高度等特征的信息。可用于对陆表、生物圈、固态地球、大气和海洋进行长期全球观测。MODIS 的这些特性大大增加了对地球环境的观测力和识别能力,也大大提高了大范围细致动态观测能力,能够有效识别云层,也为将水、裸地、植被、建筑物等典型地物的区分提供更多的波谱特征信息,MODIS 的主要光谱通道和特征如表 2.9 所示。

表 2.9   MODIS 的主要光谱通道和特征

波段号	光谱范围(μm)	空间分辨率(m)	光谱分类	主要应用
1	0.620~0.670	250	可见光(红)	植被叶绿素吸收
2	0.841~0.876	250	近红外	云和植被覆盖变换
3	0.459~0.479	500	可见光(蓝)	土壤植被差异
4	0.545~0.565	500	可见光(绿)	绿色植被
5	1.230~1.250	500	近红外	叶面/树冠差异
6	1.628~1.652	500	短波红外	雪/云差异
7	2.105~2.155	500	近红外	陆地和云的性质

（1）MODIS 每日地表反射率产品

Terra 和 Aqua 卫星的 MODIS 每日地表反射率产品 MOD09GA 与 MYD09GA 是在 MODIS-L1B 基础上经过了辐射定标和大气校正等处理的陆地 2 级标准数据产品,内容为 1～7 波段的地表反射率,分辨率为 500m,分别是 Terra 星和 Aqua 星的白天每日数据,处理流程如图 2.3 所示。反射率产品是以分层数据格式(Hierarchical Data Format,HDF)存储的,地图投影方式为正弦曲线(Sinusoidal Projection,SIN)投影,是一种等面积的伪圆柱投影,将全球按照 1200km×1200km(10°N×10°E)的方式分片,如图 2.4 所示,并对每一个 Tile 进行垂直和水平编号。MOD09GA 的 ftp 下载地址为 ftp://e4ftl01.cr.usgs.gov/MODIS_Dailies_A/MOLT/MOD09GA.005,MYD09GA 的 ftp 下载地址为 ftp://e4ftl01.cr.usgs.gov/MODIS_Dailies_A/ MOLA/MYD09GA.005。

（2）MODIS 长时间序列植被指数产品

MODIS 植被指数 NDVI 产品数据集可以从 NASA 网站下载,该数据集包括 2002 年 1 月 1 日至 2016 年 12 月 31 日 MODIS MOD13Q1 NDVI 数据集,该数据集空间分辨率为 250m,时间分辨率为 16 天,投影系统为 Sinusoidal。该数据集由 MODIS 地面反射率产品经过几何精校正、辐射矫正、大气校正预处理,同样也采用了最大值合成法(MVC)生成 NDVI 产品,进一步消除了大气、云、太阳高度角等因素的影响。该数据全年共 23 幅。

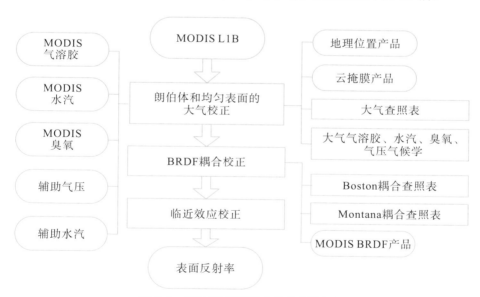

图 2.3　MODIS 反射率产品处理流程图

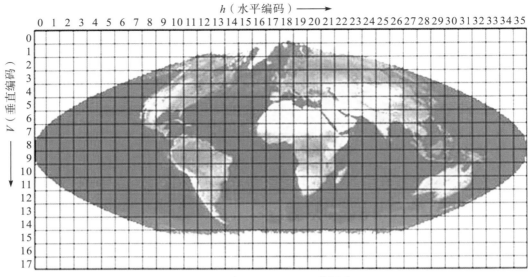

图 2.4　全球 MODIS Tile 网格划分图

2.2.3　长时间序列遥感数据处理分析

我们以 MODIS 数据为例,介绍长时间序列遥感数据处理与数据重建基本方法。尽管 MODIS 数据产品经过了严格的预处理,并采用最大值合成法进行合成,但得到的产品难免还会存在一些残差,为了进一步得到平滑连续的 NDVI 曲线,需要对 NDVI 时间序列进行数据重建。综合考虑所用遥感数据集与典型植被 NDVI 的特点,采用云、雪像元反距离加权空间插值与 S-G 滤波算法相结合的处理模型,可以对 NDVI 时间序列数据进行逐像元重建。

长时间序列 NDVI 数据重建模型需要解决的关键技术流程为:

(1)云、雪像元反距离加权空间插值

找出像元可信度数据指示为云或雪的像元,并对其进行 8 方向搜索,寻找最近的 8 个非云、雪像元,再根据反距离加权空间插值法获得纠正后的 NDVI 值:

$$\mathrm{NDVI} = \sum_{i=1}^{8} \lambda_i\, \mathrm{NDVI}_i$$

$$\lambda_i = \frac{d_i^{-1}}{\displaystyle\sum_{i=1}^{8} d_i^{-1}}$$

式中:d_i 为云、雪像元与搜索到的非云、雪像元之间的距离。

(2)S-G 滤波算法

S-G 滤波算法又称为最小二乘法或数据平滑多项式滤波算法,可理解为带权重的滑动平均滤波,其加权系数通过在滑动窗口内对给定高阶多项式的最小二乘拟合得出(Chen et al.,2004;Luo et al.,2005)。该方法主要基于两点假设:NDVI 曲线时序变化与植被的生长与衰落过程相一致;外界条件云、大气的干扰被认为总是降低 NDVI 值。其过程可由下式描述(Chen et al.,2004;Luo et al.,2005;Azami et al.,2012):

$$Y_j = \frac{\sum\limits_{i=-m}^{i=m} C_i X_{j+i}}{N}$$

式中:X 为原始 NDVI 值;Y 为拟合 NDVI 值;C_i 是第 i 个 NDVI 值的权重系数;N 是窗口的大小($N=2m+1$),即包含多少个 NDVI 值;m 决定了窗口大小,m 越大,滤波结果越平滑。

数据重构的具体步骤为:

1)对原始 NDVI 产品进行云、雪像元反距离加权空间插值计算,得到新的时间序列数据集 $NDVI_0$;

2)对经过插值的 NDVI 产品利用 S-G 滤波法进行平滑,得到 NDVI 时间序列总体趋势数据集 $NDVI_{tr}$;

3)计算 NDVI 时间序列数据每个像元点的像元可信度(W_i),作为之后判定重构结果的依据。其中 W_i 计算公式为:

$$W_i = \begin{cases} 1 & (NDVI_i^0 \geqslant NDVI_i^{tr}) \\ 1 - d_i/d_{max} & (NDVI_i^0 < NDVI_i^{tr}) \end{cases}$$

式中:i 表示一幅影像中的第 i 个像元,$d_i = |NDVI_i^0 - NDVI_i^{tr}|$,即 $NDVI_i^0$ 与 $NDVI_i^{tr}$ 之间的垂直距离;d_{max} 为 d_i 的最大值。

4)基于 S-G 滤波的假设条件,若云、雪像元反距离加权空间插值后的 $NDVI0$ 值低于重构后 $NDVI_{tr}$,则视为噪声,用长期变化趋势线中的数据值($NDVItr$)进行替代,获得新的 NDVI 时间序列 $NDVI_1$;

5)对新的 $NDVI_1$ 时间序列序数据再次进行 S-G 滤波,重复第 3 步,并计算拟合效果指数,拟合效果指数达到最小时,迭代停止,生成最终的 NDVI 时间序列数据,其中拟合效果计算公式为:

$$F_k = \sum_{i=1}^{N} (|NDVI_i^{K+1} - NDVI_i^0| W_i)$$

$$F_{K-1} \leqslant F_k \leqslant F_{K+1}$$

式中:$NDVI_i^K$ 为第 i 个像元在第 k 次滤波重构后的 NDVI 值,N 为总像元数,W_i 为第 2 步计算出的像元可信度,F_k 为第 k 次滤波后的拟合效果指数。

具体处理流程如图 2.5 所示。

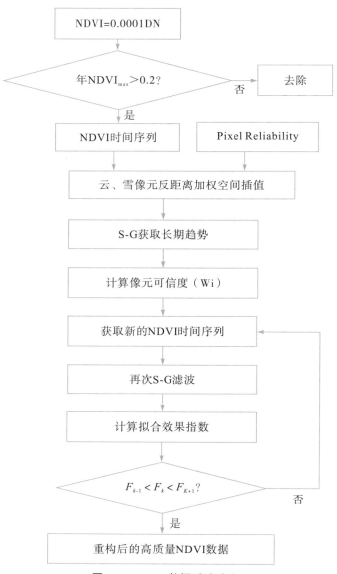

图 2.5　NDVI 数据重建流程

　　经过滤波后的 NDVI 曲线如图 2.6 所示,可以看出,该滤波方法有效地消除了突变噪声对 NDVI 数据长时间序列数据集的影响,同时很好地保留了曲线的真实信息。

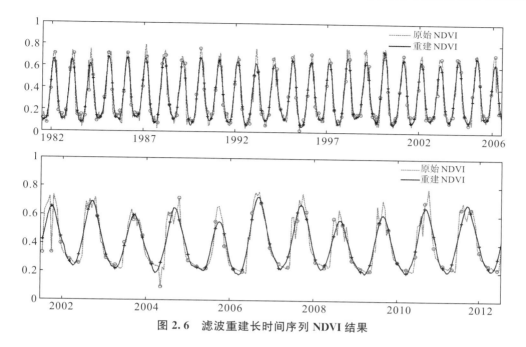

图 2.6 滤波重建长时间序列 NDVI 结果

2.3 小结

本章首先介绍了陆地生态系统建模的基本原理,生态系统模型主要围绕陆地生态系统碳循环、氮循环和水循环的基本过程、基本作用机制和变化特征来进行数学模拟,涉及不同的地理尺度,模型模拟从个体到种群、种群到群落、群落到生态系统、生态系统到生物圈或地球生态系统,是一项从简单到复杂、从单一种群单一功能到复杂生态系统发展的过程。当前通用的生态系统模型主要分为统计模型或经验模型、参数模型和过程模型,每类模型各有其优缺点及适用范围。而以生态学基本原理来构建的过程模型机理清楚,综合模型基本包括了光合作用、蒸腾作用、土壤持水量、土壤质地等在内的多种影响因素,虽然模型总体比较复杂,但将是未来生态系统模型发展的方向。

同时,本章也介绍了陆地生态系统宏观监测中常用的遥感传感器,以及目前陆地生态系统监测常用的遥感产品。特别以 MODIS 数据为例,介绍了用于生态分析的遥感数据处理方法及长时间序列遥感数据的重建过程。

参考文献

[1] 李长生.陆地生态系统的模型模拟[J].复杂系统与复杂性科学,2004,1(1):49-57.

[2] 李志恒,张一平.陆地生态系统物质交换模型[J].生态学杂志,2008,27(7):1207-1215.

［3］ 毛嘉富,王斌,戴永久,等.陆地生态系统模型及其与气候模式耦合的回顾[J].气候与环境研究,2006,11(6),763-771.

［4］ 于贵瑞,王秋凤,方华军.陆地生态系统碳—氮—水耦合循环的基本科学问题、理论框架与研究方法[J].第四纪研究,2014,34(4):683-698.

［5］ 赵风华,于贵瑞.陆地生态系统碳—水耦合机制初探[J].地理科学进展,2008.

［6］ Raich J W, Tufekeiogul A. Vegetation and soil respiration:correlations and controls[J]. Biogeochemistry,2000,48(1):71-90.

［7］ Wang W,Fang J,Soil respiration and human effects on global grasslands[J]. Global and Planetary Change,2009,67(1):20-28.

［8］ Yang YS,Dong B,Xie JS,et al. A review of tree root respiration:significance and methodologies[J]. Acta Phytoecologica Sinica,2004,28(3):426-591.

［9］ Zhao Z,Zhao C,Yilihamu Y,et al. Contribution of root respiration to total respiration in a cotton field of northwest China[J]. Pedosphere,2013,23(2):223-228.

［10］ 郑华,欧阳志云,赵同谦,等.人类活动对生态系统服务功能的影响[J].自然资源学报,2003,1(1):118-126.

［11］ 徐志刚.人类扰动下的中蒙俄样带生态系统结构与功能的梯度变化研究[D].中国科学院地理科学与资源研究所,2008.

［12］ 周广胜.中国东北样带(NECT)与全球变化:干旱化、人类活动与生态系统[M].气象出版社,2002.

［13］ 周广胜,王玉辉,白莉萍,等.陆地生态系统与全球变化相互作用的研究进展[J].气象学报,2004,62(5):692-707.

［14］ 彭少麟,张桂莲,柳新伟.生态系统模拟模型的研究进展[J].热带亚热带植物学报,2005(1):85-94.

［15］ Lieth H. Modeling the primary productivity of the world[M] // Primary productivity of the biosphere. Springer,1975.

［16］ Lieth H. Evapotranspiration and primary productivity:CW Thornthwaite memorial model[J]. Pub in Climatology,1972,25:37-46.

［17］ Goward,SN,Dye DG. Evaluating North American net primary productivity with satellite observations[J]. Advances in Space Research,1987,7(11),165-174.

［18］ Uchijima Z.,Seino H. Agroclimatic evaluation of net primary productivity of natural vegetations,1:Chikugo model for evaluating net primary productivity[J]. Journal of Agricultural Meteorology,1985.

［19］ 朱志辉.自然植被净初级生产力估算模型[J].科学通报,1993,38(15):422-426.

［20］ 孙睿,朱启疆. 中国陆地植被净第一性生产力及季节变化研究［J］. 地理学报, 2000,55(1):36-45.

［21］ 周广胜,张新时,高素华,等. 中国植被对全球变化反应的研究［J］. Acta Botanica Sinica,1997:9-14.

［22］ Zhou,G,Zheng,Y,Luo T,et al. NPP model of natural vegetation and its application in China［J］. Scientia Silvae Sinicae,1998,34:2-11.

［23］ 陈利军,刘高焕. 遥感在植被净第一性生产力研究中的应用［J］. 生态学杂志, 2002,21(2):53.

［24］ 崔霞,冯琦胜,梁天刚. 基于遥感技术的植被净初级生产力研究进展［J］. 草业科学,2007,24(10):36-42.

［25］ Potter C S,Randerson J T,Field C B,et al. Terrestrial ecosystem production:A process model based on global satellite and surface data［J］. Global Biogeochemical Cycles, 1993,7(4):811-41.

［26］ Field G S,Randerson J T,Malmstrom C M. Global net primary production:combining ecology and remote sensing［J］. Remote Sensing of Environment,1995,51:74-88.

［27］ Goetz S J,Prince S D,Goward S N,et al. Satellite remote sensing of primary production:an improved production efficiency modeling approach［J］. Ecological Modelling, 1999,122(3):239-55.

［28］ Prince S D,Goward S N. Global primary production:a remote sensing approach［J］. Journal of biogeography,1995:815.

［29］ Knorr W,Heimann M. Impact of drought stress and other factors on seasonal land biosphere CO_2 exchange studied through an atmospheric tracer transport model［J］. Tellus B,1995,47(4):471-89.

［30］ Kimball J S,White M A,Running S W. Biome-BGC simulations of stand hydrologic processes for BOREAS［J］. Journal of Geophysical Research:Atmospheres, 1997,102(D24):29043-29051.

［31］ White M A,Thornton P E,Running S W,et al. Parameterization and sensitivity analysis of the BIOME-BGC terrestrial ecosystem model:net primary production controls［J］. Earth interactions,2000,4(3):1-85.

［32］ Melillo J M,Borchers J,Chaney J,et al. Vegetation/ecosystem modeling and analysis project:comparing biogeography and biogeochemistry models in a continental-scale study of terrestrial ecosystem responses to climate change and CO_2 doubling［J］. Global Biogeochemical Cycles,1995,9:407-438.

[33] Parton W J, Schimel D S, Gole C V, et al. Analysis of factor controlling soil organic mattern levels in Great Plains Grassland[J]. Soil Science Society of American Journal, 1987, 51(5):1173-1179.

[34] Gilmanov T G, Parton W J, Ojima D S. Testing the 'CENTURY' ecosystem level model on data sets from eight grassland sites in the former USSR representing a wide climatic/soil gradient[J]. Ecological Modelling, 1997, 96(1):191-210.

[35] Prasad V K, Kant Y, Badarinath K V S. CENTURY ecosystem model application for quantifying vegetation dynamics in shifting cultivation areas:A case study from Rampa Forests, Eastern Ghats(India)[J]. Ecological Research, 2001, 16(3):497-507.

[36] Liu J, Chen J M, Cihlar J, et al. A process-based boreal ecosystem productivity simulator using remote sensing inputs[J]. Remote sensing of environment, 1997, 62(2):158-175.

[37] Higuchi K, Shashkov A, Chan D, et al. Simulations of seasonal and inter-annual variability of gross primary productivity at Takayama with BEPS ecosystem model[J]. Agricultural and forest meteorology, 2005, 134(1-4):143-150.

[38] Running S W, Hunt ER. Generalization of a forest ecosystem process model for other biomes, BIOME-BGC, and an application for global-scale models[J]. Scaling physiological processes:Leaf to globe, 1993:141-58.

[39] Running S W. Testing FOREST-BGC ecosystem process simulations across a climatic gradient in Oregon[J]. Ecological Applications, 1994, 4(2):238-247.

[40] Hunt E R, Piper S C, Nemani R, et al. Global net carbon exchange and intra-annual atmospheric CO_2 concentrations predicted by an ecosystem process model and three-dimensional atmospheric transport model[J]. Global Biogeochemical Cycles, 1996, 10(3):431-456.

[41] White M A, Thornton P E, Running S W, et al. Parameterization and sensitivity analysis of the BIOME-BGC terrestrial ecosystem model:net primary production controls[J]. Earth interactions, 2000, 4(3):1-85.

[42] Thornton P E, Running S W, Hunt E R. Biome-BGC:terrestrial ecosystem process model, Version 4. 1. 1[J]. ORNL DAAC, 2005.

[43] Liu J, Chen J M, Cihlar J, et al. A process-based boreal ecosystem productivity simulator using remote sensing input[J]. Remote Sensing of Environment, 1997, 62:158-175.

[44] Chen J M, Liu J, Cihlar J, et al. Daily canopy photosynthesis model through temporal and spatial scaling for remote sensing applications[J]. Ecological Modeling, 1999,

124：99-119.

［45］王秋凤,牛栋,于贵瑞,等.长白山森林生态系统 CO_2 和水热通量的模拟研究［J］.中国科学 D 辑,2004,34:131-140.

［46］Goward S N, Huemmrich K F. Vegetation canopy PAR absorptance and the normalized difference vegetation index：an assessment using the SAIL model［J］. Remote sensing of environment,1992,39(2):119-40.

［47］Hatfield J, Asrar G, Kanemasu E. Intercepted photosynthetically active radiation estimated by spectral reflectance［J］. Remote Sensing of Environment,1984,14(1):65-75.

［48］朴世龙,方精云,郭庆华.利用 CASA 模型估算我国植被净第一性生产力［J］.植被生态学报,2001,25(5):603-608.

［49］Finzi A. Long-Term Response of Terrestrial Productivity to Elevated CO_2 Remains a Grand Challenge in Terrestrial Biogeochemistry［C］. American Geophysical Union, Fall Meeting 2013.

［50］张志明.计算蒸散量的原理与方法［M］.成都:成都科技大学出版社,1990:216-223.

［51］周广胜,张新时.自然植被净第一性生产力模型初探［J］.植物生态学报,1995,19(3):193-200.

［52］朱文泉,潘耀忠,龙中华,等.基于 GIS 和 RS 的区域陆地植被 NPP 估算——以中国内蒙古为例［J］.遥感学报,2005,9(3):300-307.

［53］Sellers P J, Los S O, Tucker C J, et al. Randall, a revised land surface parameterization(SIB-2)for atmospheric general circulation models. Part 2, The generation of global fields of terrestrial biophysical parameters from satellite data［J］. Journal of climate,1996,9:706-737.

［54］Sellers P J, Tucker C J, Collatz G J, et al. A global 1° by 1° NDVI data set for climate studies part 2：the generation of global fields of terrestrial biophysical parameters from the NDVI［J］. Journal of Remote Sensing. 1994,15(17):3519-3545.

［55］李轩然.陆地生态系统碳循环遥感模型的综合集成［D］.中国科学院研究生院,2006.

［56］田汉勤,刘明亮,张弛,等.全球变化与陆地系统综合集成模拟——新一代陆地生态系统动态模型(DLEM)［J］.地理学报,2010,65(9):1027-1047.

［57］Melillo, J M, Kicklighter D W, Tian H Q, et al. Fertilizing Change：Carbon-nitrogen interactions and carbon storage in land ecosystems［M］// Hillel D, Rosenzweig C. (Eds) Hanbook of Climate Change and Agroecosystems：Impacts, Adaptation, and

Mitigation. Imperial College Press,2010.

［58］ Zhu W H,Tian X,Xu Y,eat al. Extension of the growing season due to delayed autumn over mid and high latitudes in North America during 1982—2006［J］. Global Ecology and Biogeography,2011,20:391-406.

［59］ Ren W H,Tian B,Tao A,et al. Impacts of ozone pollution and climate change on net primary productivity and carbon storage of China's forest ecosystems as assessed by using a process-based ecosystem model［J］. Global Ecology and Biogeography,2010.

［60］ Tian H Q,Chen G S,Zhang C,et al. Pattern and variation of C：N：P ratios in China's soils:A synthesis of observational data［J］. Biogeochemistry,2010,98:139-151.

［61］ 吴炳方,张淼. 从遥感观测数据到数据产品［J］. 地理学报,2017,72（11）:2093- 2111.

［62］ Chen J,Jönsson P,Tamura M,et al. A simple method for reconstructing a high-quality NDVI time-series data set based on the Savitzky-Golay filter［J］. Remote sensing of Environment,2004,91(3-4):332-344.

［63］ Luo J,Ying K,Bai J. Savitzky-Golay smoothing and differentiation filter for even number data［J］. Signal Processing,2005,85(7):1429-1434.

［64］ Azami H,Mohammadi K,Bozorgtabar B. An improved signal segmentation using moving average and Savitzky-Golay filter［J］. Journal of Signal and Information Processing,2012,3(1):39.

［65］ Thornrthwaite C W. An Approach toward a Rational Classification of Climate［J］. Geography Review,1948,38:55-94.

第3章　青藏高原陆地生态系统宏观结构遥感监测

青藏高原是中国最大、世界上海拔最高的高原,被称为"世界屋脊""亚洲水塔",是我国重要的战略资源储备地。青藏高原的隆起和抬升,不仅造就了其独特的地域环境、高寒气候、高原景观等自然环境特征,同时也是高原季风系统和中国现代季风形成的主要原因,对气候环境以及植被分布产生着深刻的影响。青藏高原的环境变化牵引着我国、欧亚地区甚至整个地球的生态系统与人居环境的变化。随着人类活动对自然地理环境的干扰程度日益加剧,为了评估全球气候变化与人类活动对青藏高原陆地生态系统宏观结构影响的程度、幅度以及现实状态,本章基于高精度青藏高原陆地生态系统调查信息,对 1990 年、1995 年、2000 年、2005 年、2010 年、2015 年 25 年间每隔五年的青藏高原陆地生态系统宏观结构及其动态变化进行了时空特征分析与驱动机制的探讨。

3.1　青藏高原陆地生态系统宏观结构遥感监测方法

3.1.1　遥感监测信息源

青藏高原陆地生态系统宏观结构分类,遥感信息源以 1990 年、1995 年、2000 年、2005 年、2010 年、2015 年 6 个年度的美国陆地卫星 Landsat TM(ETM)影像数据为主,其中 2010 年因 Landsat TM 影像时相较差或缺失而覆盖不到的地方以环境一号卫星(HJ-1A+B)或中巴资源卫星(CBERS)数据作为补充。

青藏高原陆地生态系统宏观结构遥感监测 1990 年使用 1990/1991 年 Landsat TM 数据,2000 年使用 1999/2000 年 Landsat TM 数据,2010 年使用 2009/2010 年 Landsat TM 数据、CBERS 数据和 HJ1 A+B 数据,2015 年使用 2014/2015 年 Landsat TM 数据。上述各期遥感数据均能够完整覆盖青藏高原地区,而且相同区域有不同传感器类型和不同时相的数据供选择,便于提高判读和制图精度,确保解译质量。

在遥感数据源选择方面,除研究区域内遥感信息获取瞬时的数据质量(如含云量<10%等指标)外,还须顾及不同区域的季相差异。在高海拔的青藏高原及其类似区域,主要选择了 7—9 月的影像。

3.1.2　遥感生态系统分类信息提取方法

生态系统的格局和结构在空间上具有一定的地域分布规律,在时间上则受到自然和人文因素的影响而具有明显的动态变化特点。为了对青藏高原陆地各类生态系统的空间格局及其空间结构的动态变化取得全面客观的科学认识,我们在遥感解译获取的 1:10 万比例尺土地利用/土地覆盖数据的基础上,对青藏高原各生态系统类型进行了辨识和研究,在获得了 20 世纪几期关键时段土地利用/土地覆盖分类数据集的基础上,经过分类处理形成多期青藏高原陆地生态系统类型空间分布数据集。

在构建国家尺度 1:10 万比例尺土地利用/土地覆盖专题数据库的过程中,我们设计了以遥感图像计算机屏幕人机交互直接判读(下称人工解译)为核心的陆地生态系统宏观结构遥感制图技术方案,同时采用基于遥感监测的土地利用/土地覆盖分类系统,形成了一致的判读标准,从而保证了遥感人工解译的精度。基于此完成了 1990 年、2000 年与 20010 年 3 期覆盖青藏高原的 1:10 万比例尺的土地利用现状空间图,共计6 个一级类型和 25 个二级类型。在此基础上通过两期遥感影像的直接对比分析,采用土地利用变化分类判读(即直接解译动态斑块)的方式对土地利用动态信息进行提取,进一步形成 1990—1995 年、1995—2000 年、2000—2005 年、2005—2010 年、2010—2015 年 5 期土地利用动态变化的图斑,并加以定性与集成,形成青藏高原陆地生态系统宏观结构分类数据集。

3.1.3 陆地生态系统分类设计与转换

根据中国陆地生态系统类型定义,将其具体划分为七大生态系统类型:

(1)农田生态系统

主要包括土地利用/土地覆盖遥感分类系统中的水田、旱地。农田生态系统指种植农作物的生态系统,包括熟耕地、新开荒地、休闲地、轮歇地、草田轮作物地;以种植农作物为主的农果、农桑、农林用地;耕种 3 年以上的滩地和海涂。

水田,指有水源保证和灌溉设施,在一般年景能正常灌溉,用以种植水稻、莲藕等水生农作物的耕地,包括实行水稻和旱地作物轮种的耕地。三级分类在二级类型的基础上根据地形特征分为山地水田、丘陵水田、平原水田、大于 25°坡地水田。旱地,指无灌溉水源及设施,靠天然降水生长作物的耕地;有水源和浇灌设施,在一般年景下能正常灌溉的旱作物耕地;以种菜为主的耕地;正常轮作的休闲地和轮歇地。三级分类在二级类型的基础上根据地形特征分为山地旱地、丘陵旱地、平原旱地、大于 25°坡地旱地。

(2)森林生态系统

主要包括土地利用/土地覆盖遥感分类系统中的密林地(有林地)、灌丛、疏林地、其他林地。森林生态系统指生长乔木、灌木、竹类以及沿海红树林地等森林生态系统。

有林地,指郁闭度大于 30%的天然林和人工林,包括用材林、经济林、防护林等成片林地;灌木林,指郁闭度大于 40%、高度在 2m 以下的矮林地和灌丛林地;疏林地,指林木郁闭度为 10%～30% 的林地；其他林地,指未成林造林地、迹地、苗圃及各类园地(果园、桑园、茶园、热作林园等)。

（3）草地生态系统

主要包括土地利用/土地覆盖遥感分类系统中的高覆盖度草地、中覆盖度草地、低覆盖度草地。草地生态系统指以生长草本植物为主,覆盖度在 5% 以上的各类草地,包括以放牧为主的灌丛草地和郁闭度在 10% 以下的疏林草生态系统。

高覆盖草地,指覆盖度大于 50% 的天然草地、改良草地和割草地。此类草地一般水分条件较好,草被生长茂密；中覆盖度草地,指覆盖度在 20%～50% 的天然草地和改良草地,此类草地一般水分不足,草被较稀疏；低覆盖度草地,指覆盖度在 5%～20% 的天然草地,此类草地水分缺乏,草被稀疏,牧业利用条件差。

（4）水体与湿地生态系统

主要包括土地利用/土地覆盖遥感分类系统中的沼泽地、河渠、湖泊、水库、永久性冰川雪地、滩地。水体与湿地生态系统指天然陆地水域和水利设施用地。

河渠,指天然形成或人工开挖的河流及主干渠常年水位以下的土地,人工渠包括堤岸；湖泊,指天然形成的积水区常年水位以下的土地；水库坑塘,指人工修建的蓄水区常年水位以下的土地；永久性冰川雪地,指常年被冰川和积雪所覆盖的土地；滩地,指河、湖水域平水期水位与洪水期水位之间的土地；沼泽地,指河、湖水域平水期水位与洪水期水位之间的土地。

（5）聚落生态系统

主要包括土地利用/土地覆盖遥感分类系统中的城镇用地、农村居民地、其他建设用地。聚落生态系统指城乡居民及其以外的工矿、交通等人工生态系统。

城镇用地,指大、中、小城市及县镇以上建成区用地；农村居民点,指独立于城镇以外的农村居民点；其他建设用地。

（6）荒漠生态系统

主要包括土地利用/土地覆盖遥感分类系统中的沙地、戈壁、盐碱地、高寒荒漠。荒漠生态系统指是由超级耐旱生物及其干旱环境所组成的一类生态系统。

沙地,指地表为沙覆盖,植被覆盖度在 5% 以下的土地,包括沙漠,不包括水系中的沙漠；戈壁,指地表以碎砾石为主,植被覆盖度在 5% 以下的土地；盐碱地,指地表盐碱聚集,植被稀少,只能生长强耐盐碱植物的土地；其他,指其他未利用的土地,包括高寒荒漠、苔原等。

（7）其他生态系统

主要包括土地利用/土地覆盖遥感分类系统中的裸土地和裸岩石砾地,指其他未利用的土地,包括高寒荒漠、苔原。裸土地,指地表土质覆盖,植被覆盖度在 5% 以下的土地；裸岩石砾地,指地表为岩石或石砾,其覆盖面积大于5%的土地。

在基于遥感信息获取的1990年、1995年、2000年、2005年、2010年与2015年6期中国土地利用/土地覆盖二级分类基础上,根据中国陆地生态系统分类与编码规则,进行类型合并处理,其中土地利用/土地覆盖信息中的未利用地中沼泽湿地与水域合并为水体与湿地生态系统类型,将土地利用/土地覆盖遥感分类系统中的裸土地和裸岩砾石地划分为其他生态系统类型。

3.1.4 青藏高原陆地生态系统宏观结构数据生成

青藏高原陆地生态系统宏观结构1km栅格成分数据是进行区域尺度陆地生态系统宏观结构变化监测、预测以及驱动分析的科学表达,并能够进行有效空间数据融合的数据集成方式。为了满足青藏高原陆地生态系统宏观结构分析中类型面积不变以及提高数据空间分析的能力,我们采用了1:10万比例尺经过合并后的青藏高原陆地生态系统宏观结构矢量数据生成青藏高原陆地生态系统宏观结构1km栅格成分信息。

将青藏高原陆地生态系统宏观结构矢量数据与相应的切块1km格网进行空间叠加,每一类型图斑按照1km格网的框架进行了切割,生成的图斑就具有1km格网的索引ID值、类型属性以及相应的面积数,依据1km格网空间索引进行分类面积汇总。经过空间叠加过程,各省与每块叠加后将生成多个数据表,面积汇总时将分块单独处理。在各块内,按照公里格网的索引值进行生态系统类型的面积汇总,得到各生态系统类型的每格网内的面积数。为了达到栅格数据格式所具有的便捷处理方式和良好的数据融合潜力,需要将汇总的格网矢量数据转换为栅格数据,即每一栅格的值表示每一生态系统类型所占的面积比例。

经过上述方法,生成了1990年、1995年、2000年、2005年、2010年、2015年6期青藏高原陆地生态系统宏观结构1km栅格成分数据,进一步开展了青藏高原陆地生态系统宏观结构变化的总体特征以及区域差异特征分析。

3.1.5 青藏高原生态地理分区

为了更好地刻画表征青藏高原陆地生态系统的结构和变化特征,结合中国生态地理分区,在青藏高原范围内,将其划分为北亚热带湿润区、高原温带半干旱地区、高原温带干旱地区、高原温带湿润半湿润地区、高原亚寒带半干旱地区、高原亚寒带半湿润地区、高原亚寒带干旱地区、暖温带干旱地区、中温带干旱地区、中亚热带湿润地区10个区域。具体划分依据如表3.1、表3.2、表3.3所示。

表 3.1　　　　　　　　　　　　　　　中国温度带的划分指标

指标	主要指标		辅助指标		备注
	≥10℃的天数(d)	≥10℃的积温(℃)	最冷月平均气温(℃)	最暖月平均气温(℃)	
寒温带	<100	<1600	<−30	<16	
中温带	100～170	1600～3200(3400)	<−30～12(6)	16～24	
暖温带	171～220	3200(3400)～4500(4800)	−12(6)～0	——	
北亚热带	220～239	4500(4800)～5100(5300)	0～4	——	
中亚热带	240～285	5100(5300)～6400(6500) 4000～5000	4～10 5(6)～9(10)	——	云南
南亚热带	286～365	6400(6500)～8000 5000～7500	10～15 9(10)～13(15)	——	云南
边缘热带	365	8000～9000 7500～8000	15～18 >13(15)	——	云南
中热带	365	>8000(9000)	18～24	——	
赤道热带	365	>8000(9000)	>24	——	
高原亚寒带	<50		−18～10(12)	<10(12)	
高原温带	50～120		−10(12)～0	12～18	

注:引自中国生态地理区划(郑度等,1999)。

表 3.2　　　　　　　　　　　　　　　干湿状况的划分指标

指标	年干燥指数	天然植被	其他
潮湿	≤0.49	热带雨林	
湿润	0.50～0.99	其他森林	
半湿润	1.00～1.49	森林草原—草甸	部分有次生盐渍化
半干旱	1.50～4.00	草原及草甸草原	可旱作
	1.50～5.00(在青藏高原)	荒漠草原	
干旱	≥4.00	荒漠	需灌溉
	≥5.00(在青藏高原)		
极干旱	≥20.0	荒漠	需灌溉

注:引自中国生态地理区划(郑度等,1999)。

表 3.3 中国生态地理区域系统

温度带	干湿地区	自然区
Ⅰ 寒温带	A 湿润地区	Ⅰ A1 大兴安岭
Ⅱ 中温带	A 湿润地区	Ⅱ A1 三江平原； Ⅱ A2 东北东部山地； Ⅱ A3 东北东部山前平原
	B 半湿润地区	Ⅱ B1 松辽平原中部； Ⅱ B2 大兴安岭南部； Ⅱ B3 三河山麓平原丘陵
	C 半干旱地区	Ⅱ C1 松辽平原西南部； Ⅱ C2 大兴安岭南部； Ⅱ C3 内蒙古高平原东部
	D 干旱地区	Ⅱ D1 内蒙古高平原西部及河套； Ⅱ D2 阿拉善及河西走廊； Ⅱ D3 准噶尔盆地； Ⅱ D4 阿尔泰山与塔城盆地； Ⅱ D5 伊犁盆地
Ⅲ 暖温带	A 湿润地区	Ⅲ A1 辽东胶东山地丘陵
	B 半湿润地区	Ⅲ B1 鲁中山地丘陵； Ⅲ B2 华北平原； Ⅲ B3 华北山地丘陵； Ⅲ B4 晋南关中盆地
	C 半干旱地区	Ⅲ C1 晋中陕北甘东高原丘陵
	D 干旱地区	Ⅲ D1 塔里木与吐鲁番盆地
Ⅳ 北亚热带	A 湿润地区	Ⅳ A1 淮南与长江中下游； Ⅳ A2 汉中盆地
Ⅴ 中亚热带	A 湿润地区	Ⅴ A1 江南丘陵； Ⅴ A2 江南与南岭山地； Ⅴ A3 贵州高原； Ⅴ A4 四川盆地； Ⅴ A5 云南高原； Ⅴ A6 东喜马拉雅南翼
Ⅵ 南亚热带	A 湿润地区	Ⅵ A1 台湾中北部山地平原； Ⅵ A2 闽粤桂丘陵平原； Ⅵ A3 滇中山地丘陵

续表

温度带	干湿地区	自然区
Ⅶ 边缘热带	A 湿润地区	ⅦA1 台湾南部低地； ⅦA2 琼雷山地丘陵； ⅦA3 滇南谷地丘陵
Ⅷ 中热带	A 湿润地区	ⅧA1 琼雷低地与东沙、中沙、西沙诸岛
Ⅸ 赤道热带	A 湿润地区	ⅨA1 南沙群岛
HⅠ 高原亚寒带	B 半湿润地区	HⅠB1 果洛那曲丘状高原
HⅠ 高原亚寒带	C 半干旱地区	HⅠC1 青南高原宽谷； HⅠC2 羌塘高原湖盆
HⅠ 高原亚寒带	D 干旱地区	HⅠD1 昆仑高山高原
HⅡ 高原温带	A/B 湿润半湿润地区	HⅡA/B1 川西藏东高山深谷
HⅡ 高原温带	C 半干旱地区	HⅡC1 青东祁连山地； HⅡC2 藏南山地
HⅡ 高原温带	D 干旱地区	HⅡD1 柴达木盆地； HⅡD2 昆仑山北翼； HⅡD3 阿里山地

注：引自中国生态地理区划（郑度等，1999）。

3.2 青藏高原陆地生态系统宏观结构总体特征

3.2.1 青藏高原宏观生态系统基本特征

青藏高原是我国最大、世界海拔最高的高原，被称为"世界屋脊"，约占我国国土面积的 26.8%，凭借着其独特的地理特点影响着中国、亚洲大陆乃至全球的气候与生态环境。青藏高原土地资源地域分布明显，数量构成极不平衡。宜牧土地占总土地面积的 53.9%，宜林土地占 10.7%，宜农土地占 0.9%，暂不宜利用的土地面积占 34.5%。

青藏高原地区是中国重要的牧区，2015 年遥感调查结果如表 3.4 所示，青藏高原的草地生态系统面积为 $12620.36 \times 10^2 km^2$，占全区总面积的 48.89%，其中大部分草地类型为低覆盖度草地，占整个草地生态系统总面积的 47.03%；由于自然环境因素与人为干扰因素，青藏高原地区生态系统面积占第二的为其他生态系统，面积为 $4806.90 \times 10^2 km^2$，占全区总面积的 18.62%，其中主要地类为裸岩石砾地，占整个其他生态系统的 84.58%；荒漠生态系统面积为 $3283.15 \times 10^2 km^2$，占全区面积的 12.72%，其中主要地类为戈壁，占整个荒漠生态系统的 62.02%；青藏高原地区上分布着中国重要的林区，同时中国少有的原始林区也坐落其中，森林生态系统面积为 $3167.21 \times 10^2 km^2$，占全区总面积的 12.27%，其中主要地类为有林地，占整个森林生态系统的 46.41%;水体与湿地生态系统面积为 $1670.86 \times 10^2 km^2$,占全区生态总面积的 6.47%,其中湖泊、永久性冰川、沼泽地、滩地分别占了整个水体与湿地生态系统的 28.50%、23.19%、21.25%、21.10%;农田生态系统面积为 $235.15 \times 10^2 km^2$,占全区总面积的 0.91%,其中旱地占农田生态系统的 91.21%;聚落生态系统的面积 $28.07 \times 10^2 km^2$,占全区总面积的 0.11%,其中城镇用地、农村居民点和其他建设用地分别占了整个聚落生态系统的 28.10%、36.28%、35.62%。

表 3.4 　　　　　　　　　　　　　　青藏高原生态系统面积统计表

生态系统	面积($\times 10^2 km^2$)	各生态系统占比(%)
农田生态系统	235.15	0.91
森林生态系统	3167.21	12.27
草地生态系统	12620.36	48.89
水体与湿地生态系统	1670.86	6.48
聚落生态系统	28.07	0.11
荒漠生态系统	3283.15	12.72
其他生态系统	4806.89	18.62

3.2.2　青藏高原各类生态系统空间特征分析

图 3.1 为青藏高原 1990—2015 年生态系统类型分布图,图 3.2 为青藏高原地表覆盖面积统计图。其中农田生态系统是指人类在以作物为中心的农田中,利用生物和非生物环境之间以及生物种群之间的相互关系,通过合理的生态结构和高效生态机能,进行能量转化和物质循环,并按人类社会需要进行物质生产的综合体。它是农业生态系统中的一个主要亚系统,是一种被人类驯化了的生态系统。农田生态系统不仅受自然规律的制约,还受人类活动的影响;不仅受自然生态规律的支配,还受社会经济规律的支配。青藏高原农田生态系统主要集中在高山地带的河谷地带,如青海高原、雅鲁藏布江谷地。

青藏高原地区农田生态系统面积 $235.15 \times 10^2 km^2$,其中水田面积 $2048.45 km^2$,旱地面积 $214.48 \times 10^2 km^2$。从分布上看有 80.19% 的农田生态系统分布在高原温带,有少部分分布在中亚热带;由于气候和水资源的因素,在高原亚寒带的农田生态系统中,水田占了 64.52%;在高原亚寒带的农田生态系统中有 87.20% 为旱地。

森林生态系统是森林生物与环境之间、森林生物之间的相互作用,并产生能量转换和物质循环的统一体系。森林生态系统可分为天然林生态系统和人工林生态系统。与陆地生态系统相比,它有以下特征:生物种类丰富,层次结构较多,食物链较复杂,光合生产率较高,所以生物生产能力也较高。在陆地生态系统中具有调节气候、涵养水源、保持水土、防风固沙等方面的功能。青藏高原森林生态系统主要分布在喜马拉雅山南麓,为青藏高原与印度恒河平原过渡地带,还分布在雅鲁藏布江中下游与横断山脉、青海省东部及祁连山东段、念青唐古拉山脉周围。

青藏高原地区森林生态系统面积为 $3167.21 \times 10^2 km^2$,其中有林地面积 $1466.17 \times 10^2 km^2$;灌木林面积 $1107.02 \times 10^2 km^2$;疏林地面积 $548.81 \times 10^2 km^2$,其他林地面积 $67.79 \times 10^2 km^2$。从分布上看,森林生态系统有 67.50% 分布在高原温带,20.78% 分布在中亚热带,11.62% 分布在高原亚寒带。

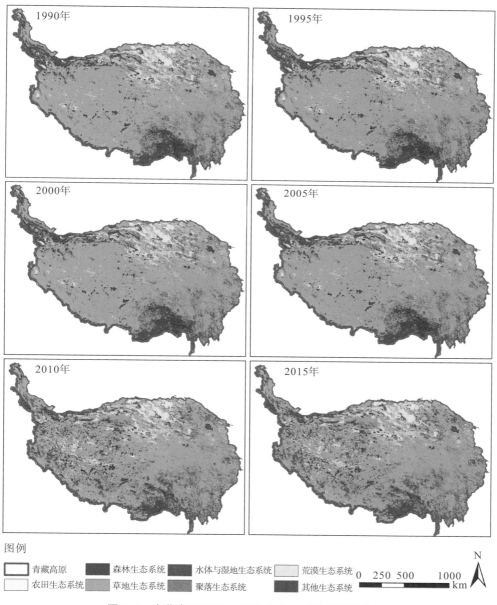

图例

| □ 青藏高原 | ■ 森林生态系统 | ■ 水体与湿地生态系统 | □ 荒漠生态系统 |
| □ 农田生态系统 | ■ 草地生态系统 | ■ 聚落生态系统 | ■ 其他生态系统 |

图 3.1　青藏高原 1990—2015 年生态系统类型分布图

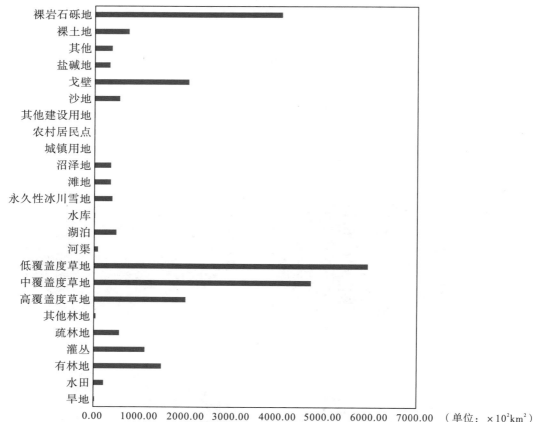

图 3.2　青藏高原地表覆盖面积统计图

草地生态系统是指在中纬度地带大陆性半湿润和半干旱气候条件下,由多年生耐旱、耐低温、以禾草占优势的植物群落的总称,指的是以多年生草本植物为主要生产者的陆地生态系统。草地生态系统具有防风、固沙、保土、调节气候、净化空气、涵养水源等生态功能。草地生态系统是自然生态系统的重要组成部分,对维系生态平衡、地区经济、人文历史具有重要的地理价值。青藏高原草地主要分布在西藏那曲、青海玉树一带,包括怒江河源以东至川西北部,还有青海省南部。

青藏高原地区草地生态系统面积为 $12620.36 \times 10^2 \mathrm{km}^2$,其中高覆盖草地面积 $71.78 \times 10^2 \mathrm{km}^2$,中覆盖草地面积 $83.67 \times 10^2 \mathrm{km}^2$,低覆盖草地面积 $49.78 \times 10^2 \mathrm{km}^2$。高寒草原是高海拔地区适应寒冷半干旱气候的植被类型,它在青藏高原腹地占据优势,草地生态系统有 50.34% 分布在高原亚寒带。

水体与湿地生态系统属于水域生态系统,其生物群落由水生和陆生种类组成,物质循环、能量流动和物种迁移与演变活跃,具有较高的生态多样性、物种多样性和生物生产力。青藏高原南部和东南部河网密集,为亚洲许多著名大河的发源地,如长江、黄河、怒江、澜沧江、雅鲁藏布江、恒河、印度河等,水力资源丰富,河流切割强烈,有世界第一大峡谷——雅鲁藏布大峡谷。青藏高原地表水以河川径流为代表。

青藏高原地区水体与湿地生态系统面积为 $1670.86 \times 10^2 km^2$,其中河渠面积 $81.62 \times 10^2 km^2$;湖泊面积 $476.11 \times 10^2 km^2$;水库面积 $13.30 \times 10^2 km^2$;永久性冰川雪地面积 $387.53 \times 10^2 km^2$;滩地面积 $352.56 \times 10^2 km^2$;沼泽地面积 $355.12 \times 10^2 km^2$。青藏高原是中国众多河流的发源地,河流分布主要受到气候和自身地形地势的影响,除东南部降水丰富外,内陆区的河流补给主要依靠冰川或积雪的融化,水体与湿地生态系统有 62.49% 分布在高原亚寒带。

聚落生态系统是指按人类的意愿创建的一种典型的人工生态系统,其主要的特征是:以人为核心,对外部的强烈依赖性和密集的人流、物流、能流、信息流、资金流等,是城市居民与其环境相互作用而形成的统一整体,也是人类对自然环境的适应、加工、改造而建设起来的特殊的人工生态系统。聚落主要是城市建设用地与农村居民点、其他用地中的工矿与交通用地,主要分布在日喀则市、拉萨市、玉树地区、海东地区、海南及甘南地区。

聚落生态系统总面积为 $28.07 \times 10^2 km^2$,其中城镇用地面积 $7.89 \times 10^2 km^2$,农村居民点面积 $10.18 \times 10^2 km^2$,其他建设用地面积 $10.00 \times 10^2 km^2$。聚落生态系统有 83.09% 分布在高原温带,9.69% 分布在高原亚寒带。

荒漠生态系统与其他生态系统主要指分布于干旱地区,是极端耐旱植物占优势的生态系统。由于水分缺乏,这类生态系统植被极其稀疏,甚至有大片裸露的土地,所以植物种类单调,生物生产量很低,能量流动和物质循环缓慢。青藏高原荒漠生态系统主要分布在藏北高原西北部、西藏阿里山地、昆仑山脉中西段南翼和柴达木盆地。

青藏高原地区荒漠生态系统总面积 $3283.15 \times 10^2 km^2$,其中沙地面积 $542.87 \times 10^2 km^2$,戈壁面积 $2036.22 \times 10^2 km^2$,盐碱地面积 $329.21 \times 10^2 km^2$,其他未利用地面积 $374.64 \times 10^2 km^2$。其中 50.08% 分布在高原亚寒带,49.90% 分布在高原温带。

青藏高原地区其他生态系统总面积 $4806.89 \times 10^2 km^2$,裸土地面积 $741.30 \times 10^2 km^2$,裸岩石砾地面积 $4059.85 \times 10^2 km^2$。青藏高原的 51.08% 分布在高原温带,48.10% 分布在高原亚寒带。

3.2.3　青藏高原生态系统宏观结构的区域差异

青藏高原是欧亚大陆生物区系与植被地带的中心与枢纽。高原境内形成了热带、亚热带、温带、寒带和湿润、半湿润、半干旱和干旱等多种多样的气候类型,是多种生物和生态系统形成和发育的基础。从宏观上来看,生态系统的分布主要是受气候的影响,为了更深刻地表征青藏高原陆地生态系统宏观结构,结合青藏高原生态地理分区(郑度,2008),本章分析了各生态地理单元区青藏高原生态系统分布的空间差异,如表3.5、图3.3所示。

（单位：km²）

表 3.5 　不同生态系统在各地理分区面积统计表

地理分区	农田生态系统	森林生态系统	草地生态系统	水体与湿地生态系统	聚落生态系统	荒漠生态系统	其他生态系统
北亚热带湿润地区	3.69	143.12	177.46	0.10	—	—	18.84
高原温带半干旱地区	11093.83	48118.34	216793.81	26094.22	1460.32	16644.07	56765.96
高原温带干旱地区	990.02	8093.01	201116.12	27807.39	782.30	146148.15	146841.79
高原温带湿润半湿润地区	6927.83	157134.22	186496.48	7422.76	257.85	1022.98	41626.93
高原亚寒带半干旱地区	974.47	11147.58	320322.91	63398.81	44.50	127634.34	134614.19
高原亚寒带半湿润地区	865.80	23774.60	219588.30	15813.41	227.60	3873.71	20085.66
高原亚寒带干旱地区	219.25	1814.64	95051.19	24912.74	0.16	32894.64	76248.20
暖温带干旱地区	—	—	1134.87	2.19	—	69.50	740.31
中温带干旱地区	6.11	185.77	102.43	2.84	0.02	2.82	27.48
中亚热带湿润地区	2415.14	65668.80	20523.55	1169.83	34.00	3.76	3146.43
总计	23496.15	316080.08	1261307.11	166624.29	2806.76	328293.98	480115.77

注：1. "—"表示无数据。

2. 表 3.5 与表 3.4 统计数据会出现微小差异，生态系统面积存在不一致的情况，主要是由于原始面积数据是通过不同图层 GIS 空间叠加统计栅格数量而得，会出现面积统计数据的微小不一致。

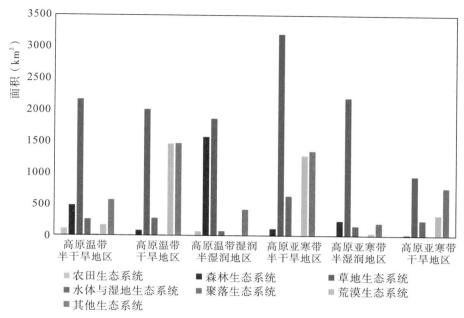

图 3.3 不同生态系统在各地理分区面积

北亚热带湿润地区总面积 $3.43 \times 10^2 \mathrm{km}^2$，约占整个青藏高原地区面积的 0.1%，其中农田生态系统面积 $3.69 \mathrm{km}^2$，占整个分区面积的 1.08%；森林生态系统面积 $1.43 \times 10^2 \mathrm{km}^2$，占整个分区面积的 41.70%；草地生态系统面积 $1.77 \times 10^2 \mathrm{km}^2$，占整个分区面积的 51.71%；水体与湿地生态系统面积 $0.10 \mathrm{km}^2$，占整个分区面积的 0.03%；其他生态系统面积 $18.84 \mathrm{km}^2$，占整个分区面积的 5.49%。

高原温带半干旱地区总面积 $3769.71 \times 10^2 \mathrm{km}^2$，占整个青藏高原地区面积的 14.62%，其中农田生态系统面积 $110.94 \times 10^2 \mathrm{km}^2$，占整个分区面积的 2.94%；森林生态系统面积 $481.18 \times 10^2 \mathrm{km}^2$，占整个分区面积的 12.76%；草地生态系统面积 $2167.94 \times 10^2 \mathrm{km}^2$，占整个分区面积的 57.51%；水体与湿地生态系统面积 $260.94 \times 10^2 \mathrm{km}^2$，占整个分区面积的 6.92%；聚落生态系统面积 $14.60 \times 10^2 \mathrm{km}^2$，占整个分区面积的 0.39%；荒漠生态系统面积 $166.44 \times 10^2 \mathrm{km}^2$，占整个分区面积的 4.42%；其他生态系统面积 $567.66 \times 10^2 \mathrm{km}^2$，占整个分区面积的 15.06%。

高原温带干旱地区总面积 $5317.79 \times 10^2 \mathrm{km}^2$，占整个青藏高原地区面积的 20.62%，其中农田生态系统面积 $9.90 \times 10^2 \mathrm{km}^2$，占整个分区面积的 0.19%；森林生态系统面积 $80.93 \times 10^2 \mathrm{km}^2$，占整个分区面积的 1.52%；草地生态系统面积 $2011.16 \times 10^2 \mathrm{km}^2$，占整个分区面积的 37.82%；水体与湿地生态系统面积 $278.07 \times 10^2 \mathrm{km}^2$，占整个分区面积的 5.23%；聚落生态系统面积 $7.82 \times 10^2 \mathrm{km}^2$，占整个分区面积的 0.15%；荒漠生态系统面积 $1461.48 \times 10^2 \mathrm{km}^2$，占整个分区面积的 27.48%；其他生态系统面积 $1468.42 \times 10^2 \mathrm{km}^2$，占整

个分区面积的 27.61%。

高原温带湿润半湿润地区总面积 4008.89×10^2km²，占整个青藏高原地区面积的 15.55%，其中农田生态系统面积 69.28×10^2km²，占整个分区面积的 1.73%；森林生态系统面积 1571.34×10^2km²，占整个分区面积的 39.20%；草地生态系统面积 1864.96×10^2km²，占整个分区面积的 46.52%；水体与湿地生态系统面积 74.23×10^2km²，占整个分区面积的 1.85%；聚落生态系统面积 2.58×10^2km²，占整个分区面积的 0.06%；荒漠生态系统面积 10.23×10^2km²，占整个分区面积的 0.26%；其他生态系统面积 416.27×10^2km²，占整个分区面积的 10.38%。

高原亚寒带半干旱地区总面积 6581.37×10^2km²，占整个青藏高原地区面积的 25.52%，其中农田生态系统面积 9.74×10^2km²，占整个分区面积的 0.15%；森林生态系统面积 111.48×10^2km²，占整个分区面积的 1.69%；草地生态系统面积 3203.23×10^2km²，占整个分区面积的 48.67%；水体与湿地生态系统面积 633.99×10^2km²，占整个分区面积的 9.63%；聚落生态系统面积 44.50km²，占整个分区面积不到 0.01%；荒漠生态系统面积 1276.34×10^2km²，占整个分区面积的 19.39%；其他生态系统面积 1346.14×10^2km²，占整个分区面积的 20.45%。

高原亚寒带半湿润地区总面积 2842.29×10^2km²，占整个青藏高原地区面积的 11.02%，其中农田生态系统面积 8.66×10^2km²，占整个分区面积的 0.30%；森林生态系统面积 237.75×10^2km²，占整个分区面积的 8.36%；草地生态系统面积 2195.88×10^2km²，占整个分区面积的 77.26%；水体与湿地生态系统面积 158.13×10^2km²，占整个分区面积的 5.56%；聚落生态系统面积 2.28×10^2km²，占整个分区面积不到 0.08%；荒漠生态系统面积 38.74×10^2km²，占整个分区面积的 1.36%；其他生态系统面积 200.86×10^2km²，占整个分区面积的 7.07%。

高原亚寒带干旱地区总面积 2311.41×10^2km²，占整个青藏高原地区面积的 8.96%，其中农田生态系统面积 2.19×10^2km²，占整个分区面积的 0.09%；森林生态系统面积 18.15×10^2km²，占整个分区面积的 0.79%；草地生态系统面积 950.51×10^2km²，占整个分区面积的 41.12%；水体与湿地生态系统面积 249.13×10^2km²，占整个分区面积的 10.78%；荒漠生态系统面积 328.95×10^2km²，占整个分区面积的 14.23%；其他生态系统面积 762.48×10^2km²，占整个分区面积的 32.99%。

暖温带干旱地区总面积 19.47×10^2km²，占整个青藏高原地区面积的 0.08%，其中草地生态系统面积 11.35×10^2km²，占整个分区面积的 58.29%；水体与湿地生态系统面积 2.19km²，占整个分区面积的 0.11%；聚落生态系统面积 0.16km²，占整个分区面积不到 0.01%；荒漠生态系统面积 69.50km²，占整个分区面积的 3.57%；其他生态系统面积 7.40×10^2km²，占整个分区面积的 38.02%。

中温带干旱地区总面积 $3.27×10^2 km^2$，占整个青藏高原地区面积的 0.01%，其中农田生态系统面积 $6.11 km^2$，占整个分区面积的 1.87%；森林生态系统面积 $1.86×10^2 km^2$，占整个分区面积的 56.73%；草地生态系统面积 $1.02×10^2 km^2$，占整个分区面积的 31.28%；水体与湿地生态系统面积 $2.84 km^2$，占整个分区面积的 0.78%；聚落生态系统面积 $0.02 km^2$，占整个分区面积不到 0.01%；荒漠生态系统面积 $2.82 km^2$，占整个分区面积的 0.86%；其他生态系统面积 $27.48×10^2 km^2$，占整个分区面积的 8.39%。

中亚热带湿润地区总面积 $929.62×10^2 km^2$，占整个青藏高原地区面积的 3.60%，其中农田生态系统面积 $24.15×10^2 km^2$，占整个分区面积的 2.60%；森林生态系统面积 $656.69×10^2 km^2$，占整个分区面积的 70.64%；草地生态系统面积 $205.24×10^2 km^2$，占整个分区面积的 22.08%；水体与湿地生态系统面积 $11.70×10^2 km^2$，占整个分区面积的 1.26%；聚落生态系统面积 $34.00 km^2$，占整个分区面积的 0.04%；荒漠生态系统面积 $3.76 km^2$，占整个分区面积不到 0.01%；其他生态系统面积 $31.46×10^2 km^2$，占整个分区面积的 3.38%。

3.3　青藏高原陆地生态系统宏观结构演变特征

3.3.1 青藏高原生态系统宏观结构演变基本特征

1990—2015 年的 25 年间，青藏高原陆地生态系统宏观结构变化呈现森林生态系统、农田生态系统总面积减少，尤其森林生态系统面积减少最多，而草地生态系统和聚落生态系统呈现增加的趋势，如表 3.6 所示。

表 3.6　　　　　　　　　1990—2015 年青藏高原各生态系统类型面积变化表　　　　　　（单位：km²）

生态系统	1990—1995 年	1995—2000 年	2000—2005 年	2005—2010 年	2010—2015 年	1990—2015 年
农田生态系统	147.19	85.61	−261.10	−95.89	−66.60	−190.79
森林生态系统	106.82	−390.64	−230.14	65.61	−42.37	−490.71
草地生态系统	−182.76	246.50	368.07	−33.34	−86.93	311.55
水体与湿地生态系统	−80.37	27.99	62.91	15.38	6.80	32.71
聚落生态系统	6.93	18.68	41.10	100.30	154.34	321.35
荒漠生态系统	1.15	2.51	8.81	4.74	31.15	48.35
其他生态系统	1.05	9.35	10.34	13.23	3.60	37.57

由于青藏高原地区地形条件复杂、居住人口较少、经济发展较为落后，1990—2015 年农

田生态系统面积先增加后减少,总体呈现减少的态势,25 年间净减少了 190.19km²,如图 3.4 所示。1990—2000 年农田生态系统增加,10 年间共增加了 232.80km²,1990—1995 年增速较快,共增加了 147.19km²,每年增加速度为 29.44km²;2000 年由于退耕还林还草,农田生态系统的面积开始减少,但是减少的速度在逐渐减小;2000—2005 年减少了 261.10km²;2005—2010 年减少了 95.89km²;2010—2015 年减少了 66.60km²。

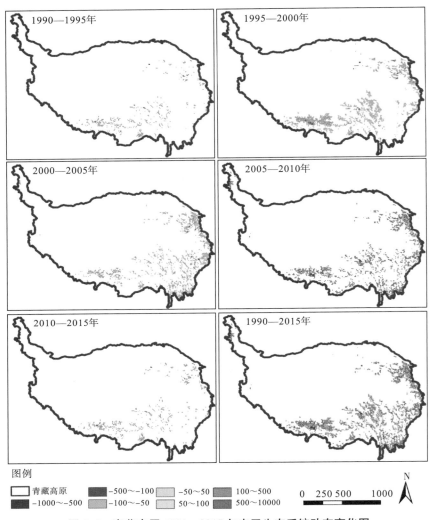

图 3.4 青藏高原 1990—2015 年农田生态系统动态变化图

青藏高原林业资源丰富但分布不均,水平和垂直分异突出,资源可及率低,质量一般。长期以来,由于人为和自然的干扰,该区域的森林生态系统 1990—2015 年面积呈现先增加再大幅度减少再增加再减少的态势,总体减少了 490.71km²。2000 年以前由于森林植被生态系统本底的脆弱性,云南省南部、四川省南部、西藏自治区昌都等地区采伐严重,加上人口、经济发展对薪材的需求量越来越大,资源浪费严重,1990—1995 年增加了 106.82km²；1995—2000 年减少了 390.64km²；2000—2005 年减少了 230.14km²；2005—2010 年增加了 65.61km²；但是随后在 2010—2015 年又开始减少,减少了 42.37km²。1990—2015 森林生态系统动态变化如图 3.5 所示。

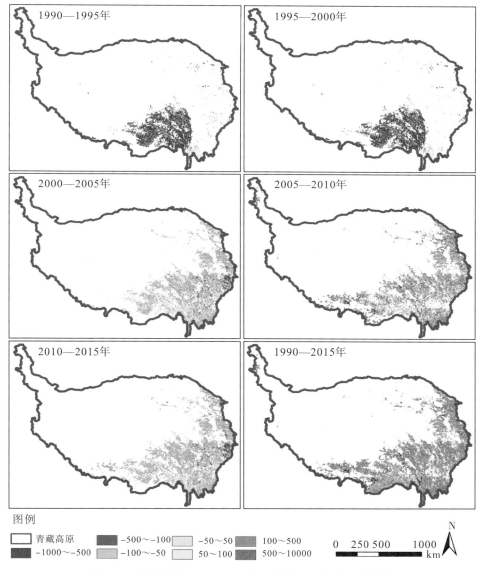

图例

| | 青藏高原 | | −500～−100 | | −50～50 | | 100～500 |
| | −1000～−500 | | −100～−50 | | 50～100 | | 500～10000 |

0　250　500　　　　1000
km

N

图 3.5　青藏高原 1990—2015 年森林生态系统动态变化图

　　青藏高原草场辽阔,草场类型很多,草地生态系统 1990—2015 年面积先减少后大幅度增加然后再减少,总体呈现增加的态势,总体增加了 311.55km²,如图 3.6 所示。草地生态系统面积减少的原因很多:高原暖季短,冷季长,造成蓄草供求矛盾;草场空间分布不平衡;鼠类、蝗虫等灾害严重;农牧争地,破坏草场。因此,1990—1995 年草地生态系统减少了 182.76km²;开始对退化草地进行防治和处理后,1995—2000 年增加了 246.50km²;2000—2005 年增加了 368.07km²;2005—2010 年减少了 33.34km²;2010—2015 年减少了 86.93km²。

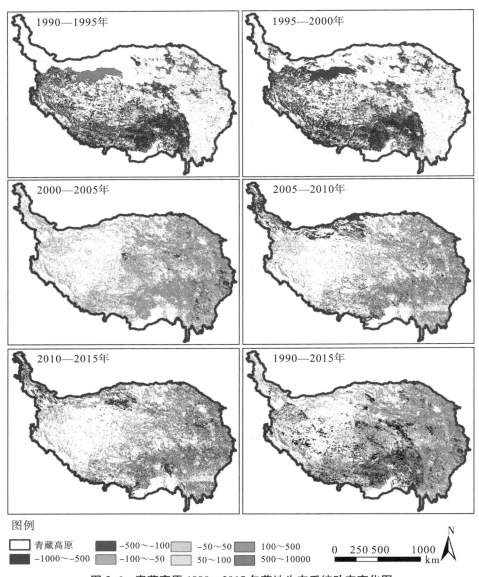

图 3.6 青藏高原 1990—2015 年草地生态系统动态变化图

水体与湿地生态系统 1990—2015 年面积先减后增,总体增加了 32.71km²,如图 3.7 所示。其中,1990—1995 年减少了 80.37km²;从 1995 年开始都在增加,1995—2000 年增加了 27.99km²;2000—2005 年增加了 62.91km²;而后,随着时间增加的速度开始减缓,2005—

2010 年共增加了 15.38km^2，2010—2015 年水体与湿地变化面积最小，增加了 6.80km^2。

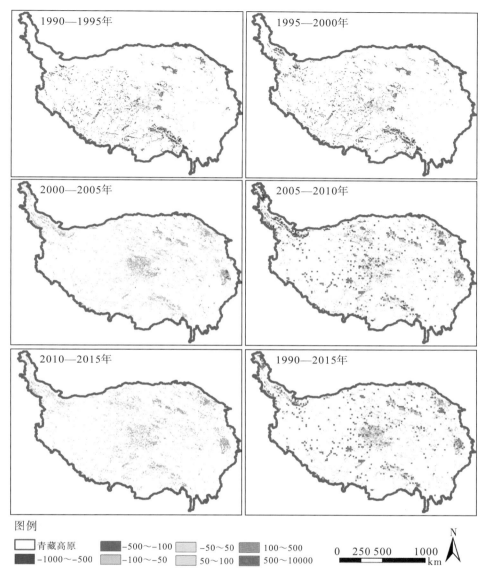

图例

青藏高原	−500～−100	−50～50	100～500
−1000～−500	−100～−50	50～100	500～10000

0 250 500 1000 km

N

图 3.7 青藏高原 1990—2015 年水体与湿地生态系统动态变化图

聚落生态系统的面积 1990—2015 年一直在增加，总体面积净增加了 321.35km^2，且增加的速度逐年加快。1990—1995 年增加了 6.93km^2；1995—2000 年增加 18.68km^2；2000—2005 年增加了 41.10km^2；2005—2010 年增加了 100.30km^2；2010—2015 年增加了 154.34km^2，如图 3.8 所示。

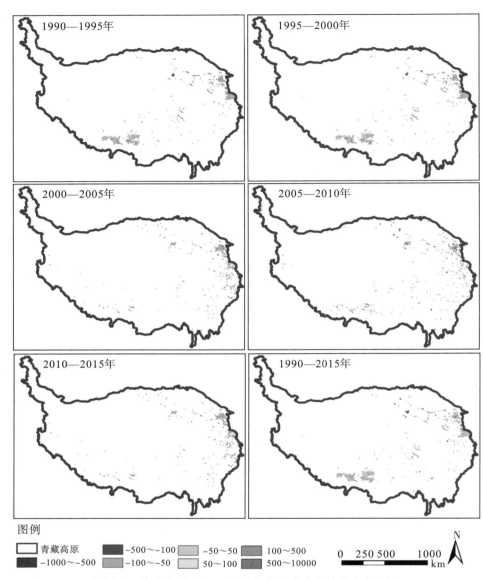

图例

☐ 青藏高原	■ −500～−100	▨ −50～50	▨ 100～500
■ −1000～−500	▨ −100～−50	▨ 50～100	■ 500～10000

0 250 500 1000 km

N

图 3.8　青藏高原 1990—2015 年聚落生态系统动态变化图

　　荒漠生态系统的面积 1990—2015 年也一直在增加,25 年间总体增加了 48.35km²;1990—1995 年增加了 1.15km²;1995—2000 年增加了 2.51km²;2000—2005 年增加了 8.81km²;2005—2010 年增加了 4.74km²;2010—2015 年增加了 31.15km²,如图 3.9 所示。

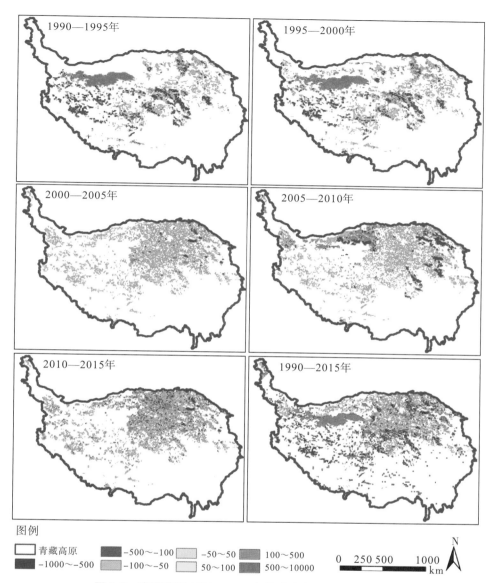

图例

□ 青藏高原	■ −500～−100	■ −50～50	■ 100～500	
■ −1000～−500	■ −100～−50	■ 50～100	■ 500～10000	

0　250 500　1000
km

N

图 3.9　青藏高原 1990—2015 年荒漠生态系统动态变化图

其他生态系统的面积与荒漠生态系统的面积总体增加的态势相似，1990—2015 年增加面积 37.57km²；1990—1995 年增加了 1.05km²；1995—2000 年增加了 9.35km²；2000—2005 年增加了 10.34km²；2005—2010 年面积增加了 13.23km²；2010—2015 年增加了 3.60km²，如图 3.10 所示。

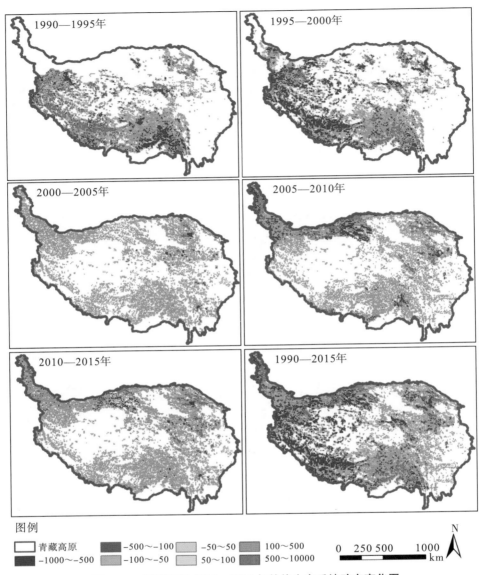

青藏高原　　−500～−100　　−50～50　　100～500

−1000～−500　　−100～−50　　50～100　　500～10000

0　250 500　　1000
km

N

图 3.10　青藏高原 1990—2015 年其他生态系统动态变化图

3.3.2　青藏高原各类生态系统宏观结构变化时空特征

　　1990—2015 年青藏高原地区生态系统发生了不同程度的变化,下面按照每 5 年的变化来分析青藏高原各类生态系统的宏观结构变化时空特征。

　　(1)1990—2000 年青藏高原地区生态系统演替基本特征

　　如图 3.11 所示,1990—2000 年,青藏高原地区生态系统转变面积最大的是森林生态系统转向草地生态系统,共转了 397.03km²;其次为草地生态系统转向农田生态系统,共转了 187.27km²;草地生态系统向森林生态系统转了 114.49km²;森林生态系统向农田生态系统转了 67.05km²,转向荒漠生态系统 6.81km²;草地生态系统转向水体与湿地生态系统 27.45km²,转向聚落生态系统 16.82km²;水体与湿地生态系统转向森林生态系统 56.76km²,转向草地生态系统 15.96km²,转向荒漠生态系统 7.21km²;有一些转换发生在 农田生态系统与森林生态系统、草地生态系统、水体与湿地生态系统、聚落生态系统相互间 的转换上。

　　青藏高原农田生态系统转出主要发生在果洛那曲丘状高原、川西藏东高山深谷、青东祁 连山地、藏南山地,共 19.68km²。在川西藏东高山深谷地区转换类型最多:农田转向森林生 态系统 4.88km²;转向草地生态系统 3.81km²;转向水域与湿地生态系统 1.58km²;转向聚 落生态系统 1.36km²。果洛那曲丘状高原主要由农田生态系统转向草地生态系统 0.61km²;转向水体与湿地生态系统 0.05km²;转向聚落生态系统 2.73km²。青东祁连山地 森林生态系统转向聚落生态系统 0.64km²。

　　青藏高原地区森林生态系统转出主要发生在云南高原、果洛那曲丘状高原、川西藏东高 山深谷、青东祁连山地,面积共 474.58km²。其中云南高原森林生态系统转向草地生态系统 1.33km²。果洛那曲丘状高原森林生态系统转向农田生态系统 10.32km²;转向草地生态系 统 21.39km²;转向水体与湿地生态系统 0.09km²。在川西藏东高山深谷地区森林生态系统 转向农田生态系统 45.83km²;转向草地生态系统 346.52km²;转向水体与湿地生态系统 0.41km²;转向聚落生态系统 1.18km²;转向其他生态系统 8.81km²。在青东祁连山地地区 森林生态系统转向农田生态系统 10.90km²;转向草地生态系统 27.80km²。

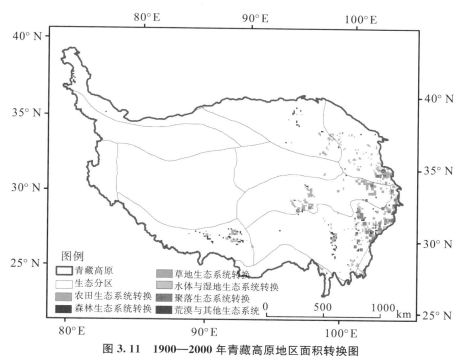

图 3.11　1900—2000 年青藏高原地区面积转换图

青藏高原地区草地生态系统转出主要在果洛那曲丘状高原、青南高原宽谷、川西藏东高山深谷、青东祁连山地、藏南山地,共 355.06km²。果洛那曲丘状高原草地生态系统转向农田生态系统 33.87km²;转向森林生态系统 8.57km²;转向水体与湿地生态系统 19.88km²;转向聚落生态系统 2.96km²;转向荒漠生态系统 2.14km²;转向其他生态系统 0.66km²。青南高原宽谷草地生态系统转向水体与湿地生态系统 0.84km²;转向荒漠生态系统 4.66km²;转向其他生态系统 0.10km²。川西藏东高山深谷草地生态系统转向农田生态系统 18.46km²;转向森林生态系统 83.57km²;转向水体与湿地生态系统 6.35km²;转向其他生态系统 1.47km²。青东祁连山地草地生态系统转向农田生态系统 134.95km²;转向森林生态系统 3.07km²;转向水体与湿地生态系统 0.39km²;转向聚落生态系统 2.94km²。藏南山地草地生态系统转向森林生态系统 38.26km²;转向聚落生态系统 10.24km²。

青藏高原地区水体与湿地生态系统转换主要发生在果洛那曲丘状高原、青南高原宽谷、川西藏东高山深谷、青东祁连山地、藏南山地,面积共 81.96km²。其中果洛那曲丘状高原水体与湿地生态系统转向草地生态系统 0.30km²;转向森林生态系统 0.09km²;转向草地生态系统 11.36km²;转向聚落生态系统 0.20km²;转向荒漠生态系统 7.21km²。青南高原宽谷水体与湿地生态系统转向草地生态系统 0.06km²。川西藏东高山深谷水体与湿地生态系统转向森林生态系统 2.74km²;转向草地生态系统 0.57km²;转向其他生态系统 0.68km²。青东祁连山地水体与湿地生态系统转向农田生态系统 0.83km²;转向森林生态系统 0.04km²;转向草地生态系统 3.97km²。藏南山地水体与湿地生态系统转向森林生态系统 53.89km²。

青藏高原地区聚落生态系统的增长主要在藏南地区,增长面积 3.04km²。

青藏高原地区荒漠生态系统与其他生态系统的转换主要发生在果洛那曲丘状高原、藏南山地、云南高原、青南高原宽谷、川西藏东高山深谷地区,面积共 11.68km²。其中在果洛那曲丘状高原荒漠生态系统转向草地生态系统 0.95km²;其他生态系统转向草地生态系统 0.74km²。藏南山地荒漠生态系统转向森林生态系统 9.42km²。云南高原其他生态系统转向森林生态系统 0.22km²。在青南高原宽谷、川西藏东高山深谷其他生态系统分别转向草地生态系统 0.10km²、0.35km²。

(2)2000—2005 年青藏高原生态系统演替基本特征

如图 3.12 所示,2000—2005 年青藏高原地区农田生态系统转变面积最大的是森林生态系统转草地生态系统,转换面积 368.59km²;其次是农田生态系统转草地生态系统 155.33km²;草地生态系统转水体与湿地生态系统转 127.66km²;农田生态系统转森林生态系统 92.32km²;水体与湿地生态系统转草地生态系统 67.23km²;草地生态系统转森林生态系统 56.57km²;草地生态系统转荒漠生态系统 28.14km²;草地生态系统转聚落生态系统 22.82km²;荒漠生态系统转草地生态系统 20.68km²,以及少部分农田生态系统转聚落生态系统、森林生态系统与水体与湿地生态系、聚落生态系统、其他生态系统之间的转变。

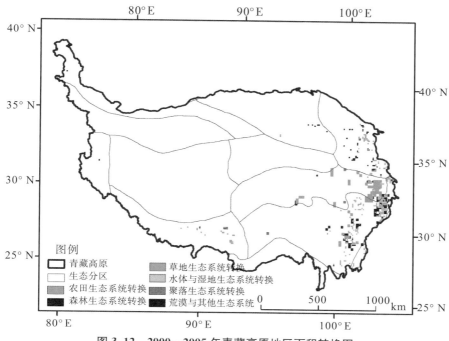

图 3.12　2000—2005 年青藏高原地区面积转换图

　　青藏高原地区农田生态系统转变主要发生在云南高原、果洛那曲丘状高原、川西藏东高山深谷、青东祁连山地、藏南山地，面积共 262.73km²。其中云南高原农田生态系统转向草地生态系统 0.34km²。果洛那曲丘状高原农田生态系统转向草地生态系统 10.10km²；转向森林生态系统 4.43km²；转向聚落生态系统 0.71km²。川西藏东高山深谷地区农田生态系统转向森林生态系统 75.07km²；转向草地生态系统 128.11km²；转向聚落生态系统 2.89km²。青东祁连山地农田生态系统转向森林生态系统 12.79km²；转向草地生态系统 16.88km²；转向聚落生态系统 2.75km²。藏南山地农田生态系统转向森林生态系统 0.02km²；转向聚落生态系统 8.73km²。

　　青藏高原地区森林生态系统转变主要发生在果洛那曲丘状高原、川西藏东高山深谷、青东祁连山地、藏南山地，面积共 384.05km²。其中果洛那曲丘状高原森林生态系统转向草地生态系统面积 65.60km²；转向水体与湿地生态系统 7.62km²；转向聚落生态系统 0.49km²；转向其他生态系统 0.25km²。川西藏东高山深谷森林生态系统转向草地生态系统 301.31km²；转向聚落生态系统 2.65km²；转向其他生态系统 4.25km²。青东祁连山地森林生态系统转向草地生态系统 1.67km²。藏南山地森林生态系统转向聚落生态系统 0.20km²。

　　青藏高原地区草地生态系统转变主要发生在果洛那曲丘状高原、川西藏东高山深谷、青东祁连山地、藏南山地，总面积 243.92km²。其中果洛那曲丘状高原草地生态系统转向森林生态系统 7.02km²；转向水体与湿地生态系统 80.83km²；转向聚落生态系统 8.81km²；转向荒漠生态系统 28.89km²；转向其他生态系统 4.03km²。川西藏东高山深谷草地生态系统转向森林生态系统 49.49km²；转向水体与湿地生态系统 37.43km²；转向聚落生态系统 8.03km²；转向荒漠生态系统 0.24km²；转向其他生态系统 3.44km²。青东祁连山地草地生态系统转向农田生态系统 1.25km²；转向水体与湿地生态系统 0.98km²；转向聚落生态系统 1.28km²。藏南山地草地生态系统转向森林生态系统 0.07km²；转向水体与湿地生态系统 8.43km²。

青藏高原地区水体与湿地生态系统转变主要发生在果洛那曲丘状高原、川西藏东高山深谷、青东祁连山地、藏南山地，总面积 71.20km²。其中，果洛那曲丘状高原水体与湿地生态系统转向森林生态系统 1.59km²；转向草地生态系统 56.49km²；转向聚落生态系统 0.22km²；转向荒漠生态系统 1.60km²。川西藏东高山深谷水体与湿地生态系统转向森林生态系统 0.29km²；转向草地生态系统 10.50km²。青东祁连山地水体与湿地生态系统转向草地 0.24km²。藏南山地地区水体与湿地生态系统转向聚落生态系统 0.27km²。

青藏高原地区聚落生态系统的增长主要在青东祁连山地，面积增长了 0.13km²；藏南地区面积增长了 0.91km²。

青藏高原地区荒漠生态系统和其他生态系统转变主要发生在果洛那曲丘状高原、川西藏东高山深谷，面积共 22.32km²。曲中果洛那曲丘状高原荒漠生态系统转草地生态系统 20.68km²；其他生态系统转草地生态系统 1.31km²。川西藏东高山深谷地区其他生态系统转草地生态系统 0.33km²。

(3)2005—2010 年青藏高原生态系统演替基本特征

如图 3.13 所示，2005—2010 年青藏高原生态系统转换面积最大的是草地生态系统转森林生态系统，转换面积为 125.87km²；其次是农田生态系统转草地生态系统，面积为 88.89km²；森林生态系统转草地生态系统，面积为 48.53km²；草地生态系统转农田生态系统，面积为 22.02km²；草地生态系统转聚落生态系统面积为 21.12km²；农田生态系统转森林生态系统，面积为 15.92km²；森林生态系统转其他生态系统面积为 13.04km²；少部分的农田生态系统转水体与湿地生态系统、森林生态系统转聚落生态系统与农田生态系统、农田生态系统转聚落生态系统、水体与湿地生态系统转草地生态系统与聚落生态系统等。

青藏高原地区农田生态系统主要发生的地区在汉中盆地、四川盆地、云南高原、果洛那曲丘状高原、川西藏东高山深谷、青东祁连山地、藏南山地，面积共 114.99km²。其中，汉中盆地农田生态系统转向森林生态系统 0.26km²。四川盆地农田生态系统转向森林生态系统 0.23km²。云南高原农田生态系统转向草地生态系统 1.24km²。果洛那曲丘状高原农田生态系统转向草地生态系统 5.55km²。川西藏东高山深谷农田生态系统转向森林生态系统 14.57km²；转向草地生态系统 42.15km²；转向水体与湿地生态系统 6.57km²；转向聚落生态系统 1.05km²；转向其他生态系统 0.31km²。青东祁连山地农田生态系统转向森林生态系统 0.86km²；转向草地生态系统 39.94km²；转向水体与湿地生态系统 1.01km²。藏南山地农田生态系统转向聚落生态系统 1.23km²。

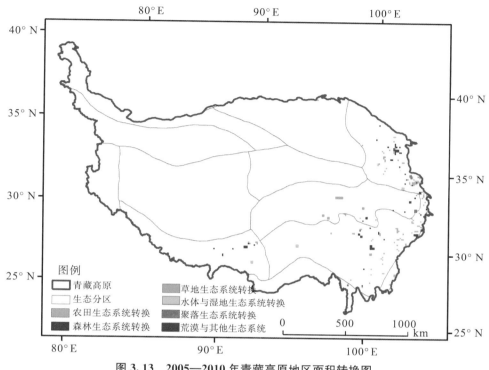

图 3.13　2005—2010 年青藏高原地区面积转换图

青藏高原地区森林生态系统转变主要发生在四川盆地、果洛那曲丘状高原、川西藏东高山深谷、青东祁连山地、藏南山地地区，面积共 70.22km²。其中，四川盆地中森林生态系统转向其他生态系统 4.52km²。果洛那曲丘状高原森林生态系统转向草地生态系统 11.44km²；转向水体与湿地生态系统 0.83km²；转向聚落生态系统 0.74km²。川西藏东高山深谷森林生态系统转向农田生态系统 2.45km²；转向草地生态系统 3.86km²；转向聚落生态系统 3.04km²；转向其他生态系统 8.53km²。青东祁连山地森林生态系统转向农田生态系统 1.39km²；转向草地生态系统 3.86km²。

青藏高原地区草地生态系统转变主要发生在果洛那曲丘状高原、川西藏东高山深谷、青东祁连山地、藏南山地，面积共 175.19km²。其中，果洛那曲丘状高原草地生态系统转向农田生态系统 1.00km²；转向森林生态系统 6.37km²；转向水体与湿地生态系统 1.11km²；转向聚落生态系统 13.68km²。川西藏东高山深谷草地生态系统转向农田生态系统 17.14km²；转向森林生态系统 118.06km²；转向水体与湿地生态系统 3.47km²，转向聚落生态系统 6.70km²；转向其他生态系统 0.90km²。青东祁连山地草地生态系统转向农田生态系统 3.87km²;转向森林生态系统 1.44km²;转向水体与湿地生态系统 0.70km²。藏南山地草地生态系统转向聚落生态系统 0.74km²。

青藏高原地区水体与湿地生态系统转变主要发生在果洛那曲丘状高原,转向草地生态系统 1.42km²;转向聚落生态系统 1.25km²。

青藏高原地区聚落生态系统面积的增长主要发生在藏南山地,面积为 0.41km²。

青藏高原地区荒漠生态系统与其他生态系统变化主要发生在果洛那曲丘状高原,转向草地生态系统 0.26km²。

(4)2010—2015 年青藏高原生态系统演替基本特征

如图 3.14 所示,2010—2015 年青藏高原地区农田生态系统转变面积最大的是草地生态系统转聚落生态系统,面积为 71.97km²;其次是农田生态系统转聚落生态系统 57.17km²;水体与湿地生态系统转荒漠生态系统 34.07km²;草地生态系统转水体与湿地生态系统 22.07km²;森林生态系统转聚落生态系统 21.52km²;森林生态系统转水体与湿地生态系统 11.15km²;

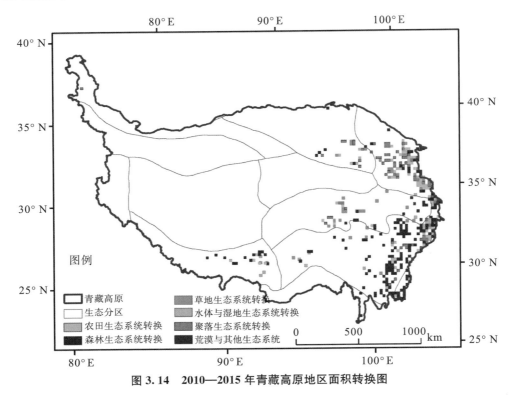

图 3.14 2010—2015 年青藏高原地区面积转换图

青藏高原农田生态系统转变主要发生在果洛那曲丘状高原、川西藏东高山深谷、青东祁连山地、藏南山地,面积共 66.87km²。其中,果洛那曲丘状高原农田生态系统转向水体与湿地生态系统 0.50km²;转向聚落生态系统 6.54km²;转向其他生态系统 0.06km²。川西藏东高山深谷农田生态系统转向草地生态系统 0.03km²；转向水体与湿地生态系统 6.43km²；转向聚落生态系统 19.44km²；转向其他生态系统 0.09km²。青东祁连山地农田生态系统转向森林生态系统 0.04km²；转向草地生态系统 0.62km²；转向水体与湿地生态系统 0.47km²；转向聚落生态系统 11.08km²；转向其他生态系统 0.75km²。藏南山地农田生态系统转向水体与湿地生态系统 0.72km²；转向聚落生态系统 20.11km²。

青藏高原地区森林生态系统转变主要发生在四川盆地、果洛那曲丘状高原、川西藏东高山深谷、青东祁连山地、藏南山地，总面积 43.48km²。其中，四川盆地森林生态系统转向聚落生态系统 0.32km²。果洛那曲丘状高原森林生态系统转向水体与湿地生态系统 0.30km²；转向聚落生态系统 0.83km²。川西藏东高山深谷森林生态系统转草地生态系统 9.27km²；转水体与湿地生态系统 10.21km²；转聚落生态系统 13.14km²；转向其他生态系统 1.13km²。青东祁连山地森林生态系统转向聚落生态系统 0.60km²；转向其他生态系统 0.12km²。藏南山地森林生态系统转向水体与湿地生态系统 0.94km²；转向聚落生态系统 6.63km²。

青藏高原地区草地生态系统转变主要发生在四川盆地、云南高原、果洛那曲丘状高原、青南高原宽谷、川西藏东高山深谷、青东祁连山地、藏南山地，面积共 95.21km²。其中，四川盆地草地生态系统转聚落生态系统 0.08km²。云南高原草地生态系统转水体与湿地生态系统 0.64km²。果洛那曲丘状高原草地生态系统转森林生态系统 0.50km²；转水体与湿地生态系统 7.15km²；转聚落生态系统 35.63km²；转荒漠生态系统 0.14km²；转其他生态系统 1.90km²。青南高原宽谷草地生态系统转水体与湿地生态系统 1.43km²。川西藏东高山深谷草地生态系统转农田生态系统 0.04km²；转森林生态系统 0.26km²；转水体与湿地生态系统 11.49km²；转聚落生态系统 25.81km²；转其他生态系统 1.90km²。青东祁连山地草地生态系统转水体与湿地生态系统 0.08km²；转聚落生态系统 6.56km²；转其他生态系统 2.23km²。藏南山地草地生态系统转水体与湿地生态系统 1.27km²；转聚落生态系统 3.90km²。

青藏高原地区水体与湿地生态系统转变主要发生在果洛那曲丘状高原、川西藏东高山深谷、青东祁连山地、藏南山地，面积共 39.91km²。其中，果洛那曲丘状高原水体与湿地生态系统转向草地生态系统 0.76km²；转向荒漠生态系统 0.11km²；转向聚落生态系统 1.18km²。川西藏东高山深谷水体与湿地生态系统转向草地生态系统 0.90km²；转向聚落生态系统 0.77km²。青东祁连山地水体与湿地生态系统转向聚落生态系统 0.25km²；转向其他生态系统 0.02km²。藏南山地水体与湿地生态系统转向草地生态系统 0.67km²；转向聚落生态系统 1.29km²；转向荒漠生态系统 33.96km²。

青藏高原地区聚落生态系统转变主要发生在藏南山地，面积为 0.47km²。

青藏高原地区荒漠生态系统转变面积共 4.61km²，主要发生在果洛那曲丘状高原荒漠生态系统转向水体与湿地生态系统 2.67km²；青南高原宽谷荒漠生态系统转向水体与湿地生态系统 0.05km²；川西藏东高原深谷荒漠生态系统转向水体与湿地生态系统 1.27km²；藏南山地荒漠生态系统转向水体与湿地生态系统 0.23km²、转向聚落生态系统 0.40km²。

青藏高原其他生态系统转变主要发生在果洛那曲丘状高原、川西藏东高山深谷、青东祁连山地、藏南山地，面积共 2.42km²。其中，果洛那曲丘状高原其他生态系统转向草地生态系统 0.19km²；转向聚落生态系统 1.34km²。川西藏东高山深谷其他生态系统转向水体与湿地生态系统 0.36km²；转向聚落生态系统 0.22km²。青东祁连山地其他生态系统转向草地生态系统 0.01km²。藏南山地其他生态系统转向水体与湿地生态系统 0.30km²。

3.3.3 青藏高原各类生态系统宏观结构变化区域分异特征

(1)高原温带半干旱区

1990—2000 年，青藏高原范围内高原温带半干旱地区发生生态系统转换面积共 301.36km²。主要发生在草地生态系统转向农田生态系统，转换面积 134.95km²；其次是水体与湿地生态系统转向森林生态系统 53.93km²；草地生态系统转向森林生态系统 41.34km²；森林生态系统转向草地生态系统 27.80km²；草地生态系统转向聚落生态系统 13.18km²。

2000—2005 年青藏高原范围内高原温带半干旱地区发生生态系统转换面积 61.32km²。其中，农田生态系统转草地生态系统 16.88km²；农田生态系统转森林生态系统 12.81km²；农田生态系统转聚落生态系统 11.48km²；草地生态系统转水体与湿地生态系统 9.41km²。

2005—2010 年青藏高原范围内高原温带半干旱地区发生生态系统转换面积 55.24km²。其中，农田生态系统转草地生态系统 39.94km²；草地生态系统转农田生态系统 3.87km²；森林生态系统转草地生态系统 3.86km²。

2010—2015 年青藏高原范围内高原温带半干旱地区发生生态系统转换面积 93.25km²。其中，水体与湿地生态系统转荒漠生态系统 33.96km²；农田生态系统转聚落生态系统 31.19km²；草地生态系统转聚落生态系统 10.46km²；森林生态系统转聚落生态系统 7.23km²。

(2)高原温带湿润半湿润区

1990—2000 年，青藏高原范围内高原温带湿润半湿润区生态系统转变面积 510.25km²。主要发生的有森林生态系统转草地生态系统 346.52km²；草地生态系统转森林生态系统 64.58km²；森林生态系统转农田生态系统 45.83km²；草地生态系统转农田生态系统 18.46km²。

2000—2005 年,青藏高原范围内高原温带湿润半湿润区生态系统转变面积 624.04km²。其中,森林生态系统转草地生态系统 301.31km²;农田生态系统转草地生态系统 128.11km²;农田生态系统转森林生态系统 75.07km²;草地生态系统转森林生态系统 49.49km²;草地生态系统转水体与湿地生态系统 37.43km²。

2005—2010 年青藏高原范围内高原温带湿润半湿润区生态系统转变面积 258.32km²。其中,草地生态系统转森林生态系统 118.06km²;农田生态系统转草地生态系统 42.15km²;森林生态系统转草地生态系统 33.23km²;草地生态系统转农田生态系统 17.14km²;农田生态系统转森林生态系统 14.57km²;森林生态系统转其他生态系统 8.53km²。

2010—2015 年青藏高原范围内高原温带湿润半湿润区生态系统转变面积 102.82km²。其中,草地生态系统转聚落生态系统 25.81km²,农田生态系统转聚落生态系统 19.44km²;森林生态系统转聚落生态系统 13.14km²;森林生态系统转水体与湿地生态系统 10.21km²;森林生态系统转草地生态系统 9.27km²。

(3)高原亚寒带半干旱区

1990—2000 年青藏高原范围内高原亚寒带半干旱区生态系统共转变面积 5.67km²。其中,草地生态系统转荒漠生态系统 4.66km²;转水体与湿地生态系统 0.84km²。

2010—2015 年青藏高原范围内高原亚寒带半干旱区生态系统转变面积 1.48km²。其中,草地生态系统转水体与湿地生态系统 1.43km²;荒漠生态系统转水体与湿地生态系统 0.50km²。

(4)高原亚寒带半湿润地区

1990—2000 年青藏高原范围内高原亚寒带半湿润地区生态系统转变面积 124.62km²。其中,草地生态系统转农田生态系统 33.87km²;森林生态系统转草地生态系统 21.39km²;草地生态系统转水体与湿地生态系统 19.88km²。

2000—2005 年青藏高原范围内高原亚寒带半湿润地区生态系统转变面积 299.69km²。其中,草地生态系统转水体与湿地生态系统 80.83km²;森林生态系统转草地生态系统 65.60km²;水体与湿地生态系统转草地生态系统 56.49km²;荒漠生态系统转草地生态系统 20.68km²。

2005—2010 年青藏高原范围内高原亚寒带半湿润地区生态系统转换面积 43.65km²。其中,草地生态系统转聚落生态系统 13.68;森林生态系统转草地生态系统 11.44km²;草地生态系统转森林生态系统 6.37km²;农田生态系统转草地生态系统 5.55km²。

（5）中亚热带湿润地区

1990—2000 年青藏高原范围内中亚热带湿润地区生态系统转换面积 1.54km^2。其中森林生态系统转草地生态系统 1.33km^2；其他生态系统转森林生态系统 0.22km^2。

2000—2005 年青藏高原范围内中亚热带湿润地区生态系统变化主要有农田生态系统转草地生态系统面积 0.24km^2。

2005—2010 年青藏高原范围内中亚热带湿润地区生态系统变化主要有农田生态系统转草地生态系统 6.00km^2。其中，农田生态系统转草地生态系统 1.25km^2；农田生态系统转森林生态系统 0.23km^2；森林生态系统转其他生态系统 4.52km^2。

2010—2015 年青藏高原范围内中亚热带湿润地区生态系统变化主要有农田生态系统转草地生态系统 1.04km^2。其中，草地生态系统转水体与湿地生态系统 0.64km^2；森林生态系统转聚落生态系统 0.32km^2；草地生态系统转聚落生态系统 0.08km^2。

（6）北亚热带湿润地区

2005—2010 年青藏高原范围内北亚热带湿润地区发生主要变化是农田生态系统转向森林生态系统，转变面积为 0.26km^2。

3.4 青藏高原陆地生态系统宏观结构变化原因分析

青藏高原是全球海拔最高的几个巨型构造地貌单元，青藏高原生态系统结构改变的原因多种多样，但其主导因素可分为自然因素和人为因素两大方面。

自然因素主要由于青藏高原地处内陆，地势高峻，平均海拔 4000m 左右，形成了干燥寒冷、多风多沙的大陆性气候。尽管高原水资源丰富，但利用率低，干旱缺水区域草地面积很大，决定了这里草地生态系统的脆弱性。青藏高原草地几乎年年都有不同程度的自然灾害发生，其中最严重的当属雪灾和旱灾。雪灾造成低温寒潮天气致使牲畜死亡，降低了草地牲畜数量。干旱始终是制约高原草地生产的主要因素。干旱使得草地土壤风蚀严重，严重风蚀导致土壤沙化和盐渍化，牧草失去生长条件。这样又使其他草地上载畜量增加，更加速了草地的退化。从生态角度看，高原上日益严重的鼠害虫害也是造成草地退化加剧的原因之一。

青藏高原广大地区气候干燥、风力强劲，年风蚀气候因子指数多在 50 以上，尤其是长达半年以上的寒冷、干旱。而风大区域的旱季风蚀气候因子指数更高达 100 左右，属于我国强风蚀气候侵蚀力中心之一。区域内在松散的残坡积物、洪积物、冲洪积物、冲积物和湖积物等基础上形成的地表土壤含沙量丰富，如那曲地区 338 个土壤剖面的土壤物理性沙砾含量平均高达 70.44%,区内大部分地区林木稀少,大面积为植被稀疏低矮的草地,加之植被生长期短,广大地区经常处于裸露或半裸露状态。上述特点决定了干旱区内孕育着沙漠化灾害发生发展的基本因素,其中,干旱多风的气候为区内的风沙活动提供了必要的动力条件,疏松多沙的土壤为其提供了丰富的物质基础,大面积含沙地表的裸露又为风蚀起沙创造了有利的条件,由于自然环境条件发生沙漠化灾害的内在危险性较高。

随着干旱区内气候的干暖化,青藏高原的自然环境发生了一系列变化,如随着气温升高、降水减少、蒸发量增大、风蚀气候侵蚀力迅速提高,区内风沙活动的动力随之急剧增强;随着降水减少、蒸发量增大,地表径流量减少,地表土壤逐渐变干,土壤抗风蚀能力减弱,土壤风蚀强度由此急剧增强;随着气候、土壤等条件变劣,植被退化,植被高度与盖度随之降低,区内强劲风力直接作用于沙质地表的状况更加严重,地表风沙活动条件得到了进一步的加强。在这一过程中,本已存在的沙漠化自然因素被激化和加剧,致使广大地区包括风蚀、风沙流、沙丘移动与堆积等风沙活动的范围扩大、强度增强,导致了沙漠化灾害自然过程的产生与发展。

人为因素主要有经济、人口、政策等。如来自开垦和部分地区的采金、挖药材行为以及草场持续超载和不合理的放牧制度,而相对恶劣的自然条件对草地生产能力的影响促进了草场的退化;同时,区域内社会经济的发展水平相对较低,对资源的开发利用手段单一,至今仍维持着"靠天种田""靠天养畜"的落后生产方式,低投入、低产出,农牧业生产水平低,人民收入水平不高等,由此决定了在过去一段时间内的发展中区内主要还是以外延式扩展为主,如增加牲畜数量、扩大耕地面积等。特别是随着人口的快速增长,采用了资源耗竭性开发利用方式与手段(如急剧扩大耕地面积、迅速增加牲畜数量等),这些人为活动的快速增强不可避免地对区内的自然植被与土壤造成了破坏。广大地区地表风蚀、搬运与堆积作用被人为加剧,特别是在人类活动强度较大的河谷、湖盆地区,从而人为地造成了区内风沙活动面积的扩大和风沙活动强度的增强,形成了西藏沙漠化灾害的人为过程。

随着经济的发展,国家在政策方面支持西部大开发战略,退耕还林还草、生态工程等生态保护工程的实施将对青藏高原生态系统宏观结构的变化起到很大的作用。

3.5　小结

本章基于 1990 年、1995 年、2000 年、2005 年、2010 年、2015 年每隔五年的青藏高原陆地生态系统的遥感调查数据,系统分析了近 25 年青藏高原生态系统宏观结构时空变化特征。发现森林生态系统、农田生态系统总面积减少,而草地生态系统和聚落生态系统呈增加的趋势。其中,森林生态系统的转出主要发生在云南高原、果洛那曲丘状高原、川西藏东高山深谷、青东祁连山地,面积达 490.71km²。农田生态系统的流出主要发生在果洛那曲丘状高原、川西藏东高山深谷、青东祁连山地、藏南山地,面积减少 190.79km²。草地生态系统面积的增加主要发生在果洛那曲丘状高原、川西藏东高山深谷、青东祁连山地、藏南山地,增加总面积为 311.55km²。青藏高原地区聚落生态系统的增长主要在藏南地区,增长面积为 321.35km²。而人类活动与自然环境变化是驱动青藏高原陆地生态系统宏观结构发生变化的主要原因。

参考文献

[1] 郑度,欧阳,周成虎.对自然地理区划方法的认识与思考[J].地理学报,2008(6):563-573.

[2] 郑度.中国生态地理区域系统研究[M].北京:商务印书馆,2008:40-61.

[3] 刘璐璐,曹巍,邵全琴.近 30 年来长江源区与黄河源区土地覆被及其变化对比分析[J].地理科学,2017,37(2):311-320.

[4] 李耀辉,韩涛.基于 EOS/MODIS 资料的中国黄土高原西部土地覆盖分类[J].高原气象,2008(3):538-543.

[5] 董金玮,匡文慧,刘纪远.遥感大数据支持下的全球土地覆盖连续动态监测[J].中国科学:地球科学,2018,48(2):259-260.

[6] 李阳兵,张阳阳.平行岭谷区建设用地格局演变扩展的通道与低山阻隔效应[J].地理研究,2010,29(3):440-448.

[7] 刘芳,闫慧敏,刘纪远,等.21 世纪初中国土地利用强度的空间分布格局[J].地理学报,2016,71(7):1130-1143.

[8] 刘纪远,刘文超,匡文慧,等.基于主体功能区规划的中国城乡建设用地扩张时空特征遥感分析[J].地理学报,2016,71(3):355-369.

[9] 刘纪远,宁佳,匡文慧,等.2010—2015 年中国土地利用变化的时空格局与新特征[J].地理学报,2018,73(5):789-802.

[10] Jia Ning, Jiyuan Liu, Wenhui Kuang, et al. Spatiotemporal patterns and characteristics of land-use change in China during 2010—2015[J]. Journal of Geographical Sciences,2018,28(5):547-562.

[11] 叶玉瑶,张虹鸥,刘凯,等.地理区位因子对建设用地扩展的影响分析——以珠江三角洲为例[J].地理科学进展,2010,29(11):1433-1441.

[12] 刘纪远,邵全琴,于秀波,等.中国陆地生态系统综合监测与评估[M].北京:科学出版社,2016.

［13］邵全琴,樊江文,等.三江源生态保护和建设工程生态效益监测评估［M］.北京:科学出版社,2018.

［14］刘勇洪,牛铮,徐永明,等.基于 MODIS 数据设计的中国土地覆盖分类系统与应用研究［J］.农业工程学报,2006(5):99-104.

［15］樊杰.青藏地区特色经济系统构筑及与社会、资源、环境的协调发展［J］.资源科学,2000(4):12-21.

［16］邵全琴,樊江文,刘纪远,等.重大生态工程生态效益监测与评估研究［J］.地球科学进展,2017,32(11):1174-1182.

［17］张建国,刘淑珍,李辉霞,等.西藏那曲地区草地退化驱动力分析［J］.资源调查与环境,2004(2):116-122.

［18］刘宪锋,任志远,林志慧.青藏高原生态系统固碳释氧价值动态测评［J］.地理研究,2013,32(4):663-670.

［19］陈德亮,徐柏青,姚檀栋,等.青藏高原环境变化科学评估:过去、现在与未来［J］.科学通报,2015,60(32):3025-3035.

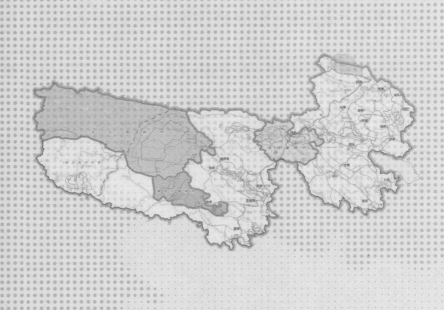

第4章   青藏高原植被生态系统绿波遥感监测与评估

4.1   基于 NDVI 的青藏高原植被绿波时空特征分析

4.1.1   基于植被 NDVI 的植被生态系统绿波遥感监测

　　青藏高原是一个巨大的山脉体系,各处高山参差不齐,落差极大,内部的生态环境条件差异悬殊,在这些及其他各方面因素的综合作用下,高原地区的植被分布情况十分复杂,植物种类非常繁多,是世界上高山植物区系最丰富的地域单元(李艳芳,2015)。归一化植被指数(Normalized Difference Vegetation Index,NDVI)是植被生长发育、碳循环平衡及生态系统稳定性的检测指标,在一定程度上也可以反映植被空间绿波的分布格局。基于 NDVI 时间序列研究植被绿波逐年变化情况,不仅能够了解植被动态变化过程,还能够进一步研究高原生态系统的结构、功能和健康状况,对于全球碳循环的研究具有重要参考价值。本章运用遥感影像数据通过植被指数来分析植被绿波变化趋势,识别退化显著区域,以期指导区域未来的生态环境保护和恢复工作(王娜,2012;郑海亮等,2019)。

　　针对基于长时间序列的 GIMMS(Global Inventor Modeling and Mapping Studies)NDVI 数据集监测植被绿波变化,国内外学者进行了多方面的研究与探索。其中,杜加强等(2014;2015)利用 2000—2016 年 GIMMS NDVI 数据和 MODIS(Moderate-Resolution Imaging Spectroradiometer)数据,对青藏高原植被覆盖时空变化进行了研究,表明 GIMMS NDVI 反映植被动态变化方面有较强的可靠性。长时间序列的 NDVI 数据分析一定尺度的植被活动状况更有利于提高把握区域植被覆盖情况的准确性(孙建,2013)。因此,本书的研究基于 1982—2015 年 GIMMS-NDVI$_{3g}$ 遥感数据,运用平均值法、一元回归趋势分析法对青藏高原近 34 年 NDVI 的季节变化、年际变化、季节的年际变化在空间上的分布情况进行分析。并且,结合 2001—2015 年 MODIS12Q1 土地覆盖产品分析了不同植被类型 NDVI 年际变化过程。此外,地貌是自然地理环境的重要组成部分,其形态和特征影响着各种环境因子的分布与变化,决定着自然植被的空间分布格局。而 DEM 作为数字化的地形图,蕴含着丰富的地貌特征信息,是定量描述海拔高度空间变化的基础数据。近年来,随着对地观测技术和计算机技术的迅速发展,DEM 在数据获取、存储、管理、应用等方面均取得了一系列突破(韩海辉,2009;常直杨,

2012)。本章也基于数字高程模型(Digital Elevation Model,DEM)90m分辨率数据,对青藏高原主体高原面以100m为间隔划分不同的高程区间,对不同海拔梯度、不同坡度坡向等地貌特征的植被生长状况进行了统计分析。

4.1.2 数据处理与分析方法

本书首先将基于GDEM-DEM 30m空间分辨率数据以2500m为起始高程点,以100m为间隔将青藏高原主体面划分为38个高程区间,对不同海拔梯度的NDVI的变化情况进行分析;而后提取坡度、坡向信息,研究青藏高原植被生态系统在不同坡度、坡向上的分布变化情况。提取GIMMS NDVI 5—9月(青藏高原植被生长季)的数据,研究1982—2015年青藏高原植被生长季时空变化情况,同时采用直接梯度分析法重新划分高程区间,增加2500m以前生长季植被垂直分异的研究,选择以50m为起点、100m为间隔划分高原高程数据,来研究青藏高原生长季植被NDVI从山底到山顶的垂直梯度变化。

4.1.2.1 数据源及处理方法

本章分析所使用的数据源及处理方法如下:

(1)归一化植被指数NDVI数据来源与处理

GIMMS NDVI$_{3g}$数据来源于NASA全球检测与模型研究组的半月最大合成(Maximum Value Composites,MVC)的NDVI数据集。该数据集时间分辨率为15天,每年各24期影像,空间分辨率为8km×8km(周伟,2014)。原始数据为NetCDF格式,运用IDL编程软件对原始数据进行读取、配准后将格式转为Geotiff格式,并裁剪提取青藏高原NDVI数据。

(2)植被覆盖类型数据来源与处理

植被覆盖类型数据为MODIS 500m空间分辨率土地覆盖数据产品MCD12Q1(2001—2015年)。本书的研究提取出15年不同区域的植被类型,基于不变植被研究不同植被类型生长季NDVI年际变化情况。

(3)高程数据来源与预处理

DEM来源于中国计算机网络信息中心地理空间数据云平台(网址:http://www.gscloud.cn)。该数据由美国NASA与日本经济产业省(METI)共同发布,系先进星载热发射和反射辐射仪数据计算生成全球数字高程模型(Advanced Spaceborne Thermal Emission and Reflection Radiometer Global Digital Elevation Model,ASTER GDEM),是唯一覆盖全球高分辨率高程影像的数据产品。该数据是根据NASA新一代对地观测卫星Terra的详尽观测结果制作完成的(张朝忙,2013)。通过ASTER GDEM原始数据进行加工得到的第一版(V1)数字高程数据,空间分辨率为30m×30m(约为1弧秒×1弧秒),垂直分辨率为20m×20m,解压后为IMG格式。该DEM数据高程基准为EGM-96,水平基准为

WGS-84。本书的研究选用 2009 年 6 月的数据,运用 Arcgis10.4 软件对影像数据进行镶嵌并进行投影转换,最终投影与 GIMMS NDVI 数据一致。

4.1.2.2　青藏高原植被 NDVI 分析方法

(1)1982—2015 年青藏高原 NDVI 年际变化

基于 1982—2015 年 GIMMS NDVI$_{3g}$ 数据,计算每年(共 34 年)NDVI 均值和每年四季的 NDVI 均值。其中,各季均值是通过对每年春(3—5 月)、夏(6—8 月)、秋(9—11 月)、冬(12—2 月)四个季节的 NDVI 平均得到的。同时,采用趋势分析法对 NDVI 各年、各季时间序列影像数据的年际变化趋势进行计算得到斜率、截距和判别系数 R^2,用斜率代表变化率这一指标可以很好地反映 NDVI 变化的程度和方向。斜率为正,表示 NDVI 呈增加趋势;斜率为负,表示 NDVI 呈递减趋势,且斜率的绝对值越大,表明 NDVI 在时间序列上的变化幅度越大。将 NDVI 年际变化率结果分级表示植被不同程度的变化,并结合相关系数显著性检验结果识别变化显著区域。

此外,基于 2001—2015 年 MCD12Q1 数据,提取 15 年植被类型未发生变化的区域,并以此为基础对植被类型不变区域的 NDVI 变化情况进行统计分析,研究 1982—2015 年青藏高原不同植被类型 NDVI 的年际变化情况。

(2)1982—2015 年青藏高原 NDVI 空间变化

采用平均值法计算多年 NDVI 可以反映青藏高原植被多年生长状态的平均水平(于伯华,2009)。本书基于 34 年 NDVI 年均值和季均值数据,利用平均值法计算 NDVI 的空间分布情况,分析青藏高原植被空间分布的动态变化。

(3)1982—2015 年 NDVI 在不同高程、坡度和坡向上分布差异

基于 ASTER GDEM 数据,选择以 2500m 为起始高程点,以 100m 为间隔对青藏高原高程数据进行不同区域的高程范围划分。经过统计发现,大于 6100m 的高程区间的面积较少,故将大于 6100m 的区域归为一类,得到 38 个不同高程区间,对青藏高原 NDVI 随着海拔高度的变化情况进行高程分析。同时,利用 DEM 提取坡度和坡向信息,研究 NDVI 在不同坡度和坡向上的分布变化情况。

(4)1982—2015 年青藏高原生长季 NDVI 时空变化和垂直分异

基于 1982—2015 年 GIMMS NDVI$_{3g}$ 遥感数据,将青藏高原植被生长时期(5—9 月)作为研究区植被生长季,计算近 34 年植被随海拔升高的变化情况。本书的研究利用两个标准排除 GIMMS NDVI 影像数据中的非植被覆盖区域:①NDVI 峰值出现在 6—8 月;②夏季 NDVI 峰值至少是 1—3 月 NDVI 均值的 1.2 倍。基于这两个标准对 1982—2015 年每一年 NDVI 植被分布数据进行掩膜,提取 34 年全部符合要求的数据。采用直接梯度分析法将高程数据进行区间划分,按照 50～150m 为 100m 区间,150～250m 为 200m 区间,超过 6050m

的区域按照 6100m 区间进行计算,按照这样的划分规律将高程数据划分出 61 个区间,利用双线性插值法对高程数据进行重采样,统一与 NDVI 数据空间分辨率一致。计算各年生长季最大 NDVI 值的平均值,结合高程梯度统计不同区间的 NDVI 均值,分析植被从山底到山顶的垂直分异变化规律(An et al.,2018)。

4.1.3 青藏高原植被 NDVI 总体空间分布特征

借助栅格功能可以将植被指数变化真实地反映在地图上,如图 4.1 所示,从 1982—2015年青藏高原 NDVI 均值空间分布图中可以看出:NDVI 年均值在空间分布上南北差异明显,从东南向西北逐步递减,植被分布呈现出东南部优于西北部的分布状态。NDVI 年均值低至 0.2 以下的区域面积大,主要集中分布在西南地区,表明该地区地表基本无植被覆盖;东北区域 NDVI 年均值则在 0.2~0.4,东部偏南区域内 NDVI 年均值在 0.4~0.6 波动,表明随着向东南方向延伸,地表植被变得越来越密集。东南边界区域的 NDVI 年均值大于 0.6,植被覆盖度最密集;如图 4.2 所示,结合植被类型覆盖图可以得出,NDVI 随着植被覆盖类型的空间分布变化呈现出阶段性变化,随着植被类型由森林向草地、荒地变化,其 NDVI 空间分布随之递减。

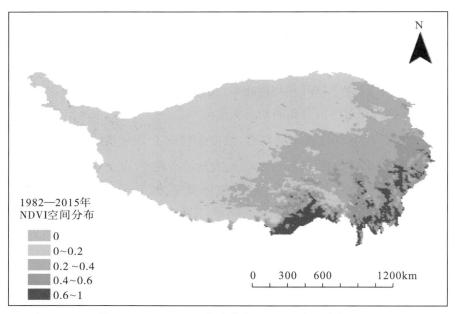

图 4.1 1982—2015 年青藏高原 NDVI 空间分布图

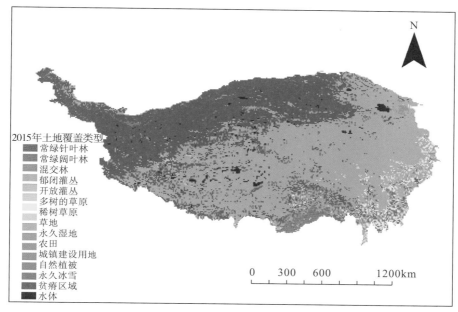

图 4.2　2015 年青藏高原植被类型覆盖图

4.1.4　春夏秋冬四季 NDVI 空间变化特征分析

从 1982—2015 年青藏高原各个季节的 NDVI 空间分布图（图 4.3 至图 4.6）中可以得知，①夏季的 NDVI 在空间分布上具有明显的地域分异特征，NDVI 均值超过 0.2 的区域面积最多，植被覆盖最优，植被生长最旺盛。东部和北部边界区域 NDVI 均值都超过 0.6，植被绿度最大。②秋季有将近一半区域的 NDVI 均值大于 0.2，其中，分布在东南部的植被 NDVI 值最大，植被长势最好。③春季 NDVI 低于 0.2 以下的区域面积增大，高于 0.6 以上的区域面积减少，植被整体长势衰减。④冬季，相比于其他季节，冬季植被的空间分布差异最小，大部分区域 NDVI 均值都小于 0.2，植被在低温的作用下进入休眠，停止生长。综合来看，分布在青藏高原东南部的植被四季的 NDVI 均值都大于 0.6，而分布在西北部的植被 NDVI 均值都小于 0.2，只有分布在中间区域的植被 NDVI 均值随着季节的动态变化而产生明显的差异；结合植被类型分布图可知，NDVI 随着植被类型的变化从西北到东南逐渐增大；高 NDVI 值分布面积大小依次为夏、秋、春、冬；在 4 个季节中，林地的 NDVI 值总是高于其他植被，草地区域 NDVI 值在 4 个季节中波动最大，差异最显著。

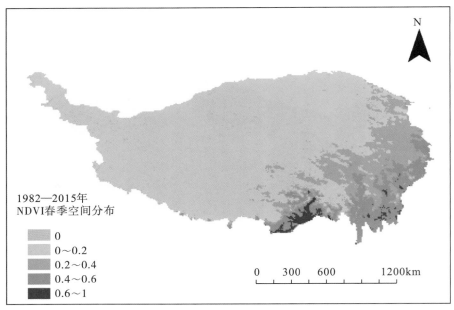

图 4.3　春季 NDVI 空间分布图

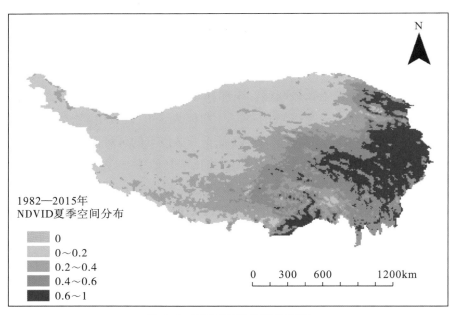

图 4.4　夏季 NDVI 空间分布图

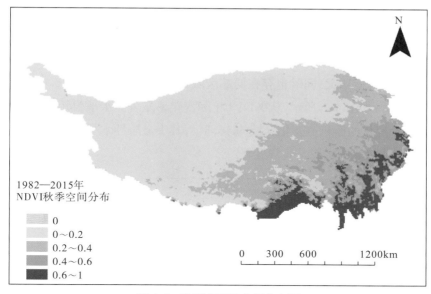

图 4.5　秋季 NDVI 空间分布图

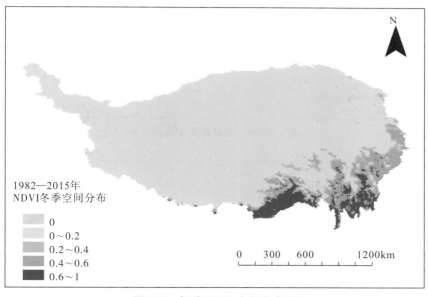

图 4.6　冬季 NDVI 空间分布图

4.1.5　青藏高原植被 NDVI 年际变化特征

　　将 NDVI 变化率分为 6 个等级来表示植被逐年变化的程度。其中 0 表示非植被不参与本次研究,而小于-0.004、-0.004~-0.002 和-0.002~0 表示 3 个不同程度的负增长; 0~0.002、0.002~0.004 和大于 0.004 表示 3 个不同程度的正增长。如图 4.7 所示,从 NDVI 变化率中可以看出:NDVI 变化率在空间分布上存在地域差异,即高原植被变化趋势存在区域差异。其中,变化率在 0～0.002 的覆盖面积最大,说明 1982—2015 年青藏高原植被 NDVI 年际变化整体呈现增长趋势;如图 4.8 所示,结合相关系数的显著性水平检验图发现,大部分增长区域增加现象非常显著;退化区域中大部分 NDVI 变化率分布在 0～-0.002,表明退化程度不大;同时也存在局部区域 NDVI 变化率小于-0.004 的退化现象,但退化现象不显著;如图 4.9 所示,从 NDVI 年际变化率显著性水平像元统计直方图中可以看到,NDVI 显著变化的面积占变化区域的 46.3%,其中显著性水平 $P<0.01$ 占比 30.9%,大约有 1/3 的区域植被变化情况非常显著。

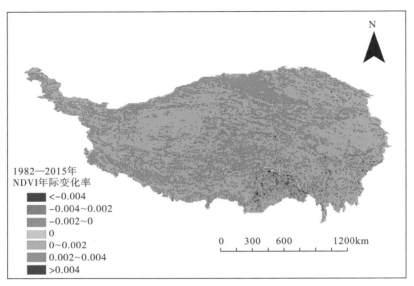

图 4.7　NDVI 年际变化率分布图

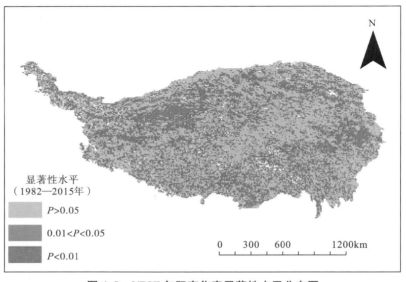

图 4.8　NDVI 年际变化率显著性水平分布图

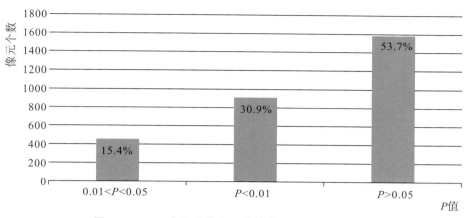

图 4.9　NDVI 年际变化率显著性水平像元统计直方图

4.1.6　四季青藏高原植被 NDVI 年际间的变化特征

通过对比分析 1982—2015 年 NDVI 春、夏、秋、冬四季的年际变化率图和显著性水平图发现:不同的季节,NDVI 年际变化率空间分布呈现不同的状态,相关系数的显著性水平也存在差异(图 4.10 至图 4.17)。在春季变化率主要分布在 $0\sim0.002$,整体上呈现出增长趋势,并且大部分区域呈现显著增长,在西南区域也存在不明显的退化现象;在夏季的年际变化中,一部分 NDVI 变化率在 $0\sim0.002$,NDVI 呈现轻微上升趋势,但有大一部分 NDVI 分布在 $0\sim-0.002$,呈现负增长趋势,其北部区域下降趋势显著且比较集中,极少区域下降率较高且呈下降现象显著的发展势态;在秋季,NDVI 变化率主要分布在 $0\sim-0.002$,总体呈现下降趋势,集中在中部区域、北部边缘区域和西南部边缘区域。相比于其他季节,秋季出现 NDVI 增长趋势的像元比较少,但 NDVI 呈增长趋势的像元变化较显著。在冬季的年际动态变化监测过程中,NDVI 变化大部分分布在 $0\sim0.002$,整体呈现出微小幅度的正增长趋势,显著性较高。退化区域多出现在青藏高原边缘区域,且退化程度并不明显。综合来看,冬季是 4 个季节中正增长面积最多、负增长面积最少的季节,且增长区域比较集中,增长现象最为显著;秋季负增长面积最多,尤其是中部区域和北部边缘区域退化面积比较大,但退化现象并不显著。从四季年际变化显著性水平统计直方图(图 4.18)可以看出:$P<0.01$ 在冬季中的占比最高,达到 35.4%,秋季 $P<0.01$ 区域占比最小,为 14.1%;而在 4 个季节中分布在 $0.01<P<0.05$ 区域占比差异不大,在 13%~15% 波动,其中,秋季 P 值大于 0.05 的分布面积最大,年际变化不显著现象最多。

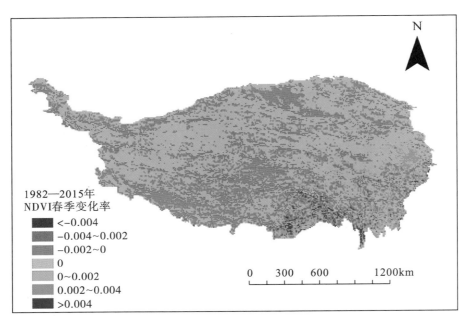

图 4.10　春季 NDVI 年际变化率分布图

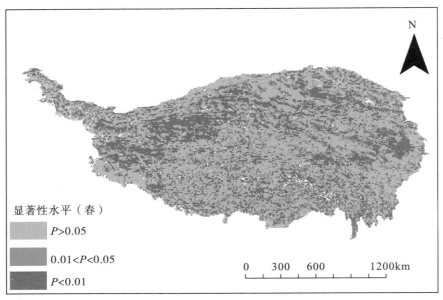

图 4.11　春季 NDVI 年际变化率显著性水平分布图

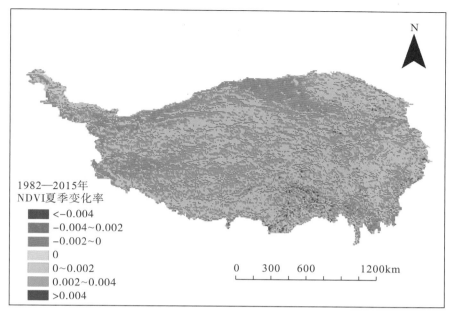

图 4.12　夏季 NDVI 年际变化率分布图

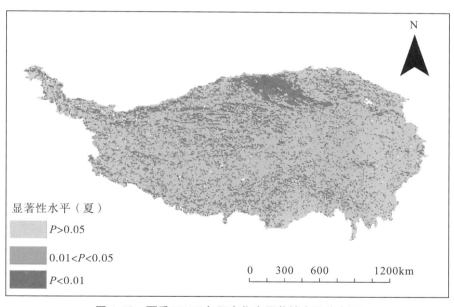

图 4.13　夏季 NDVI 年际变化率显著性水平分布图

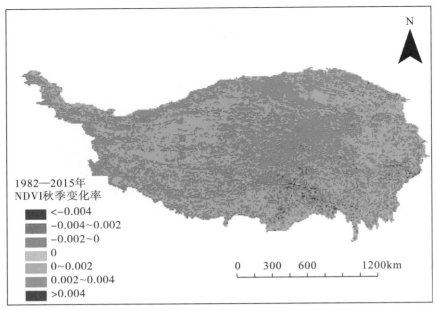

图 4.14　秋季 NDVI 年际变化率分布图

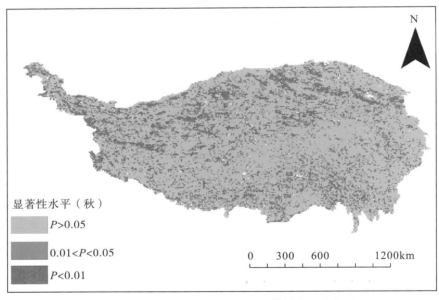

图 4.15　秋季 NDVI 年际变化率显著性水平分布图

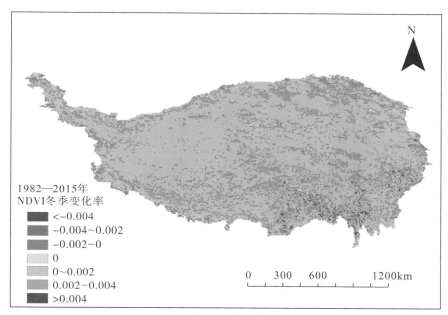

图 4.16　冬季 NDVI 年际变化率分布图

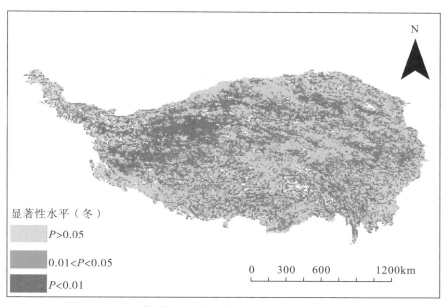

图 4.17　冬季 NDVI 年际变化率显著性水平分布图

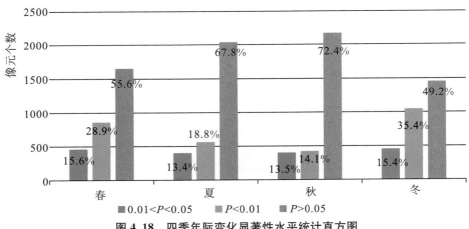

图 4.18　四季年际变化显著性水平统计直方图

4.1.7　青藏高原典型植被类型 NDVI 年际变化特征分析

如图 4.19 所示,主纵轴值代表实线植被年际变化率,次纵轴值代表虚线植被年际变化率。从图中可知,1982—2015 年青藏高原不同植被类型 NDVI 年际变化情况:草地、热带稀树草原、混交林、常绿阔叶林、常绿针叶林、落叶阔叶林以及耕地的 NDVI 变化较大,呈现向好发展趋势;稀疏灌丛、永久湿地及耕地 NDVI 年际变化波动幅度较平缓,全年都处于比较稳定状态;木本热带稀树草原前期波动范围较大,1995—2010 年处于高值稳定阶段,之后便朝着植被退化的趋势发展。

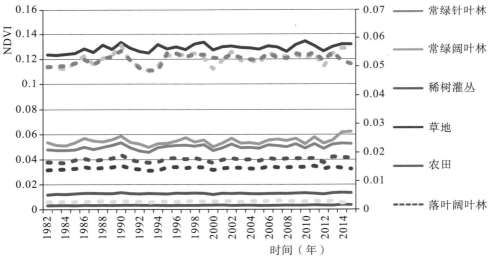

图 4.19　不同植被类型 NDVI 分布折线图

4.1.8　不同海拔梯度青藏高原典型植被 NDVI 年际变化特征分析

4.1.8.1　不同高程带植被 NDVI 变化分析

图 4.20 中以 2000m 为起始高程点,以 500m 为间隔对高程进行不同区域的高程范围划分,得到 10 个不同高程区间,对青藏高原 NDVI 随着海拔高度的变化情况进行高程分析,研究发现 NDVI 主要集中在高程 3100～4800m,其中 3500～4000mNDVI 值最大;大于 6000m 之后,几乎无植被,NDVI 趋于 0。如图 4.21 所示,不同高程 NDVI 折线图以 2500m 为起始高程点,以 100m 为间隔对高程进行不同区域的高程范围划分,得到 38 个高程区间,通过分析全年和各季 NDVI 在不同高程区间的变化趋势发现:全年和春、夏、秋、冬四季随着高程的增加,NDVI 变化情况相同。从 2500m 起始高程开始到 2800m,随着海拔的升高,NDVI 值不断减小;高于 2800m 后,随着海拔的增高,NDVI 值随之增大,直到高于 3600m 开始减小,且随着高程升高,NDVI 下降趋势逐渐加大;从高程值为 4600m 开始,NDVI 下降幅度开始减缓,高于 6000m 之后又急剧减小,NDVI 值几乎趋近于 0;其中,3400～3500m NDVI 值最大,植被覆盖度最高。总体来看,NDVI 值大小为:夏＞秋＞春＞冬,3400～4000m 高程四季差异最为显著。

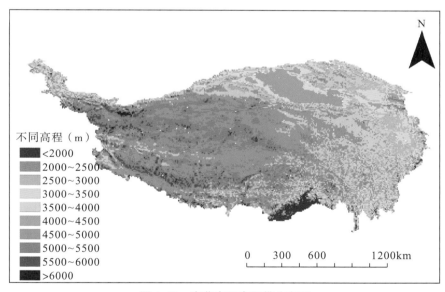

不同高程（m）

- <2000
- 2000～2500
- 2500～3000
- 3000～3500
- 3500～4000
- 4000～4500
- 4500～5000
- 5000～5500
- 5500～6000
- >6000

0　300　600　1200km

图 4.20　青藏高原高程带分布图

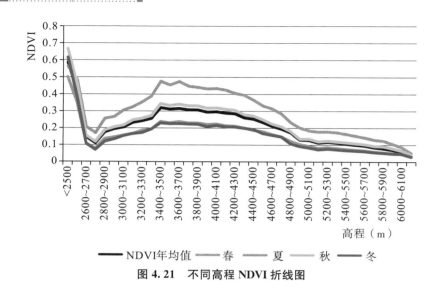

图 4.21　不同高程 NDVI 折线图

4.1.8.2　不同坡度与坡向植被 NDVI 变化分析

根据《水土保持综合治理规划通则》(GB/T 15772—1995)规定,将青藏高原坡度值化为 6 级,其中 0°～3°表示平整大块,3°～5°表示缓坡大块,5°～15°表示缓坡小块,15°～25°表示陡坡小块,25°～35°表示急坡破碎,35°～90°表示难利用地。由图 4.22 可知,研究区坡度主要集中在 5°～35°,其次是 15°～25°和 25°～35°;当坡度超过 35°后,土壤质地多为重黏土、粗沙风化母质,土壤侵蚀程度极强,植被难以利用,植被覆盖分布面积开始减少。如图 4.23 所示,结合不同坡度 NDVI 变化折线图可知,坡度在 0°～5°,随着坡度的增加,NDVI 年均值增长趋势最为缓慢;当坡度高于 5°后,随着坡度的增加,NDVI 年均值增长速率加快;高于 15°后,NDVI 年均值增长幅度再次扩大;当坡度高于 25°后,随着坡度的增加,NDVI 年均值又呈现缓慢增长趋势;当高于 35°后,增长幅度再次减缓。分析春、夏、秋、冬各个季节坡度不同的 NDVI 变化情况发现,只有秋季 NDVI 随着坡度的增加呈现出与年均值一致的变化趋势,0°～3°坡度趋于平缓,3°～5°坡度 NDVI 出现增长趋势,5°～15°坡度增长速率增大,15°～25°坡度速率再次增大,高于 25°后增大幅度减缓,高于 35°后增长幅度再次放缓;而春冬两季与之不同的是当坡度高于 15°后,随着坡度的增加,NDVI 以同一速率增加,但当坡度大于 25°后冬季随坡度变化速率便超过了春季;夏季在 6 个阶段增长速率变化最为明显,此季节是植被生长最旺盛的时期,植被覆盖率最高,对坡度变化的反映最敏感。对比四季的 NDVI 值可以发现夏季的 NDVI 显著高于秋季、春季和冬季,而秋季也显著高于冬季和春季,且这种差异在坡度 3°～5°差异最大;而比较春冬两季,0°～25°春季 NDVI 分布高于冬季,NDVI 值大但增长速率差异不大;当坡度高于 25°时,冬季 NDVI 增长幅度大于春季,且随着坡度的增加 NDVI 最大值逐渐超过春季,同时随着坡度的增加,差异逐渐扩大。

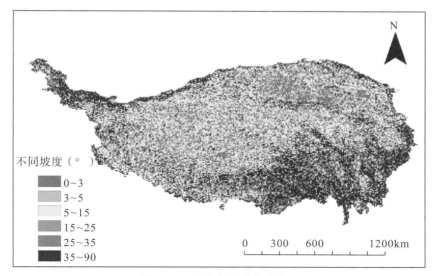

图 4.22　青藏高原坡度分布图

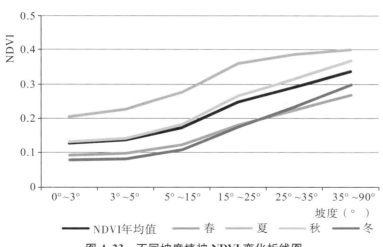

图 4.23　不同坡度植被 NDVI 变化折线图

　　根据坡向的向阳情况把坡向划分为 9 个方向,其中－1 表示平面,0°～22.5°和 337.5°～360°表示北坡,22.5°～67.5°表示东北坡,67.5°～112.5°表示东坡,112.5°～ 157.5°表示东南坡,157.5°～202.5°表示南坡,202.5°～247.5°表示西南坡,247.5°～292.5° 表示西坡,292.5°～337.5°表示西北坡。由于 0°～22.5°和 337.5°～360°坡度都表示北坡,故 将两个区间合并分析取其均值。如图 4.24 所示,可知平面区域植被分布面积最少,NDVI 值最低;各个坡向上的 NDVI 年均值差别不大,其中 67.5°～112.5°的东坡和 247.5°～ 282.5°的西坡的 NDVI 年均值略大于其他坡向,292.5°～337.5°的西北坡 NDVI 年均值略 小;如图 4.25 所示,从不同坡向 NDVI 变化折线图中可以看出,NDVI 在春、夏、秋、冬四季中 不同坡向的变化趋势和在全年不同坡向上的变化趋势一致,其中夏季 NDVI 值明显高于其他季节,秋季明显高于春季和冬季,而冬季和春季几乎同步,春季在全部坡向都略高于冬季。

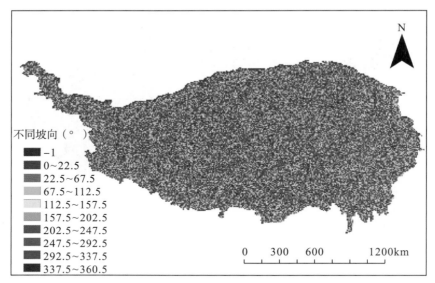

图 4.24　坡向分布图

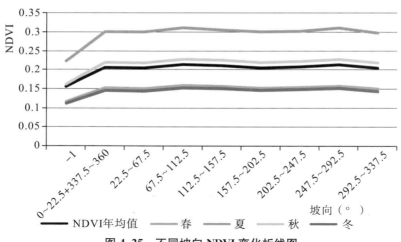

图 4.25　不同坡向 NDVI 变化折线图

4.1.9　不同生长季 NDVI 空间分布特征分析

1982—2015 年青藏高原生长季 NDVI 年均值在空间分布上南北差异明显,随着经纬度的移动,生长季 NDVI 也不断增加,最大值分布在东南方向,如图 4.26 所示,呈现出东南部优于西北部的分布状态。其中,NDVI 在 0~0.2 所占面积最大,如图 4.27 所示,主要集中分布在西北方向。随着 NDVI 值的增大,分布面积逐渐减小。青藏高原植被在温度和地形等生态因子的综合影响下呈现出明显的经度地带性、纬度地带性和垂直地带性分布特征。

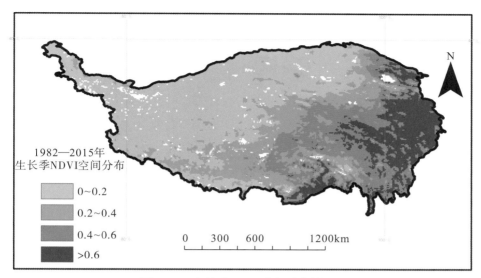

图 4.26　生长季 NDVI 空间分布模式图

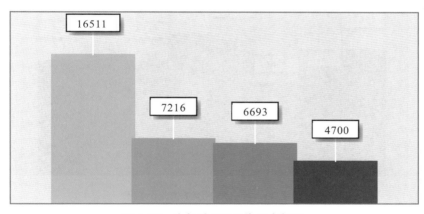

图 4.27　生长季 NDVI 像元个数图

　　如图 4.28 所示,将 1982—2015 年青藏高原生长季 NDVI 年际变化率分为 8 级来表示植被变化程度,从图 4.29 可以看出,各个级别的年际变化率的像元个数差异不大,正增长现象主要发生在东南区域,负增长现象多发生在西北区域,但负增长程度较小且分布集中,从西北向东南逐渐增大。总体来看,大部分区域年际变化率大于 0,与王志伟等(2016)基于 1982—1999 年 GIMMS NDVI 数据和 2000—2014 年 MODIS NDVI 数据分析青藏高原 1982—2014 年生长季植被生长状况得出的大多数区域表现出增长趋势的结论一致。

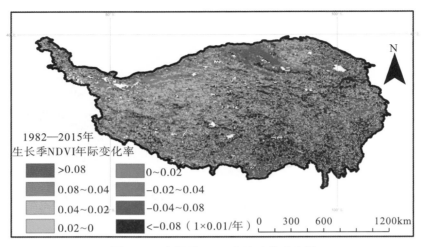

图 4.28　生长季 NDVI 年际变化分布图

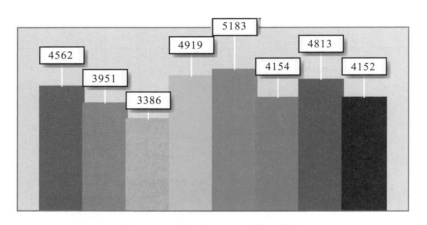

图 4.29　生长季 NDVI 像元个数图

　　如图 4.30 所示,同样以 2700m 区间为分界点,将生长季 NDVI 年际变化率的高程变化情况分为前后两个阶段进行具体分析,第一阶段随着高程的升高年际变化率的波动范围较大。在 1500m 区间,生长季 NDVI 年际变化最大,以每年 1.47×10^{-3} 的速度增加,0～1800m 为波动上升,1800～2700m 为波动下降。第二阶段 NDVI 变化率明显低于第一阶段,即高海拔区域植被逐年增长趋势小于中低海拔区域,2700～3800m,NDVI 年际变化率随着海拔的升高不断增大,已从 $-0.3 \times 10^{-3}/a$ 增大到 $0.12 \times 10^{-3}/a$。从 3800m 区间开始,随着海拔的增高,NDVI 年际变化率逐渐减小。当海拔高于 4600m 后,变化趋势保持负增长,且海拔越高,负增长趋势越大。总体来看,第二阶段 NDVI 年际变化趋势相对较为稳定,波动较小,呈现出先增加后减小的变化规律。

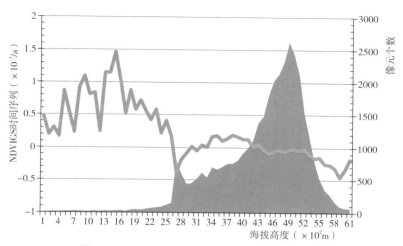

图 4.30 生长季 NDVI 和温度年际变化折线图

4.1.10 植被 NDVI 海拔梯度变化空间特征分析

从图 4.31 所示,从高程梯度图可以看出,高程区间低于 2700m 的低海拔区域非常少,主要集中在中南部偏东方向。海拔区间为 5000m 的面积最大。中海拔区域分布在中部,高海拔区域主要集中在西南方向。如图 4.32 所示,1982—2015 年青藏高原生长季 NDVI 随海拔变化折线图中可以看出,NDVI 梯度变化情况:像元个数从 2700m 区间开始增加,大部分区域海拔都高于 2700m。NDVI 随海拔升高最明显的变化发生在 2700m 区间,此时 NDVI 大幅度下降,而此海拔点前后变化规律差异明显,故将此点作为转折点,把生长季 NDVI 垂直分异情况分为两个阶段。在第一阶段中,起初随着海拔的不断上升 NDVI 值也不断增大,但当海拔高于 600m 区间之后发生不规律变化,NDVI 均值波动范围较大且不稳定,呈现上升趋势。在第二阶段中,NDVI 变化趋势相对稳定,波动较小,随着海拔的升高 NDVI 值不断增大,但超过 3800m 后,随海拔升高,NDVI 值不断减小,4600m 后下降幅度减缓,NDVI 值逐渐趋近于 0。

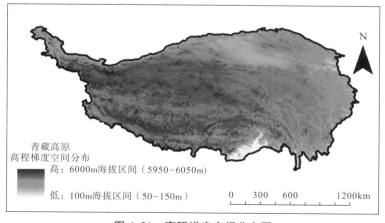

图 4.31 高程梯度空间分布图

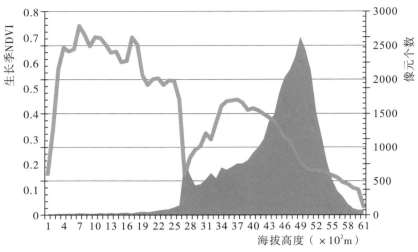

图 4.32　生长季 NDVI 垂直水平变化折线图

4.2　基于 fPAR 青藏高原植被绿波时空特征分析

4.2.1　基于植被 fPAR 的植被生态系统绿波遥感监测

青藏高原幅员广袤、环境复杂,自然资源丰富,珍稀植被种类繁多,有大约 32.35％植被覆盖面积被国家建立了自然保护区,是全球重要的生物多样性保护地(龙瑞军,2007)。植物叶片通过光合作用转换光能制造有机物并释放氧气,不仅为人类提供了必要的物质资源和能量,也保证了生物生存所需的环境场所,维持着生态系统中各种生物的生命活动,在整个生态链条中占据非常重要的地位(王志伟等,2016)。在此过程中,太阳辐射能作为植物制造有机物的唯一能量来源,控制着陆地生物光合作用的速度,直接影响着植物的生长、发育、产量与产品的质量,同时也影响着地表与大气的物质与能量交换(王文玲,2012)。光合有效辐射吸收比率(fraction of Photosynthetically Active Radiation,fPAR),是植被冠层对入射光合有效辐射(400~700nm 波段的辐射能)截获的比例,即冠层吸收的光合有效辐射占到达冠层顶部全部光合有效辐射的比例,表示植被冠层吸收光合有效辐射的能力(李刚等,2009)。准确、定量地获取 fPAR,对进行陆地生态系统过程研究和植被光合作用能量交换研究具有十分重要的作用(梁守真等,2017;张璟等,2019)。

植被对太阳有效辐射的吸收比例取决于植被类型和植被覆盖状况,因此,fPAR 可通过植被指数结合植被类型计算得出。基于遥感的 fPAR 估算方法是获取区域乃至全球尺度 fPAR 的有效方法,建立 fPAR 与植被指数的经验统计模型反演 fPAR 的方法简单、计算效率高而被广大研究者接纳。然而,由于 fPAR 本身的复杂性以及环境因素、遥感数据质量的影响,导致估算方法面临诸多不确定性问题(尚盈辛等,2018)。为了解决这些不确定性问题以及满足研究生态过程的需求,需要进行长时间序列 fPAR 以及高时空分辨率的 fPAR 产品算法研究(董泰锋等,2012)。本书基于 1982—2015 年 GIMMS NDVI 归一化植被指数 NDVI 长时间序列遥感数据,利用半经验的非线性模型反演 fPAR,运用平均值法、一元回归趋势分析法对青藏高原近 34 年 fPAR 季节变化、年际变化和季节的年际变化在空间上的变化分布情况进行分析(Peng 等,2012)。并且,结合 2001—2015 年 MOD12Q1 土地覆盖数据,分析不同植被类型 fPAR 年际变化过程。此外,基于 GDEM-DEM 数据,以 50m 为起点,100m 为间隔,将青藏高原主体面划分为 61 个高程区间,对 fPAR 随着海拔高度的垂直变化情况进行分析。

4.2.2　数据处理与分析方法

4.2.2.1　数据源及处理方法

全书分析所使用的数据源及处理方法如下:

(1)归一化植被指数 NDVI 数据和植被覆盖类型数据来源与处理

基于 1982—2015 GIMMS $NDVI_{3g}$ 数据,结合美国全球变化研究计划(U. S. Global Change Research Plan,USGCRP)提出的搭载在 Terra 星和 Aqua 星上的地球观测系统(Earth Observation System,EOS)上的中分辨率成像光谱仪(Moderate-Resolution Imaging Spectroradiometer,MODIS)衍生出的 MCD12Q1(500m)全球土地覆盖数据(2015 年),采用 MRT 数据处理软件对 MODIS 数据进行拼接、重投影和格式转换,而后利用青藏高原矢量数据在 ENVI 遥感影像处理软件中做栅格裁剪,得到青藏高原植被覆盖类型数据(周伟,2014)。由于本书研究采用根据不同植被类型的非线性反演模型计算 fPAR 并进行时空特征分析,需要进一步统一 GIMMS $NDVI_{3g}$ 数据、及 MCD12Q1 数据的投影坐标和像元大小,故对植被覆盖类型数据进行图像投影坐标转换和重采样处理。此外,在计算 fPAR 之前,需要经过 Savitzky-Golay 平滑滤波处理各年 24 期的影像数据,使各种植被类型 fPAR 的季节性变化特征更加明显(谢军飞,2016)。

(2)高程数据

从中国计算机网络信息中心地理空间数据云平台下载 DEM 数据(网址:http://www.gscloud.cn),选用 2009 年 6 月数据,由美国宇航局(NASA)与日本经济产业省(METI)共同发布的先进星载热发射和反射辐射仪全球数字高程模型(Advanced Spaceborne Thermal Emission and Reflection Radiometer Global Digital Elevation Model,ASTER GDEM)高精度的地球电子地形数据产品,该数据是根据 NASA 新一代对地观测卫星 Terra 的详尽观测结果制作完成的(张朝忙,2013)。通过对 ASTER GDEM 原始数据进行加工得到的第一版(V1)数字高程数据,空间分辨率为 30m×30m(约为 1 弧秒×1 弧秒),垂直分辨率为 20m×20m,解压后为 IMG 格式。该 DEM 数据高程基准为 EGM-96,水平基准为 WGS-84。运用 Arcgis10.4 软件对影像数据进行镶嵌并转为 TIFF 格式后,再用 ENVI 软件裁剪出青藏高原区域。最后,利用 ENVI 软件中 Convert Map Project 对高程数据进行重投影与坐标转换,使其与 GIMMS NDVI 数据投影统一。利用 DEM 数据提取坡度和坡向数据,采用分区统计的方法研究 fPAR 在不同坡度、坡向和高程区间中的变化情况。

4.2.2.2　青藏高原植被 fPAR 分析方法

（1）青藏高原 fPAR 计算

本研究基于 GIMMS NDVI(1982—2015 年)遥感数据选用非线性半经验模型反演 fPAR。首先根据 MCD12Q1 植被覆盖类型数据(2001—2015 年),计算常绿阔叶林、落叶阔叶林、混交林、常绿针叶林、草地、灌丛、农田和稀疏植被 8 种植被类型相对应的 GIMMS NDVI 像元值。然后,利用累积频率的方法通过 98%、2% 的累积频率,分别计算不同植被类型的 NDVI 最大值(NDVI$_{max}$)和最小值(NDVI$_{min}$)来估算青藏高原 34 年的 fPAR。最后,运用平均值法、一元线性回归法逐像元计算 1982—2015 年全局 fPAR 随着时间推移的时序变化情况,以及春、夏、秋、冬各季节时空变化情况。计算公式如下:

基于 SR 估算 fPAR 的非线性模型:

$$fPAR_{SR} = \frac{(SR-SR_{min})(fPAR_{max}-fPAR_{min})}{SR_{max}-SR_{min}} + fPAR_{min}$$

基于 NDVI 估算 fPAR 的非线性模型:

$$fPAR_{NDVI} = \frac{(NDVI-NDVI_{min})(fPAR_{max}-fPAR_{min})}{NDVI_{max}-NDVI_{min}} + fPAR_{min}$$

GIMMS NDVI SR fPAR 模型:

$$fPAR = \frac{fPAR_{SR}+fPAR_{NDVI}}{2}$$

NDVI 最大值(98%)、最小值(2%)与相对应的 SR 最值如表 4.1 所示。

表 4.1　　　　不同植被类型 98% 和 2%NDVI 及相对应的 SR 值

植被类型	NDVI$_{2\%}$	SR$_{min}$	NDVI$_{98\%}$	SR$_{max}$
常绿针叶林	0.015	1.030	0.815	9.811
常绿阔叶林	0.015	1.030	0.850	12.333
落叶针叶林	0.015	1.030	0.840	11.500
混交林	0.015	1.030	0.865	13.815
灌丛	0.015	1.030	0.780	8.091
草原	0.015	1.030	0.760	7.333
农田	0.015	1.030	0.795	8.756
稀疏植被	0.015	1.030	0.690	5.452

式中:SR=(1+NDVI)/(1-NDVI),fPAR$_{max}$=0.95,fPAR$_{min}$=0.001;SR$_{max}$ 和 SR$_{min}$ 分别代表基于分布在 98%和 2%NDVI 计算的最大值、最小值;NDVI$_{max}$ 和 DNVI$_{min}$ 分别代表 NDVI 分布在 98%和 2%范围内的最大值、最小值。

(2)1982—2015 年青藏高原 fPAR 年际变化

基于 1982—2015 年 GIMMS NDVI 数据,计算每年(共 34 年)fPAR 均值和每年各季均值。各季均值通过对每年春(3—5 月)、夏(6—8 月)、秋(9—11 月)、冬(12—2 月)4 个季节的 fPAR 平均运算得到。同时,采用趋势分析法对 fPAR 各年、各季时间序列影像数据的年际变化趋势进行计算得到斜率、截距和判别系数 R^2,用斜率代表变化率这一指标反映 fPAR 逐年变化程度。斜率为正,表示 fPAR 呈增加趋势;斜率为负,表示 fPAR 呈递减趋势,且斜率的绝对值越大,表明 fPAR 在时间序列上的变化幅度越大。对相关系数进行显著性检验,当 $P<0.01$ 时表示变化非常明显,当 $0.01<P<0.05$ 时表示变化明显,当 $P>0.05$ 时表示无明显变化。fPAR 年际变化率结果分级表示植被不同程度的变化,并结合相关系数显著性检验结果识别变化显著区域。

(3)1982—2015 年青藏高原 fPAR 空间变化

基于 34 年 fPAR 年均值和季均值数据,利用平均值法计算 fPAR 的空间分布情况,分析青藏高原植被空间分布动态变化。

(4)1982—2015 年青藏高原不同植被类型的 fPAR 年际变化

基于 2001—2015 年 MCD12Q1 数据,提取 15 年植被类型未发生变化的区域,统计常绿阔叶林、落叶阔叶林、常绿针叶林、混交林、木本热带稀树草原、稀疏灌丛、农田和热带稀树草原 8 种不同植被类型分布区域的 fPAR 变化情况,研究 1982—2015 年青藏高原常年不变植被类型中各种植被的 fPAR 年际变化情况。

(5)1982—2015 年 fPAR 在不同高程、坡度和坡向上的分布差异

基于 ASTER GDEM DEM 数据,以 50m 为起始高程点,以 100m 为间隔对青藏高原高程进行不同区域的高程范围划分。经过统计,发现大于 6100m 高程区间的面积极少,故将大于 6100m 的区域归为一类,最后一共得到 61 个不同高程区间。通过分区统计,研究青藏高原不同植被 fPAR 随着海拔高度的垂直分异变化规律。同时,提取坡度和坡向信息,统计 fPAR 在不同坡度和坡向上的分布变化情况。

4.2.3 青藏高原植被 fPAR 总体空间分布特征

如图 4.33 所示,1982—2015 年平均 fPAR 的空间分布图中可以看出,青藏高原东西区域空间分布差异明显,西部区域 fPAR 值全部处于 0~0.2,分布区域占据面积最大,空间分布变化无明显差异;逐渐向东南方向扩增,fPAR 均值不断增大,最大值分布在东南角,呈现出东南部优于西北部的分布状态;东北区域 fPAR 值处于 0.2~0.4,东部偏南区域 fPAR 值

在 0.4～0.6 波动,该区域人口密集,多为耕作区,植被生长受人类活动影响较大,fPAR 值并不高;东部区域 fPAR 的分布呈现出从北到南逐渐增大的发展趋势,大于 0.8 的区域分布最少,且全部分布在东南边界区域,这是由于东南地区植被类型多为针叶林、阔叶林和混交林,植物茂盛,长势较好,覆盖度较高,fPAR 值相应较高的缘故。

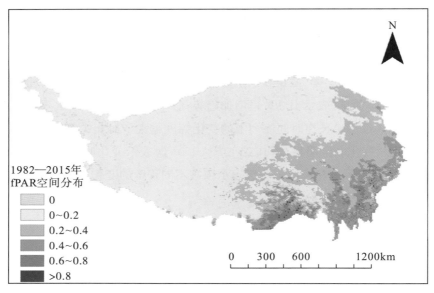

图 4.33　青藏高原植被 fPAR 空间分布

4.2.4　春夏秋冬四季 fPAR 空间变化特征

如图 4.34 至图 4.37 所示,1982—2015 年青藏高原各个季节的空间分布图得知,fPAR 在四个季节中分布面积最大的区间均为 0～0.2,且都呈现从西北向东南逐渐增大的趋势。其中,夏季是植被生长最旺盛的季节,fPAR 逐渐达到最大值,南北空间分布变化差异较大,从西北到东南增加区域大且明显,大部分区域的 fPAR 均值超过 0.4;秋季和夏季相比气温降低,植被逐渐落叶,作物成熟并被收割,植被覆盖度降低,光合作用减弱,fPAR 均值大于 0.6 的分布区域也明显减少,超过一半区域的 fPAR 均值处于 0～0.2;春季绝大部分区域的 fPAR 均值分布在 0～0.2,相比于冬季,fPAR 均值在 0.2～0.6 的分布面积有所增加,是由于春季温度回升,降水量增加,作物展叶返青,植被覆盖度增加;与其他季节相比,冬季植被覆盖度最低,空间分布差异最小,大部分植被的 fPAR 均值都小于 0.2,只有东南部局部区域均值出现大于 0.6 的情况,和秋季相比,虽然均值大于 0.2 的区域发生变化的面积较少,但是大于 0.6 的区域发生变化的面积却较多。综合来看,分布在青藏高原东南部的植被,四季的 fPAR 均值都大于 0.6,而分布在西北部的植被 fPAR 均值都小于 0.2,只有分布在中间区域的植被 fPAR 均值随着季节的动态变化而产生明显的差异。

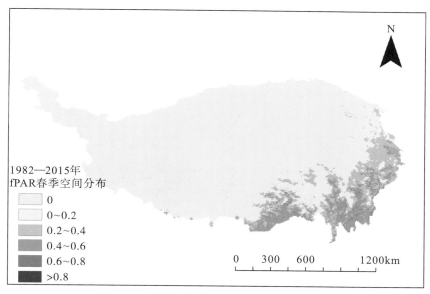

图 4.34 春季青藏高原植被 fPAR 空间分布图

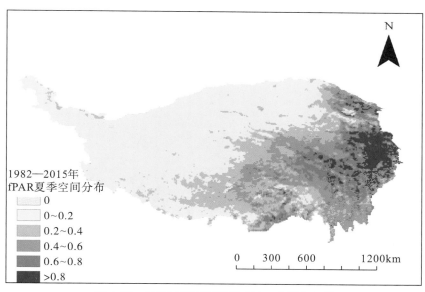

图 4.35 夏季青藏高原植被 fPAR 空间分布图

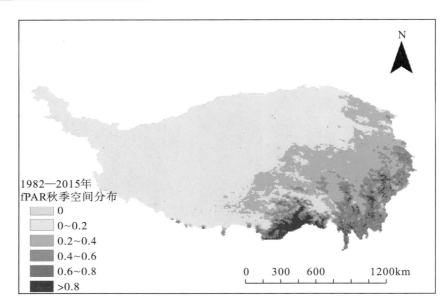

图 4.36　秋季青藏高原植被 fPAR 空间分布图

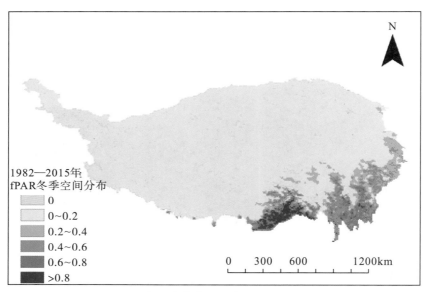

图 4.37　冬季青藏高原植被 fPAR 空间分布图

4.2.5　青藏高原植被 fPAR 年际变化特征

　　将 fPAR 变化率分为 6 级来表示 fPAR 变化的情况,0 表示非植被不参与本次研究。其中,<-0.004、$-0.004\sim-0.001$ 和 $-0.001\sim0$ 表示 3 个不同程度的负增长,$0\sim0.001$、$0.001\sim0.004$ 和 >0.004 表示 3 个不同程度的正增长。如图 4.38 所示,从青藏高原 fPAR 变化率图中可以看出:1982—2015 年青藏高原植被 fPAR 年际变化整体呈现增长趋势,但是分布在 $-0.001\sim0$ 的 fPAR 值覆盖面积最大,其次为 $0\sim0.001$;如图 4.39 所示,结合 fPAR

年际变化率显著性水平分布图发现,非常显著的变化多发生在 fPAR 增长区域,且多发生在
fPAR 变化率为 $0\sim0.001$ 的区域;在 fPAR 下降区域中,变化率大部分分布在 $-0.001\sim0$
区间,下降幅度偏小;同时也存在局部区域 fPAR 变化率小于 -0.004,出现下降偏大的情
况,但下降空间比较零散,多为不显著变化。分布在青藏高原西南边缘区域的植被的 fPAR
几乎全部呈现负增长趋势。如图 4.40 所示,从 fPAR 年际变化率显著性水平统计直方图中
可以看到,显著变化面积占变化区域的 47.1%,其中显著性水平 $P<0.01$ 占比 31.8%,表示
大部分区域变化情况非常显著。

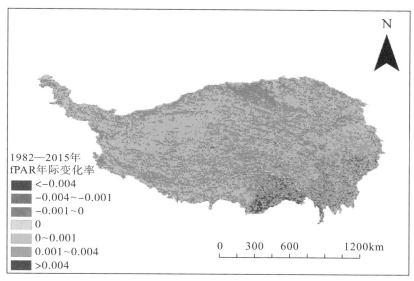

图 4.38　青藏高原植被 fPAR 年际变化率分布图

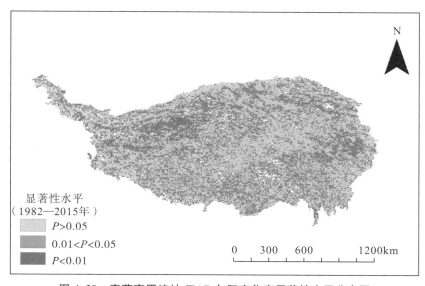

图 4.39　青藏高原植被 fPAR 年际变化率显著性水平分布图

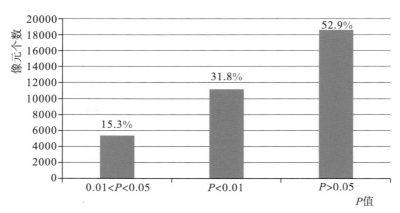

图 4.40　青藏高原植被 fPAR 年际变化率显著性水平统计直方图

4.2.6　青藏高原植被 fPAR 年际间四季的变化特征分析

　　如图 4.41 至图 4.48 所示,通过对比分析 1982—2015 年 fPAR 春、夏、秋、冬四季的年际变化率图和显著性水平图发现:fPAR 在春季主要分布在 $-0.001\sim0$,多分布在西南区域,东南区域 fPAR 年际变化率小于 -0.004 且不显著,但存在 fPAR 年际变化率小于 -0.004 的区间且极显著变化的区域。fPAR 春季年际变化整体上呈现增长趋势,并且增长区域大部分呈现显著性极高的变化;在夏季的 fPAR 年际变化中,一部分 fPAR 年际变化率在 $0\sim0.001$ 呈现轻微上升趋势,但大部分区域 fPAR 年际变化率在 $-0.001\sim0$,呈现负增长趋势,而且北部区域下降趋势显著且比较集中。负增长区域多于正增长区域,且负增长现象的显著性大于正增长现象的显著性。fPAR 年际变化率小于 -0.004 的负变化和大于 0.004 的正变化占地面积都比其他季节多,故 fPAR 年际变化波动最大;秋季研究区 fPAR 呈现出大部分轻微下降的趋势,主要集中在研究区中部区域,占比面积较大,其次为北部边缘区域和西南部边缘区域,但下降现象不明显,且几乎全部处于轻微降低阶段;相比于其他季节,秋季 fPAR 出现增长趋势的区域比较少,但出现的增长变化情况较显著,fPAR 年际变化率主要分布在 $-0.001\sim0$,呈现下降趋势;冬季的 fPAR 年际动态变化监测过程中,非常多区域 fPAR 年际变化率分布在 $0\sim0.004$,整体呈现出较小幅度的正增长趋势,且增长现象非常显著。而 fPAR 下降区域多出现在青藏高原边缘区域,且下降变化并不明显。综合来看,冬季是 4 个季节中 fPAR 正增长面积最多、负增长面积最少的季节,且增长区域比较集中,增长现象最为显著;秋季 fPAR 负增长面积最多,尤其是中北部区域和中西部边缘区域 fPAR 下降面积比较大,但下降现象并不显著。如图 4.49 所示,从四季 fPAR 年际变化显著性水平直方图中可以发现:显著性水平在 $P<0.01$ 的像元在冬季中的占比最高,达到 37.8%,秋季 $P<0.01$ 区域占比最小,为 14.9%;四个季节中分布在 $0.01<P<0.05$ 区域占比差异不大,在 13%~15%波动,冬季 fPAR 变化显著性略高;秋季 $P>0.05$ 的分布面积最大,占全部变化区域的 71.5%,年际变化不显著现象最多。冬季 $P>0.05$ 的分布面积最小,占全部变化区域的 47.1%。

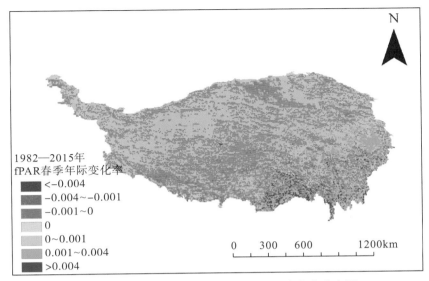

图 4.41　春季青藏高原植被 fPAR 年际变化率分布图

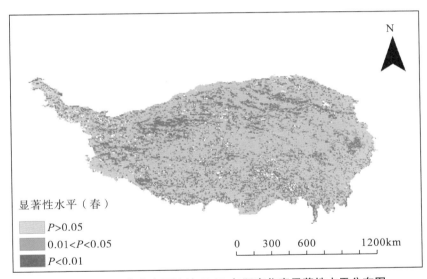

图 4.42　春季青藏高原植被 fPAR 年际变化率显著性水平分布图

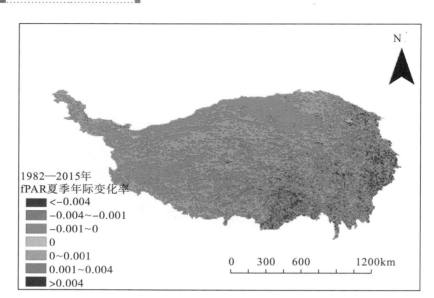

1982—2015年
fPAR夏季年际变化率
- <-0.004
- -0.004~-0.001
- -0.001~0
- 0
- 0~0.001
- 0.001~0.004
- >0.004

图 4.43　夏季青藏高原植被 fPAR 年际变化率分布图

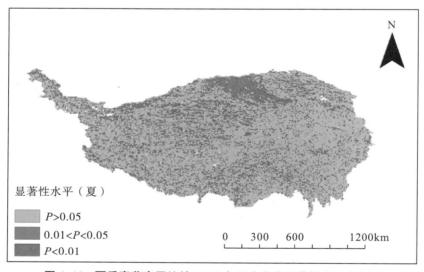

显著性水平（夏）
- P>0.05
- 0.01<P<0.05
- P<0.01

图 4.44　夏季青藏高原植被 fPAR 年际变化率显著性水平分布图

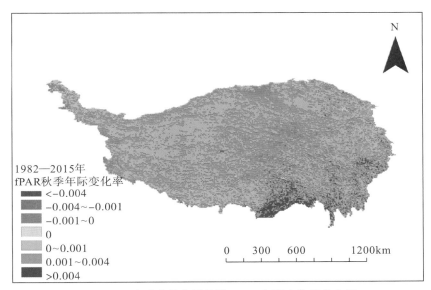

图 4.45 秋季青藏高原植被 fPAR 年际变化率分布图

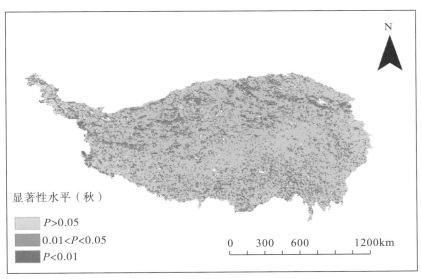

图 4.46 秋季青藏高原植被 fPAR 年际变化率显著性水平分布图

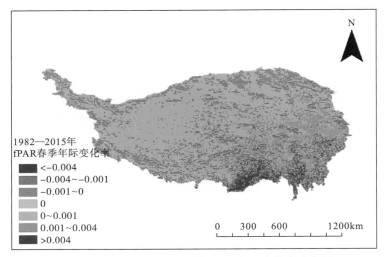

图 4.47　冬季青藏高原植被 fPAR 年际变化率分布图

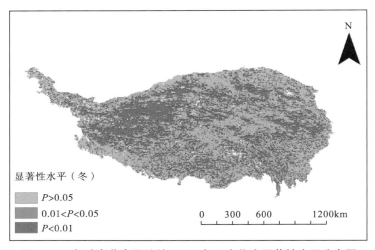

图 4.48　冬季青藏高原植被 fPAR 年际变化率显著性水平分布图

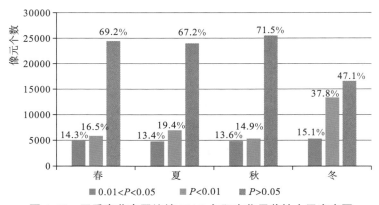

图 4.49　四季青藏高原植被 fPAR 年际变化显著性水平直方图

4.2.7 青藏高原典型植被类型 fPAR 年际变化特征分析

如图 4.50 所示,主纵轴值代表实线植被年际变化率,次纵轴值代表虚线植被年际变化率。从图中可知,1982—2015 年青藏高原不同植被类型 fPAR 变化情况:34 年中各种植被类型的 fPAR 波动范围较小,波动频率差异不大,且都呈现稳定微上升趋势;从波动频率上看,常绿阔叶林、常绿针叶林、落叶阔叶林和混交林 4 种植被 fPAR 波动频率较为一致,且波动程度较高,年际变化较为明显;木本热带稀树草原和热带稀树草原,fPAR 年际波动较为一致;农田、草地和稀疏灌丛波动最小,直到 2014 年有了明显的提高。总体上常绿阔叶林 fPAR 值最大,其次为木本热带稀树草原、热带稀树草原和常绿针叶林。

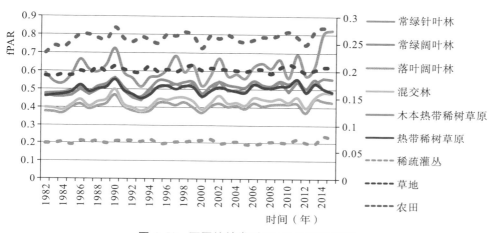

图 4.50　不同植被类型 fPAR 分布折线图

4.2.8 不同海拔梯度青藏高原典型植被类型 fPAR 年际变化特征分析

4.2.8.1 不同高程带植被 fPAR 变化分析

如图 4.51 所示,从青藏高原海拔梯度平均 fPAR 的变化规律可以看出:全年和各季 fPAR 在 700~2600m fPAR 值较高,但变化波动较大,在海拔 2700m 处突然出现急剧降低现象,但随后又出现上升趋势,且发展趋势较为稳定,波动较小。前后两部分变化势态差异较大,故将该高程点定义为转折点,对 fPAR 年均值和各季节均值随海拔变化的高程分析分成两部分讨论,0~2700m 为第一阶段,2700~6100m 为第二阶段。第一阶段 fPAR 年均值随着海拔的升高不断变大,当海拔高于 600m 之后便开始出现不规律的波动变化,1500m 处 fPAR 年均值最高,其次为 1100m,呈现降低趋势。第二阶段即当海拔超过 2700m 后,随着海拔的升高,fPAR 年均值不断增大,当海拔到达 3600m 后趋于稳定,超过 3800m 后,随着海拔的升高,fPAR 年均值便开始不断减小,在 4100m 海拔处开始微小回升之后便继续减小,且随着高程的增加,fPAR 年均值下降趋势逐渐加大;从高程值 4600m 开始,fPAR 年均值下降幅度不断减缓,高于 6000m 之后又急剧减小,几乎趋近于 0。春、夏、秋、冬各季 fPAR

均值随着海拔的升高,变化情况同 fPAR 年均值随高程的变化趋势几乎一致。在高程值第一阶段,fPAR 季均值大小排序依次为秋、冬、夏、春,而第二阶段发生了变化,夏季最大,其次为秋季,春季和冬季差异不大。在 2700~4200m,冬季 fPAR 略高于春季,而超过 4200m 后,春季略高于冬季。在 4 个季节的 fPAR 变化分析中,第一阶段里虽然 fPAR 值四季变化趋势一致,但各季节 fPAR 值差异较大,第二阶段春冬两季无明显差异。fPAR 各季节变化差异主要集中体现在高程 3400~4800m,其中 3600~3800mfPAR 差异最大。

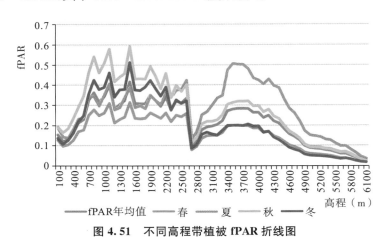

图 4.51　不同高程带植被 fPAR 折线图

4.2.8.2　不同坡度与坡向植被 fPAR 变化分析

如前所述,根据《水土保持综合治理规划通则》(GB/T 15772—1995)文件规定,将青藏高原坡度值划分为 6 级,其中 0°~3°表示平整大块,3°~5°表示缓坡大块,5°~15°表示缓坡小块,15°~25°表示陡坡小块,25°~35°表示急坡破碎,35°~90°表示难利用地。当坡度超过 35°后土壤质地多为重黏土、粗沙风化母质,土壤侵蚀程度极高,土壤难以被利用,植被覆盖面积开始减少,如图 4.52 所示,fPAR 增长速率会随之减缓。在坡度 0°~5°,随着坡度的增加,fPAR 年均值出现增长趋势,变化率较为缓慢;当坡度高于 5°后,随着坡度的增加,fPAR 年均值增长速率加快,高于 15°后,fPAR 年均值增长幅度再次扩大;当坡度高于 25°后,随着坡度的增加,fPAR 年均值又呈现缓慢增长趋势,当高于 35°后,fPAR 年均值增长幅度再次减缓。综合分析春、夏、秋、冬各个季节 fPAR 季均值在不同坡度的变化情况,发现只有秋季 fPAR 随着坡度的增加呈现出与年均值一致的发展趋势,而春、冬两季与之不同的是:当坡度高于 15°后,随着坡度的增加,fPAR 以同一速率增长,但当坡度大于 25°后冬季 fPAR 随坡度变化速率高于春季;夏季在 6 个阶段增长速率变化最为明显,此季节是植被生长最旺盛的时期,植被覆盖率最高,绿度的增加提高了光合有效辐射吸收比率,fPAR 值达到最大。对比四季的 fPAR 均值可以发现夏季的 fPAR 显著高于秋季、春季和冬季,而秋季也显著高于冬季和春季,且这种差异在坡度 3°~5°最大;而比较春冬两季,0°~25°春季 fPAR 分布高于冬季,

fPAR 值大但增长速率差异不大；当坡度高于 25°时，冬季 fPAR 增长幅度大于春季，且随着坡度的增加，fPAR 最大值逐渐超过春季，差异逐渐增大。

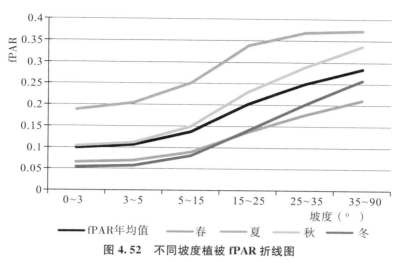

图 4.52 不同坡度植被 fPAR 折线图

根据坡向向阳情况将坡向划分为 9 个方向，其中－1 表示平面，0°～22.5°和 337.5°～360°表示北坡，22.5°～67.5°表示东北坡，67.5°～112.5°表示东坡，112.5°～157.5°表示东南坡，157.5°～202.5°表示南坡，202.5°～247.5°表示西南坡，247.5°～292.5°表示西坡，292.5°～337.5°表示西北坡。由图 4.53 可得：平面区域面积最少，植被覆盖度低，fPAR 值最小；fPAR 年均值及春、夏、秋、冬各季均值在各个坡向上的分布值差别不大，其中在 0°～22.5°的北坡 fPAR 值略大于其他坡向，157.5°～202.5°的南坡 fPAR 值略小。对比各季 fPAR 季均值可以看出，fPAR 在春、夏、秋、冬四季中不同坡向的变化趋势和在全年不同坡向上的变化趋势一致，其中夏季 fPAR 值明显高于其他季节，秋季明显高于春季和冬季，而冬季和春季几乎同步。

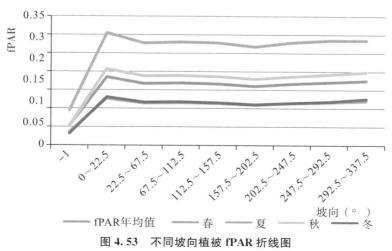

图 4.53 不同坡向植被 fPAR 折线图

4.3 小结

本章选择植被生态系统绿波的两个重要的遥感指标:归一化植被指数(NDVI)和光合有效辐射吸收比率(fPAR),分析了最近30年青藏高原植被生态系统NDVI和fPAR的时空分布特征,研究结果表明:

青藏高原植被NDVI在空间分布上具有明显的地域分异特征,植被NDVI值从东南向西北逐步递减,植被分布呈现出东南部优于西北部的分布状态,其中1982—2015年青藏高原植被NDVI年际变化整体呈现增长趋势。从不同植被类型来看,草地、热带稀树草原、混交林、常绿阔叶林、常绿针叶林、落叶阔叶林以及耕地的NDVI变化波动范围较大,呈现向好发展趋势;稀疏灌丛、永久湿地及耕地NDVI年际变化波动幅度较平缓,全年都处于比较稳定状态。从整个生长季植被NDVI变化来看,植被NDVI增加的区域主要在东南区域,减少的区域在西北区域。

同植被NDVI相对应的,植被fPAR与NDVI空间分布类似,表现出明显的空间分异,东南部明显好于西北部,fPAR值从西北向东南逐渐增大的分布格局。近30年来,青藏高原植被fPAR整体呈现增长趋势,其中常绿阔叶林、常绿针叶林、落叶阔叶林和混交林4种植被增长趋势更为明显。

参考文献

[1] 李艳芳,孙建.青藏高原NDVI时空变化特征研究(1982—2008)[J].云南农业大学学报(自然科学),2015,30(5):790-798.

[2] 王娜.基于NDVI的河南省植被及碳储量变化研究[D].河南大学,2012.

[3] 郑海亮,房世峰,刘成程,等.青藏高原月NDVI时空动态变化及其对气候变化的响应[J].地球信息科学学报,2019,21(2):201-214.

[4] 杜加强,舒俭民,王跃辉,等.青藏高原MODIS NDVI与GIMMS NDVI的对比[J].应用生态学报,2014,25(2):533-544.

[5] 孙建,西藏高寒草地植被生物量及其分配机制研究[D].中国科学院水利部成都山地灾害与环境研究所,2013.

[6] 韩海辉.基于SRTM-DEM的青藏高原地貌特征分析[D].兰州大学,2009.

[7] 常直杨,王建,白世彪,等.基于DEM的青藏高原主题高原面的高程分析[J].地球科学前沿,2012.

[8] 周伟,刚成诚,李建龙,等.1982—2010年中国草地覆盖度的时空动态及其对气候变化的响应[J].地理学报,2014,69(1):15-30.

[9] 张朝忙.中国地区SRTM3 DEM与ASTER GDEM高程精度质量评价[D].华中农业大学,2013.

［10］ An S，Zhu，X，Shen M，et al. Mismatch in elevational shifts between satellite observed vegetation greenness and temperature isolines during2000—2016 on the Tibetan Plateau［J］. Global Change Biology，2018：14432.

［11］ 于伯华，吕昌河，吕婷婷，等.青藏高原植被覆盖变化的地域分异特征［J］.地理科学进展，2009，28(3)：391-397.

［12］ 王志伟，吴晓东，岳广阳，等.基于光谱反演的青藏高原 1982 年到 2014 年植被生长趋势分析［J］.光谱学与光谱分析，2016，36(02)：471-477.

［13］ 龙瑞军.青藏高原草地生态系统之服务功能［J］.科技导报，2007(9)：26-28.

［14］ 王文玲.青藏高原光合有效辐射的长期变化趋势及其估算方程［D］.南京信息工程大学，2012.

［15］ 李刚，王道龙，范闻捷，等.羊草草甸草原 fPAR 时间变化规律分析［J］.遥感信息，2009(01)：10-15.

［16］ 梁守真，隋学艳，侯学会，等.落叶阔叶林冠层光合有效辐射分量的遥感模拟与分析［J］.生态学报，2017，37(10)：3415-3424.

［17］ 张璟，谢亚楠，汪鸣泉，等.基于光合有效辐射瞬时值估算日均值的方法［J］.干旱区研究，2019，36(1)：220-227.

［18］ 尚盈辛，宋开山，蒋盼，等.青藏高原典型湖库光学吸收特性与光合有效辐射衰减系数初步研究［J］.湖泊科学，2018，30(3)：802-811.

［19］ 董泰锋，蒙继华，吴炳方.基于遥感的光合有效辐射吸收比率（fPAR）估算方法综述［J］.生态学报，2012，32(22)：7190-7201.

［20］ Peng D L，Zhang B，Liu L Y，et al. Characteristics and drivers of global NDVI-based fPAR from 1982 to 2006［J］. Global Biogeochemical Cycles，2012，26(3)：26.

［21］ 周伟，刚成诚，李建龙，等.1982—2010 年中国草地覆盖度的时空动态及其对气候变化的响应［J］.地理学报，2014，69(1)：15-30.

［22］ 谢军飞，郭佳.2010—2012 年北京植被光合有效辐射吸收比例的时空变化［J］.应用生态学报，2016，27(4)：1203-1210.

第5章　青藏高原植被物候遥感监测与评估

5.1　植被物候遥感研究现状与进展

物候主要指动植物的生长、发育、活动规律与非生物的变化对节气的反应。就植物而言,物候指植物在一年的生长中,随着气候的季节性变化而发生萌芽、抽枝、展叶、开花、结果及落叶、休眠等规律性变化的现象,称之为植物物候或物候现象,与之相适应的树木器官的动态时期称为生物气候学时期,简称为物候期(竺可桢和宛敏渭,1973;张福春,1985;温刚和符淙斌,2000)。物候学是研究自然界的植物(包括农作物)、动物和环境条件(气候、水文、土壤条件)的周期变化之间相互关系的科学,它的目的是认识自然季节现象变化的规律,以服务于农业生产和科学研究(李荣平等,2006;陈效逑和王林海,2009)。

物候是由气候所决定的,生物物候现象是环境条件季节和年际变化最直接、最敏感的指示器,其发生时间可以反映陆地生态系统短期变化的特征(温刚和符淙斌;2001;张峰等,2004)。全球不同区域、不同尺度的气候变化都可以通过不同年际间的物候变化来衡量。近年来,物候在人类生活、农林业及生产中的预报作用已被越来越多的研究所揭示,探讨物候对气候变暖的响应已成为当今物候研究的热点。物候现象不仅反映自然季节的变化,而且能表现出生态系统对全球环境变化的响应和适应。在陆地生态系统中,生态因子会改变植物物候期出现的时间和物候期长度,进而影响生态系统的物质循环(如碳循环、氮循环)和能量流动(徐雨晴等,2004;毛留喜等,2006;葛全胜等,2010)。植被物候变化反映了地球生物圈对地球气候与水文系统季节和年季变化的响应,对深入研究全球气候变化及陆地生态系统具有十分重要的意义。

青藏高原由于其特殊的地势和地理位置形成了非地带性的高原气候,对全球气候变化影响巨大(钟大赉和丁林,1996;孙鸿烈,2000;郑度,2003)。在过去 50 年中,青藏高原气温逐步升高,以 0.26℃/10a 的速度上升,远远高于全球气候变暖的平均速度,冬季升温尤为强烈。随着全球气候变暖,青藏高原的环境也发生着显著变化,如全球气候变暖情形下的高原冰川全面退缩,温度上升导致的多年冻土发生融化,高原湖泊的面积快速退缩或增大等。而这些变化直接影响高原的植被变化,加上高原严酷的气候环境,使得高原植被环境常常处于临界阈值状态,气候变化的微小波动也会在高原生态系统产生强烈响应,直接导致高原植被生态系统格局、过程、功能发生变化(范广洲和程国栋,2002;姚檀栋和朱立平,2006;杨元合和朴世龙,2006)。由于青藏高原气候因子分布具有地带性和非地带性,物候现象随经纬度和海拔高度的变化有推移性。如在藏东南色季拉山地区,植被的垂直地带性非常明显,包括山地暖带的湿润针阔混交林、山地温带的凉润针叶林、亚高山寒温带的冷湿暗针叶林、高山寒带的疏林、灌丛草甸以及高山荒漠带。除此之外,青藏高原极端低温升高显著,极端高温也在上升。因此针对青藏高原典型植被物候特征展开深入系统的研究具有非常重要的意义。

传统的物候观测以野外测量为主,通过直接定点观测生物物候现象或建立物候观测网进行物候观测。国内外物候学研究通过大量定点观测数据取得了一定进展。例如:Menzel (2000)收集欧洲国际物候观测网1959—1996年的资料,分析表明,一些植被种类春季物候期平均提前2.1d/10a,秋季物候期平均推迟1.6d/10a,生长季延长3.6d/10a。郑景云等(2002)基于中国科学院物候观测网中26站点的物候观测资料,分析了我国物候整体变化趋势,结果表明20世纪80年代以来我国东北、华北及长江下游等地区的物候期提前,而西南东部、长江中游等地区的物候期推迟。

当前,随着对地观测技术的发展,逐渐形成了多平台、多尺度、高时间分辨率的对地观测系统,如NOAA/AVHRR、MODIS以及SPOT、ALOS等卫星系统,广泛应用于监测全球或区域植被物候变化、土地覆盖分类、作物估产以及植被初级生产力估算,有效克服了传统物候观测的区域局限性(Cleland et al.,2007;Reed et al.,2009;Jones et al.,2011;Hufkens et al.,2012)。遥感物候学者Lloyd等1990年利用归一化植被指数(NDVI)的阈值划分植被物候之后,遥感物候研究开始了迅速发展。基于遥感数据的植被物候监测研究,在物候变化及其对气候变化的响应等方面取得了大量的成果。遥感物候监测也从传统的小范围区域监测逐渐扩大到国家、大洲甚至全球区域。如Jeong等(2011)利用NOAA NDVI数据研究发现,1982—2008年,北半球植被生长期长度表现为延长的趋势;生长开始期在1982—1999年提前了5.2d,而在2000—2008年仅提前了0.2d;生长结束期在1982—1999年推迟了4.3d,在2000—2008年推迟了2.3d。Julien等(2009)研究发现,1983—2003年,全球春季物候期提前了0.38d/a,秋季物候期推迟了0.45d/a,生长季延长了0.8d。Fisher等(2006)通过Landsat TM影像结合地面实际观测资料,对美国东部落叶林区的物候进行了分析,结果表明,市区植被的返青期要比郊区植被早5~7d。Heumann等(2007)发现,20世纪80年代初期干旱导致的降雨量变化的影响,苏丹地区的荒漠草原生长季发生了显著改变。Maignan等(2008)基于AVHRR NDVI数据,研究了气候变化对植被物候的影响,结果表明,随着气候变暖,北欧植被的返青期明显提前,而对欧洲南部植被的影响并不明显,甚至地中海流域植被的返青期出现了推迟的趋势。在国内,Chen等(2005)利用累积频率法,对中国东部温带落叶林区的植被物候进行了研究,发现植被物候期受春季和秋季平均气温的影响,表现为明显的空间差异性,1982—1993 年,北方地区植被的生长季延长了 1.4～3.6d/a,而全部研究区内植被生长季平均延长了 1.4d/a。王宏等(2007)利用 NOAA/AVHRR NDVI 数据和 MSAVI 指数对中国北方植被生长开始期、结束期及生长季长度进行了研究和分析,研究表明,不同植被类型的物候期变化差异显著,大部分地区的植被生长季长度延长,而位于 40°～44°N 的植被生长季表现为缩短的趋势。

当前对物候学的研究方向主要集中在探讨物候与气候变化之间的关系。研究表明,随着近年气温的升高,植物生长季延长、春季物候期提前、秋季物候期推迟成为一种全球趋势。自 Lloyd 等在 1990 年提出利用归一化差值植被指数(NDVI)的阈值进行植物物候生长季节的划分之后,遥感物候学的研究不断深入和拓展。基于遥感数据的物候监测研究在植物生长季的变化、植物花期变化、植物物候期变化对气候变化的响应以及物候期变化对陆地生态系统的影响方面取得了大量的成果,而且遥感物候监测已从传统的小区域逐渐扩大到国家、大洲甚至全球区域。如 Myneni 等(1997)基于纬度地带性分布特征对 NDVI 数据进行纬度带平均,诊断出 1981—1991 年北半球植被活动的变化趋势。Menzel 等(1999)分析了 1982—1998 年德国 NOAA/AVHRR NDVI 和物候记录的变化趋势,从 NDVI 数据获取生长季开始与结束时间的变化。Kang 等(2003)结合 30 年平均温度和 MODIS LAI 数据监测韩国植被生长季开始时期,研究表明气象数据与 MODIS 相结合研究分析更有利于识别关键物候期。张学霞等(2005)基于遥感数据和山桃物候资料分析了近 50 年北京植被对全球变暖的响应及其时效,着重分析在北京温度升高、降水波动的情况下,NDVI 和山桃始花物候是如何响应气候变化的。王宏等(2007)利用 1982—1999 年 NOAA/AVHRR NDVI 和 MSAVI 指数监测了中国北方植被生长季变化规律,主要包括对不同植被类型的生长季变化监测、对不同区域的植被生长季变化监测及研究区域植被生长季的空间变化监测,并取得了显著成果。

对于青藏高原地区来说,由于研究中使用的遥感数据源及物候遥感提取模型的不同,从而得出的植被物候变化结论并不完全一致。如宋春桥等(2011)基于动态阈值法研究发现 2000—2010 年藏北高原地区 60% 的区域在植被返青期提前,而枯黄期年际变化不明显。DING 等(2013)利用最大比率和阈值法相结合的方法研究发现,1999—2000 年青藏高原地区高寒草地 91.73% 的区域 SOS 呈现提前趋势,76.92% 的区域 EOS 具有提前趋势。JIN 等(2013)利用多年 NDVI 平均生长曲线特征确定阈值的方法研究发现,1999—2008 年 60% 的区域 SOS 推迟。Zhang 等(2013)利用 1982—2006 年 GIMMS 数据、1998—2011 年 SPOT 数据、2000—2011 年 MODIS 数据研究表明,青藏高原植被 1982—2011 年 SOS 呈提前的趋势。Shen 等(2011)研究得出青藏高原植被物候始期无持续的变化趋势,1998—2003 年 SOS 推迟及 2003—2009 年之后 SOS 提前,但整体呈现提前的趋势。SOS 年际变化受春季温度影响显著。Yu H 等(2010)研究表明,1982—2006 年冬、春季节气候变暖使得青藏高原各植被类型 SOS 显著提前,高寒草原 EOS 提前,LOS 缩短。Yu F 等(2003)利用 2000—2009 年 250m 分辨率的 MODIS 利用 2000—2009 年 250m 分辨率的 MODIS 16 天合成的 NDVI 数据产品研究发现,青藏高原地区对气候变暖响应更敏感,是同纬度其他地区的 3 倍;植被 SOS 在气候变暖影响下,高寒草甸提前 8.17d/℃,高寒草原提前 5.69d/℃;主要受 5 月温度影响;随海拔高度温度每升高 1℃,草原和草甸分别提前 2.04d、1.8d。

　　总之,国内外在遥感物候学的研究方面已经取得了长足的进步,极大地推动了物候学的发展,并使之成为陆地生态系统对全球气候变化快速响应的学术前沿。然而,遥感物候学毕竟是一个新的研究领域,研究工作中存在着一些问题与不足,导致最终研究结果仍然存在很大的不确定性。因此,遥感物候应该在数据源选择、遥感物候反演模型、地面物候观测资料验证、植物生理机制等方面加强研究,从而更有利于揭示真实的植被物候特征。

5.2　青藏高原植被物候遥感提取模型

5.2.1　植被物候特征遥感探测的原理与参数选择

　　电磁波的波段按波长由短至长可依次分为 γ 射线、X 射线、紫外线、可见光、红外线、微波和无线电波。电磁波的波长越短其穿透性越强。遥感地物探测所使用的电磁波波段是从紫外线、可见光、红外线到微波的光谱段。地面上的任何物体,如大气、土地、水体、植被和人工建筑物等,在温度高于绝对零度的条件下,它们都具有反射、吸收、透射及辐射电磁波的特性。当太阳光从宇宙空间经大气层照射到地球表面时,地面上的物体就会对由太阳光所构成的电磁波产生反射和吸收。由于每一种地物自身物理和化学特性不同以及入射光的波长不同,因此它们对入射光的反射率也不同。地物反射或发射的电磁波穿过大气被卫星传感器所接收,即为获取的遥感数据。而植被的光谱特征可使其在遥感影像上有效地与其他地物相区别。由于植物叶绿素对蓝光和红外吸收作用强,而对绿光反射作用强,因此植被在可见光波段($0.4 \sim 0.76 \mu m$)有一个小的反射峰,两侧有 2 个吸收带,在近红外波段($0.7 \sim 0.8 \mu m$)有一反射的陡坡,在 $1.1 \mu m$ 附近有一峰值,形成了植被独特的光谱特征。同时,不同的植物各自又有其自身的波谱特征,从而成为区分植被类型、长势及估算生物量的依据。

　　由于植被在其整个生长发育周期会表现为不同的形态,而时序植被遥感观测数据能够反映植被在一年中的生长发育状况,与植被的物候特征相关联,因此可以通过提取植被指数的关键指标来确定植被物候的变化情况。植被指数是遥感领域中用来表征地表植被覆盖、生长状况的一个简单、有效的度量参数。目前,常用的植被指数包括归一化差值植被指数(Normalized Difference Vegetation Index,NDVI)、季节/时间综合归一化差值植被指数(Seasonally/Time Integrated NDVI,SINDVI/TINDVI)、增强植被指数(Enhanced Vegetation Index,EVI)、叶面积指数(Leaf Area Index,LAI)以及和植被密切相关的遥感反演产品如吸收光合有效辐射比例系数(Photosynthetically Active Radiation Absorbed by the Vegetation Canopy,fPAR)、净初级生产力(Net Primary Production,NPP)等,其中 NDVI 是最为常用的植被活动表征指标。随着遥感技术的发展,植被指数在环境、生态、农业等领域有了广泛的应用(Myneni et al.,1995;Gitelson et al.,1996;Ceccato et al.,2002;Gitelson et al.,2004)。目前学者所使用到的植被物候遥感监测数据主要是各类植被指数,而植被物候监测指标多种多样,包括植物绿叶面积最大值持续时间、绿叶开始期、绿叶枯萎期、生长季长度、植被指数最大值、最小值等。

如图 5.1 所示,通过对青藏高原植被整体 NDVI 时序曲线特征及典型植被(高寒草原、高寒草甸和苔原)的 NDVI 序列曲线特征进行分析发现,青藏高原典型植被年 NDVI 呈单峰曲线,最大值出现日期根据植被特征的不同而有所差异,因此,我们选择植被生长季开始期(Start of Season,SOS)、生长季结束期(End of Season,EOS)及生长季长度(Length of Season,LOS)作为青藏高原植被物候的评价指标。

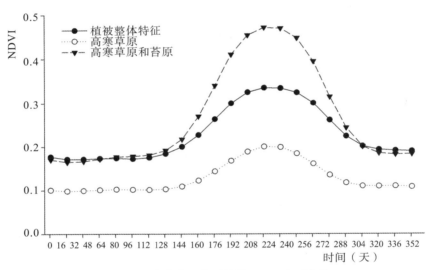

图 5.1　青藏高原典型植被 NDVI 序列曲线

5.2.2　青藏高原植被物候遥感提取模型

基于不同分辨率的遥感植被指数数据,许多研究者提出了不少遥感数据提取物候信息的相关算法,这些植被物候遥感提取算法包括阈值法(Lloyd,1990;Zhou et al.,2001)、延迟滑动平均法(Reed et al.,1994;Schwartz et al.,2002)、曲线拟合法(Tucker et al.,2001)、最大变化斜率法(Yu,et al.,2003)、累积频率法(Chen et al.,2000)、主成分分析法(温刚,1998)。目前,还没有一种算法得到统一认可并能在所有植被类型中广泛适用。特别是对于青藏高原地区的各类型高寒植被,由于研究中使用的物候遥感提取模型不同,因此遥感得出的植被物候变化结论各不一致。Chun Qiao Song 等(2011)基于动态阈值法研究发现

2000—2010 年藏北高原地区 60% 的区域在植被返青期提前,而枯黄期年际变化不明显。DING 等(2013)利用最大比率和阈值法相结合的方法研究发现,1999—2000 年青藏高原地区高寒草地 91.73% 的区域 SOS 呈现提前趋势,76.92% 的区域 EOS 具有提前趋势。JIN 等(2013)利用多年 NDVI 平均生长曲线特征确定阈值的方法研究发现,1999—2008 年 60% 的区域 SOS 推迟。在这些研究工作中,多采用单一的遥感物候提取算法进行研究,也缺少地面的实地观测资料的支持,因此结果的不确定性较大。

通过系统分析,我们基于目前 3 种最具有典型代表性的植被物候遥感提取算法:动态阈值法、最大变化斜率法及 logistic 曲线拟合法,结合青藏高原植被生长特征及地面观测资料,通过优化选择,来建立青藏高原典型高寒植被物候遥感提取模型。3 种植被物候遥感提取算法原理如下:

(1)动态阈值法

根据预先设定的植被指数值或有关的参考值来确定关键物候期信息,其计算公式如下:

$$NDVI(t) = (NDVI_{max} - NDVI_{min}) \times 20\%$$

式中:$NDVI_{max}$ 为一年中植被 NDVI 最大值;$NDVI_{min}$ 为 NDVI 上升阶段中的最小值;t 为一年中植被生长季开始期。同样的方法,NDVI 下降阶段,可确定植被生长季结束期。

考虑到研究采用的遥感植被指数数据时间间隔为 16 天(或 8 天),为降低数据时间尺度对物候期提取的影响,处理过程中假设在相邻两幅影像的 16 天(或 8 天)间隔内,植被 NDVI 值呈线性增长模式。在本研究中,基于动态阈值法对青藏高原地区进行植被物候提取过程中,采用线性插值的算法来获取青藏高原连续的 NDVI 数据,以提取更为准确的物候信息。

(2)最大变化斜率法

由 Yu 等(2003)提出,基于建立的标准 NDVI 时间序列数据,在 NDVI 曲线上升阶段计算植被物候开始期,下降阶段计算植被物候结束期。最大变化斜率模型的计算公式如下:

$$\theta_t = \arctan(y_t - y_{t-1}), \theta_{t+1} = \arctan(y_{t+1} - y_t)$$
$$\Delta\theta_t = \theta_{t+1} - \theta_t$$

式中:y_{t-1} 指 $t-1$ 时的 NDVI 值;y_t 指 t 时的 NDVI 值;y_{t+1} 指 $t+1$ 时的 NDVI 值;$\Delta\theta_t$ 指 t 时的倾斜角变化值。

(3)logistic 曲线拟合法

将植被生长过程通过 logistic 模型进行拟合,根据拟合曲线变化特点确定植被物候期(Zhang et al.,2003)。青藏高原典型高寒植被 NDVI 每年只有一个峰值,从年初到植被峰值结束利用上升的 logistic 曲线拟合植物生长阶段,从峰值到年末利用下降的 logistic 曲线拟合植物的衰落过程。logistic 模型公式如下:

$$NDVI(t) = \frac{c}{1 + EXP(a + b \times t)} + d$$

通过计算拟合曲线曲率变化率 k' 的极大值来确定植物物候期。曲率变化速度计算公式如下：

$$k' = b^3 cz \left\{ \frac{3z(1-z)(1+z)^3 [2(1+z)^3 + b^2 c^2 z]}{[(1+z)^4 + (bcz)^2]^{\frac{5}{2}}} - \frac{(1+z)^2 (1+2z-5z^2)}{[(1+z)^4 + (bcz)^2]^{\frac{3}{2}}} \right\}$$

式中：$\mathrm{NDVI}(t)$ 为时间 t 时的 NDVI 值；a 和 b 为拟合参数；d 为 NDVI 初始背景值；$c+d$ 为 NDVI 最大值，$z = \mathrm{e}^{a+bt}$。

5.2.3 青藏高原植被物候各提取模型的对比分析

基于重构后的高质量 NDVI 时间序列数据，分别利用动态阈值法、最大变化斜率法、logistic 曲线拟合法提取青藏高原高寒草原、高寒草甸和苔原这两种典型高寒植被的生长开始期（SOS）、生长结束期（EOS）及生长季长度（LOS），各模型提取结果如图 5.2 所示。

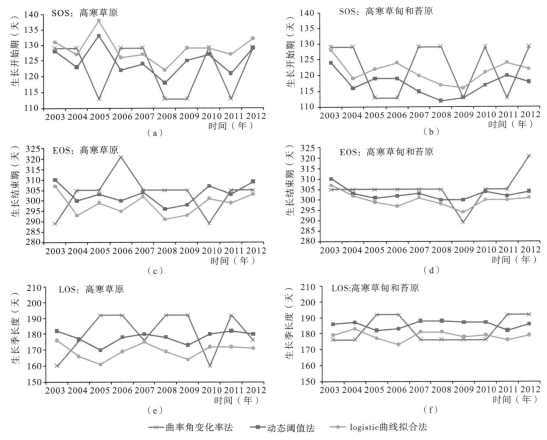

图 5.2 基于 3 种典型物候提取模型的青藏高原典型植被物候遥感信息

进一步分析发现：

1）对 3 种模型的提取结果进行相关性分析，结果表明：动态阈值法与 logistic 曲线拟合法的提取结果具有显著相关性($r>0.9$，$p<0.01$)，而这两种方法的提取结果均与最大变化斜率方法的提取结果无明显相关性。最大变化斜率方法以 NDVI 序列曲线上曲率角变化值最大的点作为物候开始期、结束期，造成其提取结果与其他两种方法有明显差别的原因是：该方法对于数据的波动较为敏感，易受到自然灾害或人为管理引起的异常影响。鉴于曲率角变化斜率方法存在的缺陷，以下不再对此方法的提取结果做具体分析。

2）进一步对比分析动态阈值法及 logistic 曲线拟合法的提取结果发现，动态阈值法提取出的 SOS 比 logistic 曲线拟合法提取出的 SOS 平均提前 4 天左右，EOS 推后 5 天左右，LOS 长 9 天左右。由于青藏高原地区植被物候观测数据稀少，因此，我们也将通过气象观测站点的日平均温度对遥感提取的植被生长季进行间接验证。

3）研究表明，就青藏高原矮嵩草甸而言，当日均气温大于等于 0℃ 开始，植物开始萌动发芽（张学霞等，2005；Shen，2011）。利用草甸与日均气温的这一关系，根据高寒草甸区内气象站点的气象观测资料计算日均气温大于等于 0℃ 的初始日期（图 5.3），根据日均气温模型对不同遥感生长季的提取结果进行验证。计算结果表明，近十年，青藏高原草甸开始萌动发芽的日期为 3 月 21 日，动态阈值模型及 logistic 曲线拟合模型提取出的对应日期分别为 3 月 26 日、3 月 31 日。另外 标准偏差分析结果也表明，动态阈值模型提取出的高寒草甸 SOS 与日均气温模型计算出的草甸 SOS 更为接近。

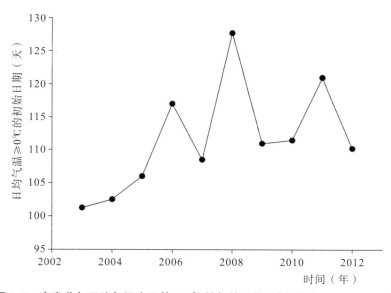

图 5.3 高寒草甸日均气温大于等于 0℃ 的初始日期（时间跨度 2003—2012 年）

结合分析需要说明的是，上述分析仅仅是不同物候提取模型获取的物候指标的初步比较，这也反映出不同的提取模型对物候指标可能会存在显著的差异，需要加入大量的地面观测资料进行模型率定与结果校正。同时，遥感数据本身会受传感器的差异以及空间尺度方面的差异的影响,遥感获取的物候指标还具有很大的不确定性,只有对遥感反演植被物候进行更深入的研究以及大量的地面观测实验,才能形成对植被物候及其变化合理的评价。本书将利用动态阈值法对青藏高原地区典型植被生长季的时空动态变化及影响因子进行分析。

5.3 青藏高原植被物候遥感监测与评估

5.3.1 青藏高原植被物候的空间分布格局

青藏高原高寒植被物候的时空分布能够直观地展现植被的区域差异、地带性分布特征以及演变格局,本书利用 GIMMS NDVI 数据和 MODIS NDVI 数据,基于动态阈值法,计算了 1983—2012 年青藏高原植被物候期,对近 30 年青藏高原的植被物候的关键指标:植被生长 SOS、EOS、LOS 进行分析。青藏高原高寒植被物候关键指标空间分布如图 5.4、图 5.5 和图 5.6 所示。

图 5.4 为 1983—2012 年青藏高原逐年植被 SOS 的空间分布。从整体来看,青藏高原 SOS 主要集中在 110~125 天,即 4 月下旬到 5 月上旬,占青藏高原所有植被面积的 50.21%。然而,受水热梯度及地形条件的影响,SOS 的分布具有明显的地带性,表现为从东南向西北逐渐推迟。其中,川西地区 SOS 出现最早,该地区的植被一般在 4 月上旬之前开始生长;青海中东部和西藏东部的 SOS 出现在 110~125 天;而西藏西部和北部地区的植被最晚进入生长季,SOS 出现在 125~155 天,即 5 月中旬到 6 月上旬。从 30 年 SOS 的分布可以看出,1998 年绝大部分区域的 SOS 异常偏早,这是由于 1997/1998 年出现了极强的厄尔尼诺事件,造成了全球气候的异常。

图 5.5 为 1983—2012 年青藏高原逐年植被 EOS 的空间分布。与 SOS 的分布不同,EOS 的空间分布表现出较为明显的南北分异。高原南部地区的 EOS 平均出现在第 300 天左右,即这部分区域的植被在 10 月下旬进入 EOS;高原北部地区的 EOS 平均出现在 285~300 天,即该地区的植被从 10 月中旬开始进入 EOS。

图 5.6 为 1983—2012 年青藏高原逐年植被 LOS 的空间分布。从整体来看,随着青藏高原由东南向西北的水势梯度空间分布变化,总体呈现由东南向西北 LOS 逐渐变短的分布特点。高原植被 LOS 主要集中在 170~200 天,占高原面积的 77.04%。青藏高原东南部中亚热带湿润地区与喜马拉雅山南翼及云南高原地区,植被分布主要为常绿阔叶林、针阔混交林等,由于植被 SOS 开始晚、EOS 结束早,从而 LOS 持续时间最短。相比较而言,青藏高原东部边缘及西部边缘部分地区的植被 LOS 持续时间最长。

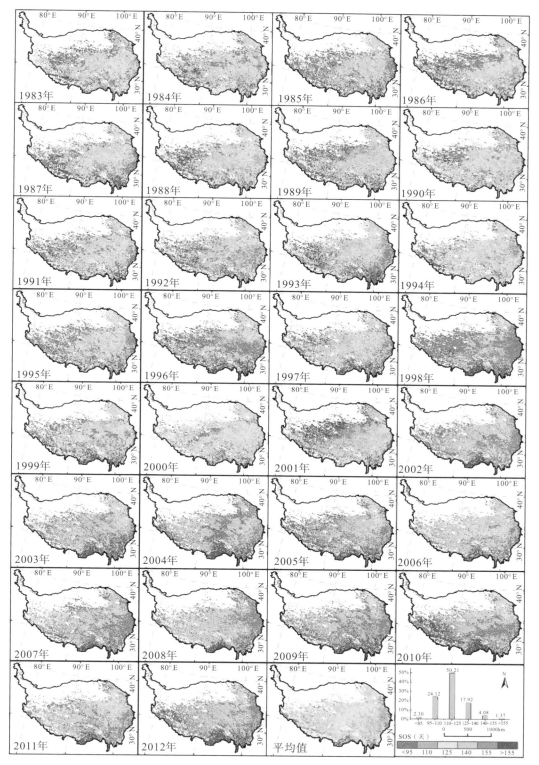

图 5.4　1983—2012 年青藏高原植被 SOS 空间分布

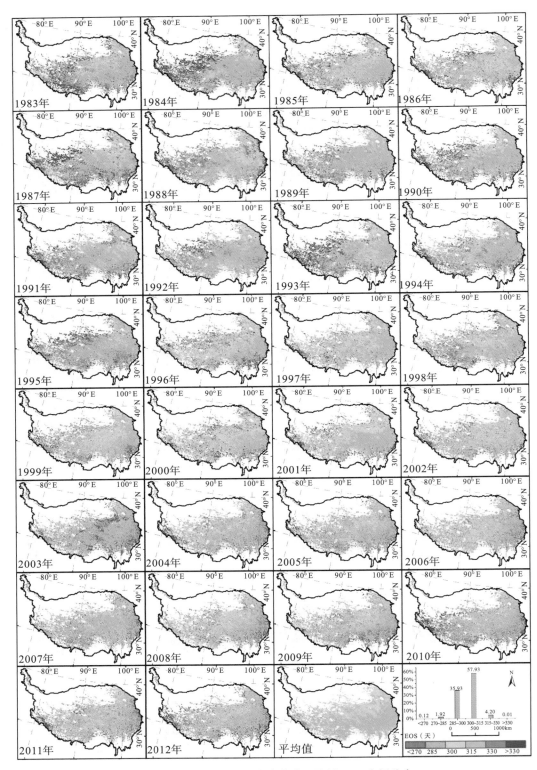

图 5.5　1983—2012 年青藏高原植被 EOS 空间分布

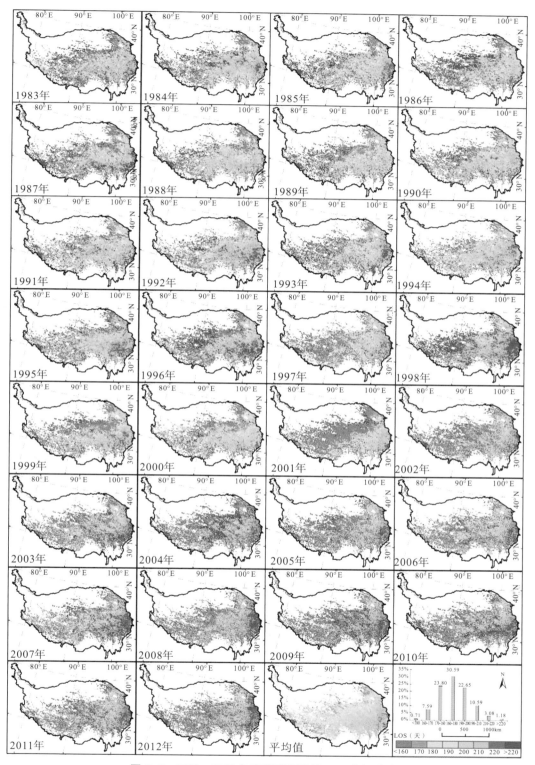

图 5.6 1983—2012 年青藏高原植被 LOS 空间分布

5.3.2 1983—2012 年青藏高原植被物候的空间变化特征

如图 5.7(a)所示,从青藏高原 SOS 变化趋势的空间分布来看,52.21％的区域表现为提前趋势,提前速率基本为 0～1.0d/a,其中显著(P＜0.1)提前区域的面积占 18.34％,主要分布在高原中东部和东北部,而在东南边缘地区 SOS 的提前速率超过了 2.0d/a。位于高原西南部的藏南谷地和藏北羌塘地区则呈现出推迟的趋势,推迟速率在 1.0d/a 左右,其中12.51％的区域为显著推迟。

如图 5.7(c)所示,从青藏高原 EOS 变化趋势的空间分布来看,中部及西南地区的 EOS为显著提前(P＜0.1),但提前速率基本在 1.0d/a 以内,占高原面积的 20.75％。而在高原东北部,EOS 表现为较为显著的推迟趋势,推迟速率在 1～2.0d/a,占高原面积的 15.91％。

如图 5.7(e)所示,从青藏高原 LOS 变化趋势的空间分布来看,13.46％的区域增加趋势较为明显(P＜0.1),主要分布在青藏高原的东部地区,但增加速率仅为 0.5d/a 左右。18.67％的区域 LOS 显著减少,集中在高原中部和西北部地区,减少速率大多为 1.0d/a。

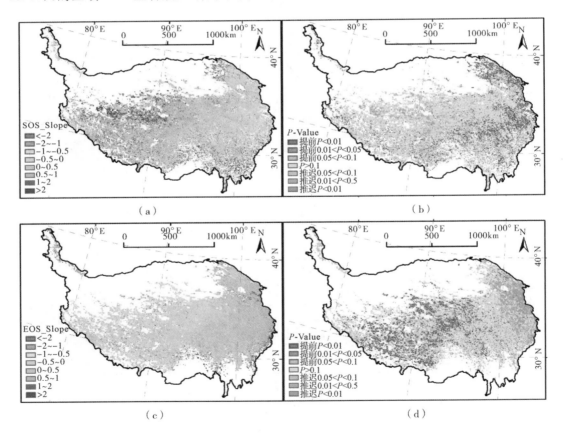

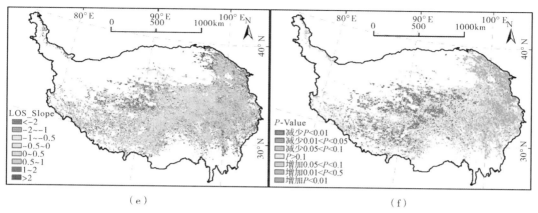

（e）　　　　　　　　　　　　　　（f）

图 5.7　1983—2012 年青藏高原植被物候 SOS(a)、EOS(c)
以及 LOS(e)变化趋势及其相应的显著性检验(b)、(d)、(f)的空间分布

对青藏高原植被 1983—2012 年每年的物候进行统计分析，为了分析其在过去 30 年间的变化趋势，我们采用最小二乘线性拟合对青藏高原的 SOS、EOS 和 LOS 进行拟合分析，拟合直线的斜率表示 1983—2012 年 SOS、EOS 或 LOS 随时间的变化率，结果如图 5.8 所示。

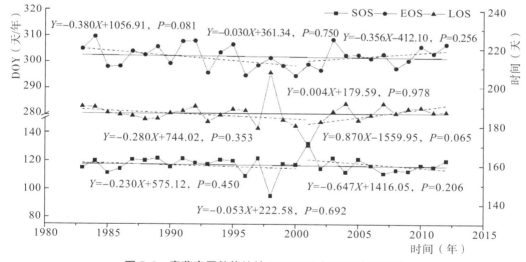

图 5.8　青藏高原整体植被 SOS、EOS 和 LOS 变化趋势

从整个研究区来看，青藏高原植被 SOS 呈现提前的趋势，但变化并不明显（$P=0.692$），年变化率只有 $0.053d/a$，其中 2001—2012 年的提前速率（$0.647d/a$）要大于 1983—2000 年的提前速率（$0.230d/a$）；整体上植被 EOS 呈现出不显著的提前趋势，变化率仅为 $0.030d/a$，其中 1983—2000 年表现为较为显著（$P<0.1$）的提前趋势（$0.380d/a$），2001—2012 年表现为不显著（$P=0.256$）的推迟趋势（$0.356d/a$）；LOS 在 1983—2002 年表现为不显著的减少趋势，减少速

143

率为 0.280 d/a,而在 2001—2012 年呈现出较为显著的增加趋势,增加速率为 0.870 d/a。

由于不同植被类型对生态的适应性有所不同,因此我们进一步针对青藏高原 4 种典型植被的 SOS、EOS 和 LOS 的变化趋势进行了分析,如图 5.9 所示。结果表明,不同植被物候期的变化趋势存在差异。高寒草原在 1983—2012 年的 SOS 表现为微弱的推迟趋势(0.131d/a),EOS 表现为不显著的提前趋势(0.146d/a),LOS 表现为较为显著($P<0.05$)的减少趋势(0.403 d/a),但 EOS 在 1983—2000 年表现为较为显著的提前趋势(0.646d/a,$P<0.05$),而在 2000 年以后转变为不显著的推迟趋势(0.474d/a)。高寒草甸和苔原在整个时间段内 SOS 和 EOS 均呈现出微弱的提前趋势,LOS 表现出微弱的减少趋势,变化率分别为 0.100d/a、0.071d/a 和 0.190d/a;在 2000 年以前,LOS 表现为不显著的减少趋势(0.190 d/a),而在 2000 年后,LOS 转变为较为显著的增加趋势(0.848d/a,$P<0.1$)。高山稀疏植被 SOS 表现为不显著的提前趋势(0.138d/a),EOS 在 1983—2000 年表现为较为显著的提前趋势(0.462d/a,$P<0.1$),LOS 表现为不显著的减少趋势(0.204 d/a)。灌丛物候期在 1983—2012 年变化最为显著,其 SOS 表现为显著的($P<0.05$)提前趋势,提前速率为 0.261d/a;EOS 表现为显著的($P<0.01$)推迟趋势,推迟速率为 0.360d/a;LOS 呈现出显著的($P<0.01$)增加趋势,增加速率为 0.473 d/a。

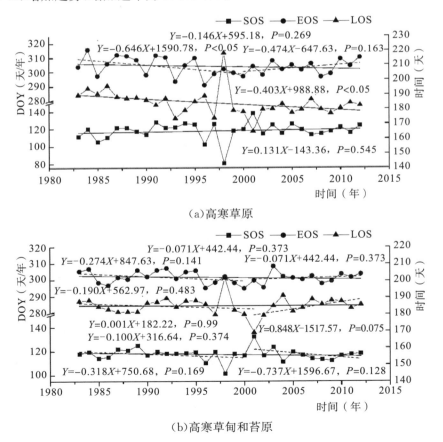

(a)高寒草原

(b)高寒草甸和苔原

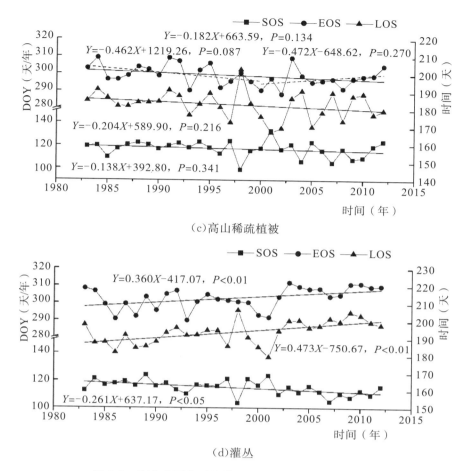

（c）高山稀疏植被

（d）灌丛

图 5.9　青藏高原典型植被 SOS、EOS 和 LOS 变化趋势

5.3.3　青藏高原植被物候的生态区划特征

目前，对于青藏高原植被物候的研究工作已取得了很多的成果。在众多研究成果中，青藏高原植被物候究竟呈现怎样的变化趋势（提前、延后、无变化）并没有得到统一的认识。研究中也对青藏高原植被物候变化的响应因子进行了分析，研究者更多地认为植被春季物候的变化受温度的影响较大，而与降水的相关性较小，然而气候因子究竟如何影响青藏高原植被物候并没有统一结论。因此，以生态地理分区系统为基础，研究近几十年各区域中青藏高原高寒草地植被物候变化的特点，对深入研究青藏高原植被物候的时空变化规律及其对自然地理要素的响应机制具有十分重要的意义。

5.3.3.1　青藏高原植被生态地理区划及其地理特征

基于郑度院士等提出的青藏高原生态系统 10 个各具特色的自然生态系统分区（图 1.2），选择青藏高原植被主要分布的 6 个生态地理分区进行各生态地理区域内植被 SOS 及 EOS 多年均值及多年变化趋势、变化特点的研究。包括 HⅡA/B1 高原温带湿润半湿润地区川西藏东高山深谷，HⅡC1 高原温带半干旱地区青东祁连高山盆地针叶林、草原区，HⅡC2 高原温带半干旱地区藏南高山谷地灌丛草原区，HⅠC1 高原亚寒带半干旱地区青南高原宽谷高寒草甸草原区，HⅠC2 高原亚寒带半干旱羌塘高原湖盆高寒草原，HⅠB1 高原亚寒带半湿润地区果洛那曲高原山地高寒灌丛草甸区。研究将所选生态地理区域生态地理环境特点概括如下：

（1）HⅡA/B1 高原温带湿润半湿润地区川西藏东高山深谷针叶林区

青藏高原的东南部，西起雅鲁藏布江中下游，东连横断山区中北部，即怒江、澜沧江、金沙江及其支流雅砻江和大渡河的中上游，是以高山峡谷为主体的自然区，行政区划上包括西藏东部、四川西部及云南西北部。区内高山峡谷的地势主要受区域地质构造的制约，除念青唐古拉山东段平均海拔 6000m 外，其他山地大多为海拔 5000 多 m。本区受来自印度洋和太平洋暖湿气候的影响，具有湿润、半湿润的气候。气温的垂直变化明显，在海拔 2500～4000m 的谷地中最暖月平均气温 12～18℃；在海拔 4000～4500m 的高原面和高山上则在 6～10℃。

（2）HⅡC1 高原温带半干旱地区青东祁连高山盆地针叶林、草原区

祁连山数条山地北西—南东走向（＞4000m），缘分向宽谷及青海湖盆地相间分布（2000～3000m）。纬度偏北，海拔较低，气候温和，受偏南湿润气流影响，暖季仍有较多降水。东祁连山地超载过牧，草场生态环境退化严重。

（3）HⅡC2 高原温带半干旱地区藏南高山谷地灌丛草原区

气候受地形影响明显，宽谷盆地最暖月平均气温 10～16℃，冬季并不太冷，日平均气温 ≥5℃ 的天数达 100～200 天。其中喜马拉雅山南北两翼降水差异悬殊，北翼高原湖盆降水量为 200～300mm。雅鲁藏布江中上游谷地，降水量由东而西递减，年降水量为 300～500mm。日照丰富，太阳辐射强，加上夜雨率较高，有利于农作物的发育。

（4）HⅠC1 高原亚寒带半干旱地区青南高原宽谷高寒草甸草原区

平均海拔 4200～4700m，是巨大冻土岛的主体部分，多年冻土连续分布，平均厚度达 80～90m，冻结—融化作用频繁，冻缘地貌普遍发育。植物生长期很短。受湿润气候影响年降水量 200～400mm，略大于羌塘高原。近十年，春季及秋季降水量均呈增多趋势。

（5）HⅠC2 高原亚寒带半干旱地区羌塘高原湖盆高寒草原区

整个地势南北高、中间低，北部海拔 4900m 左右，南部约 4500m。海拔高、四周高山重围，成为同纬度寒冷干旱的独特区域。气候寒冷，气温日变化大。年降水量为 100～300mm，自东南向西北递减。本区植物种类较少，为以放牧绵羊为主的牧区。北部人类活动少。

（6）HⅠB1 高原亚寒带半湿润地区果洛那曲高原山地高寒灌丛草甸区

西部海拔多为 4000～4600m，东部较低，海拔 3500m 左右（趋势图中显示东部 BOS 提前天数较多）。受松潘低压控制，气候比较冷湿，最暖月平均气温 6～10℃，年降水量400～700mm。

5.3.3.2 不同生态地理单元青藏高原植被物候特征对比分析

基于青藏高原生态系统 6 个各具特色的自然生态系统分区，对青藏高原近 30 年不同生态系统分区内的青藏高原植被物候变化进行分析（图 5.10），结果表明：生态地理分区不同，其植被的 SOS 及 EOS 也表现出各不相同的特征。1983—2002 年，青藏高原各生态地理分区内的植被 SOS 多年均值最早与早晚相差 12 天，2003—2012 年，各生态地理分区内的植被 SOS 多年均值，最大相差为 15 天。在同处于半干旱区的 4 个青藏高原生态地理分区内（HⅡC1、HⅡC2、HⅠC1、HⅠC2），位于青藏高原东部地区的高原温带半干旱地区青东祁连高山盆地针叶林、草原区（HⅡC1）SOS 开始最早。而与半干旱地区相比，高原温带湿润半湿润地区川西藏东高山深谷针叶林区（HⅡA/B1）及高原亚寒带半湿润地区果洛那曲高原山地高寒灌丛草甸区（HⅠB1）植被 SOS 均相对较早。分析 3 个亚寒带地区（HⅠC1、HⅠC2、HⅠB1），HⅠB1 春冬季节温度最高，降水最多，海拔最低，成为 SOS 开始最早的区域。HⅠC1 与 HⅠC2 相比，HⅠC1 春季降水多，SOS 开始早。

同样，分析各生态地理分区内的青藏高原植被 EOS 多年均值变化特点表明：近 30 年，青藏高原不同生态地理分区内植被 EOS 多年均值表现出较大的差异。与其他几个生态地理区域相比，位于青藏高原中东部地区的高原亚寒带半干旱地区青南高原宽谷高寒草甸草原区（HⅠC1）近 30 年内植被 EOS 结束相对较早。1983—2002 年，各生态区内 EOS 结束最早与最晚时间相差 12 天。而在 2003—2012 年，各生态区内的 EOS 结束最早时间及最晚时间相差同样为 12 天。与 SOS 多年均值相比，各生态地理区域间波动相对较小。

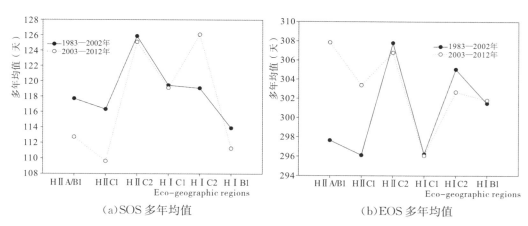

（a）SOS 多年均值　　　　　　　　　（b）EOS 多年均值

图 5.10　青藏高原各生态地理区域内的植被 SOS、EOS 多年均值特点

　　对近 30 年青藏高原主要生态地理区域内的植被生长季（SOS 及 EOS）变化趋势特点进行研究，结果表明：受不同生态地理区域内多样的生态地理环境的影响，青藏高原植被 SOS 及 EOS 的变化趋势呈现不同的特点。各生态地理区域内，青藏高原近 30 年 SOS 变化特点表明（图 5.11）：1983—2002 年，青藏高原 6 个主要生态地理区内，除 HⅡC1 区内 SOS 出现微弱提前外（速率为 0.0038d/a），其他几个生态地理区植被 SOS 均呈现不同程度的推后趋势。位于高原亚寒带半干旱地区的两个生态地理区域内 SOS 推迟趋势最为明显，其中 HⅠC1 高原亚寒带半干旱地区青南高原宽谷高寒草甸草原区的推迟速率为 0.6495d/a，其次为 HⅠC2 高原亚寒带半干旱羌塘高原湖盆高寒草原区 SOS 推迟速率为 0.3233d/a。2003—2012 年，各生态地理区域内的植被 SOS 变化趋势与 1983—2002 年的变化特点相比出现较大的不同，且近 10 年 SOS 提前及推后的趋势明显增大。其中，近 10 年 HⅡC1、HⅠC1、HⅠB1 内 SOS 提前趋势较为明显，提前速率基本一致，约为 6d/a。

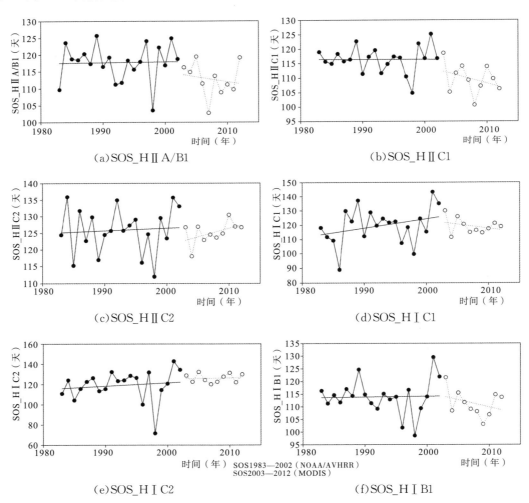

(a) SOS_HⅡA/B1

(b) SOS_HⅡC1

(c) SOS_HⅡC2

(d) SOS_HⅠC1

SOS1983—2002（NOAA/AVHRR）
SOS2003—2012（MODIS）

(e) SOS_HⅠC2

(f) SOS_HⅠB1

SOS_HⅡA/B1(1983—2002)：$y=0.0214x+75.1448$　$R^2=0.0005$　$P=0.9234$

SOS_HⅡC1(1983—2002)：$y=-0.0038x+123.8108$　$R^2=0.0001$　$P=0.9836$

SOS_HⅡA/B1(2003—2012)：$y=-0.2886x+692.0080$　$R^2=0.0298$　$P=0.6333$

SOS_HⅡC1(2003—2012)：$y=-0.5824x+1278.8499$　$R^2=0.1180$　$P=0.3312$

SOS_HⅡC2(1983—2002)：$y=0.0756x-24.7234$　$R^2=0.0042$　$P=0.7868$

SOS_HⅠC1(1983—2002)：$y=0.6495x-174.7597$　$R^2=0.0907$　$P=0.1970$

SOS_HⅡC2(2003—2012)：$y=0.5138x-906.3946$　$R^2=0.2217$　$P=0.1695$

SOS_HⅠC1(2003—2012)：$y=-0.55568x+1236.9501$　$R^2=0.0913$　$P=0.3961$

SOS_HⅠC2(1983—2002)：$y=0.3233x-525.0440$　$R^2=0.0158$　$P=0.5975$

SOS_HⅠB1(1983—2002)：$y=0.0293x+55.5043$　$R^2=0.0006$　$P=0.9159$

SOS_HⅠC2(2003—2012)：$y=0.0863x-47.0796$　$R^2=0.0036$　$P=0.8686$

SOS_HⅠB1(2003—2012)：$y=-0.5849x+1285.4505$　$R^2=0.1117$　$P=0.3453$

图 5.11　1983—2012 年各生态地理分区青藏高原植被物候 SOS 变化特点

如图 5.12 所示，6 个生态区青藏高原植被 EOS 变化特点表明：1983—2002 年，除 HⅡC1 EOS 出现微弱推迟外（推迟速率为 0.012d/a），其他几个生态地理区植被 EOS 均呈现不同程度的提前趋势。位于高原亚寒带半干旱地区的两个生态地理区域内的 EOS 提前趋势最为明显，其中，HⅠC1 高原亚寒带半干旱地区青南高原宽谷高寒草甸草原区的提前速率为 0.727d/a，其次为 HⅠC2 高原亚寒带半干旱羌塘高原湖盆高寒草原区，EOS 提前速率为 0.8205d/a。而在 2003—2012 年，HⅡA/B1、HⅡC2、HⅠC2 区域内 EOS 呈现推迟趋势，而在 HⅡC1、HⅠC1、HⅠB1 内 EOS 则呈现提前趋势，其中，HⅠC1 内的提前趋势最为明显（速率为 0.9444d/a），HⅠC2 内的推迟趋势最为明显（推迟速率为 0.6044d/a）。

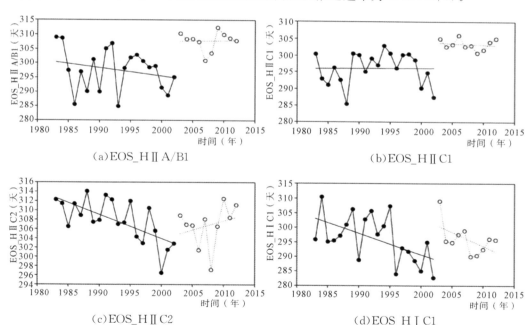

（a）EOS_HⅡA/B1　　　　　（b）EOS_HⅡC1

（c）EOS_HⅡC2　　　　　（d）EOS_HⅠC1

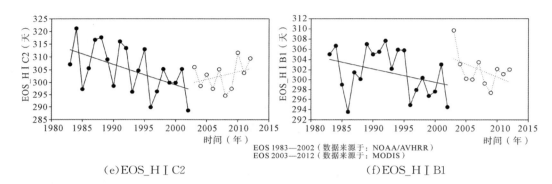

(e) EOS_HⅠC2   (f) EOS_HⅡB1

EOS 1983—2002（数据来源于：NOAA/AVHRR）
EOS 2003—2012（数据来源于：MODIS）

EOS_HⅡA/B1(1983—2002)：$y=0.2820x+859.4850$　$R^2=0.0523$　$P=0.3323$　　　EOS_HⅡC1(1983—2002)：$y=0.0120x+272.2378$　$R^2=0.0002$　$P=0.9514$

EOS_HⅡA/B1(2003—2012)：$y=0.0325x+242.6994$　$R^2=0.0009$　$P=0.9352$　　　EOS_HⅡC1(2003—2012)：$y=-0.0791x+462.1209$　$R^2=0.0226$　$P=0.6785$

EOS_HⅠC2(1983—2002)：$y=-0.5119x+1327.7051$　$R^2=0.4386$　$P=0.0015$　　EOS_HⅠC1(1983—2002)：$y=-0.7270x+174.7972$　$R^2=0.2904$　$P=0.0142$

EOS_HⅠC2(2003—2012)：$y=0.3917x-479.5437$　$R^2=0.0693$　$P=0.4624$　　　EOS_HⅠC1(2003—2012)：$y=-0.9444x+2191.8833$　$R^2=0.2831$　$P=0.1134$

EOS_HⅡC2(1983—2002)：$y=-0.8205x+1939.9840$　$R^2=0.2713$　$P=0.0185$　　EOS_HⅠB1(1983—2002)：$y=-0.2706x+840.7186$　$R^2=0.1231$　$P=0.1294$

EOS_HⅡC2(2003—2012)：$y=0.6044x-910.5716$　$R^2=0.1048$　$P=0.3615$　　　EOS_HⅠB1(2003—2012)：$y=-0.5213x+1348.2216$　$R^2=0.2227$　$P=0.1685$

图 5.12　1983—2012 年各生态地理分区青藏高原植被物候 EOS 变化特点

综上所述，1983—2002 年，青藏高原主要生态地理区域内植被 SOS 呈现不同程度的推迟趋势，EOS 呈现不同程度的提前趋势，而位于亚寒带半干旱区内的两个生态地理区域 HⅠC1 青南高原宽谷高寒草甸草原区、HⅠC2 羌塘高原湖盆高寒草原区中 SOS 推迟趋势、EOS 的提前趋势都十分明显。2003—2012 年，在青藏高原生态地理区域 HⅡC1、HⅠC1、HⅠB1 内，植被 SOS 及 EOS 均呈现较明显的提前趋势。在 HⅡC2 及 HⅠC2 内，植被 SOS 及 EOS 均呈现不同程度的推迟趋势。青藏高原各生态地理区域内的植被 SOS 与 EOS 多年均值及多年变化趋势的不同特点与各生态地理区域内的温度、降水、海拔等各种地理环境的复杂性密不可分。

5.3.4　不同海拔梯度青藏高原植被物候变化特征

在山地植被物候研究中，山地地形为影响植被 SOS、EOS 的重要因素之一。青藏高原是由一系列高大山脉及其间的高原宽谷盆地组成的巨大山原，在边缘地区形成高差显著、各具特色的垂直自然带，与毗邻的水平地带有密切的联系；而在高原内部也矗立着许多高差达千米的高山，发育着不同的垂直自然带，其基带或优势垂直带在高原面上连接、展布，反映出自然地域的水平分异，反过来又制约着其上垂直自然带的特点。这样，青藏高原中天然地域的水平分异和自然带的垂直变化犬牙交错、互相结合，是三维地带性原则在广袤高原上的发展，显示出高原自然地域分异的独特性。在本书中，对不同高程分带中的高寒草地植被物候变化特点进行了分析，对于探讨地表起伏形态特征对植被物候的影响具有重要的意义。

如图 5.13 所示，青藏高原分布面积最广的 4 种典型植被类型（高寒草甸和苔原、高寒草原、高山稀疏植被、灌丛）在各 DEM 区间内的面积分布表明：青藏高原典型植被主要分布在

3500～5500m 海拔范围内。因此,主要针对 3500～5500m 海拔区间内的青藏高原典型植被,每 100m 划分海拔等级,研究不同海拔区间内的植被 SOS 及 EOS 的多年均值及变化趋势特点。

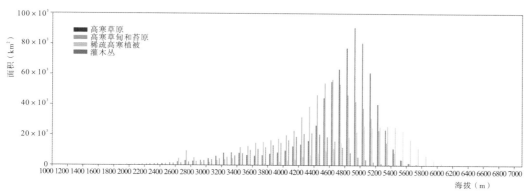

图 5.13　青藏高原不同海拔梯度内的典型植被面积

如图 5.14 所示,青藏高原海拔高度对青藏高原典型植被 SOS 及 EOS 多年均值的研究结果表明:在 3500～4800m,青藏高原植被 SOS 多年均值随海拔高度的升高表现出越来越晚的特点,海拔 4800m 以上的区域,植被 SOS 多年均值不再随海拔高度的升高而表现出越来越晚的特点,且海拔 5000～5500m 的区域,随海拔高度的升高,青藏高原植被 SOS 多年均值波动越来越小。对于青藏高原植被 EOS 多年均值,1983—2002 年植被 EOS 多年均值呈现随海拔升高而越来越晚的趋势,且海拔 4600m 以上推迟趋势越来越小。2003—2012 年,青藏高原植被 EOS 多年均值在 4000m 以下的区域随海拔升高,EOS 结束越来越早;4400～4700m 的区域,随海拔升高,植被 EOS 结束越来越晚;大于 4700m 的区域,海拔越高植被 EOS 结束越早。

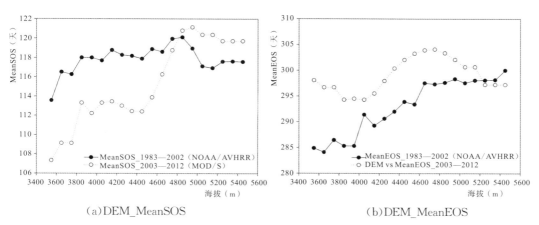

（a）DEM_MeanSOS　　　　　　　　　　　（b）DEM_MeanEOS

图 5.14　不同海拔区间下植被 SOS、EOS 多年均值变化（1983—2012）

如图 5.15 所示,青藏高原不同海拔梯度下植被 SOS 及 EOS 多年变化趋势的研究结果表明:1983—2002 年,植被 SOS 在 4400m 以下区域各海拔区间内均呈现提前的趋势,4400m 以上区域各海拔高度区间内 SOS 呈现推迟趋势;而 2003—2012 年,以海拔 4800m 为界线,较低海拔区域内,各海拔区间内植被 SOS 呈现提前趋势,且提前趋势比 1983—2002 年更加明显,较高海拔区域内,SOS 逐渐呈现推后的趋势,但与 1983—2002 年相比推后速度较慢。而对于青藏高原植被 EOS,1983—2002 年,海拔 3500～5500m 的研究区间内,各海拔区间内 EOS 均呈现提前趋势,且提前速率随海拔增高,有越来越大的趋势。而在 2003—2012 年,海拔 4400m 以下的各海拔区间内,青藏高原植被 EOS 呈现推迟趋势,而在海拔 4400m 以上青藏高原植被 EOS 呈现提前趋势,达到 5000m 以上,各海拔区间内 EOS 又呈现出推迟趋势。

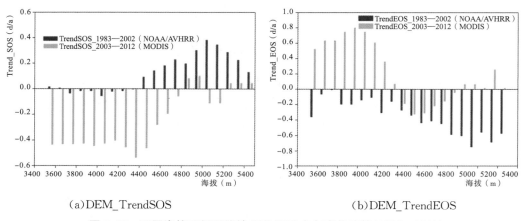

(a)DEM_TrendSOS   (b)DEM_TrendEOS

图 5.15   不同海拔区间下植被 SOS、EOS 多年变化趋势(1983—2012)

总之,青藏高原植被 SOS、EOS 多年均值以及变化趋势在各海拔区间下表现出的差异,这些与温度、降水、空气湿度、光照、土壤条件等气象因素及地理环境因素的垂直梯度变化有一定的关系,值得深入研究。

5.4   青藏高原植被物候变化的影响因子分析

5.4.1   青藏高原温度降水变化特征

气象数据来源于中国气象科学数据共享服务网,考虑到青藏高原地形复杂、气象站点稀少的特点,为提高气象数据的合理性及准确性,首先,在气象站点数据采集过程中对错测、缺测数据进行了剔除或添补处理;其次,利用反向距离加权平均的方法插值,并根据 DEM 数据对于气象数据中与温度有关的要素对插值后的数据进行了校对;最后,得出基于每个像元的青藏高原地区温度、降水数据。

如图 5.16 所示,分析青藏高原近 30 年温度变化趋势的空间分布,结果表明:青藏高原地区除极小部分地区之外,春、夏、秋、冬四季温度均呈升高趋势。其中春季温度升高速率大于 0.06℃/a 的区域占青藏高原总面积的 26.59%,夏季为 15.11%,秋季为 12.21%,而冬季达到 53.99%,表现出全球气候变暖影响下,青藏高原冬季升温尤为明显的特点。从空间分布特点来看,近 30 年青藏高原春季温度、夏季温度的变化特点与纬度分布有一定关系(图 5.16(a),图 5.16(b)),由南向北,青藏高原春、夏季温度升高的趋势越来越明显,北部的柴达木盆地温度升温最快(0.06℃/a)。另外,在青藏高原西北部昆仑高山、高原地区,青藏高原春季温度升高的趋势非常显著。而青藏高原的秋、冬季温度变化的空间分布特征则相对复杂(图 5.16(c),图 5.16(d))。其中,青藏高原东部及东南部地区秋、冬季升温速度较为缓慢。

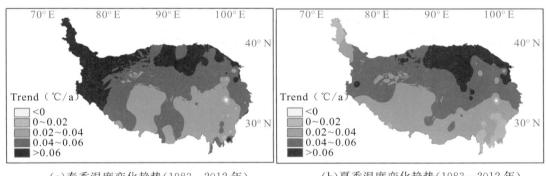

(a)春季温度变化趋势(1983—2012 年)　　　(b)夏季温度变化趋势(1983—2012 年)

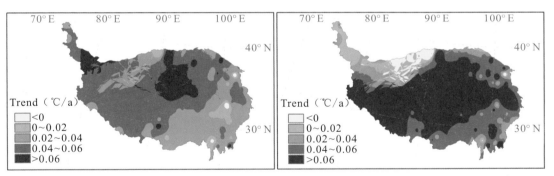

(c)秋季温度变化趋势(1983—2012 年)　　　(d)冬季温度变化趋势(1983—2012 年)

图 5.16　春、夏、秋、冬四季温度 30 年变化趋势图

如图 5.17 所示,分析青藏高原近 30 年降水变化的空间分布特征:春、夏、秋、冬降水呈减少趋势的面积分别占青藏高原总面积的 41.01%、55.52%、60.66%、66.23%,但冬季降水变化速率明显较其他三个季节的降水变化速率平缓,这可能与青藏高原本身冬季降水量少也有一定关系。青藏高原东南部地区的云南高原及川西藏东高山深谷等地,春、夏、秋、冬四季降水均呈现减少的趋势。另外,秋、冬季降水的变化特点与纬度变化有一定关系,由南部的降水减少趋势向北逐渐过渡为降水呈增多的趋势。

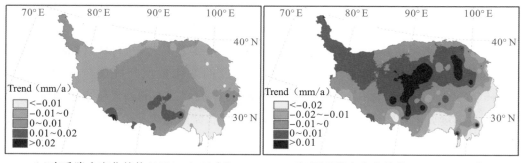

（a）春季降水变化趋势（1983—2012 年）　　　　（b）夏季降水变化趋势（1983—2012 年）

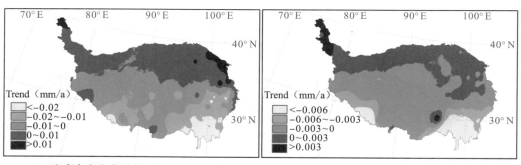

（c）秋季降水变化趋势（1983—2012 年）　　　　（d）冬季降水变化趋势（1983—2012 年）

图 5.17　春、夏、秋、冬四季降水三十年变化趋势图

5.4.2　青藏高原植被 SOS 与温度降水的关系

如图 5.18 所示，对青藏高原典型植被 SOS 及其与春季温度（T_{spring}）、春季降水（P_{spring}）、冬季温度（T_{winter}）、冬季降水（P_{winter}）的分析结果表明：1983—2002 年，青藏高原植被 69.13% 的区域 SOS 与春季温度存在负相关的关系，其中 13.37% 的区域 SOS 与春季温度具有显著负相关性（$P<0.005$），与春季降水具有显著相关性的区域主要集中分布在 HⅡC1 高原温带半干旱地区青东祁连高山盆地针叶林区。分析青藏高原植被 SOS 与春季降水的关系，44.85% 的植被区域 SOS 与春季降水存在负相关的关系，其中 4.53% 的区域 SOS 与春季降水存在显著负相关性。而青藏高原典型植被 72.18% 的区域与冬季温度呈正相关（即冬季温度越高，SOS 开始越晚），其中 10.25% 的区域 SOS 与冬季温度存在显著正相关性（$P<0.005$）。青藏高原典型植被 63.92% 的区域 SOS 与冬季降水存在负相关的关系，其中 8.07% 的区域 SOS 与冬季降水存在显著负相关性（$P<0.005$）。

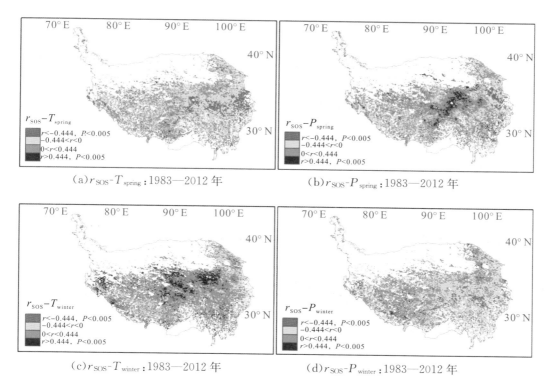

(a)r_{SOS}-T_{spring}:1983—2012 年　　　　　(b)r_{SOS}-P_{spring}:1983—2012 年

(c)r_{SOS}-T_{winter}:1983—2012 年　　　　　(d)r_{SOS}-P_{winter}:1983—2012 年

图 5.18　青藏高原植被 SOS 与春、冬季温度降水相关性分析(1983—2002 年)

如图 5.19 所示,而 2003—2012 年,青藏高原植被 62.58% 的区域 SOS 与春季温度存在负相关,其中 9.26% 的区域 SOS 与春季温度具有显著负相关性($P<0.005$)。分析青藏高原植被 SOS 与春季降水的关系,51.44% 的植被区域 SOS 与降水存在负相关的关系,其中 4.80% 的区域 SOS 与春季降水存在显著负相关性。而青藏高原典型植被 44.66% 的区域与冬季温度呈正相关,其中 2.05% 的区域 SOS 与冬季温度存在显著正相关性($P<0.005$)。青藏高原典型植被 51.95% 的区域 SOS 与冬季降水存在负相关关系,其中 4.60% 的区域 SOS 与冬季降水存在显著负相关性($P<0.005$)。

综合上述分析,青藏高原春季温度变化是影响植被 SOS 变化的主要因素。近 30 年青藏高原春季温度的升高造成其近 70% 的典型植被 SOS 出现提前趋势,且青藏高原植被 SOS 受春季温度影响的区域比受春季降水影响的区域面积更大。SOS 变化与春季温度具有显著负相关的区域主要集中在 HⅠB1 高原亚寒带半湿润地区果洛那曲高原山地高寒灌丛草甸区。而近 10 年冬季温度与 SOS 呈显著正相关的区域、冬季降水与 SOS 呈显著负相关的区域面积比例与 1983—2002 年相比有不同程度的减少。

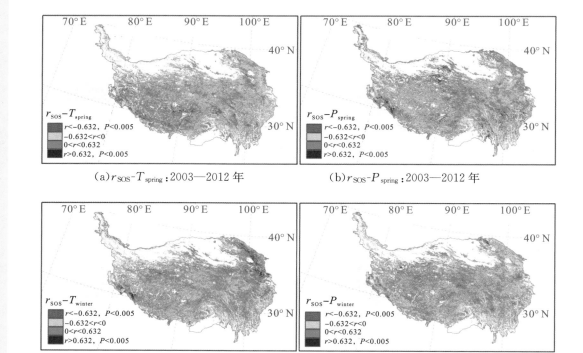

（a）r_{SOS}-T_{spring}：2003—2012 年　　　　（b）r_{SOS}-P_{spring}：2003—2012 年

（c）r_{SOS}-T_{winter}：2003—2012 年　　　　（d）r_{SOS}-P_{winter}：2003—2012 年

图 5.19　青藏高原植被 SOS 与春、冬季温度降水相关性分析（2003—2012 年）

5.4.3　青藏高原植被 EOS 与温度降水的关系

　　如图 5.20 所示，对青藏高原典型植被 EOS 及其与秋季温度（T_{autumn}）、秋季降水（P_{autumn}）、夏季温度（T_{summer}）、夏季降水（P_{summer}）的分析结果表明：1983—2002 年，青藏高原植被 63.88% 的区域 EOS 与秋季温度存在正相关的关系，其中 4.17% 的区域 EOS 与秋季温度具有显著正相关性（$P<0.005$），主要分布在青藏高原果洛那曲丘状高原等地。分析青藏高原植被 EOS 与秋季降水的关系，69.38% 的植被区域 EOS 与秋季降水存在负相关的关系，其中 10.74% 的区域 EOS 与秋季降水存在显著负相关性，主要分布在青藏高原西部高寒草原区。而青藏高原典型植被 65.28% 的区域与夏季温度呈负相关关系，其中 6.01% 的区域 EOS 与夏季温度存在显著负相关性（$P<0.005$）。青藏高原典型植被 62.11% 的区域 EOS 与夏季降水存在正相关的关系，其中 6.55% 的区域 EOS 与夏季降水正相关性显著（$P<0.005$）。

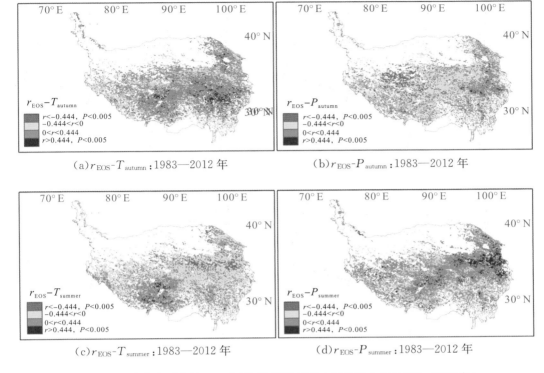

（a）r_{EOS}-T_{autumn}：1983—2012 年　　　　（b）r_{EOS}-P_{autumn}：1983—2012 年

（c）r_{EOS}-T_{summer}：1983—2012 年　　　　（d）r_{EOS}-P_{summer}：1983—2012 年

图 5.20　青藏高原植被 EOS 与夏、秋季温度降水相关性分析（1983—2002 年）

如图 5.21 所示，而 2003—2012 年，青藏高原植被 65.99％的区域 EOS 与秋季温度存在正相关的关系，其中 4.72％的区域 EOS 与秋季温度具有显著正相关性（$P<0.005$）。分析青藏高原植被 EOS 与秋季降水的关系，51.47％的植被区域 EOS 与秋季降水存在负相关的关系，其中 3.88％的区域 EOS 与秋季降水存在显著负相关性（$P<0.005$）。而青藏高原典型植被 48.72％的区域与夏季温度呈负相关的关系，其中 2.27％的区域 EOS 与夏季温度存在显著负相关性（$P<0.005$）。青藏高原典型植被 54.07％的区域 EOS 与夏季降水存在正相关的关系，其中 2.88％的区域 EOS 与夏季降水正相关性显著（$P<0.005$）。

综合上述分析，青藏高原秋季温度变化是造成植被 EOS 变化的主要因素。近 30 年来青藏高原秋季温度的升高造成其超 60％的典型植被 EOS 呈现推迟趋势。EOS 变化与秋季温度具有显著正相关的区域主要集中在 Ｈ Ⅰ B1 高原亚寒带半湿润地区果洛那曲高原山地高寒灌丛草甸区。而近 10 年夏季温度与 EOS 呈显著负相关的区域、夏季降水与 EOS 呈显著正相关区域及秋季降水与 EOS 呈显著负相关的区域面积比例与 1983—2002 年相比有不同程度的减少。

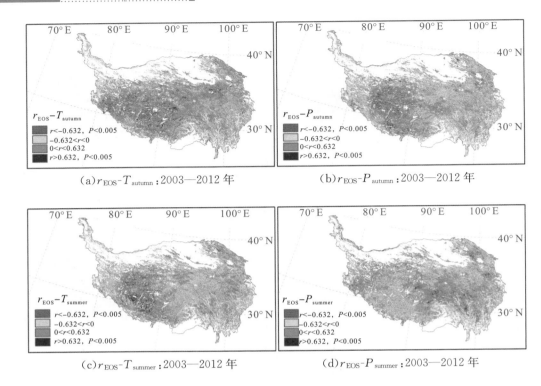

图 5.21　青藏高原植被 EOS 与夏、秋季温度降水相关性分析（2003—2012 年）

5.4.4　青藏高原高寒草甸对气候变化的响应关系

从对青藏高原典型植被物候与温度降水关系的空间分布来看，青藏高原典型植被 SOS 与春、冬季的各气象因子尤其是春季温度的变化具有较强的相关性，而典型植被 EOS 与夏、秋季的各气象因子尤其是秋季温度的变化具有较明显的关系。因此，选择青藏高原分布最广、对气候变化最为敏感的高寒草甸（包括高寒草原、高寒草甸和苔原等）为研究对象，对植物物候及对温度、降水变化响应关系进行更为深入的研究。

综合分析 1983—2012 年青藏高原地区高寒草原、高寒草甸和苔原体的植被 SOS 与相应地区春季（3 月、4 月、5 月）温度、春季降水、冬季温度、冬季降水，植被 EOS 对秋季（9 月、10 月、11 月）温度、秋季降水、夏季温度、夏季降水数据的关系。分析结果表明：青藏高原高寒草甸区地区植被物候 SOS 变化对春季温度变化关系响应显著（$r=-0.404$，$P<0.005$），而对春季降水及冬季温度降水变化的响应并不明显；而青藏高原高寒草甸区植被 EOS 变化对秋季降水的变化响应显著（$r=-0.544$，$P<0.001$），对秋季温度、夏季温度及降水变化的响应都不明显。

如图 5.22 所示，具体分析青藏高原高寒草甸植被 SOS 对春季温度变化的响应关系表明，植被 SOS 在短期内也会随着气候变化发生转折。从整体来看，青藏高原高寒草甸区春季温度在 1985 年、1996 年、1999 年、2004 年、2007 年等出现峰值，相应地，在这些春季温度峰值年份前后,青藏高原高寒草甸区 SOS 出现谷值,即 SOS 出现偏早的特点;相反地,青藏高原高寒草甸区,春季温度在 1990 年、1993 年、1997 年、2001 年、2006 年等出现谷值,在这些春季温度谷值年份或前后,青藏高原高寒草甸区植被 SOS 出现锋值,或出现比前一年 SOS 明显提前的趋势特点。而分析青藏高原高寒草原植被 EOS 对秋季降水的响应(图 5.23)关系表明:青藏高原高寒草地秋季降水在 1985 年、1990 年、1993 年、2002 年、2008 年等出现峰值,而在这些秋季降水较多的年份或这些年前后,EOS 出现谷值或呈现提前趋势,即 EOS 结束时间偏早;相反地,青藏高原高寒草原区,秋季降水在 1984 年、1991 年、2004 年、2012 年等出现谷值,而在这些秋季降水较少的年份或这些年前后,EOS 出现峰值或呈现推后的趋势。

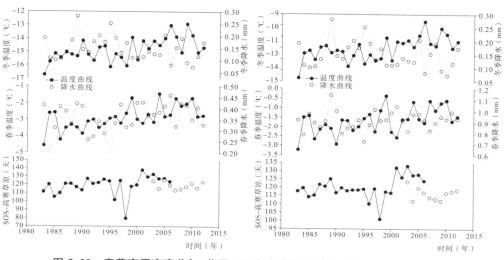

图 5.22　青藏高原高寒草甸、草原 SOS 与气象因子的相关性(1983—2012 年)

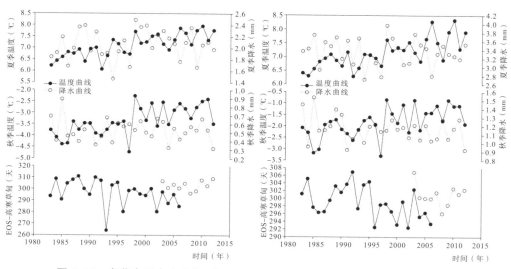

图 5.23　青藏高原高寒草甸、草原 EOS 与气象因子的相关性(1983—2012 年)

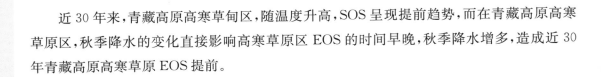

近 30 年来,青藏高原高寒草甸区,随温度升高,SOS 呈现提前趋势,而在青藏高原高寒草原区,秋季降水的变化直接影响高寒草原区 EOS 的时间早晚,秋季降水增多,造成近 30 年青藏高原高寒草原 EOS 提前。

5.5 小结

对青藏高原近 30 年的植被物候特征及其对气候变化的响应进行了深入分析,研究结果表明:

1)根据对比分析不同遥感物候提取算法对青藏高原地区典型植被物候的提取结果,并利用日均气温模型对提取结果的验证表明,最大变化斜率法存在一定缺陷,动态阈值法与 logistic 曲线拟合法的提取结果虽然在具体天数上有一定的区别,但在研究植被长时间物候变化趋势上却保持了很高的一致性。在本书的分析对比中,动态阈值法比其他两种方法表现出了更多的优越性,因此作为青藏高原植被物候的首选提取模型。

2)对青藏高原典型植被物候期动态阈值法的提取结果进行分析发现,2003—2012 年,青藏高原高寒草地总体呈现 SOS 提前的趋势,而 EOS 的变化规律较为复杂,SOS 的提前主要归因于春季温度的升高,与降水变化无明显相关性。另外,植被物候 SOS 在短期内也会随着气候变化发生转折,植被 SOS、EOS 对温度及降水的响应规律较为复杂,仍需进一步研究。研究还表明,青藏高原地区高寒植被近 10 年平均物候期及物候期变化趋势呈现从东南向西北逐渐变化的空间分布规律。这可能与青藏高原海拔高度以及气候区划具有一定关系。因此,我们将针对青藏高原地理环境及其影响因子对青藏高原典型植被物候期展开进一步研究。

3)近 30 年,青藏高原植被 SOS 多年均值与植被的类型及青藏高原由东南向西北的水热梯度变化具有很大的关系,植被 SOS 的变化趋势空间分布较为复杂。植被 SOS 开始早,且呈现提前趋势的区域主要集中在青藏高原东部高寒草甸区。与 1983—2002 年相比,近 10 年青藏高原植被 SOS 明显提前的面积呈减小趋势。

青藏高原植被 EOS 多年均值整体呈现从东南向西北随水热梯度变化的趋势,即由东南向西北生长季结束期越来越早。但局部植被 EOS 特征比较复杂,变化较大。青藏高原东南部喜马拉雅山南翼及云南高原地区植被 EOS 结束最早。西部、西南部边缘阿里山地区,受气候及地形影响,植被 EOS 结束最晚。1983—2002 年,青藏高原大部分地区,植被 EOS 呈现提前趋势,植被 EOS 推迟的区域主要集中在青藏高原南部中亚热带湿润地区及青藏高原东部部分高寒草甸区。而在 2003—2012 年,EOS 提前的比例面积明显下降,EOS 提前区域主要集中在青藏高原中部高寒草甸及高寒草原分布的交接地带。

4)对不同类型青藏高原植被物候变化的研究表明,青藏高原不同植被类型表现出不同的物候变化特征。受各生态地理区域内的温度、降水、海拔等各种地理环境的复杂性及独特性影响,青藏高原各生态地理区域内植被的 SOS 与 EOS 多年均值及多年变化趋势均表现出不同特点。另外,青藏高原植被 SOS、EOS 多年均值以及变化趋势在各海拔区间也表现出差异。

5)对青藏高原温度及降水变化的研究表明:青藏高原地区整体呈现春、夏、秋、冬四季温度升高的趋势,而降水变化的时空特征相对比较复杂。对青藏高原上包括高寒草原、高寒草甸和苔原、高山稀疏植被以及灌丛在内的 4 种典型植被物候信息及其对温度降水的响应关系进行了分析,结果表明:青藏高原典型植被 SOS 与春、冬季的各气象因子尤其是春季温度的变化具有较强的相关性,而典型植被 EOS 与夏、秋季的各气象因子尤其是秋季温度的变化具有较明显的关系。

参考文献

[1] 竺可桢,宛敏渭. 物候学[M]. 北京:科学出版社,1973.

[2] 张福春. 物候[M]. 北京:气象出版社,1985.

[3] 温刚,符淙斌. 中国东部季风区植被物候季节变化对气候响应的大尺度特征:多年平均结果[J]. 大气科学,2000,5:676-682.

[4] 张峰,吴炳方,刘成林,等. 利用时序植被指数监测作物物候的方法研究[J]. 农业工程学报,2004,20(1):155-159.

[5] 李荣平,周广胜,张慧玲. 植物物候研究进展[J]. 应用生态学报,2006,17(3):541-544.

[6] 陈效逑,王林海. 遥感物候学研究进展[J]. 地理科学进展,2009,28(1):33-40.

[7] 温刚,符淙斌. 中国东部季风区植被物候季节变化对气候响应的大尺度特征:年际比较[J]. 气候与环境研究,2001,6(1):1-11.

[8] 徐雨晴,陆佩玲,于强. 气候变化对植物物候影响的研究进展[J]. 资源科学,2004,26(1):129-136.

[9] 葛全胜,戴君虎,郑景云. 物候学研究进展及中国现代物候学面临的挑战[J]. 中国科学院院刊,2010,25(3):310-316.

[10] 毛留喜,孙艳玲,延晓冬. 陆地生态系统碳循环模型研究概述[J]. 应用生态学报,2006,17(11):2189-2195.

[11] 孙鸿烈. 青藏高原科学考察研究的回顾与展望[J]. 资源科学,2000,22(3):6-8.

[12] 郑度. 青藏高原形成环境与发展[M]. 石家庄:河北科学技术出版社,2003.

［13］ 钟大赉,丁林. 青藏高原的隆起过程及其机制探讨［J］. 中国科学 D 辑,1996.

［14］ 范广洲,程国栋. 影响青藏高原植被生理过程与大气 CO_2 浓度及气候变化的相互作用［J］. 大气科学,2002,4:79-88.

［15］ 姚檀栋,朱立平. 青藏高原环境变化对全球变化的响应及其适应对策［J］. 地球科学进展,2006,21(5):459-464.

［16］ 杨元合,朴世龙. 青藏高原草地植被覆盖变化及其与气候因子的关系［J］. 植物生态学报,2006,30(1):1-8.

［17］ Menzel A. Trends in phenological phases in Europe between 1951 and 1996［J］. International Journal of Biometeorology,2000,44(2):76-81.

［18］ 郑景云,葛全胜. 气候增暖对我国近 40 年植物物候变化的影响［J］. 科学通报,2002,47(20):1582-1587.

［19］ Cleland E E,Chuine I,Menzel A,et al. Shifting plant phenology in response to global change［J］. Trends in ecology & evolution,2007,22(7):357-365.

［20］ Reed B C,Schwartz M D,Xiao X. Remote sensing phenology［M］// Phenology of ecosystemprocesses. New York:Springer,2009:231-246.

［21］ Jones M O,Jones L A,Kimball J S,et al. Satellite passive microwave remote sensing for monitoring global land surface phenology［J］. Remote Sensing of Environment,2011,115(4):1102-1114.

［22］ Hufkens K,Friedl M,Sonnentag O,et al. Linking near-surface and satellite remote sensing measurements of deciduous broadleaf forest phenology［J］. Remote Sensing of Environment,2012,117:307-321.

［23］ Jeong S J,Ho C H,Gim H J,et al. Phenology shifts at start vs end of growing season in temperate vegetation over the Northern Hemisphere for the period 1982—2008［J］. Global Change Biology,2011,17(7):2385-2399.

［24］ Julien Y,Sobrino J. Global land surface phenology trends from GIMMS database［J］. International Journal of Remote Sensing,2009,30(13):3495-3513.

［25］ Fisher J I,Mustard J F,Vadeboncoeur M A. Green leaf phenology at Landsat resolution:Scaling from the field to the satellite［J］. Remote Sensing of Environment,2006,100(2):265-279.

［26］ Heumann B W,Seaquist J,Eklundh L,et al. AVHRR derived phenological change in the Sahel and Soudan,Africa,1982—2005［J］. Remote Sensing of Environment,2007,108(4):385-392.

［27］ Maignan F，Bron F-M，Bacour C，et al. Interannual vegetation phenology estimates from global AVHRR measurements：Comparison with in situ data and applications［J］. Remote Sensing of Environment，2008，112（2）：496-505.

［28］ Chen X，Hu B，Yu R. Spatial and temporal variation of phenological growing season and climate change impacts in temperate eastern China［J］. Global Change Biology，2005，11（7）：1118-1130.

［29］ Lloyd D. A phenological classification of terrestrial vegetation cover using shortwave vegetation index imagery［J］. Remote Sensing，1990，11（12）：2269-2279.

［30］ Myneni R B，Keeling C，Tucker C，et al. Increased plant growth in the northern high latitudes from 1981 to 1991［J］. Nature，1997，386（6626）：698-702.

［31］ Zhou L，Tucker C J，Kaufmann R K，et al. Variations in northern vegetation activity inferred from satellite data of vegetation index during 1981 to 1999［J］. Journal of Geophysical Research：Atmospheres（1984—2012），2001，106（D17）：20069-20083.

［32］ Kang S，Running S W，Lim J-H，et al. A regional phenology model for detecting onset of greenness in temperate mixed forests，Korea：an application of MODIS leaf area index［J］. Remote Sensing of Environment，2003，86（2）：232-242.

［33］ 张学霞，葛全胜，郑景云. 近 50 年北京植被对全球变暖的响应及其时效［J］. 生态学杂志，2005，24（2）：123-130.

［34］ 王宏，李晓兵，李霞，等. 基于 NOAA NDVI 和 MSAVI 研究中国北方植被生长季变化［J］. 生态学报，2007，27（2）：504-516.

［35］ 肖江涛. 基于 MODIS 植被指数的水稻物候提取与地面验证［D］. 电子科技大学，2011.

［36］ 武永峰，李茂松，宋吉青. 植物物候遥感监测研究进展［J］. 气象与环境学报，2008，24（3）：51-58.

［37］ Lloyd D. A phenological classification of terrestrial vegetation cover using shortwave vegetation index imagery［J］. Remote Sensing，1990，11（12）：2269-2279.

［38］ Myneni R B，Keeling C，Tucker C，et al. Increased plant growth in the northern high latitudes from 1981 to 1991［J］. Nature，1997，386（6626）：698-702.

［39］ Menzel A，Fabian P. Growing season extended in Europe［J］. Nature，1999，397（6721）：659-659.

［40］ Chun Qiao S，Song Cai Y，Ling Hong K，et al. Spatio-temporal variation of vegetation phenology in the Northern Tibetan Plateau as detected by MODIS remote sensing[J]. Chinese Journal of Plant Ecology,2011,35.

[41] Ding M,Zhang Y,Sun X,et al. Spatiotemporal variation in alpine grassland phenology in the Qinghai-Tibetan Plateau from 1999 to 2009[J]. Chinese Science Bulletin, 2013,58(3):396-405.

[42] Jin Z,Zhuang Q,He J S,et al. Phenology shift from 1989 to 2008 on the Tibetan Plateau:an analysis with a process-based soil physical model and remote sensing data[J]. Climatic Change,2013,119(2):435-449.

[43] Zhang G,Zhang Y,Dong J,et al. Green-up dates in the Tibetan Plateau have continuously advanced from 1982 to 2011[J]. Proceedings of the National Academy of Sciences,2013,110(11):4309-4314.

[44] Shen M. Spring phenology was not consistently related to winter warming on the Tibetan Plateau[J]. Proceedings of the National Academy of Sciences, 2011, 108 (19): E91-E92.

[45] Yu H,Luedeling E,Xu J. Winter and spring warming result in delayed spring phenology on the Tibetan Plateau[J]. Proceedings of the National Academy of Sciences, 2010,107(51):22151-22156.

[46] Yu F,Price K P,Ellis J,et al. Response of seasonal vegetation development to climatic variations in eastern central Asia[J]. Remote Sensing of Environment,2003,87 (1):42-54.

[47] Myneni R B,Hall F G,Sellers P J,et al. The interpretation of spectral vegetation indexes[J]. IEEE Transactions on Geoscience and Remote Sensing,1995,33(2):481-486.

[48] Gitelson A A,Kaufman Y J,Merzlyak M N. Use of a green channel in remote sensing of global vegetation from EOS-MODIS[J]. Remote sensing of Environment,1996, 58(3):289-298.

[49] Ceccato P,Gobron N,Flasse S,et al. Designing a spectral index to estimate vegetation water content from remote sensing data:Part 1:Theoretical approach[J]. Remote sensing of environment,2002,82(2-3):188-197.

[50] Gitelson A A. Wide dynamic range vegetation index for remote quantification of biophysical characteristics of vegetation[J]. Journal of plant physiology,2004,161(2): 165-173.

[51] Lu L,Li Q,Wang C,et al. Spatiotemporal variations of satellite-derived phenology in the Tibetan Plateau[C]. IEEE,2012:6451-6454.

［52］ Lloyd D. A phenological classification of terrestrial vegetation cover using shortwave vegetation index imagery［J］. Remote Sensing,1990,11(12):2269-2279.

［53］ Zhou L,Tucker C J,Kaufmann R K,et al. Variations in northern vegetation activity inferred from satellite data of vegetation index during 1981 to 1999［J］. Journal of Geophysical Research:Atmospheres(1984—2012),2001,106(D17):20069-20083.

［54］ Reed B C,Brown J F,Vander Zee D,et al. Measuring phenological variability from satellite imagery［J］. Journal of Vegetation Science,1994,5(5):703-714.

［55］ Schwartz M D,Reed B C,White M A. Assessing satellite-derived start-of-season measures in the conterminous USA［J］. International Journal of Climatology,2002,22(14):1793-1805.

［56］ Tucker C J,Slayback D A,Pinzon J E,et al. Higher northern latitude normalized difference vegetation index and growing season trends from 1982 to 1999［J］. International journal of biometeorology,2001,45(4):184-190.

［57］ Yu F,Price K P,Ellis J,et al. Response of seasonal vegetation development to climatic variations in eastern central Asia［J］. Remote Sensing of Environment,2003,87(1):42-54.

［58］ Chen X,Tan Z,Schwartz M D,et al. Determining the growing season of land vegetation on the basis of plant phenology and satellite data in Northern China［J］. International journal of biometeorology,2000,44(2):97-101.

［59］ 温刚. 利用 AVHRR 植被指数数据集分析中国东部季风区的物候季节特征［J］. 遥感学报,1998,2(4):270-275.

［60］ Chun Qiao S,Song Cai Y,Ling Hong K,et al. Spatio-temporal variation of vegetation phenology in the Northern Tibetan Plateau as detected by MODIS remote sensing［J］. Chinese Journal of Plant Ecology,2011:35.

［61］ Ding M,Zhang Y,Sun X,et al. Spatiotemporal variation in alpine grassland phenology in the Qinghai-Tibetan Plateau from 1999 to 2009［J］. Chinese Science Bulletin,2013,58(3):396-405.

［62］ Jin Z,Zhuang Q,He J S,et al. Phenology shift from 1989 to 2008 on the Tibetan Plateau:an analysis with a process-based soil physical model and remote sensing data［J］. Climatic Change,2013,119(2):435-449.

［63］ Zhang X,Friedl M A,Schaaf C B,et al. Monitoring vegetation phenology using MODIS［J］. Remote Sensing of Environment,2003,84(3):471-475.

［64］Rohr T, Manzoni S, Feng X, et al. Effects of shifting seasonal rainfall patterns on net primary productivity and carbon storage in tropical seasonally dry ecosystems; proceedings of the AGU Fall Meeting Abstracts, F, 2013［C］.

［65］Pachavo G, Murwira A. Remote sensing net primary productivity（NPP）estimation with the aid of GIS modelled shortwave radiation（SWR）in a Southern African Savanna［J］. International Journal of Applied Earth Observation and Geoinformation, 2014, 30: 217-226.

［66］周涛, 史培军, 孙睿, 等. 气候变化对净生态系统生产力的影响［J］. 地理学报, 2004, 59(3).

第6章 青藏高原植被生物量遥感监测与评估

6.1 植被生物量遥感监测研究现状与进展

生物量是指某一时间单位面积或体积栖息地内所含一个或一个以上的生物种，或所含一个生物群落中所有生物种的总个数或总干重（包括生物体内所存食物的重量）。而植被生物量是指某一时刻单位面积内植物实存生活的有机物质（干重）（包括生物体内所存食物的重量）总量，如森林生物量是指森林群落在一定时间内积累的有机物质总量，是森林生态系统结构优劣和功能高低的最直接的表现，是森林生态系统环境质量的综合体现。植被生物量的定量估算可为全球碳储量、碳循环研究提供重要的参考。但是由于植物群落中各种群的植物量很难测定，特别是地下器官的挖掘和分离工作非常艰巨，因此，对林木和牧草的地上部分生物量频繁地进行调查统计更多的是出于经济利用和科研目的的需要。而就遥感应用而言，更多的研究是基于植被净初级生产力（NPP）来开展植被生物量估算与研究的。

NPP 是绿色植物在单位时间、单位面积所积累的有机干物质总量，是植被光合作用产生的有机物总量中扣除自养呼吸后的剩余部分（Rohr et al.，2013；Pachave et al.，2014）。NPP 是陆地生态过程的关键参数，是表征植物活动的重要变量，也是地表碳循环的重要组成部分，掌握陆地植被 NPP 的变化规律对评价陆地生态系统环境质量、调节生态过程和估算陆地碳汇具有十分重要的意义，国际地圈—生物圈计划（IGBP）、全球变化与陆地生态系统（GCTE）、京都协定（Kyoto Protocol）等都把植被的 NPP 研究确定为核心内容之一。另外，NPP 也是区域生态承载力的基础，是区域生态系统结构功能协调性的重要指标（周涛等，2004；卢玲等，2006）。计算区域尺度 NPP 可以评价区域生态承载力，确定生态承载力阈值，有助于区域初级、次级生产的合理布局以及种植物资源的可持续利用，可以为生态环境和社会经济的可持续发展提供科学依据。

19 世纪 80 年代，Ebermayer 首先测定了巴伐利亚森林物质的生产力，这通常被认为是历史上对植被生物量的首次测算。但一开始植被生物量的研究没有得到足够的重视，世界范围内大规模的植被生产力的研究开始于 20 世纪 60 年代，人们开始关注生态系统提供有机物质的能力，多个国家的学者对本国内森林生态系统的生产力和生物量进行了调查以及资料收集（Odum，1960；蔡剑萍等，1960；高虹等，1982）。总体上对植被生物量的研究主要经历了传统测定法和生态模型估算法两个过程。

6.1.1 传统测定法

如表 6.1 所示，NPP 传统测定法主要是指基于站点的实测方法。站点实测方法即根据站点观测数据来计算植被的生产力、光合作用等，然后将站点植被生产力的计算数据推广到区域尺度上。植被生物量的传统测定法主要包括直接收割法、光合作用测定法、CO_2 测定法、pH 测定法、叶绿素测定法、放射性标记测定法和原料消耗量测定法（卢玲等，2006）。

表 6.1 植被生物量的传统测定法

序号	名称	简介	备注
1	直接收割法	收割一定面积的植被，对其进行分层、分气管重量记录，测量样品的含水量，计算植被单位面积内的生物量	研究对象为 NPP、自养有机体生产力，方法相对传统
2	光合作用测定法	利用"总光合量＝净光合量＋呼吸量"原理。在测定植被光合作用和呼吸作用数据的基础上获取符合要求的回归模型	实质是利用 CO_2 变化量估算系统的生产量。也称为氧气测定法
3	CO_2 测定法	用特制工具把植被的一部分罩住，测量实验初始和实验完成时工具内空气中的 CO_2 含量，减少的 CO_2 即为进入有机质中的 CO_2 的量	人为因素的影响会改变群落的微环境，属于空气动力学方法的范畴
4	pH 测定法	溶于水中的 CO_2 改变了水的酸碱度，随着 CO_2 含量的改变水的 pH 值也会发生变化，通过测定 pH 的变化推算 CO_2 的量	此方法适用于水下生产力的测定
5	叶绿素测定法	通过测定叶绿素的含量以及光辐射途径，建立某些系统来测定估算初级生产力	
6	放射性标记测定法	对测定的标记物质进行放射性的追踪，可以测出稳定状态下生态系统内的物质转换效率	
7	原料消耗量测定法	通过测定植物内部矿物原料的消耗量以及气体交换律进而测定生产力	

在植被生物量研究初期，基于站点实测植物干物质质量的方法得到广泛应用，并取得了一定的科研成果。如方精云等（1996）利用森林蓄积量推算森林生物量和净生物量的方法，系统研究了我国森林植被的生物生产力，结果表明，我国森林生物生产力的地理分布规律与世界总的趋势相一致，我国森林的总生物量为 910287.10 万 t，其中，灌木林、竹林、经济林和疏林的总生物量分别为 79054.10 万 t、32572.10 万 t、859213.10 万 t 和 18502.10 万 t，我国

森林的总生产力为 1177.31 10 t/a,其中灌木林和疏林的总生产力为 458.16 10 t/a。任海等(2000)研究了鹤山人工林的群落结构、生物量和净初级生产力,研究结果表明,15 年树龄的人工林乔木层总生物量为 196.94 t/hm²,其树干、树叶、树枝和根的生物量分别为 80.75 t/hm²、19.69 t/hm²、55.14 t/hm² 和 41.36 t/hm²。胡自治等(1994)利用样方收获法逐月测定天祝高山草地的生物量,在生长季的每月 20 日左右取样 1 次,比较了几种典型的高山草地地上、地下以及地上+地下的植被生物量。

虽然站点实测方法测定植被生物量的精度较高,在最初生物量估算中起了显著作用,但这种方法的局限性也非常明显:①传统测定法对人力财力要求高,耗费大;②对植被造成一定破坏,无法进行大范围或者全球尺度的测定;③不利于植被生物量的长期动态监测;④在将站点数据推广到区域尺度时,仅用站点的实测数据代表区域生物量,精度受到很大影响;⑤对于宏观大范围植被生物量估算,由于各个区域差异较大,单单通过几个区域的实测结果难以向其他区域推广。

6.1.2　生态模型估算法

生态模型估算法即根据植被生长发育的生理过程,综合考虑影响植被生产力的因素,综合利用各种数据,建立估算植被生物量的模型。目前,植被生物量的估算模型概括为 3 类:统计模型或经验模型(statistical model)、参数模型(parameter model)和过程模型(process-based model)。在 3 种模型中过程模型是机理模型,其他两种模型属于经验或半经验模型。

6.1.2.1　统计(或经验)模型

统计模型又称气候生产力模型,即建立温度、降水、蒸散量等气候因子与 NPP 的统计关系。其中以 Miami 模型(Lieth,1975)、Thornthwaite Memorial 模型(Lieth,1972;Goward and Dye,1987)、Chikugo 模型(Uchijima and Seino,1985)为代表。其中 Miami 模型是全球第一个生态系统初级生产量模型,由德国生态学家利思(Lieth)于 1972 年根据自然生态系统的温度和降水,用最小二乘法建立的全球初级生产力模型,该模型分别拟合了 NPP 与年平均温度与降水之间的经验关系:

$$NPP_t = 3000/(1 + e^{1.315 - 0.1196t})$$

$$NPP_r = 3000/(1 + e^{-0.000664r})$$

式中:NPP_t 为根据年平均气温计算的 NPP,t 为年平均气温;NPP_r 为根据年均降水计算的 NPP,r 为年均降水量;分别选择温度和降水量计算所得的 2 个植被 NPP 中较小者即为该地的自然植被的 NPP。

Thornthwaite Memorial 模型模拟了蒸腾蒸发量(ET)与气温、降水量和植被之间的关系,并建立了 NPP 与 ET 之间的统计关系:

$$NPP_E = 3000/(1 + e^{0.0009695(E - 20)})$$

式中:NPP_E 为根据年实际蒸散计算的 NPP,E 为年实际蒸散量(mm)。

以 CO_2 通量方程与水汽通量方程之比确定植被对水的利用效率为基础,利用国际生物计划(IBP)研究期间取得的世界各地自然植被 NPP 数据与相应的气候要素进行相关分析,建立了根据净辐射和辐射干燥度计算植被 NPP 的 Chikugo 模型:

$$NPP = 0.29e^{-0.216RDI} \times R_n$$

式中:RDI 为辐射干燥(RDI$= R_n/(Lr)$),R_n 为净辐射量(kcal/(cm^2 · a)),L 为蒸发潜热,r 为年降水量。

国内许多学者也进行了相关统计植被生产力与相关控制因子之间的研究,建立了北京模型(或朱志辉模型)(朱志辉,1993)、NPP 估算模型(周广胜等,1997;Zhou et al.,1998)等。1993 年朱志辉为弥补 Chikugo 模型对于草原及荒漠考虑的不足,以 Chikugo 模型为基础,建立了 Chikugo 改进模型:

$$NPP = 6.93e(-0.22 RDI^{1.82}) \times R_N$$

$$NPP = 8.26e(-0.498RDI) \times R_N$$

式中:RDI 为辐射干燥度,第一式中 RDI$\leqslant$2.1,R_n 为陆地表面所获得的净辐射量。

NPP 估算模型或周广胜模型主要是基于能量平衡方程和水量平衡方程的区域蒸散模式,建立了考虑植物生理生态学特点和水热平衡关系的植物 NPP 估算模型:

$$NPP = RDI^2 \times \frac{r \times (1+RDI+RDI^2)}{(1+RDI) \times (1+RDI^2)} \exp(-\sqrt{9.87+6.25RDI})$$

总体而言,这类模型比较简单,应用方便,以统计数据为基础有一定的合理性,在特定区域得到了不同程度的验证,在植被生物量模型估算的初期得到广泛应用。但是该类模型仅仅考虑了温度、降水、蒸散量等简单气候因子,没有涉及植被复杂的生物物理过程,忽略了许多影响植被生物量的植被生理反应、复杂生态系统过程和功能的变化,在不同的研究区域估算误差较大,大部分该模型的估算结果是潜在的生物量或称气候生产力,而非某一区域实际生产力。这类模型也没有考虑到 CO_2 浓度、土壤养分以及植被对环境的反馈作用,在研究大区域植被生物量估算或区域与全球气候变化时其应用受到很大的限制。

6.1.2.2 参数模型或光能利用率模型

这类模型又称为生产效率模型,这类模型是以植物光合作用过程和 Monteith 提出的光能利用率(ε)为基础,基于资源平衡的观点建立的,即当植被遇到某些极端或者环境因子变化迅速的情况时,如果不可能完全适应,或者植物还来不及适应新的环境,植被生产力则受最紧缺资源的限制(陈利军和刘高焕,2002;崔霞等,2007)。理论上可以认为,水、氮、光照等任何对植物生长起限制性的资源都可用于植被生物量的估算,它们可以通过一个转换因子或者一个或几个比率系数联系起来。近年来大量研究也发现总初级生产力(GPP)与可吸收的光合有效辐射(APAR)的线性关系更为稳定,因为 GPP 的光能利用率 ε 受气候条件和环境因子的影响小,不同植被间的差异也小(Prince et al.,1995)。这类模型的代表模型主要有 CASA 模型(Potter et al.,1993;Field et al.,1995)、GLO-PEM 模型(Prince et al.,1995;Goetz et al.,1999)、SDBM 模型(Knorr and Heimann,1995)等,其中,参数模型中 NPP 与其限制资源间的关系可用如下公式表示:

$$NPP = F_c \times R_u$$

式中:F_c 代表转换因子,R_u 代表植被吸收的 NPP 限制性资源。

例如,Potter 等在 1993 年建立的国际上知名的生态模型 CASA 模型就是典型的光能利用率模型,后来由 Field 等(1995)对 CASA 模型进行了改进。CASA 模型允许参数随时间和地点的变化而变化,并通过与之对应的温度和水分条件对参数进行校正。模型中植被 NPP 的具体表示方式为:

$$NPP(x,t) = APAR(x,t) \times \varepsilon(x,t)$$

式中:x 代表空间位置,t 代表时间,APAR 代表植被所吸收的光合有效辐射,ε 表示植被光能利用率。

与生理生态过程模型相比,光能利用率模型比较简单,模型中的植被指数可由遥感获得,可以获得植被生产力的季节、年际变化,且能比较真实地反映陆地植被生物量的时空分布状况,适合向区域乃至全球推广。但它的理论基础决定了这类模型不像生理生态过程模型那样可靠,因为光能传递及转换的过程中还存在许多不确定性。

而遥感技术的发展为获得大尺度植被生长分布状况及其动态变化提供了强有力的手段,它能够获取在空间、时间和光谱分辨率上适应全球环境的数据,由于其良好的现势性,可以实现地表植被长势的实时或准实时监测。随着遥感技术的发展,国内外学者纷纷通过将遥感数据引入参数模型中来估算植被生物量。自此,基于遥感的植被生物量估算的相关研究主要分为两个步骤:①利用遥感技术获取估算模型中部分所需的相关参数;②建立估算模型对植被生物量进行动态模拟和预测估算。其中,利用遥感技术获取的植被指数、叶面积指数等主要参数能够反映植被覆盖状况的数据,由植被状况数据反演上式中的转换因子,结合光合有效辐射等反映自然环境状况的参数,最终实现植被生物量的估算。

6.1.2.3　过程模型

基于植物生长发育、个体水平动态的生理生态过程模型和基于生态系统内部功能过程的仿真模型,目前已成为植被生产力生态学研究的热点。生理生态过程模型是通过对植物的光合作用、有机物分解及营养元素的循环等生理过程的数学模拟而得到的,这类模型理论框架完整,结构严谨,可靠性比较高,能够从机理上分析和模拟植被的生物物理过程及影响因子。目前最典型的过程模型是 Biome-BGC(Kimball et al.,1997;White et al.,2000),还有 TEM(Melillo et al.,1995)、CENTURY(Parton et al.,1987;Gilmanov et al.,1997;Prasad et al.,2001)、BEPS(Liu et al.,1997;Higuchi et al.,2005)等其他模型。

Biome-BGC 模型是基于森林生态系统模型 Forest-BGC 发展起来的多生物群系模型。

该模型充分考虑气候和各类生态参数的影响,将气象数据(如每日的降水、温度、湿度、日常和辐射等)和一些生理生态参数(如死亡率、最大气孔导度、叶子碳氮比、表皮导度和光衰减系数等)作为输入参数来模拟每天的水文和生物地球化学循环过程,如碳、水、氮和能量在大气、植被、枯枝落叶和土壤各个库之间的流动和动态特征等(Runing et al.,1993,1994;Kimball et al.,1997;White et al.,2000),其主要数学控制模型如下:

$$GPP = \varepsilon \times APAR$$

$$APAR = PAR \times fPAR$$

$$PAR = 0.45 \times SWRad$$

$$\varepsilon = \varepsilon_{max} \times T_{min} - scalar \times VPD - scalar$$

$$PsnNet = GPP - R_{ml} - R_{mr}$$

$$NPP = \sum_{1}^{365} PsnNet - R_{mo} - R_g$$

式中:GPP 为植被总初级生产力;APAR 为植被所吸收的光合有效辐射;PAR 为光合有效辐射;fPAR 为植被对光合有效辐射的吸收比例;SWRad 为单位时间内的太阳总辐射;常数 0.45 为光合有效辐射(波长为 0.4~0.7μm)占太阳总辐射的比例;ε 为光能利用率,是由不同植被类型最大光能利用率受环境中的温度和水汽压 VPD 因子影响的结果;R_{ml} 和 R_{mr} 分别为枝叶和根部呼吸作用消耗的能量;R_{mo} 为除根部和枝叶外其余部分呼吸作用消耗的能量;R_g 为植物自身生长呼吸消耗的能量。

Biome-BGC 模型共有 3 个输入文件,分别是初始化文件、气象文件和植被生理学参数文件。初始化文件主要是对样地的地理学、物理学描述,较容易确定。气象文件包含 6 个气象参数:日最高气温(℃)、日最低气温(℃)、日平均气温(℃)、日降雨量(cm)、气压差(Pa)和短波辐射(W/m²)。模型将自然植被分为 6 种类型即常绿阔叶林、常绿针叶林、落叶阔叶林、灌木林、C_3 类草地和 C_4 类草地,每一种类型植被对应一个生理学文件,每个生理学文件共 42 个参数。模型输出包括 GPP、NPP、生长呼吸(Growth Respiration,GR)、净生态系统碳交换量(Net Ecosystem Exchange,NEE)、维持呼吸(Maintenance Respiration,MR)、叶面积指数(Leaf Area Index,LAI)等 40 多个变量的动态变化(Hunt et al.,1996;White et al.,2000;Thornton et al.,2005)。

CENTURY 模型最早由美国科罗拉多州立大学的 Parton 等建立,是基于过程的陆地生态系统地球化学循环模型,主要关于植被、土壤水分通量、土壤有机质以及主要营养物质的模拟模型,它模拟了不同土壤—植被系统间碳和土壤主要营养物质的动态循环,可用于对草地、农业生态系统、森林、热带或亚热带稀疏草原生态进行模拟。CENTURY 模型由植物产量子模型、土壤水分和温度子模型、土壤有机质子模型 3 个子模型组成。主要输入数据包括:①月平均最高气温和最低气温;②月降水量;③植物体木质素含量;④植物中 C、N、P 和 S 的含量;⑤土壤质地;⑥大气和土壤 N 素输入;⑦初始土壤 C、N、P 和 S 的水平。

CENTURY 模型是评价农田生态系统土壤有机碳演变最有效的工具之一，现在已广泛应用于草地生态系统、农田生态系统、森林生态系统等，均取得了较好的应用效果。相比于其他生态系统模型，CENTURY 模型具有更强的适用性，能够应用于不同环境，但其运行机制也更为复杂。由于运行该模型需要大量的参数，但部分参数获取比较困难，需要通过其他因子计算而得到，增加了模型的不确定性，特别是部分时间序列资料的缺失，会导致 CENTURY 模型的模拟结果具有一定的不准确性。

BEPS(Boreal Ecosystem Productivity Simulator)模型是 Liu 和 Chen 等(1997)在 FOREST-BGC 模型的基础上发展起来的基于过程的生物地球化学循环的生态模型，涉及植物生化、生理和物理等机制，结合生态学、生物物理学、气象和水文学等方法来模拟植物的光合、呼吸、碳分配、水分平衡和能量平衡关系，整个模型由能量传输子模型、碳循环子模型、水循环子模型和生理调节子模型组成。该模型最初用于模拟加拿大比方森林生态系统的生产力，取得了很好的效果。该模型的主要控制方程如下(Chen et al.，1999；王秋凤等，2004)：

（1）光合作用

模型中光合作用模拟基于 Farquhar 的叶片尺度瞬时光合模型进行空间尺度扩展，模型如下：

$$A_c = \frac{1}{2}((C_a + K)g + V_m - R_d - [((C_a + K)g + V_m - R_d)^2 - 4(V_m(C_a - \varGamma) - (C_a + K)R_d)g]^{\frac{1}{2}})$$

$$A_j = \frac{1}{2}((C_a + 2.3\varGamma)g + 0.2J - R_d - [((C_a + 2.3\varGamma)g + 0.2J - R_d)^2 - 4(0.2J(C_a - \varGamma) - (C_a + 2.3\varGamma)R_d)g)$$

式中：A_c 和 A_j 分别为 Rubisco 限制和光限制的净光合速率，C_a 为大气中的 CO_2 浓度；V_m 为最大羧化速率；R_d 为白天叶片的暗呼吸；K 为酶动力学函数；$\varGamma$ 为没有暗呼吸时的 CO_2 补偿点；J 为电子传递速率；g 为气孔导度；光合速率取 A_c 和 A_j 中的最小值。

利用上述方程分别计算阳生叶和阴生叶的光合作用，冠层总光合作用由下面的方程求出：

$$A_{canopy} = A_{sun}LAI_{sun} + A_{shade}LAI_{shade}$$

式中：A_{canopy} 为冠层总光合；A_{sun} 为阳生叶的光合；A_{shade} 为阴生叶的光合；LAI_{sun} 和 LAI_{shade} 分别为阳生叶和阴生叶的叶面积指数。

（2）呼吸作用

生态系统的呼吸分为自养呼吸和异养呼吸，其中自养呼吸又包括维持呼吸(R_m)和生长呼吸(R_g)，维持呼吸可由下式计算：

$$R_m = \sum_{i=1}^{3} M_i a_{25}^i Q_{10}^{\frac{T-25}{10}}$$

式中:$i=1,2,3$ 分别代表叶、树干和根;M_i 为各器官的生物量;a_{25}^i 为各器官的呼吸系数;Q_{10} 为呼吸作用的温度敏感系数;T 为空气温度。

根据 Bonan 的研究,生长呼吸占总第一性生产力(GPP)的 25%,因此 $R_g=0.25\text{GPP}$,模型中的土壤呼吸主要考虑了土壤水分和土壤温度的影响:

$$R_h=R_{h,10}f(\theta)f(T_s)$$

式中:$R_{h,10}$ 为土壤温度为 10℃ 时的土壤呼吸速率。

(3)水循环控制

模型中的水循环控制方程主要考虑了大气降水、冠层截留、穿透降水、融雪、雪的升华、冠层蒸腾、冠层和土壤蒸发、地表径流和土壤水分变化等多个过程。其中,地上部分的蒸散用下式计算:

$$ET=T_{\text{plant}}+E_{\text{plant}}+E_{\text{soil}}+S_{\text{ground}}+S_{\text{plant}}$$

式中:ET 为蒸散发量,T_{plant} 为植被的蒸发量,E_{plant} 和 E_{soil} 分别为植被和土壤的蒸发量,S_{ground} 和 S_{plant} 分别为植物表面雪的升华和地面雪的升华量,式中各项均采用修正后的 Penman-Monteith 方程计算。

虽然过程模型机理清楚,考虑了包括光合作用、蒸腾作用、土壤持水量、土壤质地等在内的多种影响因素,但过程模型总体比较复杂,涉及多个研究领域,模型中输入参数复杂,各类参数获取较困难,再加上模拟区域的参数很难向其他区域甚至全球推广,因此利用此类过程模型估算大尺度甚至全球植被生物量时相对困难,其推广受到一定的限制。

6.2 青藏高原植被净初级生产力遥感反演

6.2.1 基于 CASA 模型的植被净初级生产力反演原理

CASA(Carnegie-Ames-Stanford Approach)模型是 Potter 等在 1993 年建立的国际上知名的生态系统模型,后来由 Field 等(1995)对 CASA 模型进行了改进。该模型耦合了生态系统生产力和土壤碳、氮通量,由网格化的全球气候、辐射、土壤和遥感植被指数数据集驱动,模型以月为时间分辨率来模拟碳吸收、营养物分配、残落物凋落、土壤营养物矿化和 CO_2 释放的季节变化,因而非常适合利用卫星遥感数据来驱动该模型进行陆地生态系统碳循环研究。因此,下面基于 CASA 模型来对青藏高原植被初级生产力进行反演分析。

CASA 模型中的核心模块植被生产力估算是基于植被吸收的光合有效辐射(APAR)和实际光能利用率(ε)来计算的,其数学模型为:

$$\text{NPP}(x,t)=\text{APAR}(x,t)\times\varepsilon(x,t)$$

$$\text{APAR}(x,t)=\text{SOL}(x,t)\times f\text{PAR}(x,t)\times0.5$$

式中:$\text{APAR}(x,t)$ 是 t 月份像元 x 处植被吸收的光合有效辐射,单位为 $\text{MJ}/(\text{m}^2\cdot\text{月})$;

$\varepsilon(x,t)$ 是 t 月份像元 x 处的实际光能利用率,单位为 gC/MJ;$SOL(x,t)$ 是 t 月份像元 x 处的太阳总辐射量,单位为 $MJ/(m^2 \cdot 月)$;$fPAR(x,t)$ 是 t 月份像元 x 处植被对入射光合有效辐射(PAR,$PAR(x,t)=SOL(x,t)\times0.5$)的吸收比例,无量纲;0.5 表示植被所能利用的太阳有效辐射(波长为 $0.38\sim0.71\mu m$)占太阳总辐射的比例。

（1）青藏高原地表太阳辐射模拟

植被 NPP 对太阳辐射高度敏感,辐射数据的质量直接影响 NPP 的估算精度。目前研究所用辐射数据大多由辐射站点观测数据插值得到。由于地势特殊,青藏高原地区仅有 12 个辐射站点,插值结果与实际情况不符。为合理反映高原辐射分布特征,本书采用逐步回归法建立站点各个月太阳总辐射与各影响因子观测数据的关系模型,而后进行地表太阳辐射的估算。

1）影响因子选择。

到达地表的太阳辐射受天文因子、气象因子以及地理因子的综合影响。考虑到数据的易得性和有效性,通过物理分析和统计筛选,选择以下 3 类共 5 个影响太阳辐射的因子:

①海拔高度 x_1(m)和纬度 x_2(°),可反映地理因子的影响。

②月日照时数 x_3(0.1h),可反映太阳的辐射情况。

③月平均相对湿度 x_4(%)和月降水量 x_5(0.1mm),可反映空气中的水汽含量。

2）模型建立。

为体现辐射影响因子的单独作用和联合作用,建立如下回归模型:

$$Q=b_0+\sum_{i=1}^{m}\left(\sum_{j=i}^{5}b_{ij}x_i^j+\sum_{k=i+1}^{m}c_{ik}x_ix_k\right)$$

式中:Q 为到达地表的月太阳总辐射,x_i 和 x_k 为第 i 个和第 k 个基本因子,m 为基本因子总数,b_0 和 b_{ij} 以及 c_{ij} 为待定系数。回归模型中除基本因子外,还包括它们的非线性组合。

（2）光合有效辐射吸收比例的估算

植被对入射光合有效辐射的吸收比例(fPAR)取决于植被类型和植被覆盖状况。研究证明,fPAR 与 NDVI 之间存在良好的线性关系(Hatfield and Asrar,1984;Goward et al.,1992),因此,模型中利用 NDVI 求 fPAR 可按下式计算:

$$fPAR=\min\left[\frac{SR-SR_{min}}{SR_{max}-SR_{min}},0.95\right]$$

$$SR=\frac{1+NDVI}{1-NDVI}$$

式中:根据经验 SR_{min} 取值 1.08,SR_{max} 与植被类型有关,取值范围为 $4.14\sim6.17$。

（3）光能利用率的估算

光能利用率表示植被在一定时间段内单位面积生产的干物质中包含的化学潜能与同一时段投射到该面积上的光合有效辐射之比。在 CASA 模型中气温、土壤水分等环境因子对

NPP的调控就是通过对最大光能利用率的订正而实现的。Potter 等(1993)指出理想条件下植被具有最大的光能利用率,而现实中最大光能利用率会受到温度和降水的限制,计算公式如下:

$$\varepsilon(x,t) = T_{\varepsilon 1}(x,t) \times T_{\varepsilon 2}(x,t) \times W_{\varepsilon}(x,t) \times \varepsilon_{max}$$

式中:$T_{\varepsilon 1}(x,t)$ 和 $T_{\varepsilon 2}(x,t)$ 表示低温和高温对最大光能利用率的胁迫作用,无量纲;$W_{\varepsilon}(x,t)$ 是水分胁迫因子,反映水分条件的影响,无量纲;ε_{max} 为理想条件下的最大光能利用率,单位为 gC/MJ。

上式中温度胁迫因子 $T_{\varepsilon 1}(x,t)$ 反映在低温和高温时植被内在的生化作用对光合的限制而降低 NPP,温度胁迫因子 $T_{\varepsilon 2}(x,t)$ 表示实际环境温度从最适温度(T_{opt})向高温或低温变化时植物的光能利用率逐渐变小的趋势。$T_{\varepsilon 1}$ 和 $T_{\varepsilon 2}$ 分别用下式计算(朴世龙等,2001;Finzi,2013):

$$T_{\varepsilon 1}(x,t) = 0.8 + 0.02 \times T_{opt}(x) - 0.0005 \times T_{opt}^2(x)$$

$$T_{\varepsilon 2}(x,t) = 1.184 / \{1 + e^{0.2(T_{opt}(x) - 10 - T(x,t))}\} / \{1 + e^{0.3(-T_{opt}(x) - 10 + T(x,t))}\}$$

式中:$T_{opt}(x)$ 是某一区域一年内 NDVI 达到最大值时当月的平均气温(℃),$T(x,t)$ 是 t 月份像元 x 处的平均温度。当某个月平均温度小于等于-10℃时,$T_{\varepsilon 1}(x,t)$ 取 0;当某一月平均温度 $T(x,t)$ 比最适温度 $T_{opt}(x)$ 高 10℃或者低 13℃时,当月的 $T_{\varepsilon 2}(x,t)$ 等于该月平均温度 $T(x,t)$ 为最适温度 $T_{opt}(x)$ 时 $T_{\varepsilon 2}(x,t)$ 值的一半。

水分胁迫因子 $W_{\varepsilon}(x,t)$ 反映了植物所能利用的有效水分条件对光能利用率的影响,随着环境中有效水分的增加,$W_{\varepsilon}(x,t)$ 逐渐增大,它的取值范围为 0.5(极端干旱)到 1(非常湿润),由下式计算(朴世龙等,2001):

$$W_{\varepsilon}(x,t) = 0.5 + 0.5 \times E(x,t) / E_p(x,t)$$

式中:$E_p(x,t)$ 为区域潜在蒸散量(mm),根据 Boucher 提出的互补关系求取(张志明,1990);$E(x,t)$ 为区域实际蒸散量(mm),根据周广胜、张新时提出的区域实际蒸散模型求取(周广胜和张新时,1995):

$$E(x,t) = \frac{P(x,t) \times R_n(x,t) \times [P^2(x,t) + R_n^2(x,t) + P(x,t) \times R_n(x,t)]}{[P(x,t) + R_n(x,t)] \times [P^2(x,t) + R_n^2(x,t)]}$$

式中:$P(x,t)$ 表示 t 月份像元 x 处的降水量(mm);$R_n(x,t)$ 表示 t 月份像元 x 处的地表净辐射量(mm)。一般的气象站点不会进行地表净辐射的观测,研究中利用周广胜和张新时建立的经验模型求取(周广胜和张新时,1995):

$$R_n(x,t) = [E_{p0}(x,t) \times P(x,t)]^{0.5} \times \left\{0.369 + 0.598 \times \left[\frac{E_{p0}(x,t)}{P(x,t)}\right]^{0.5}\right\}$$

$$E_p = \frac{E(x,t) + E_{p0}(x,t)}{2}$$

式中:$E_{p0}(x,t)$ 为局地潜在蒸散量(mm),由 Thornthwaite 植被—气候关系模型计算:

$$E_{p0}(x,t) = 16 \times \left[\frac{10 \times T(x,t)}{I(x)} \right]^{\alpha(x)}$$

$$\alpha(x) = [0.6751 \times I^3(x) - 77.1 \times I^2(x) + 17920 \times I(x) + 492390] \times 10^{-6}$$

$$I(x) = \sum_{t=1}^{12} \left[\frac{T(x,t)}{5} \right]^{1.514}$$

式中：$I(x)$ 为像元 x 处 12 个月总和的热量指标，$\alpha(x)$ 是 $I(x)$ 的函数，是因地而异的常数。这一关系只在温度大于 0℃ 小于 26.5℃ 时有效，当温度低于 0℃ 时 Thornthwaite 将可能蒸散率设定为 0，当温度高于 26.50℃ 时，可能蒸散率只随温度的升高而增大，与 $I(x)$ 的值无关。

（4）最大光能利用率的确定

CASA 模型中的最大光能利用率通常使用全球通用的 0.389 gC/MJ，但不少学者的研究证明在区域估算中使用全球通用的最大光能利用率会降低 CASA 模型的 NPP 估算精度。本研究采用了朱文泉（2005）相关研究中所确定的最大光能利用率，其确定方法为：①计算所有像元的 APAR、温度以及水分胁迫因子；②挑选研究区相同时段的 NPP 实测数据，根据误差最小的原则拟合出不同植被类型最大光能利用率。模拟确定的最大光能利用率如表 6.2 所示。

表 6.2　　　　　　　　　　　　青藏高原各植被类型的最大光能利用率

编号	植被类型	ε_{max}（gC/MJ）	编号	植被类型	ε_{max}（gC/MJ）
1	针阔混交林	0.475	7	灌丛	0.429
2	落叶阔叶林	0.692	8	高原（低矮灌木丛）	0.429
3	常绿阔叶林	0.985	9	耕地\栽培植被	0.542
4	高寒草原	0.542	10	高山稀疏植被	0.542
5	高寒草甸和苔原	0.542	11	荒漠与沼泽	0.429
6	水与沙漠	0.429			

6.2.2　基于 CASA 模型的青藏高原植被净初级生产力反演

为了高精度反演青藏高原植被的净初级生产力，首先我们利用上述方法，选择青藏高原 12 个辐射站点 1983—2007 年长时间序列辐射及气象观测数据建立的不同高程层面太阳辐射估算模型，如表 6.3 所示。结果显示，各高程层面太阳辐射估算模型相关系数均大于 0.95，且均通过 0.001 水平上的显著性检验，所建模型具有很好模拟能力。

表 6.3　　　　　　　　　　　　　　　不同高程太阳辐射估算模型

海拔（m）	模型	R^2	显著性水平
≤3350	$Q=1.670\times10^{-1}x_3+2.807x_4+1.255x_5+1.222\times10^{-11}x_3^4-2.657\times10^{-15}x_3^5-1.801\times10^{-6}x_4^4-2.099\times10^{-3}x_5^2+1.406\times10^{-6}x_5^3-3.252\times10^{-10}x_5^4+1.951\times10^{-4}x_1x_4+2.625\times10^{-5}x_1x_5-3.002\times10^{-3}x_3x_4$	0.982	$P<0.001$
3350～3800	$Q=2.137\times10^{-1}x_3+1.377x_5-2.489\times10^{-6}x_4^4-1.372\times10^{-3}x_5^2+8.139\times10^{-7}x_5^3-1.687\times10^{-10}x_5^4-8.513\times10^{-5}x_1x_5-4.788\times10^{-4}x_3x_4-2.712\times10^{-5}x_3x_5$	0.984	$P<0.001$
≥3800	$Q=3.548\times10^{-1}x_2^2+6.800\times10^{-16}x_5^3-1.198\times10^{-7}x_4^5-8.775\times10^{-4}x_5^2+2.556\times10^{-7}x_5^3+4.682\times10^{-2}x_2x_5+6.710\times10^{-4}x_3x_4-2.782\times10^{-4}x_3x_5$	0.951	$P<0.001$

　　为了检验模型模拟精度，我们也对 2008—2012 年各高程层面辐射站点辐射观测值与模拟值进行对比分析，如图 6.1 所示。结果显示，模拟的地表太阳辐射与实测值具有显著的线性关系。同时与常用的辐射估算模型 Bristow-Campbell 的估算结果（Chen et al.，2011）对比分析，标准误差对比结果如图 6.2 所示。本研究 3 个高程层面模拟的标准误差分别为 52MJ/（m² · 月）、54MJ/（m² · 月）和 86MJ/（m² · 月），Bristow-Campbell 模型模拟的标准误差分别为 264MJ/（m² · 月）、291MJ/（m² · 月）和 434MJ/（m² · 月），本研究模拟精度明显高于 Bristow-Campbell 模型模拟精度。

　　利用模拟的太阳辐射来驱动 CASA 模型，对青藏高原 1983—2012 年近 30 年每月的植被 NPP 进行了估算。为了进一步验证估算结果的精度，由于青藏高原缺少部分实测 NPP 站点数据，我们也同其他青藏高原地区公开发表的相关研究成果进行了对比分析，发现本研究取得了较好的模拟结果。

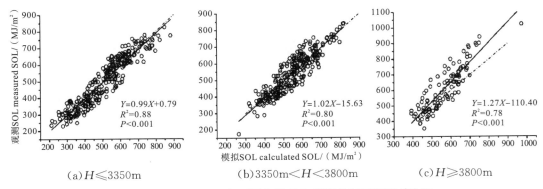

图 6.1　2008—2012 年不同高程 SOL 模拟值与观测值对比图

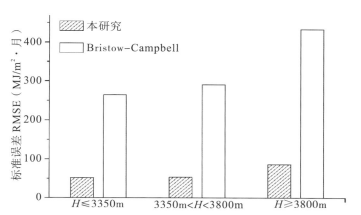

图 6.2　本研究中 SOL 模拟误差与 Bristow-Campbell 模型模拟误差对比图

6.3　青藏高原植被净初级生产力空间分布特征

6.3.1　青藏高原植被 NPP 总体空间分布特征

利用上面计算获得的青藏高原 1983—2012 年每月的 NPP 数据,按照每隔 5 年间隔分 1983—1987 年、1988—1992 年、1993—1997 年、1998—2002 年、2003—2007 年、2008—2012 年 6 个时段进行平均计算,其空间分布如图 6.3 所示。可以看出,青藏高原 NPP 从东南向西北递减,明显受水热条件的制约。高原由东南往西北,气候由暖变冷、由湿变干,相应分布着常绿阔叶林、寒温针叶林、高寒灌丛、高寒草甸、高寒草原、高寒荒漠,其 NPP 也逐渐由 707gC/(m² · a)降低到 30gC/(m² · a)。东南部水热条件最好,主要是以常绿阔叶林、针阔混交林和落叶阔叶林为主的森林生态系统,NPP 明显高于其他区域,大多在 300～1000gC/(m² · a);高原西北部受强大陆性气候控制,降水稀少,多为荒漠与沼泽,NPP 达到研究区域最小值,大多低于 50gC/(m² · a)。

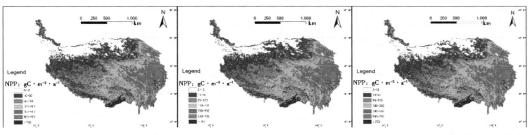

(a)1983—1987 年均 NPP 分布　　(b)1988—1992 年均 NPP 分布　　(c)1993—1997 年均 NPP 分布

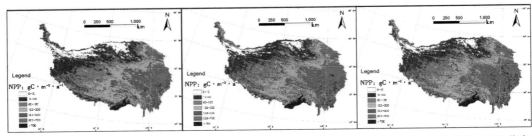

(d)1998—2002年均NPP分布　　　(e)2003—2007年均NPP分布　　　(f)2008—2012年均NPP分布

图6.3　青藏高原年均NPP空间分布图

6.3.2　青藏高原植被NPP月平均分布特征

　　分别绘制出1983—2006年、2001—2012年两个时段青藏高原各月份平均NPP空间分布图,如图6.4、图6.5所示。在每年的1、2、3月,整个青藏高原大部分面积上植被生产力水平很低,只有喜马拉雅山主脊线以南、分属山南地区的错那县和林芝地区热量和降水充足,植被NPP维持在很高水平。进入4月,随着温度的升高和降水量的增加,青藏高原东南部的落叶阔叶林、灌丛、耕地/栽培植被等首先返青,到5月,从青藏高原东南部向西北至青海湖—纳木错一线植被NPP有了明显的提高。6、7、8月太阳辐射强度最高,降水量也相对充足,整个青藏高原除西北部西昆仑山南翼、中东昆仑山北翼、青海湖周边、西喜马拉雅山北翼以外,植被NPP都在8gC/m²以上,青海湖—纳木错一线以东植被NPP大多在50gC/m²以上,植被生产状况良好。进入9月气温开始降低,青藏高原植被NPP与8月相比开始出现下降趋势,至10月NPP急剧降低,只有青海湖—纳木错一线以东的植被NPP还保持在8gC/m²以上。11月和12月高原植被生产力水平与1月和2月相当。

　　值得指出的是,无论在NOAA还是在MODIS各月份NPP空间分布图上,喜马拉雅山主脊线以南、分属山南地区的错那县和林芝地区,其NPP在热量较低的1、2、3、4月和10、11、12月维持在4个等级中最高的等级,而在青藏高原整体植被生长情况最好的6、7、8月生产力水平有所降低。这主要是因为该区域属于中亚热带湿润地区,气候炎热湿润,常绿阔叶林等森林资源丰富,即使在1、2、11、12月,该区域的热量水分条件仍能很好地满足常绿阔叶林等森林生长的需要,保持较高的碳固定量;但进入6、7、8月之后,由于阴雨天气增加,植被所接收的光合有效辐射减少,生产力水平有所下降。

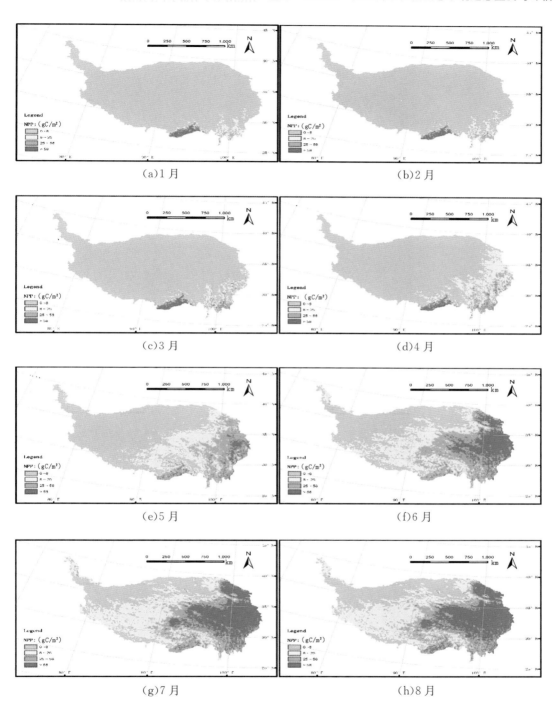

(a)1 月   (b)2 月

(c)3 月   (d)4 月

(e)5 月   (f)6 月

(g)7 月   (h)8 月

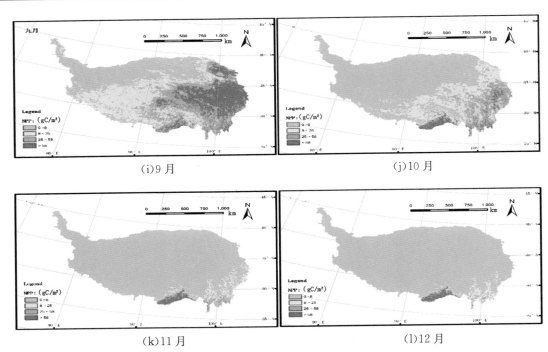

(i)9月 (j)10月

(k)11月 (l)12月

图 6.4 基于 NOAA 数据计算的青藏高原各月份平均 NPP 空间分布特征

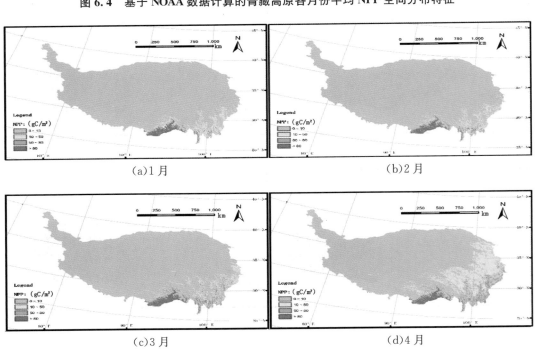

(a)1月 (b)2月

(c)3月 (d)4月

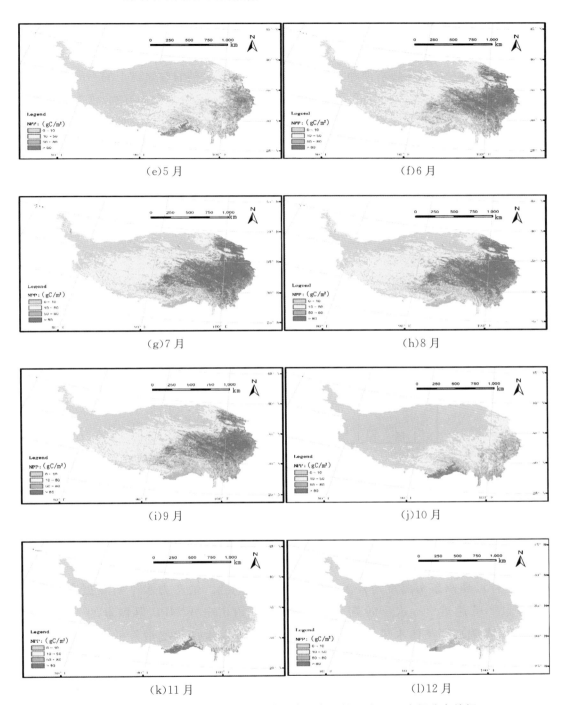

（e）5 月　　　　　　　　　　　　　　　（f）6 月

（g）7 月　　　　　　　　　　　　　　　（h）8 月

（i）9 月　　　　　　　　　　　　　　　（j）10 月

（k）11 月　　　　　　　　　　　　　　　（l）12 月

图 6.5　基于 MODIS 数据计算的青藏高原各月份平均 NPP 空间分布特征

6.3.3　青藏高原植被 NPP 分布的季节特征

　　季节不同太阳位置不同，再加上纬度位置的不同，各地区地表接收太阳辐射的能力具有显著差异。而且,能量作为大气环流、地表蒸散的重要驱动力,会导致降水和水分分布情况的变化,这都会对青藏高原 NPP 产生影响,导致不同季节高原 NPP 分布情况的差异。我们日常用的四季划分方法主要有两种:一是根据地球绕太阳公转时在轨道上的不同位置划分,二是根据月份划分四季。根据月份划分四季时,通常将 3—5 月划分为春季,依次类推,每三个月为一个季节。但是青藏高原地区海拔高,气候严酷,植被物候开始期较晚,传统的四季划分方法在此不适用。根据上节中青藏高原各月份 NPP 空间分布图,研究中将植被生产力最低的 11 月至次年 3 月划分为青藏高原的冬季,将植被返青的 4、5 月划分为高原的春季,将植被生产力水平最高的 6、7、8 月划分为高原的夏季,9、10 月划分为秋季,据此四季划分绘制出青藏高原植被净初级生产力随季节变化的柱状图,如图 6.6 所示。

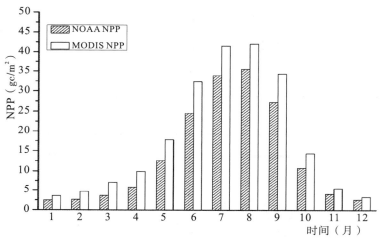

图 6.6 青藏高原植被 NPP 的季节变化

由图 6.6 可以看出,青藏高原植被 NPP 季相变化特征非常明显。冬季(11 月至次年 3 月)青藏高原气温非常低,地表冻土广布,大部分地区植被生长停止,NPP 很低,月平均生产力水平不足 5,这一时期 NPP 的累积量约占全年 NPP 累积量的 10%;进入春季(4—5 月),高原东南部首先升温,植被开始出现生机,生产力水平明显提高,月平均生产力水平可达近 20,这一时期 NPP 的累积量约占全年 NPP 累积量的 12%;夏季(6—8 月)青藏高原整体水热条件配置良好,植被进入生长状况最好的时期,大约达到全年月累积量的最高值,整个夏季 NPP 累积量占全年 NPP 累积量的 55%;进入秋季(9—10 月),气温下降,草地开始枯黄,植被生产力水平开始下降,到 10 月降至 12 左右,这一时期 NPP 的累积量占全年 NPP 累积量的 23% 左右。到 11 月和 12 月入冬之后,地表温度、太阳辐射和降水量都降至全年最低,NPP 也下降至最低,并持续到下一年的 3 月。

6.3.4　青藏高原典型植被 NPP 分布的季节特征

根据 2001—2012 年青藏高原各月 NPP 和植被分类数据,对针阔混交林、灌丛、高寒草甸和苔原、高寒草原、高山稀疏植被和常绿阔叶林 6 种典型植被类型的 NPP 进行逐月统计,绘制不同植被类型 NPP 随季节变化的趋势图(图 6.7),比较不同植被类型 NPP 的季节变化特点。

如图 6.7(a)所示,针阔混交林、灌丛、高寒草甸和苔原这三种植被 NPP 的季节变化主要有如下明显特征:

①呈单峰波动曲线,高寒草甸和苔原 NPP 的峰值出现在 8 月,针阔混交林、灌丛 NPP 的峰值出现在 7 月。

②季节差异较大,3 种植被 NPP 的季节波动均大于 $50gC/(m^2 \cdot a)$。

③高寒草甸和苔原的季节波动($75.56gC/(m^2 \cdot a)$)>灌丛($63.27gC/(m^2 \cdot a)$)>针阔混交林($51.05gC/(m^2 \cdot a)$)。进入夏季之前(6 月之前)针阔混交林 NPP>灌丛 NPP>高寒草甸和苔原 NPP,夏季相反,进入秋季之后(9 月之后)重新变为针阔混交林 NPP>灌丛 NPP>高寒草甸和苔原 NPP。

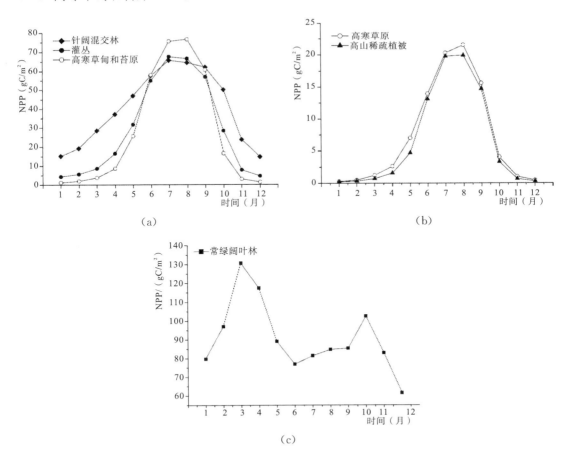

图 6.7　青藏高原典型植被 NPP 分布的季节变化

如图 6.7(b),高寒草原和高山稀疏植被 NPP 的季节变化主要有如下明显特征:

①呈单峰波动曲线,峰值都出现 8 月。

②季节差异较小,两种植被 NPP 的季节波动都小于 $25gC/(m^2 \cdot a)$。

③高寒草原各月 NPP 都稍大于高山稀疏植被,其季节波动($21.24gC/(m^2 \cdot a)$)也稍大于高山稀疏植被($19.70gC/(m^2 \cdot a)$)。

如图 6.7(c),常绿阔叶林 NPP 的季节变化主要有如下明显特征:

①呈双峰波动曲线,两个波峰分别出现在 3 月和 10 月。

②季节波动达 $69.29gC/(m^2 \cdot a)$,季节差异较大。

常绿阔叶林 NPP 的季节变化曲线与青藏高原整体的 NPP 季节变化不同,主要是因为进入夏季后常绿阔叶林所在的中亚热带湿润地区降雨量骤增,阴雨天气不断,植被所接收的光合有效辐射与 3 月和 10 月相比明显下降,导致生产力降低。

6.4 青藏高原植被净初级生产力时空变化特征

6.4.1 青藏高原植被 NPP 年际变化特征

由于青藏高原独特的地理环境,其环境因子随时间的变化存在着明显的地域差异,植被 NPP 的演变过程也存在着明显的区域特征。我们分别统计 1983—1992 年、1993—2002 年、2003—2012 年以及 1983—2012 年青藏高原植被 NPP 演变的空间变化格局(图 6.8),表 6.4 统计了 NPP 不同变化程度的面积比例。

高原西北部荒漠面积大,本身 NPP 很低且海拔高,人迹罕至,受外界干扰小,植被 NPP 多年维持相对稳定,这部分的面积比例分别为 52.60%(1983—1992 年)、33.52%(1993—2002 年)和 57.99%(2003—2012 年)。如图 6.8(b)所示,1983—1992 年,NPP 增加区域集中在高原中部,占总面积的 32.49%,NPP 减少区域集中在高原东南部,占总面积的 14.91%。如图 6.8(c)所示,1993—2002 年,NPP 呈增加趋势的面积占总面积的 51.89%,且东南部的高寒草甸、栽培植被比西北部的高寒草原增加趋势显著,NPP 呈减少趋势的面积占 14.59%,集中在高原东部区域内。如图 6.8(d)所示,2003—2012 年,高原东部的高寒草甸以及南部的森林地区 NPP 增加趋势明显,占总面积的 30.01%,高原东南部的栽培植被和稀疏植被呈减少趋势,占总面积的 12.00%。总体来说,1983—2012 年 NPP 呈增加趋势的面积占总面积的 64.6%,NPP 维持基本不变和呈减少趋势的面积分别占 18.15% 和 17.25%,如图 6.8(a)所示,可见近 30 年来青藏高原 NPP 增加趋势明显。

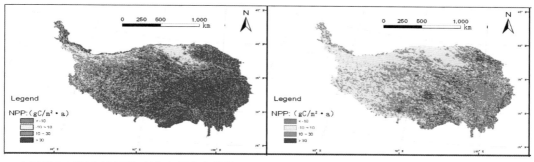

(a)1983—2012 年 NPP 变化空间分布特征　　　　(b)1983—1992 年 NPP 变化空间分布特征

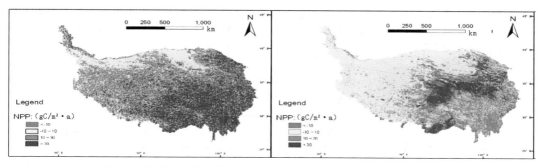

(c)1993—2002 年 NPP 变化空间分布特征　　　　(d)2003—2012 年 NPP 变化空间分布特征

图 6.8　青藏高原 NPP 变化空间分布特征

表 6.4　　　　　　　　　　　青藏高原 30 年植被 NPP 变化趋势统计表

差值（%）	变化程度	1983—2012 年 面积比例（%）	1983—1992 年 面积比例（%）	1993—2002 年 面积比例（%）	2003—2012 年 面积比例（%）
<−10	减少	17.25	14.91	14.59	12.00
−10~10（包括−10）	基本不变	18.15	52.60	33.52	57.99
10~30（包括10）	增加,不显著	17.58	23.71	25.07	15.68
≥30	显著增加	47.02	8.78	26.82	14.33

6.4.2　青藏高原植被 NPP 年际变化的统计分析

分析青藏高原历年来植被 NPP 总量,并统计其年际变化,如图 6.9 所示可以看出,近 30 年青藏高原 NPP 总量变化范围为 0.494~0.590PgC/a(P=10^{15}),变化率为 0.0187PgC/10a,增加趋势显著($Y=0.00187X-3.203$,$R^2=0.39$,$P<0.001$)。以 10 年为时间间隔,分别分析各时段内 NPP 总量变化趋势如下:1983—1992 年,青藏高原年均 NPP 总量为 0.525(P=10^{15}),年际波动率为 5.5%,波动较大,NPP 变化趋势为波动中不显著的增加($Y=$

$0.0001X+0.2869, R^2=0.0003, P=0.961$);1993—2002 年,青藏高原平均年 NPP 总量为 0.536(P=10^{15}),年际波动率为 5.6%,在 3 个时段中波动最大,NPP 变化趋势为波动中不显著的减少($Y=-0.0002X+0.896, R^2=0.0004, P=0.955$);2003—2012 年,平均年 NPP 总量达到 0.565(P=10^{15}),年际波动率大幅度下降到 1.9%,NPP 变化趋势表现为显著增加($Y=0.003X-5.504, R^2=0.4538, P=0.033$)。在 NPP 变化曲线中,有两个明显的波峰(1988 年和 1998 年)和一个明显的波谷(2001 年)。1988 年和 1998 年水热状况良好,植被 NPP 达到峰值。而 2001 年虽然温度处于均值水平,但降水过少达到了短期内谷值,致使植被生产力大幅度降低。

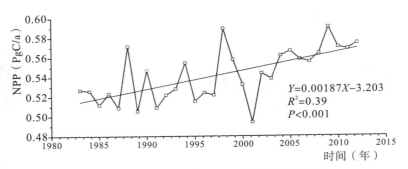

图 6.9　青藏高原植被年 NPP 总量变化趋势图

6.4.3　青藏高原典型植被 NPP 的年际变化

为进一步分析近 30 年青藏高原典型植被 NPP 的年际变化趋势,我们基于青藏高原的植被分布图,统计分析了典型植被 NPP 年际变化趋势(图 6.10)。分析发现:低矮灌丛(0.26 万 km²)、落叶阔叶林(0.56 万 km²)、耕地/栽培植被(1.45 万 km²)的面积不足青藏高原面积的 0.6%,不具有代表性,研究中不予讨论;荒漠与沼泽、水与沙漠地区植被稀少,下垫面影响大,同样不具有代表性,研究中也不予讨论。仅将青藏高原分布较广泛的典型植被类型包括常绿阔叶林、高寒草原、高山稀疏植被分 1983—2006 年、2001—2012 年两个时段进行统计分析,将针阔混交林、高寒草甸和苔原、灌丛 3 种植被划分为 1983—1996 年、1996—2006 年、2001—2012 年 3 个时段进行统计分析。

如图 6.10 所示,在 6 种典型植被中常绿阔叶林具有最高的生产力水平,高寒草原生产力水平最低。常绿阔叶林(图 6.10(a))、高寒草原(图 6.10(b))、高山稀疏植被(图 6.10(c))的 NPP 在 1983—2006 年、2001—2012 年两个时段内都表现出上升趋势。其中常绿阔叶林的 NPP 在 1983—2006 年表现出相邻年份交替增加、减少的趋势,致使该时段内 NPP 平均年际波动率较大,2001—2006 年 NPP 平均年际波动率有所下降。常绿阔叶林 NPP 线性拟合趋势方程没有达到显著性水平($Y=2.591X-4517.255, P>0.05$;$Y=1.053X-1022.582, P>0.05$),总体增加趋势不明显,常年维持高的生产力水平。高寒草原 NPP 在两个时段内的线性拟合趋势方程都达到了显著性水平（$Y=0.663X-1254.280$，$Y=1.082X-2082.319$），增加速率分别为 $6.63\mathrm{gC/(m^2 \cdot 10a)}$ 和 $10.82\mathrm{gC/(m^2 \cdot 10a)}$，后一时段增加趋势更明显。高寒草原在 1983—2001 年的平均年际波动率较大，非常重要的一个因素是 1994—1995 年 NPP 出现大幅度减少。其在 2001—2012 年间的平均年际波动率很小，趋势线未出现明显的波峰与波谷。高山稀疏植被在 1983—2006 年间 NPP 增加趋势不明显（$Y=0.358X-633.626$），增加速率只有 $3.58\ \mathrm{gC/(m^2 \cdot 10a)}$，且平均年际波动率较大，分别在 1988 年和 1998 年附近出现明显的波动。但其 NPP 在 2001—2012 年间有较明显的增加趋势（$Y=1.293X-2514.988$），增加速率达到 $12.93\mathrm{gC/(m^2 \cdot 10a)}$，平均年际波动率较前一时段有所下降。在图 6.10(d)所示，针阔混交林在各时段内表现出不同的变化趋势。其中，在 1983—1996 年、1997—2006 年这两个时段内针阔混交林 NPP 呈现减少趋势，且 1997—2006 年 NPP 的减少趋势和平均年际波动率都比 1983—1996 年明显。2001—2012 年针阔混交林 NPP 开始出现不明显的增加趋势，平均年际波动率也有所下降，但增加趋势未达到显著性水平。总体上，近 30 年青藏高原地区针阔混交林 NPP 变化趋势不明显，未出现显著的增加或减少趋势。如图 6.10(e)所示，高寒草甸和苔原 NPP 在 3 个时段都呈现增加趋势，平均年际波动率都维持在较低水平，NPP 总体增加趋势明显。但在 1983—1996 这个时段内 NPP 线性拟合趋势方程没有达到显著性水平，增加趋势不明显。1997—2006 年和 2001—2012 年该植被类型 NPP 具有较高的增加速率，分别达到 $42.17\mathrm{gC/(m^2 \cdot 10a)}$ 和 $47.07\mathrm{gC/(m^2 \cdot 10a)}$。灌丛 NPP 在 1983—1996 年增加趋势不明显，平均年际波动率较低。1997—2001 年，该植被 NPP 表现出了明显的减少趋势，平均年际波动率增大到 8.55%。2001—2012 年灌丛 NPP 再次呈现上升趋势，但上升幅度不大（图 6.10(f)）。

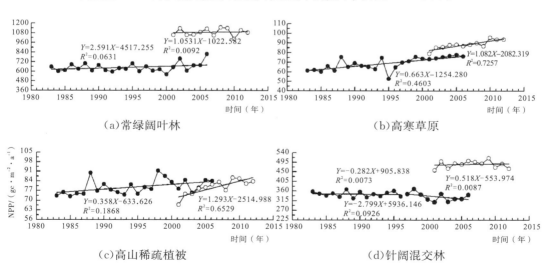

（a）常绿阔叶林　　　　　　　　　　（b）高寒草原

（c）高山稀疏植被　　　　　　　　　　（d）针阔混交林

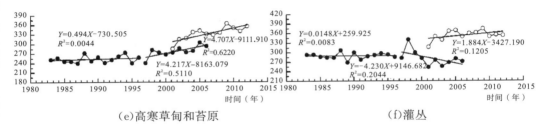

(e)高寒草甸和苔原　　　　　　　　　　　　　(f)灌丛

图 6.10　青藏高原典型植被 NPP 年际变化趋势统计

表 6.5　　　　　　　　　　　**典型植被 NPP 平均年际波动率统计表**

植被类型	1983—2006 年 (%)	2001—2012 年 (%)	植被类型	1983—1996 年 (%)	1997—2006 年 (%)	2001—2012 年 (%)
常绿阔叶林	9.94	5.91	针阔混交林	5.58	6.37	4.59
高寒草原	7.46	2.97	高寒草甸和苔原	5.73	5.34	4.07
高山稀疏植被	6.60	4.50	灌丛	4.14	8.55	3.90

6.4.4　青藏高原植被 NPP 变化的生态区划特征

　　基于郑度院士等提出的青藏高原生态系统 10 个各具特色的自然生态系统分区（图 1.2），对青藏高原近 30 年不同生态系统分区内的青藏高原植被 NPP 变化进行分析。

6.4.4.1　青藏高原亚寒带 3 个生态区域的 NPP 变化趋势（图 6.11，表 6.6）

　　（1）高原亚寒带半湿润地区果洛那曲高原山地高寒灌丛草甸区（HⅠB1）

　　该生态区高山灌丛、高寒草甸分布广泛，其中高寒草甸为本地带优势植被，草类虽然较矮小，但生长密集，加上该生态区降水较多气候较湿润，所以该生态区植被净初级生产力总体较高，长年维持在 320gC/(m²·a) 以上（如图 6.11(a)）。1996 年之前该生态区植被 NPP 增加趋势不明显，线性拟合趋势方程未达到显著性水平（$Y=0.297X-229.936$，$P>0.05$）；自 1997 年开始，该生态区植被 NPP 出现明显增加趋势，其中，1997—2006 年 NPP 增加速率为 62.57gC/(m²·10a)，2001—2012 年 NPP 增加速率为 70.72gC/(m²·10a)，增幅较大。该生态区植被 NPP 各时段内的平均年际波动率维持在 5% 左右，年际波动不大，只在 1988 年和 2009 年分别出现一个小的波峰。

　　（2）高原亚寒带半干旱地区青南高原宽谷高寒草甸草原区（HⅠC1）

　　该生态区植被 NPP 大多在 130gC/(m²·10a)。与 HⅠB1 相似，该生态区植被 NPP 增加趋势主要出现在 1997 之后，在此之前 NPP 线性拟合趋势方程未达到显著性水平（$Y=0.576X-1008.479$，$P>0.05$），增加趋势不明显；1997 年后该生态区 NPP 增加趋势显著，其中,1997—2006 年 NPP 增加速率为 25.28gC/(m² · 10a),2001—2012 年 NPP 增加速率为 49.75gC/(m² · 10a)。总体上,该生态区平均年际波动率较大,其中 1983—1996 年平均年际波动率达 10.75%,主要因为 1995 年该生态区 NPP 出现明显波谷,使得 1994—1995 年和 1995—1996 年的年际波动率很大。除 1995 年外该生态区年际变化趋势线还在 2009 年、2010 年附近出现一个明显的波峰。

(3)高原亚寒带半干旱地区羌塘高原湖盆高寒草原区(HⅠC2)

该生态区气候寒冷,植被种类较少,高寒草原是该区分布最广的地带性植被,植被生产力较低,维持在 60gC/(m² · 10a)左右。与 HⅠC1 和 HⅠC2 相似,该生态区 NPP 的年际变化趋势线也可以分为 3 段。1996 年之前该生态区 NPP 的平均年际波动率高达 15.50%,在 1988 年和 1994 年分别出现一个较明显波峰,但线性拟合趋势方程未达到显著性水平($Y=0.215X-369.768,P>0.05$),增势不明显;1997—2000 年、2001—2012 年两个时段内 NPP 平均年际波动率大幅度下降到 3% 左右,线性拟合趋势方程虽达到了显著性水平,但增幅较小,分别为 4.50gC/(m² · 10a)和 3.03gC/(m² · 10a)。

总体而言,青藏高原亚寒带各生态区植被 NPP 在 1996 年之前平均年际波动率较大,但增加趋势不明显,1997 年之后出现明显增加趋势,平均年际波动率也有所下降,增加趋势较稳定。

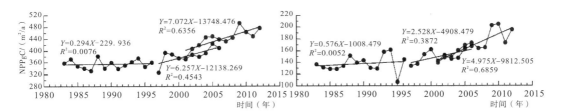

(a)高原亚寒带半湿润地区果洛那曲高原
  山地高寒灌丛草甸区(HⅠB1)

(b)高原亚寒带半干旱地区青南高原
  宽谷高寒草甸草原区(HⅠC1)

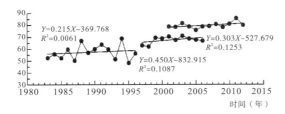

(c)高原亚寒带半干旱地区羌塘高原湖盆高寒草原区(HⅠC2)

图 6.11　青藏高原亚寒带各生态区 NPP 年际变化趋势

表 6.6 青藏高原亚寒带各生态区 NPP 平均年际波动率

生态分区	1983—1996 年(%)	1997—2006 年(%)	2001—2012 年(%)	生态分区	1983—1996 年(%)	1997—2006 年(%)	2001—2012 年(%)
HⅠB1	5.82	5.37	4.65	HⅠC2	15.50	3.65	3.36
HⅠC1	10.75	6.40	7.26				

6.4.4.2 青藏高原温带 6 个生态区域的 NPP 变化趋势(图 6.12,表 6.7)

(1)高原温带湿润/半湿润地区川西藏东高山深谷针叶林区(HⅡA/B1)

该生态区是世界高山植物区系最丰富的区域,生长有各种类型的山地森林和高山灌丛草甸植被。该区植被 NPP 常年维持在 250gC/(m² · a)以上,生产力水平较高。如图 6.12(a)所示,近 30 年来该生态区植被 NPP 平均年际波动率较小,两个时段分别为 5.95% 和 3.80%,只在 1998 年出现一个不明显的波峰。植被 NPP 增加趋势不明显,两个时段的线性拟合趋势方程都未达到显著性水平($Y=0.791X-1270.932$,$P>0.05$;$Y=1.213X-2011.466$,$P>0.05$)。

(2)高原温带半干旱地区藏南高山谷地灌丛草原区(HⅡC2)

整个藏南分布较广的植被类型主要是山地灌丛草原和高寒草原,植被 NPP 大多在 75gC/(m² · a)以上。如图 6.12(b)所示,该生态区植被 NPP 整体年际波动率稍大于 HⅡA/B1,分别为 8.59% 和 5.88%,最明显的波峰出现在 1988 年。植被 NPP 两个时段线性拟合趋势方程都达到了显著性水平,但增幅较小,分别为 5.19gC/(m² · 10a)和 9.79gC/(m² · 10a)。

(3)高原温带半干旱地区青东祁连高山盆地针叶林、草原区(HⅡC1)

山地草原是该生态区主要的植被类型,针叶林在祁连山东段也有较广分布。该生态区在地理位置上与 HⅠC1、HⅠB1 相邻,植被 NPP 变化趋势也有相似之处,年际变化趋势线也可以分为 3 段。1996 年之前该生态区线性拟合趋势方程未达到显著性水平($Y=0.350X-348.730$,$P>0.05$),趋势不明显;1997—2006 年、2001—2012 年两个时段该生态区 NPP 增加速率分别为 28.83gC/(m² · 10a)和 34.39gC/(m² · 10a),增幅较大,增加趋势明显。从总体上看,该生态区平均年际波动率较小,波峰波谷都不太明显。

(4)高原温带干旱地区昆仑北翼山地荒漠区(HⅡD2)、高原温带干旱地区柴达木盆地荒漠区(HⅡD1)和高原温带干旱地区阿里山地荒漠区(HⅡD3)

这三个区都属于荒漠地区,植被覆盖率很低,总体 NPP 也较小,基本维持在 30gC/(m² · a)左右,增幅较小,趋势不明显。

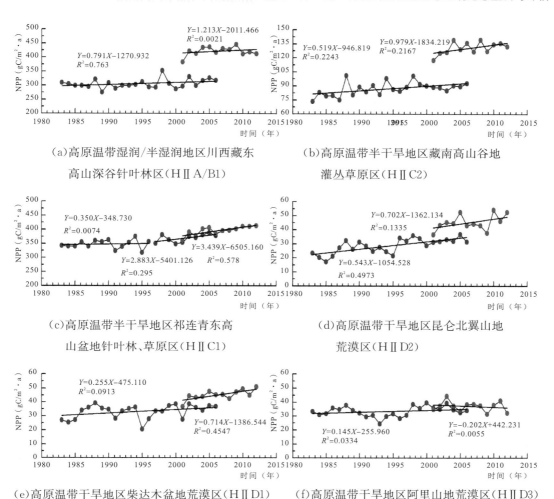

图 6.12　青藏高原温带各生态区 NPP 年际变化趋势

表 6.7　　　　　　　　　青藏高原温带各生态区 NPP 平均年际波动率

生态分区	1983—2006 年 (%)	2001—2012 年 (%)	生态分区	1983—2006 年 (%)	2001—2012 年 (%)
HⅡA/B1	5.95	3.80	HⅡD2	14.79	13.65
HⅡC2	8.59	5.88	HⅡD1	13.99	7.45
HⅡC1	1983—1996 年(%)	1997—2006 年(%)	2001—2012 年(%)	HⅡD3	9.71	12.22
	5.58	3.72	3.00			

6.4.4.3　青藏高原中亚热带两个生态区域的 NPP 变化趋势（图 6.13，表 6.8）

（1）中亚热带湿润地区东喜马拉雅南翼山地季雨林、常绿阔叶林区（ⅤA6）

与其他各生态区相比该生态区植被净初级生产力最高,长年在 $500gC/(m^2 \cdot a)$ 以上。该区植被 NPP 在两个时段内增加趋势都不明显,线性拟合趋势方程未达到显著性水平 ($Y=0.069X+401.634,P>0.05$; $Y=1.745X-2730.278,P>0.05$)。其中,1983—2006年该区植被 NPP 相邻年份交替增加和下降,致使其平均年际波动率高达 10.35%,2001—2012年波动率下降到 7.16%。

(2)中亚热带湿润地区云南高原常绿阔叶林、松林区(ⅤA5)

如图 6.13(b)所示,与ⅤA6 相似,该生态区的植被生产力也很高,常年在 $400gC/(m^2 \cdot a)$ 以上。其中,1983—2006 年植被 NPP 线性拟合趋势方程未达到显著性水平,增势不明显 ($Y=0.311X-185.583,P>0.05$);2001—2012 年其植被 NPP 呈现不明显的减少趋势 ($Y=-2.050X+4699.429,P>0.05$),主要是因为 2010 年该区植被 NPP 出现明显谷值,使整体趋势表现为不显著的减少。在整个 NPP 变化趋势中,3 个最明显的波峰分别在 2002年、2006 年和 2009 年,最明显的波谷出现在 2010 年。

总体而言,青藏高原地区属于中亚热带湿润地区的两个生态分区植被生产力水平高,但增加趋势不明显,增幅很小。

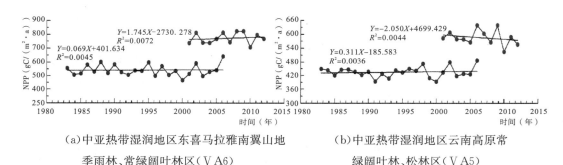

(a)中亚热带湿润地区东喜马拉雅南翼山地季雨林、常绿阔叶林区(ⅤA6)

(b)中亚热带湿润地区云南高原常绿阔叶林、松林区(ⅤA5)

图 6.13　中亚热带湿润地区各生态区 NPP 年际变化趋势

表 6.8　　　　　　　　　中亚热带湿润地区各生态区 NPP 平均年际波动率

生态分区	1983—2006 年(%)	2001—2012 年(%)
ⅤA6	10.35	7.16
ⅤA5	5.95	7.67

6.4.5　不同海拔梯度青藏高原植被 NPP 年际变化特征

青藏高原海拔高、高差大,为反映不同海拔梯度植被 NPP 年际变化的差异,研究中基于青藏高原 DEM 数据,将海拔高度划分为小于 2500m(Ⅰ)、2500～3000m(Ⅱ)、3000～3500m(Ⅲ)、3500～4000m(Ⅳ)、4000～4500m(Ⅴ)、4500～5000m(Ⅵ)、5000～5500m(Ⅶ)、大于5500m(Ⅷ)8 个等级,统计各个海拔层面的面积比例,并绘制其植被 NPP 的年际变化趋势线。

如图 6.14 所示,海拔小于 2500m 的区域集中分布在高原南部,主要植被类型为森林(常绿阔叶林、落叶阔叶林等),该区域占青藏高原总面积的 2.6％;海拔为 2500～3000m 的区域集中分布在高原北部,该区域主要植被类型为水与荒漠,占高原总面积的 6.1％;海拔为 3000～3500m 的区域主要分布在高原东北部,主要植被类型为高寒荒漠、高寒草甸,该区域占青藏高原总面积的 7.9％;海拔为 4000～4500m 的区域主要分布在高原东部,主要植被类型为高寒草甸和苔原,占青藏高原总面积的 10.4％;海拔为 4500～5000m 的区域集中分布在高原西部和中部,主要植被类型为高寒草原,该区域面积占面积的 31.8％,是各海拔层面面积最大的区域;海拔为 5000～5500m 的区域主要分布在高原西南部和西北部,主要植被类型为高山稀疏植被,占总面积的 20.1％;海拔大于 5500m 的区域面积较小且植被稀疏,研究中将不再分析。

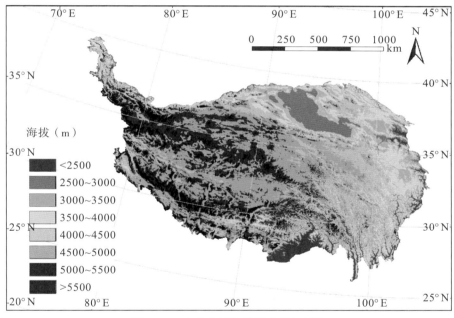

图 6.14　青藏高原海拔梯度等级划分

统计各海拔梯度内青藏高原植被 NPP 变化趋势曲线如图 6.15 所示。分析发现:各海拔梯度内 MODIS 估算值(1983—2006 年)都大于 NOAA 估算值(2001—2012 年),两种数据源所得的 NPP 变化曲线存在一个跳跃,但在其重叠年份(2001—2006 年)两种数据源所得 NPP 变化趋势基本一致,这或许因为各自传感器特性所影响,但遥感数据源不同所造成的估算差异不影响 NPP 年际变化趋势的分析。

如图 6.15 所示,总体上,海拔大于 3500m 时植被 NPP 的增加趋势比海拔小于 3500m 时显著。海拔<2500m(图 6.15(a))范围内植被 NPP 表现出相邻年份交替增加和减少的趋

势,使该海拔层面内 NPP 平均年际波动率较大,但其线性拟合趋势方程没有达到显著性水平,NPP 增加趋势不明显。与海拔小于 2500m 时相比,海拔为 2500~3000m 和海拔为 3000~3500m 这两个范围内植被 NPP 增加趋势更为明显,平均年际波动率也有所下降。在海拔 3500~5000m(图 6.15(d)、6.15(e)、6.15(f)),NPP 增加趋势主要出现在 1996 年之后,此前 NPP 线性拟合趋势方程没有达到显著性水平,趋势不明显,平均年际波动率也较小,仅在 1988 年和 1994 年分别出现一个较明显的波峰;1997—2006 年该海拔范围内植被 NPP 平均年际波动率较大,在 1998 年出现一个非常明显的波峰,增加速率分别达到 $31.76 gC/(m^2 \cdot a)$、$20.51 gC/(m^2 \cdot a)$ 和 $6.74 gC/(m^2 \cdot a)$,增加趋势明显;2001—2012 年植被 NPP 平均年际波动率下降,但增加趋势仍然明显,增加速率分别为 $23.55 gC/(m^2 \cdot a)$、$34.85 gC/(m^2 \cdot a)$ 和 $24.06 gC/(m^2 \cdot a)$。在海拔大于 5000m(图 6.15(g)、6.15(h))的两个时段中,NPP 线性拟合趋势方程都达到了显著性水平,植被 NPP 具有较明显的增加趋势。1983—2006 年植被 NPP 年际波动较大,分别在 1988 年和 1993 年出现一个明显的波峰和波谷;2001—2012 年 NPP 平均年际波动率大幅度下降,增加趋势趋于稳定。

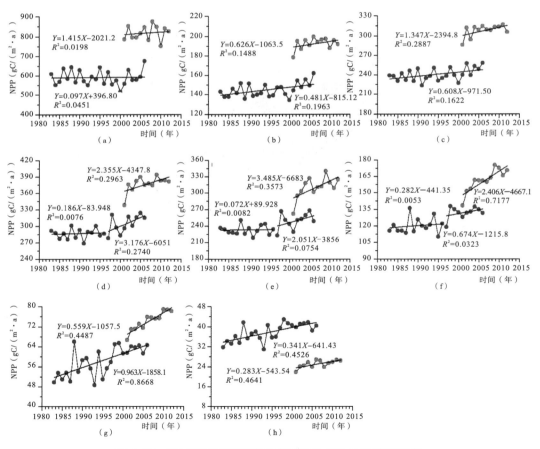

图 6.15　不同海拔梯度内青藏高原植被 NPP 年际变化趋势

表 6.9　　　　　　　　　　不同海拔层面在各时段内的平均年际波动率

海拔梯度等级	1983—2006 年 (%)	2001—2012 年 (%)	海拔梯度等级	1983—1996 年 (%)	1997—2006 年 (%)	2001—2012 年 (%)
Ⅰ	8.41	6.24	Ⅳ	4.77	6.06	3.11
Ⅱ	5.24	3.74	Ⅴ	4.70	6.45	5.24
Ⅲ	5.04	2.96	Ⅵ	7.66	3.82	3.18
Ⅶ	8.62	2.23				
Ⅷ	7.91	5.40				

6.5　青藏高原植被净初级生产力与气候变化的响应关系

气候因子和人类活动都会对植被 NPP 的时空演变产生影响,青藏高原人类活动影响相对较弱,气候变化就成为了植被 NPP 变化的一个主要影响因素。接下来我们将逐像元分析 NPP 与温度、降水的相关关系,探讨青藏高原 NPP 时空演变对气候变化的响应机制。

6.5.1　植被 NPP 空间分布的气候控制机制

以降水量 50mm 为间隔,将青藏高原划分为 24 个降水区间,而后以 2℃ 为间隔,将各降水区间进一步细分为 14 个区间,分析显示高原不同降水量区间 NPP 与温度表现为不同的关系(图 6.16)。降水量小于等于 400mm 的区域内植被 NPP 变化较小,不超过 200gC/(m² · a)。该区域内 NPP 随温度的升高而升高,当温度达到 -5℃ 时 NPP 出现下降趋势,可能的原因是在降水量较少的情况下,过高的温度引起水分大量蒸发,降低了植被生产力。降水量为 400~900mm 的区域内,随着温度升高,植被 NPP 增加显著,当温度达到 12℃ 时 NPP 达到最大值 1000gC/(m² · a)。降水量大于等于 900mm 的区域内各降水区间 NPP 随温度变化趋势一致,曲线形态相似,NPP 最大可达 800gC/(m² · a)。

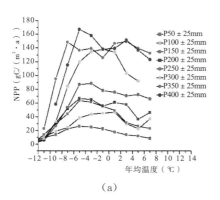

(a)

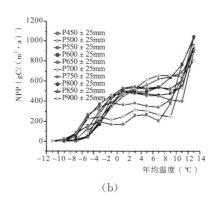

(b)

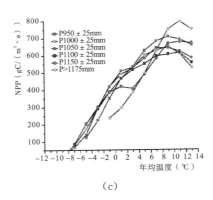

（c）

图 6.16　不同降水区间植被 NPP 与年平均气温的关系

利用二元线性回归分析分为小于 400mm、400～900mm、大于 900mm 来拟合 3 个降水量区间内 NPP(Z)与年均温(T)、年降水量(P)之间的关系,回归方程形式为 $Z = aT + bP$。拟合之前分别将温度降水数据做标准化处理,拟合参数 a、b 越大表明温度或降水对 NPP 的贡献越大。年降水量小于等于 400mm 的区域内($a = 0.067$, $b = 0.835$)降水量对 NPP 的贡献明显大于温度,植被生产力的主导因子是降水。受降水量的限制,该区域内植被多为荒漠、沼泽和高寒草原,生产力水平较低。年降水量为 400～900mm 的区域内($a = 0.654$, $b = 0.377$),温度对 NPP 的贡献稍大于降水量,植被生产力的主导因子是温度。该区域内水热条件好,植被类型从高寒草甸、灌丛到常绿阔叶林,生产力水平随温度增加趋势明显,最高可达 1000gC/(m² · a)。年降水量大于等于 900mm 的区域内($a = 0.863$, $b = -0.117$),温度对 NPP 的贡献远大于降水量,植被生产力的主导因子是温度,降水对 NPP 表现出微弱的抑制作用,这可能是因为过量降水使土壤腐蚀,有机质含量减少,从而降低了植被生产力。

表 6.10　　　　　　　　　　植被 NPP 与年平均气温、年降水量的线性关系

降水(mm)	a	b	R^2	显著性水平	采样数
≤400	0.067	0.835	0.713	$P < 0.001$	78
400～900	0.654	0.377	0.718	$P < 0.001$	129
≥900	0.863	-0.117	0.714	$P < 0.001$	63

6.5.2　植被 NPP 年际变化的气候影响机制

1983—2012 年,青藏高原年平均气温具有明显的上升趋势,其变化速率为 0.51℃/10a(图 6.17),30 年中年平均气温上升了约 1.4℃。温度升高主要是从 1998 年开始的,在此之前年平均气温都在多年平均值以下波动,此后距平转为正值,年平均气温度维持在较高的水平上。2009 年达到近 30 年来的最高值,年平均气温达 -1℃,此后略有下降。近 30 年青藏高原年降水量呈现小幅度减少趋势,但没有达到显著性水平($P > 0.05$),趋势不明显。1997

年之前降水量波动幅度较大,出现多个峰值和谷值,最小值出现在 1994 年。1994 年之后降水量开始回升,距平多为正值,进入一个丰水期,一直持续到 2005 年,此后降水量再次出现较大幅度波动。

分别分析 NPP 总量与温度、降水的相关性发现,年平均气温度显著影响 NPP 的变异($NPP=0.032T+0.605,R^2=0.456,P<0.001$),温度升高使植被生长周期变长,从而提高生产力。NPP 与年降水量无显著相关关系($R^2=0.0096,P>0.05$)。分析 NPP、年平均气温、年降水量变化曲线同样可得出此结论:当年平均气温较高时,即使降水量稍低于各年平均值,NPP 也会达到较高的水平(如 1994 年和 2009 年);而当降水量较高时,如果没有较高的年平均气温,NPP 却不会达到较高水平(如 1985 年和 1989 年)。可见在青藏高原地区,NPP 总量的年际变化主要受年平均气温的制约,年降水量只是在一定程度上产生次要影响。

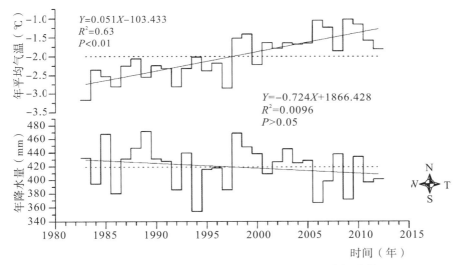

图 6.17　青藏高原年平均气温、年降水量变化趋势

6.6　小结

本章以青藏高原植被生态系统生产力为研究对象,利用长时间序列气象资料和卫星遥感资料,分 3 个高程层面模拟青藏高原地表太阳辐射,并以此驱动 CASA 模型估算近 30 年青藏高原植被 NPP,分析 NPP 的时空演变特征及其对气候因子的响应关系。主要内容和结论如下:

(1)地表太阳辐射的模拟

研究中经过物理分析和统计筛选,选取纬度、海拔、日照时数、平均相对湿度和水汽含量 5 个影响太阳辐射的关键因子,综合考虑影响因子的单独作用和联合作用,利用长时间序列站点观测数据,采用逐步回归法分3个高程层面建立月太阳总辐射与影响因子的关系模型,并应用此模型模拟青藏高原近30年各个月份的地表太阳总辐射。经验证:模拟的太阳辐射与站点实测值具有显著的线性关系;与常用辐射估算模型Bristow-Campbell的估算结果进行对比,可知建立的辐射估算模型模拟精度更高,能够更合理地反映高原地表太阳辐射的空间分布特征。

(2)NPP遥感反演模型的建立

研究中采用1983—2006年的NOAA NDVI产品和2001—2012年的MODIS NDVI产品,结合模拟的太阳辐射数据和空间插值获得的月平均气温、月降水量栅格数据,共同驱动CASA模型估算青藏高原近30年各个月份的植被NPP。通过与实测生物量数据和前人研究成果的对比,可知本研究取得了较好的估算结果,能够用于NPP空间分布特征及长时间序列演变过程的分析。

(3)NPP空间分布及季节变化特点的分析

根据近30年NPP估算结果,分析青藏高原植被NPP的空间分布特征,揭示其植被生产力水平的空间异质性规律;同时根据各月NPP估算结果,讨论青藏高原总体NPP的季节累积规律以及典型植被NPP的季节变化特点。研究表明:青藏高原植被NPP的空间分布表现为自东南向西北逐渐递减的趋势,与水热条件和植被类型分布规律一致。夏季是青藏高原植被生产力的主要累积季节,其间NPP的累积量占全年NPP累积量的55%,春、秋、冬季NPP累积量分别占全年NPP累积量的12%、23%和10%。不同类型的植被生产力水平差异较大,按照季节波动大小排序为:高寒草甸和苔原>常绿阔叶林>灌丛>针阔混交林>高寒草原>高山稀疏植被。除常绿阔叶林外,各类型植被季节变化曲线都只有一个峰值,出现在7月或8月,常绿阔叶林季节变化曲线有两个峰值,分别出现在3月和10月。

(4)NPP年际变化特征的分析

在(3)的基础上计算获得年NPP差值图像,探讨青藏高原NPP演变趋势的空间分异规律,分析NPP总量的年际变化特征,并讨论典型植被类型、主要生态地理区域系统和不同海拔层面NPP年际变化的特点,反映青藏高原不同地域植被对气候变化响应程度的差异。研究表明:青藏高原植被NPP的演变趋势存在显著空间分异,其中,高原西北部植被NPP近30年变化相对稳定,其余地区在不同时段内呈现不同的变化趋势。近30年青藏高原NPP总量波动范围为$0.494 \sim 0.590 \text{PgC/a}$,$P = 10^{15}$,变化率为$0.0187 \text{ PgC/10a}$,呈现"缓慢增加—缓慢减少—快速增加"的趋势。常绿阔叶林、高寒草原、高山稀疏植被、高寒草甸和苔原的NPP在各时段内都呈现增加趋势,但增加幅度和年际波动程度各有不同;在1983—1996年、1997—2006年、2001—2012年3个时段内针阔混交林NPP增加、减少趋势都不明显,而灌丛NPP则呈现"缓慢增加—减少—缓慢增加"的趋势。青藏高原各生态区植被NPP变化趋势不同,总体上高原亚寒带各生态区NPP增加趋势比高原温带、中亚热带湿润地区各生态区 NPP 增加趋势明显。青藏高原海拔大于 3500m 时植被 NPP 的增加趋势比海拔小于 3500m 时显著。

（5）NPP 对气候响应机制的探讨

利用二元线性回归分析拟合不同降水量区间内 NPP 与年平均气温、年降水量之间的关系，探究青藏高原 NPP 空间分布的气候控制机制；同时，在分析近 30 年温度、降水变化趋势的基础上，讨论青藏高原 NPP 年际变化的气候影响机制。研究表明：高原西北部降水量小于 400mm 的区域，降水对 NPP 的影响明显大于温度的影响，是主导因子；在高原东南部降水量大于 400mm 的区域，气温是 NPP 空间分布的主导因子；降水量大于 900mm 的区域，降水对 NPP 表现为微弱的抑止作用，可能是因为过量降水使土壤腐蚀，有机质含量减少，降低了生产力。近 30 年青藏高原年平均气温上升趋势明显，变化速率为 0.51℃/10a，年际变化曲线与 NPP 具有较好一致性；年降水量变化趋势为不显著的减少；NPP 年际变化的主导因子是温度，降水只在一定程度上产生次要影响。

参考文献

［1］卢玲，李新. 黑河流域植被净初级生产力的遥感估算［J］. 中国沙漠，2006,25(6)：823-30.

［2］Odum E P. Organic production and turnover in old field succession［J］. Ecology，1960：34-49.

［3］蔡剑萍，王兆德，李有则. 大田光合作用测定法［J］. 植物生理学通讯，1960,2：54-56.

［4］高虹，等. 湖南会同地区马尾松林生物量的测定［J］. 林业科学，1982,18(2)：127-34.

［5］Lieth H. Modeling the primary productivity of the world［M］. Primary productivity of the biosphere. Springer. 1975：237-63.

［6］Lieth H. Evapotranspiration and primary productivity：CW Thornthwaite memorial model［J］. Pub in Climatology，1972,25：37-46.

［7］Goward S N，Dye D G. Evaluating North American net primary productivity with satellite observations. Advances in Space Research，1987,7(11)，165-174.

［8］Uchijima Z，Seino H. Agroclimatic evaluation of net primary productivity of natural vegetations，1：Chikugo model for evaluating net primary productivity［J］. Journal of Agricultural Meteorology，1985,40：343-352.

［9］朱志辉. 自然植被净初级生产力估算模型［J］. 科学通报，1993,38(15)：422-426.

［10］孙睿,朱启疆.中国陆地植被净第一性生产力及季节变化研究[J].地理学报, 2000,55(1):36-45.

［11］周广胜,张新时,高素华,等.中国植被对全球变化反应的研究[J].植物学报, 1997,39(9):879-888.

［12］Zhou G,Zheng Y,Luo T,et al. NPP model of natural vegetation and its application in China. Scientia Silvae Sinicae,1998,34:2-11.

［13］陈利军,刘高焕.遥感在植被净第一性生产力研究中的应用[J].生态学杂志, 2002,21(2):53-7.

［14］崔霞,冯琦胜,梁天刚.基于遥感技术的植被净初级生产力研究进展[J].草业科 学,2007,24(10):36-42.

［15］Potter C S,Randerson J T,Field C B,et al. Terrestrial ecosystem production:A process model based on global satellite and surface data[J]. Global Biogeochemical Cycles, 1993,7(4):811-41.

［16］Field G S,Randerson J T,Malmstrom C M. Global net primary production: combining ecology and remote sensing[J]. Remote Sensing of Environment,1995,51: 74-88.

［17］Goetz S J,Prince S D,Goward S N,et al. Satellite remote sensing of primary production:an improved production efficiency modeling approach[J]. Ecological Modelling, 1999,122(3):239-55.

［18］Prince S D,Goward S N. Global primary production:a remote sensing approach[J]. Journal of biogeography,1995:35,815.

［19］Knorr W,Heimann M. Impact of drought stress and other factors on seasonal land biosphere CO_2 exchange studied through an atmospheric tracer transport model[J]. Tellus B,1995,47(4):471-489.

［20］Kimball J S,White M A,Running S W. Biome-BGC simulations of stand hydrologic processes for BOREAS[J]. Journal of Geophysical Research:Atmospheres, 1997,102(D24):29043-29051.

［21］White M A,Thornton P E,Running S W,et al. Parameterization and sensitivity analysis of the BIOME-BGC terrestrial ecosystem model:net primary production controls [J]. Earth interactions,2000,4(3):1-85.

［22］Melillo J M,Borchers J,Chaney J,et al. Vegetation/ecosystem modeling and analysis project:comparing biogeography and biogeochemistry models in a continental-scale study of terrestrial ecosystem responses to climate change and CO_2 doubling[J]. Global

Biogeochemical Cycles,1995,9:407-438.

[23] Parton W J,Schimel D S,Gole C V,et al. Analysis of factor controlling soil organic mattern levels in Great Plains Grassland[J]. Soil Science Society of American Journal,1987,51(5):1173-1179.

[24] Gilmanov T G,Parton W J,Ojima D S. Testing the 'CENTURY' ecosystem level model on data sets from eight grassland sites in the former USSR representing a wide climatic/soil gradient[J]. Ecological Modelling,1997,96(1):191-210.

[25] Prasad V K,Kant Y,Badarinath K V S. CENTURY ecosystem model application for quantifying vegetation dynamics in shifting cultivation areas:A case study from Rampa Forests,Eastern Ghats[J]. Ecological Research,2001,16(3):497-507.

[26] Liu J,Chen J M,Cihlar J,et al. A process-based boreal ecosystem productivity simulator using remote sensing inputs[J]. Remote sensing of environment,1997,62(2): 158-175.

[27] Higuchi K,Shashkov A,Chan D,et al. Simulations of seasonal and inter-annual variability of gross primary productivity at Takayama with BEPS ecosystem model[J]. Agricultural and forest meteorology,2005,134(1-4):143-150.

[28] Running S W,Hunt E R. Generalization of a forest ecosystem process model for other biomes, BIOME-BGC, and an application for global-scale models [J]. Scaling physiological processes:Leaf to globe,1993:141-58.

[29] Running S W. Testing FOREST-BGC ecosystem process simulations across a climatic gradient in Oregon[J]. Ecological Applications,1994,4(2):238-247.

[30] Hunt E R,Piper S C,Nemani R,et al. Global net carbon exchange and intra-annual atmospheric CO_2 concentrations predicted by an ecosystem process model and three-dimensional atmospheric transport model[J]. Global Biogeochemical Cycles,1996,10(3): 431-456.

[31] White M A,Thornton P E,Running S W,et al. Parameterization and sensitivity analysis of the BIOME-BGC terrestrial ecosystem model:net primary production controls[J]. Earth interactions,2000,4(3):1-85.

[32] Thornton P E, Running S W, Hunt E R. Biome-BGC:terrestrial ecosystem process model,Version 4. 1. 1[J]. ORNL DAAC,2005.

[33] Liu J,Chen J M,Cihlar J,et al. A process-based boreal ecosystem productivity simulator using remote sensing input. Remote Sensing of Environment,1997,62:158-175.

[34] Chen J M, Liu J, Cihlar J, et al. Daily canopy photosynthesis model through

temporal and spatial scaling for remote sensing applications. Ecological Modeling,1999,124:99-119.

[35] 王秋凤,牛栋,于贵瑞,等. 长白山森林生态系统 CO_2 和水热通量的模拟研究[J]. 中国科学 D 辑,2004,34:131-140.

[36] Goward S N, Huemmrich K F. Vegetation canopy PAR absorptance and the normalized difference vegetation index:an assessment using the SAIL model[J]. Remote sensing of environment,1992,39(2):119-40.

[37] Hatfield J,Asrar G,Kanemasu E. Intercepted photosynthetically active radiation estimated by spectral reflectance[J]. Remote Sensing of Environment,1984,14(1):65-75.

[38] 朴世龙,方精云,郭庆华. 利用 CASA 模型估算我国植被净第一性生产力[J]. 植被生态学报,2001,25(5):603-608.

[39] Finzi A. Long-Term Response of Terrestrial Productivity to Elevated CO_2 Remains a Grand Challenge in Terrestrial Biogeochemistry[J]. Proceedings of the AGU Fall Meeting Abstracts,F,2013.

[40] 张志明. 计算蒸散量的原理与方法[M]. 成都:成都科技大学出版社,1990.

[41] 周广胜,张新时. 自然植被净第一性生产力模型初探[J]. 植物生态学报,1995,19(3):193-200.

[42] 朱文泉,潘耀忠,龙中华,等. 基于 GIS 和 RS 的区域陆地植被 NPP 估算——以中国内蒙古为例[J]. 遥感学报,2005,9(3):300-7.

[43] Chen W H, Kuo P C. Torrefaction and co-torrefaction characterization of hemicellulose,cellulose and lignin as well as torrefaction of some basic constituents in biomass[J]. Energy,2011,36(2):803-11.

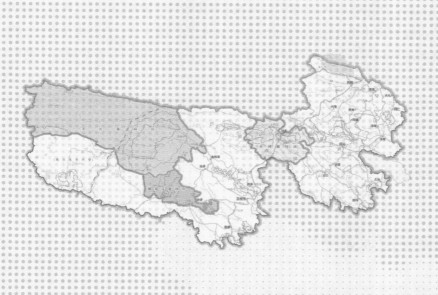

第7章 青藏高原内陆水体遥感监测与评估

内陆水体是连接水圈、大气圈、冰冻圈和生物圈的纽带,青藏高原的内陆水体主要载体为湖泊。湖泊不仅能够通过水循环和能量交换影响区域气候,而且也可以通过储存陆源碎屑沉积物来记录过去气候的变化(王苏民和窦鸿身,1998)。从生态学角度,湖泊也是一种重要的生态系统,湖泊中生物亚系统和水环境亚系统相互作用、密不可分,共同维持着区域生态平衡。湖泊具有调节河川径流、减少洪水灾害、发展农业灌溉、提供工业和生活用水等功能,同时湖泊也能够提供重要的矿产资源(如盐)(杜军等,2017)。青藏高原是中国湖泊分布最多、最密集的地区之一。近几十年来,在全球气候变化的影响下,青藏高原的湖泊面积、数量和分布状况发生了明显的变化;高原湖泊的变化包含了高原地区环境演变的丰富信息,因此,对青藏高原湖泊分布及变化趋势的全面认知是准确理解青藏高原对气候响应与影响的关键(朱立平等,2017)。由于地形、气候等自然条件的限制,大多数湖泊位于人类难以进驻的地区,难以进行长期的地面观测。卫星遥感观测技术具有范围广、成本低、时效快等优势,能够节省传统地面观测所需要的大量人力、物力和财力,能够为青藏高原湖泊的研究提供强有力的技术支撑。

7.1 内陆湖泊遥感研究概况

7.1.1 青藏高原湖泊遥感监测研究现状

随着遥感技术的发展和数据的增多,近年来不少学者对青藏高原地区近几十年湖泊面积、水位和水量的变化进行了大量的研究(Jiang et al.,2017;Liu et al.,2009;Qiao et al.,2019;Song et al.,2014b;Zhang et al.,2016;Zhang et al.,2011b;车向红等,2015;德吉央宗等,2018;杜玉娥等,2018;拉巴卓玛等,2017;梁丁丁,2016;刘佳丽等,2018;闾利等,2019;皮英楠等,2018)。从研究区域的空间尺度来看,可以分为整个高原区域湖泊(Li et al.,2014;Phan et al.,2012;Zhang et al.,2016)、局部流域湖泊(Liu et al.,2009;Wang et al.,2013)、典型湖泊(Liao et al.,2013)和单一湖泊(Kropáček et al.,2012;Zhang et al.,2013;Zhang et al.,2011a)。虽然不同地区的湖泊变化趋势不尽相同,但是总体而言,近40年来青藏高原湖泊处于扩张状态,湖泊数目和面积都在增加(马荣华等,2011)。从研究内容来看,之前的大多数研究更加关注湖泊面积的变化(Liao et al.,2013;Zhang et al.,2016;除多等,

2012;类延斌等,2009;马荣华等,2011;牛沂芳等,2008;吴艳红等,2007),尽管与 Landsat 数据相比,MODIS 数据的空间分辨率相对较低,但是在湖泊面积变化检测中也具有较好的适用性(车向红等,2015;马津,2018;张克祥,2015)。随着 GRACE 重力卫星数据和 ICESat 测高数据的应用,湖泊水位和水量变化遥感监测方面的研究逐渐增多(Phan et al.,2012;Qiao et al.,2019;Zhang et al.,2011b)。

目前,比较常用的湖泊边界提取方法可以归结为以下 6 类:目视解译法(Li et al.,2014;Zhang et al.,2011a;Zhang et al.,2015)、专题分类法(Hung and Wu,2005;Lira,2006;骆剑承等,2009;王碧晴等,2018)、线性解混法(Rogers and Kearney,2010;Sethre et al.,2013;Song et al.,2013;Song et al.,2014a)、单波段阈值法(Bryant and Rainey,2002;Jain et al.,2005;Klein et al.,2014;Sethre et al.,2013)、光谱指数法(Feyisa et al.,2014;Fisher et al.,2016;Gao,1996;Ji et al.,2009;McFeeters,1996;Wang et al.,2018;Xu,2006;黄田进等,2017;李均力等,2011)以及综合分析法(Klein et al.,2014;黄田进等,2017;李均力等,2011;张国庆,2018)。目视解译法虽然比较准确,但是耗费人力和时间较多,效率比较低;专题分类法、线性解混法、单波段阈值法、光谱指数等方法由于不同研究人员采用的标准或阈值不同,获得的结果存在较大的差异。因此,目前逐渐采用综合分析法(张国庆,2018)。经过大量的研究验证,单一的水体阈值分割方法在对湖泊进行分割时会带来较大的误差,因此需要针对不同研究对象的动态阈值分配方法,这种方法能够针对研究区域不同地貌位置的水体进行独立分割,获取相对准确的水体边界(Ji et al.,2009;Klein et al.,2014)。最近,一些学者构建了综合利用多种方法的全局—局部水体提取自动化流程,首先对数据进行预处理(辐射校正、地形校正),然后采用水体指数全域阈值分割和地形数据进行全部湖泊范围的识别,生成水体分布范围掩膜,然后利用局部水体指数阈值分割方法确定每个湖泊的边界和位置,最后借助于人工判识的方法去除非水体边界(Klein et al.,2014;Li and Sheng,2012;Nie et al.,2017;Sheng et al.,2016;黄田进等,2017;骆剑承等,2009)。

已有研究表明,近 40 年来青藏高原湖泊个数和面积均呈增加的趋势(Liu et al.,2019;Qiao et al.,2019;Song et al.,2013;Zhang et al.,2015;王智颖,2017;闫立娟等,2016;杨珂含等,2017)。主要原因为近几十年来高原年平均气温升高、年降雨量增加和蒸发量减小(Song et al.,2013;王智颖,2017)。由于湖泊所处地理位置和气候条件的差异,以及水体补给来源的不同,高原湖泊对气候变化的响应方式也不尽相同(Sun et al.,2018;Wang et al.,2015;王智颖,2017;张鑫,2015)。总体上,高原湖泊变化具有明显的时空差异性:

①20 世纪 70—90 年代,西藏北部、中部、南部,青海羌塘盆地和青海东部湖泊呈萎缩趋势;

②20 世纪 90 年代至 2000 年,青海北部湖泊萎缩;

③2000—2010 年,除西藏南部外,青藏高原其余地区湖泊全面扩张(王智颖,2017)。

不同水源补给类型也决定了湖泊变化格局的差异,如在波曲流域,有冰川融水补给的湖泊呈现明显的扩张趋势,而没有冰川融水补给的湖泊变化趋势不明显(Wang et al.,2015)。地质地貌条件基本决定了湖泊变化的整体格局,但是气候变化在湖泊短时间尺度的变化过程中起主导作用。此外,湖泊动态变化还受冰川变化和人类活动等因素的影响。

7.1.2 青藏高原湖泊遥感监测研究存在的问题

青藏高原关于冰川、湖泊等内容的研究大多基于遥感数据及产品,虽取得不少成果,但还是存在一定的局限性。

(1)使用数据存在时间差别

已有不同学者对于青藏高原湖泊遥感提取进行了大量的研究。结果发现,即使是在同样区域或者同样的湖泊,利用同样年份的 Landsat 数据,最后得到的湖泊面积也不相同。这可能是由于不同的学者采用的 Landsat 数据获取的月份不同,不同的月份湖泊面积受降水或者冰雪融水补给影响,所以得到的湖泊面积存在差异。

(2)数据空间分辨率不同

尽管大多学者利用 Landsat 数据,但是最近也有学者在利用中等分辨率数据(如MODIS)尝试提取湖泊面积(Khandelwal et al.,2017;车向红等,2015;马津,2018;张克祥,2015)。尽管结果证明中等分辨率数据在进行湖泊提取时具有一定的适用性,能够很好地反映湖泊的长期演化趋势,但是由于空间分辨率的差别,提取的结果还会存在较大的差异。

(3)研究方法各异

如前文所讲,由于每个学者采用的分析方法不同,在确定湖泊边界时对于水体—陆地像元的判识和归类也不同,尤其是对于水陆交替地带光谱或者水体指数难以明显分割的区域(Ji et al.,2009)。由于光谱反射率存在时空变化,在同一地区不同时段获取的卫星遥感数据的光谱分辨率存在明显差别,因此,即使采用同样的分析方法,如果采用的分割阈值不同,结果将会存在较大的差别。

因此,今后的研究应该是利用大数据深度学习方法,建立多种类型的水体光谱库,通过地面验证和指数分割相结合的方法,构建一套最优指数阈值自动分配系统,提高湖泊水体遥感自动识别和分类的精度。

本章基于整理和搜集已有的遥感观测资料与各类地表覆盖产品,对不同数据和方法获取的青藏高原湖泊面积进行综合分析和比较,验证不同数据和分析方法的异同,揭示高原湖泊长时间序列变化趋势及其驱动因素。

7.2 青藏高原湖泊的自然特征

青藏高原西起帕米尔和喀喇昆仑山脉,东达横断山脉,北至昆仑山、阿尔金山和祁连山北部,与干旱荒漠区塔里木及河西走廊相连,其平均海拔 4500m 以上,面积大约为 200 万 km²。青藏高原地区的地质、地理环境异常复杂,水系发育,湖泊众多,是我国湖泊分布最密集的地区之一(图 7.1)。

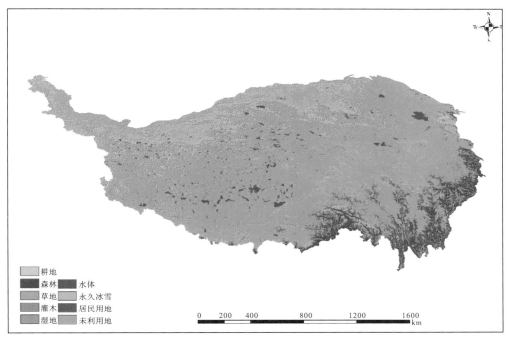

图 7.1 青藏高原区域及土地覆被类型图

我们既对整个青藏高原区域所有湖泊面积变化进行了全面分析,也对面积大于 500km² 的典型湖泊进行了重点分析。因此,我们在介绍高原总体环境的基础上,对典型湖泊的基本地质地貌等环境特征进行详细介绍。

7.2.1 区域水体整体概况

7.2.1.1 区域位置

青藏高原位于我国西南部,地处 75°~105°E、25°~40°N,东西长 2700km,南北宽 1400km,总面积约为 250 万 km²,我国境内的青藏高原包括整个西藏自治区和青海省,四川省的西部,云南省北部,新疆省南部和甘肃省部分地区(图 7.1)。高原 50% 的区域的海拔超过 4000m,是世界上海拔最高、面积最广阔的高原,因此有"世界屋脊"和"第三极"之称。

青藏高原地势复杂,总体地势为自西向东倾斜,西北高,东南低。青藏高原周围被一系列的高大山脉包围,而内部则由高原、星罗棋布的湖泊、盆地等地貌所组成,海拔高度由 5000m 降至 4000m 左右,依次由高耸的山脉构成地貌的基本框架,高原面上众多的湖泊与宽广的盆地以及贯穿着各大水系所构成青藏高原的整体形态。青藏高原南起喜马拉雅山南麓,北部至昆仑山、祁连山北侧山脉,西起帕米尔高原,东至横断山脉,高原的东部和东南部被金沙江(长江上游)、澜沧江(湄公河)以及雅鲁藏布江这三大河流所切割。受地质构造的影响,以东西向为主的山脉占据了青藏高原的大部分地区,如喜马拉雅山系、冈底斯—念青唐古拉山山系等。高原腹地主要由长江源山原、黄河源山原和藏北高原区3个地区组成。

7.2.1.2 气候特征

青藏高原的平均海拔高度在4000m以上,由于地势较高,与同纬度的平原地区相比,气候严寒且干冷,具有其独特的气候特征,分为高原温带地区、高原亚寒带地区以及高原寒带地区。青藏高原总体气候特征为:太阳辐射较强,空气稀薄,气温低且随着纬度的升高而降低,日温差大但年温差较小,降水量相对较少但地域差异性大;冬季的青藏高原干冷,降雨较少且风势强劲,主要受西伯利亚高压和蒙古高压控制。而在夏季,高原温暖湿润且降雨较多,主要受印度低压的控制。

高原的大部分地区全年日照时数在2800h以上,其中柴达木盆地和西藏西部最多,可达3200h以上。高原的年平均气温比我国的东部低较多,在1.4℃左右,且边缘地区的气温要比高原内部的温度高。根据气温空间分布特征,可将青藏高原按温度变化分为3个地区:①年平均气温低于0℃的地区,主要分布在藏北高原、祁连山部分区域;②年平均气温在0～5℃的地区,主要为柴达木盆地;年平均气温高于5℃的地区,主要分布在西藏东南部三江谷地以及雅鲁藏布江下游地区。

青藏高原的降水主要受暖湿西南季风的支配,平均降水量的变化规律为由东南向西北递减。高原东南部的年均降水量高达1000mm以上,而西北部的柴达木盆地地区,降水量已降低到仅20mm左右。整个高原的平均降水量为300～500mm,降水量最大地区与最小地区的差值可达250倍左右。根据年降水量的分布,高原的多雨区主要集中在喜马拉雅山南坡、那曲、类乌齐以及丁青地区、雅鲁藏布江谷地、金沙江、澜沧江和怒江三江流域地区,降水量都高达400mm以上。而少雨地区主要集中在喜马拉雅山北麓与雅鲁藏布江之间,阿里地区的噶尔、森格藏布一带,以及柴达木盆地,降雨量平均在100mm以下。

青藏高原由于其海拔高度较高、空气稀薄,因此太阳辐射较强,是全国太阳辐射总量最高的地区。太阳辐射值的分布特点是从东南向西北增加(李文华等,1998),且夏季太阳辐射值最大,其次为春季,冬季达到最小。青藏高原的太阳辐射年总量为130kcal/(cm^2·a),而高原边缘地区以及高原中心的羌塘地区、阿里地区以及雅鲁藏布江地区的总辐射年总量则在150kcal/(cm^2·a)以上,藏东南地区、四川盆地以及横断山地区只有80～140cal/(cm^2·a)高原北部的新疆地区也只有130～140cal/(cm^2·a)。

7.2.1.3 水文特征

青藏高原独特的地势及海拔高度,使得高原内的各山系中发育着无数条现代冰川,青藏高原因此也成为世界上中低纬度地区最大的冰川作用中心,冰川总面积占全国冰川总面积的 4/5。高原上冰川的分布并不均匀，主要集中在高原南半部和东部地区，其中昆仑山山脉冰川面积最大，冰川面积占有率为 20.64%，其次是念青唐古拉山为 18.01%，喜马拉雅山脉为 14.17%。青藏高原河流的发育受地质构造、地质地貌和气候条件的影响。青藏高原为我国三阶地势的最高阶，分别向东、西、南三个方向倾斜，成为长江、黄河、怒江、澜沧江、雅鲁藏布江、印度河等大江大河的发源地。位于高原东南部、东部和南部地区的河流，多为外流河，这些河流多位于湿润和半温润带地区，河网密度大，属常年性流动；而其西部和北部属干旱、半干旱地区，如藏北高原、柴达木盆地以及青海湖区的河流，大多为内流河，河网不发达，多数为季节性河流，河谷宽而浅，河水急促且短小。除青藏高原中南部外，高山上的积雪及冰川是河流的重要补给来源。

7.2.2 青藏高原湖泊概况

青藏高原是我国湖泊数量最多、面积最大、分布最广泛的地区。截至 2000 年左右，整个高原湖泊面积大于 1km^2 的有 1091 个，总面积为 44993.3km^2；湖泊面积大于 10km^2 的有 345 个，总面积为 42807.1；湖泊面积大于 100km^2 的有 59 个；大于 1000km^2 的有 3 个，分别为青海湖、色林错、纳木错（王苏民和窦鸿身，1998；姜加虎和黄群，2004）。到 2010 年前后，面积大于 1km^2 的湖泊增加到 1153 个，总面积约 44840.16km^2（闫立娟等，2016）。青藏高原湖泊分布并不均匀，总体特点为：南部、东部、西部分布大湖较多，高原腹地地区大湖较少，小型湖泊分布较广泛；内流湖多，外流湖少；咸水湖多，淡水湖少。青藏高原地区湖泊总储水量达 5182 亿 m^3，占全国湖泊总储水量 7077 亿 m^3 的 73.2%。其中淡水湖占 1035 亿 m^3，仅占全国总储量的 12.7%（罗鹏，2007）。

根据湖水矿化度，青藏高原的湖泊可以分为淡水湖、咸水湖和盐湖。淡水湖主要分布在海拔 4000m 以上的地区，咸水湖主要分布在海拔 4000~5000m 的地区，而盐湖主要分布在海拔 3000m 以下的地区。

青藏高原湖泊成因复杂多样，大多发育在山间盆地或者大型平坦谷地。其中，较大的湖泊，如纳木错、色林错、玛旁雍错等是由构造作用形成的，湖盆陡峭，湖水较深；一些中小型湖泊分布在峡谷之中，属于冰川湖或者堰塞湖。湖泊大多分布在高原腹地，以内陆湖为主，多是内陆河的尾闾（图 7.1）。在长江、黄河、雅鲁藏布江的源区，由于河流的侵蚀与切割，使得部分湖泊与外流水系连接，形成外流湖，如黄河上游的扎陵湖和鄂陵湖（王苏民和窦鸿身，1998）。

由于气候严寒并且干冷，冬季湖泊封冰期较长，降水稀少，冰雪融水是主要的补给形式。

7.2.3 典型湖泊介绍

这里我们对面积大于 500km^2 的较大湖泊进行详细介绍，这些湖泊分布于青藏高原不同区域。下面我们将对各个湖泊所处位置、地质地貌、气候及水文状况等进行较为详细的介绍（王苏民和窦鸿身，1998；杜军等，2007），如图 7.2、图 7.3 所示。

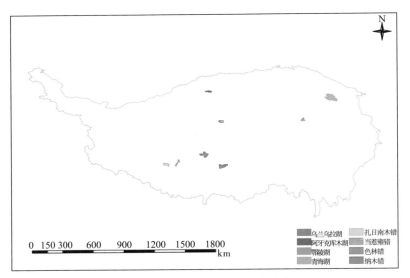

图 7.2　青藏高原 8 个典型湖泊分布图

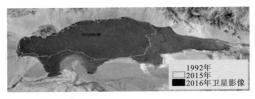

（a）1992 年、2015 年阿牙克库木湖湖面动态变化

（b）1992 年、2015 年当惹雍错湖面动态变化

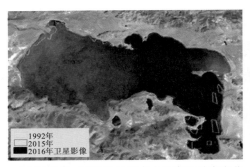

（c）1992 年、2015 年扎日南木错湖面动态变化

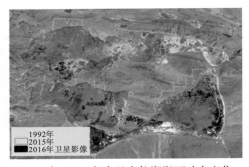

（d）1992 年、2015 年乌兰乌拉湖湖面动态变化

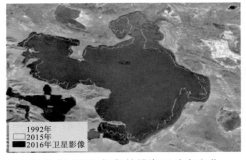

（e）1992 年、2015 年色林错湖面动态变化

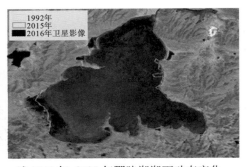

（f）1992 年、2015 年鄂陵湖湖面动态变化

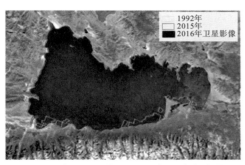
(g)1992年、2015年纳木错湖面动态变化

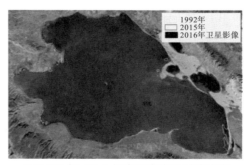
(h)1992年、2015年青海湖湖面动态变化

图 7.3　青藏高原 8 个典型湖泊遥感影像示意图(显示 1992 年、2015 年边界变化)

7.2.2.1　阿雅克库木湖

阿雅克库木湖位于巴音郭楞蒙古族自治州若羌县东南部,阿尔金山与昆仑山间库木库里盆地东部地势最低处。

湖区属高原大陆性荒漠干旱气候,年平均气温约 0℃;多年平均日照时数 2900h,降水量 75mm(固体降水为主);盛行西北风,年平均风速为 5～10m/s。流域集水面积 19280km²,补给系数 35.8。湖水主要依赖于冰雪融水径流补给,入湖河流主要是依协克帕提河、色斯克亚河。其中,东岸入湖的依协克帕提河长 103km,中游阿拉尔附近有皮提勒克河和库木开日河支流汇入。皮提勒克河长 278km,年径流量约 3.62 亿 m³;库木开日河长 64km,年径流量约 2.84 亿 m³。入湖口发育 200.0km² 沼泽盐滩。南岸入湖的色斯克亚河长 102km。

7.2.2.2　当惹雍错

当惹雍错位于冈底斯山中段北麓,86°30′E,31°00′N,那曲地区尼玛县境内,色林错西边,是西藏第四大湖,在构造上属于断陷湖泊。其深度超过 210m,是纳木错湖水深的两倍多,是目前已知西藏最深的湖。当惹雍错湖系发育在近南北向断裂湖盆内的构造湖呈北东方向延伸,长 70km,宽 15～20km,西岸和东岸为近南北向高达 5500～6000m 的山地,现代冰川发育。历史时期当惹雍错北与当穷错,南与许如错相连,长达 190km。后由于气候变干,湖水退缩,当穷错、许如错与当惹雍错分离。当惹雍错东南岸和北岸湖积平原广布,湖相阶地发育,多达 20 级以上。阶地面平缓,宽几十米到几百米,最宽达几千米。当惹雍错地处藏北羌塘高原,湖水主要靠冰雪融水补给。南部有发源于冈底斯山的达果藏布汇入。湖水 pH 值为 9.12,矿化度为 9.862g/L,属硫酸盐型咸水湖。

7.2.2.3　扎日南木错

扎日南木错位于藏北高原南部,位于 85°19′～85°54′E,30°44′～31°05′N,阿里地区措勤县境内,属东西向构造断陷湖。东西长 53.5km,南北宽 26km,平均宽 18km,面积 1023km²,海拔 4613m,平均水深 3.6m,最大水深 71.55m,周长 183km。湖水透明度 2.45m。pH 值

9.6,矿化度为 13.90g/L,属咸水湖。湖泊形态不规则,南北两岸较窄,东西两岸地势开阔。东岸湖积平原宽达 20km,沼泽发育;北岸和西岸发育有 10 道古湖岸线,最高一级高出湖面百米;东南部湖滨地带发育有三级阶地。湖区地处藏北高寒草原地带,气候寒冷、干旱,为纯牧区。扎日南木错流域面积 1.643 万 km²,湖水主要靠冰雪融水补给。入湖河流主要有措勤藏布、达龙藏布。措勤藏布发源于冈底斯山,全长 253km,流域面积 9930km²。

7.2.2.4 乌兰乌拉湖

乌兰乌拉湖位于中国青海省格尔木市唐古拉山镇的北部,面积约为 610km²。东面是乌兰乌拉山和沱沱河,紧邻可可西里自然保护区核心区和长江源保护区。

乌兰乌拉湖包括羌塘盆地北缘的一个大型咸水湖及毗邻的沼泽地,该湖有深锯齿状的湖岸及几个大的岛屿,由北、西、东 3 个湖以环状排列而成,北湖狭长,东、西两湖面积差不多,海拔 4900~5300m,乌兰乌拉湖周边补给水源有高山冰帽冰川消融水和中—新生代碎屑岩系的泉线涌水,南有等马河,西南有跑牛河、熊鱼河,西有天水河等,东面有一些季节性河流。季节性补给水量对河流及湖水更替周期有一定影响。乌兰乌拉湖水温低,封冰期达 6 个月。

7.2.2.5 色林错

色林错地处西藏自治区申扎、班戈和尼玛三县交界处,位于岗底斯山北麓,申扎县以北,位于 88°33′~89°21′E,31°34′~31°51′N。湖面海拔 4530m,形状不规则,长轴呈东西向延伸,长 77.7km,最大宽 45.5km,平均宽约 20.95km,面积 2391km²(杨志刚等,2015)。盆地长轴近东西向,南北两缘新构造发育,随着青藏高原的整体隆升而隆升。中晚更新世以来湖面逐渐缩小,由于局部隆升差异而将大湖分割,逐渐形成现代众湖分布的格局(图 7.3)。

色林错流域属于高原寒带半干旱季风气候,太阳辐射强,日照时间长。年日照时数 2910~2970h,年降水量 290~321mm,年平均气温 0.8~1.0℃,年平均最高气温 5.5~6.9℃,年平均最低气温-6.6~6.0℃。1961—2012 年,色林错湖流域年平均气温以 0.40℃/10a 的速度显著升高,其中班戈升温率最大,达 0.51℃/10a;申扎升温率为 0.29 ℃/10a。申扎、班戈年降水量也都表现为显著的增加趋势,平均每 10 年分别增加 19.71mm 和 19.56mm。近 30 年(1981—2012 年)流域年平均气温升温率为 0.45 ℃/10a,年降水量增幅明显,为 32.69mm,尤其是申扎增幅更突出,达 45.65mm(杨志刚等,2015)。

7.2.2.6 鄂陵湖

鄂陵湖是黄河上游的大型高原淡水湖,又称鄂灵海,古称柏海,藏语称错鄂朗,意为蓝色长湖,位于我国青海省玛多县西部的凹地内,西距扎陵湖 15km,与扎陵湖并称为"黄河源头的姊妹湖"。鄂陵湖东西窄、南北长,鄂陵湖与扎陵湖由一天然堤相隔,形似蝴蝶。湖面海拔 4272m,南北长约 32.3km,东西宽约 31.6km,湖面面积 610km²,平均水深 17.6m,湖心偏北、处最深达 30.7m,蓄水量 107 亿 m³。

　　湖区多年平均气温为 −4℃,是青海省高寒地区之一。冬季漫长而寒冷,10 月至次年 4 月的月平均气温都在 0 ℃以下,最冷的 1 月份平均气温为 −16.5℃;1978 年 1 月 2 日曾测得 −48.1℃的最低气温。夏季短而凉爽,最热的 7、8 月,月平均气温只有 8 ℃左右,最高气温 也只有 22.9℃。湖区几乎终年没有无霜期。两湖于每年 10 月中旬出现岸冰,11 月下旬或 12 月上旬全湖封冻,岸边最大冰厚可达 1m 左右。次年 3 月以后,湖冰开始消融,5 月初,湖 冰消融殆尽,冰冻期达半年以上。

7.2.2.7　纳木错

　　纳木错,位于西藏自治区中部,是西藏第二大湖泊,也是中国第三大的咸水湖。湖面海 拔 4718m,形状近似长方形,东西长 70 多 km,南北宽 30 多 km,面积约 1920km²。纳木错在 90°16′~91°03′E,30°30′~30°56′N(王苏民和窦鸿身,1998)。位于藏北高原的东南部,西藏 自治区的中部,拉萨市区划的西北边界上和其以北的当雄县与那曲市东南边界班戈县之间, 距离拉萨 240km。约有 60%的湖面在那曲地区的班戈县内,40%的湖面在拉萨市的当雄县 内。纳木错向南距拉萨市区约 100km。纳木错湖南边和东边是高峻的冈底斯山脉和雄伟的 念青唐古拉山脉,北边是起伏较小的藏北高原丘陵,整个区域形成了一个封闭性较好的内流 区域。

　　纳木错南面有终年积雪的念青唐古拉山,北侧和西侧有高原丘陵和广阔的湖滨。纳木 错所在的青藏高原,是约 7000 万年前开始的造山运动中欧亚大陆板块与印度板块相挤压而 隆起的产物。根据地质学的勘测资料和科学考察,纳木错地区属拉萨地体,以至少 10 亿年 前的前寒武纪陆壳构成基底,经过漫长岁月,约在晚侏罗纪增生到部分羌塘地体上面。纳木 错是第三纪末和第四纪初喜马拉雅运动凹陷而形成的巨大湖盆。其形成和发育受地质构造 控制,是经喜马拉雅运动凹陷而成,为断陷构造湖,并具冰川作用的痕迹。后因西藏高原气 候逐渐干燥,纳木错面积大为缩减,现存的古湖岩线有 8~10 道,最高一道距现在的湖面 80 多 m。

　　纳木错湖属半湿润半干旱过渡地带,光、热、水资源充足,气压低,在当雄班戈测得的空 气密度为 0.73kg/m³,年辐射总量约 7000MJ/m²,年日照时数达 3000h 左右,年均日照率大 于 65%,雨、旱季节分明,每年 6—10 月为雨季,多年平均降水量为 410mm,11 月至次年 5 月 为旱季。

　　纳木错是世界最高的大湖,也是西藏的第一大湖。最大水深达 33m 以上,湖水矿化度 大致为 1.7g/L,水质微咸,不能饮用,是我国仅次于青海湖的第二大咸水湖。纳木错是一个 封闭式湖泊,湖区降水衡少,日照强烈,出水途径只有湖面蒸发,每年蒸发的水量为 23.04 亿 m³;入水途径有两部分:湖水来源主要是天然降水和高山融冰化雪补给,一部分是流域内冰 川的融水,另一部分是流域总面积土地上降雨所形成的径流。据计算,进入湖泊的冰川融水

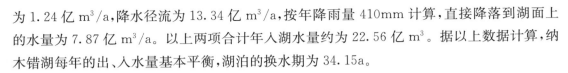

为 1.24 亿 m³/a,降水径流为 13.34 亿 m³/a,按年降雨量 410mm 计算,直接降落到湖面上的水量为 7.87 亿 m³/a。以上两项合计年入湖水量约为 22.56 亿 m³。据以上数据计算,纳木错湖每年的出、入水量基本平衡,湖泊的换水期为 34.15a。

7.2.2.8 青海湖

青海湖地处青藏高原的东北部,西宁市的西北部,位于 99°36′～100°16′E,36°32′～37°15′N。湖的四周被四座巍巍高山所环抱,北面是大通山,东面是日月山,南面是青海南山,西面是橡皮山。这四座大山都在海拔 3600～5000m。青海湖面积达 4456km²,环湖周长 360多 km,比著名的太湖大一倍多。湖面东西长,南北窄,略呈椭圆形。青海湖水平均深约 21m,最大水深为 32.8m,蓄水量达 1050 亿 m³,湖面海拔为 3260m。离西宁约 200km。湖区有大小河流近 30 条。湖东岸有两个子湖:一个为尕海,面积 48km²,系咸水湖;另一个为耳海,面积 8km²,为淡水湖。

青海湖的构造为断陷湖,湖盆边缘多以断裂与周围山相接。距今 20 万～200 万年前成湖初期,形成初期原是一个大淡水湖泊,与黄河水系相通,那时气候温和多雨,湖水通过东南部的倒淌河泄入黄河,是一个外流湖。到了 13 万年前,由于新构造运动,周围山地强烈隆起,从上新世末开始,湖东部的日月山、野牛山迅速上升隆起,使原来注入黄河的倒淌河被堵塞,迫使它由东向西流入青海湖,出现了尕海、耳海,后又分离出海晏湖、沙岛湖等子湖(胡东生,1989)。

青海湖属于高原大陆性气候,光照充足,日照强烈;冬寒夏凉,暖季短暂,冷季漫长,春季多大风和沙暴;雨量偏少,雨热同季,干湿季分明。湖区全年日照时数大部分都在 3000h 以上,年平均气温为 1.1～0.3℃;西部和北部稍低,年平均气温为 −0.8～0.6℃,平均最高气温为 6.7～8.7℃,平均最低气温为 −6.7～4.9℃,极端最高气温为 25℃ 和 24.4℃,极端最低气温为 −31～−33.4℃。湖区全年降水量偏少。但东部和南部稍高于北部和西部,东部全年降水量是 412.8mm,南部是 359.4mm,西北部 370.3mm,西部约 360.4mm 和 324.5mm,全年蒸发量达 1502mm,蒸发量远远超过降水量。湖区降水量季节变化大,降水多集中在 5—9月,雨热同季(李凤霞等,2011)。

青海湖水的主要补给来源是河水,其次是湖底的泉水和降水。湖周大小河流有 70 余条,呈明显的不对称分布。湖北岸、西北岸和西南岸河流多,流域面积大,支流多;湖东南岸和南岸河流少,流域面积少。布哈河是流入湖中最大的一条河,发源于祁连山支脉的阿木尼尼库山,长约 300km,干流长 92km,支流有几十条,较大支流有 10 多条,下游河面宽 50～100m,深达 1～3m,pH 值为 8～8.2。流域面积 16570km²,约占湖区各河流流域面的 1/2。年径流量 11.2 亿 m³,占入湖径流的 60%。

7.3 内陆水体遥感监测方法与数据处理

在前面已经提到,我们并未利用原始遥感数据和水体识别方法来提取青藏高原湖泊边界,而是使用目前已有的全球土地覆被分类产品(ESA Climate Change Initiative Land Cover,ESA CCI LC)和已有文献获取的湖泊面积数据。前一种数据是利用分类和深度学习方法得到全球不同土地覆盖类别,提取青藏高原湖泊的分布,然后计算湖泊面积,这种方法属于水体识别的专题分类方法;文献中的数据主要是利用光谱指数法对水体从不同空间尺度逐步进行提取,只是所用的水体光谱指数采用的阈值和湖泊边界提取过程中使用的校正和后续处理方法不同。因此,我们的目的是利用各种已有数据,比较不同湖泊遥感监测识别方法提取结果的差异及其适用性,为高原湖泊边界提取和面积变化趋势分析提供全面的认识。

7.3.1 全球土地覆盖分类产品

欧洲航空局气候变化计划生产的全球土地覆被(ESA CCI LC)数据集是利用 AVHRR、SPOT-VGT、MERIS FR&RR、PROBA-V 等不同传感器数据和其他辅助数据制作而成的。这套数据最大的优势是时间的连续性,涵盖了 1992—2015 年每年的数据。每年的数据不是独立制作完成,而是充分利用 2003—2012 年 MERIS FR 和 RR 数据,生成一套土地覆被参考数据集,然后利用 AVHRR1992—1999 年、SPOT-VGT1999—2013 年、PROBA-V2013—2015 年的数据来检测 1km 分辨率的土地覆被变化,然后再用能够获取的 MERIS FR 或者 PROBA-V 数据将 1km 分辨率的土地变化重绘成 300m 分辨率。

在这套数据集中,水体是一种重要的土地覆被类型,可以被单独剥离开来进行分析。2015 年的全球土地覆被数据经过验证后,结果显示水体的用户分类精度达到 92% 以上,说明这套数据水体的分类效果较好,可以用来与其他数据成果进行比较,如图 7.4 所示。

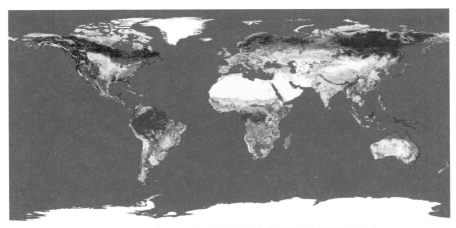

图 7.4　2015 年 CCI 全球土地覆被类型图(分辨率 300m)

尽管陆地水体包括湖泊、河流和大坝,但是在青藏高原地区,河流和大坝的面积相对较小,而且在300m空间分辨率下,河流和大坝的识别精度不高,因此我们在这里默认为从该数据集提取出来的水体面积即为湖泊面积,从而与其他数据获取的湖泊面积进行对比验证分析。

7.3.2 文献数据整理及方法比较

在研究概况中也提到过,许多学者利用遥感数据对青藏高原的湖泊变化进行了大量的研究,获取了丰富的数据。我们选取涉及整个青藏高原和部分典型湖泊的文献数据进行归纳总结,以便与 ESA CCI LC 数据进行比较。详细的数据搜集和整理情况如表 7.1 所示。

表 7.1 　　　　　　　　　　　　文献数据信息汇总

序号	文献	方法	范围
1	姜加虎和黄群,2004	历史调查资料	全域
2	闫立娟等,2016	利用 Landsat 数据矢量化	全域+典型
3	Wan et al.,2016	波段组合+目视解译法	全域+典型
4	Song et al.,2013	多端元混合像元分解	典型湖泊
5	Song et al.,2014b	多端元混合像元分解	典型湖泊
6	Liao et al.,2013	目视解译法	典型湖泊
7	Zhang et al.,2016	水体指数+Google Earth 校正	典型湖泊
8	Wang et al.,2013	目视解译法	典型湖泊
9	Li et al.,2017	水体指数法	典型湖泊

7.3.3 全球气候再分析数据处理

Climatic Research Unit(CRU)Time-series(TS)(CRU TS)数据集是由英国 East Anglia 大学的 CRU 通过整合已有的由国际气象组织和其他机构提供的多种观测数据库,通过角—距离权重法利用多站进行空间插值生成、重建的一套覆盖完整、高分辨率且无缺测的月平均地表气候要素数据集,空间为 $0.5° \times 0.5°$,经纬网格覆盖所有陆地区域,包含了温度、降水量、潜在蒸发量、云量、蒸发压力等参数的月均值。

已有若干研究论证了 CRU TS 系列数据在中国的适用性。研究发现,CRU 资料反映的中国年平均温度年际变化和考虑代用资料重建的序列吻合得很好;CRU 资料揭示的中国年总降水量在 1951—2000 年的变化与 160 站观测吻合;CRU 资料得出的中国东部四季降水量和重建资料十分一致,秋季一致性最好;CRU 资料和重建的序列比较一致地表现出我国温度和降水年际变化的主要特征,其给出的 20 世纪 20 年代我国大旱和 20 世纪 40 年代我国高温的空间分布与过去的研究结论相一致(闻新宇等,2006)。利用 CRU 资料逐月平均气温和降水量计算的华北地区 1901—2002 年逐月蒸发量与相对应站点的 1957—2002 年观测资料计算的蒸发量进行比较,表明两者的吻合程度很好(罗健和荣艳淑,2007)。中国西部气候地面观测资料相对缺乏,CRU 资料尽管包含插值带来的误差,但经比较仍可作为有一定信度的参考(闻新宇等,2006)。

这里,为了与 CCI LC 地表覆被产品时间序列一致,我们选取了月平均温度、月降水量、月潜在蒸散发 3 个参数,进而计算出年值,然后分析了 1992—2015 年青藏高原地区年际气候变化趋势。

7.3.4 湖泊面积变化趋势分析

为了定量揭示湖泊的面积变化情况,我们在此采用线性回归的方法来反映湖泊变化趋势及其变化速率,揭示整个高原区域及不同局部地区湖泊对气候变化的响应格局。

7.4 青藏高原湖泊时空特征分析

我们对上一节中提及的数据进行了详细整理和分析,分别从全域和局域尺度对青藏高原湖泊变化进行分析,在揭示其变化规律的基础上探讨高原湖泊变化的驱动因素。

7.4.1 青藏高原全域湖泊变化

7.4.1.1 湖泊总面积变化趋势

首先利用 ESA CCI LC 数据提取青藏高原逐年的湖泊分布情况(图 7.5),然后计算每年的湖泊面积。结果发现,1992—2015 年青藏高原湖泊总面积呈现明显的增长趋势(图 7.6)。由表 7.2 可以看出,除了 1992—1995 年期间总的湖泊面积有略微减小趋势之外,其他时段湖泊面积一直呈上升趋势,1995—2000 年、2000—2005 年、2005—2010 年、2010—2015 年 4 个时段的湖泊面积相对增长率分别为 0.8%、3.4%、1.5%、0.8%,2015 年湖泊面积较 1992 年增长了大约 6.4%。

为了验证 CCI LC 数据的准确性和实用性,我们整理了相关文献中的数据,一同绘制到图 7.6 中。可见,文献中数据与 CCI LC 得出的水体面积结果存在一定差异,不同研究的结果与 CCI LC 得出的结果的差异大小不同。然而,从不同文献数据比较结果看,2005 年和 2010 年所有数据的结果比较相近,这表明 CCI LC 数据用来研究青藏高原湖泊总面积的变化趋势具有一定的可靠性和实用性,尤其是其长时间序列所具有的优势更让我们捕捉到湖泊对气候敏感响应的变化过程。

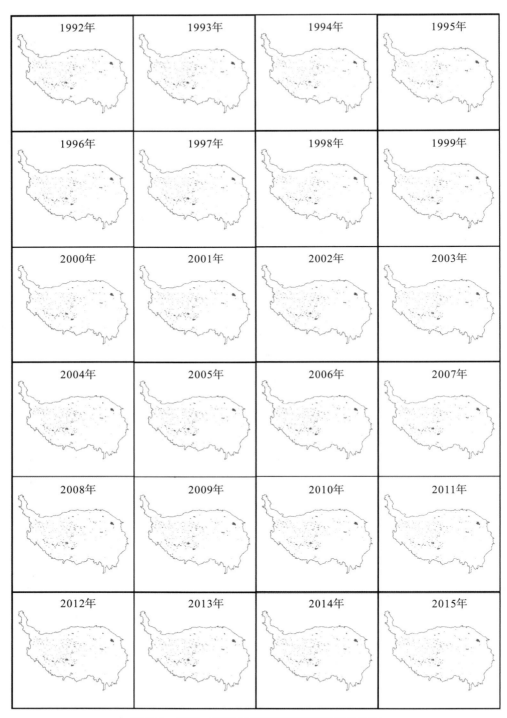

图 7.5　1992—2015 年青藏高原湖泊空间分布图

图 7.6　CCI LC 提取的青藏高原湖泊面积变化趋势(与文献中数据比较)

表 7.2　　　　　　　　　　　不同时段青藏高原湖泊面积变化情况

时间(年)	1992—1995	1995—2000	2000—2005	2005—2010	2010—2015	1992—2015
面积变化(km²)	—151	339	1459	678	371	2696

　　为了考虑不同区域和流域自然环境特征下湖泊面积的时空变化差异,我们把青藏高原分成黄河流域片区、长江流域片区、西南诸河片区和内陆河片区 4 个区域(图 7.7)。我们对各个流域湖泊面积进行了统计分析,得到了不同流域湖泊面积逐年变化趋势(图 7.8)。结果表明,除了西南诸河片区外,其余 3 个流域内的湖泊面积都呈现增长的趋势,尤其是内陆河片区增长速率非常明显。从表 7.3 至表 7.6 可以发现,1992—1995 年,4 个流域片区的湖泊面积均呈现略微减小的趋势,1995—2015 年除西南诸河流域外,其他 3 个流域片区湖泊呈现扩张趋势。在所有流域片区中,内陆河片区湖泊所占面积最大,扩张速率最快,充分说明青藏高原湖泊近几十年湖泊扩张是以内陆湖泊为主的。

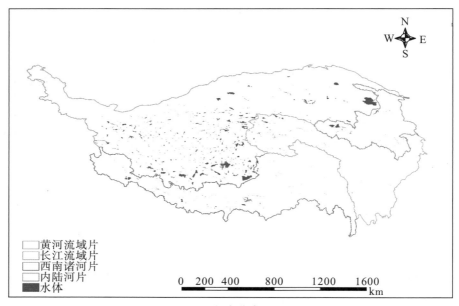

图 7.7　1992—2015 年青藏高原湖泊分布变化图

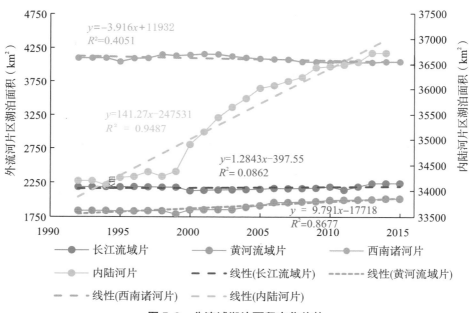

图 7.8　分流域湖泊面积变化趋势

表 7.3　　　　　　　　　　　　　黄河流域片区湖泊面积变化情况

时间(年)	1992—1995	1995—2000	2000—2005	2005—2010	2010—2015	1992—2015
面积变化(km²)	−6	20	60	77	23	174

表 7.4　　　　　　　　　　　　　　　　长江流域片区湖泊面积变化情况

时间（年）	1992—1995	1995—2000	2000—2005	2005—2010	2010—2015	1992—2015
面积变化（km²）	−2	−55	23	35	53	54

表 7.5　　　　　　　　　　　　　　　　内陆河片区湖泊面积变化情况

时间（年）	1992—1995	1995—2000	2000—2005	2005—2010	2010—2015	1992—2015
面积变化（km²）	−88	273	1433	622	286	2526

表 7.6　　　　　　　　　　　　　　　　西南诸河片区湖泊面积变化情况

时间（年）	1992—1995	1995—2000	2000—2005	2005—2010	2010—2015	1992—2015
面积变化（km²）	−55	100	−56	−56	10	−58

7.4.1.2　湖泊总面积变化的气候因素分析

为了分析青藏高原全域湖泊总面积变化趋势，我们利用 CRU 格点数据对整个区域的年平均温度、降水量和潜在蒸散发量的变化趋势进行了分析。结果表明，1992—2015 年，整个青藏高原年降水量呈现波动性略微增加的趋势，年平均温度和年潜在蒸散发量均呈现明显增加的趋势，而且蒸发量远大于降水量，表明青藏高原湖泊扩张主要不是降水引起的，应该是受到季节性冰雪融水补给的影响（图 7.9 至图 7.11）。这一结论也与其他研究结果相一致（Li et al.，2017；Liao et al.，2013；Qiao et al.，2019；Song et al.，2014b；Sun et al.，2018；Wang et al.，2015；Wang et al.，2013）。

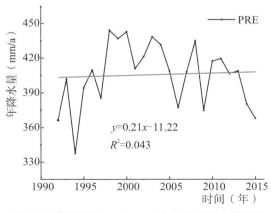

图 7.9　青藏高原 1992—2015 年年平均降水量变化

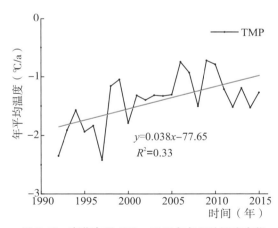

图 7.10　青藏高原 1992—2015 年年平均温度变化

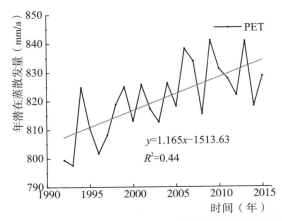

图 7.11   青藏高原 1992—2015 年年潜在蒸散发量变化

7.4.2   青藏高原典型湖泊变化

尽管整个青藏高原湖泊总面积呈现明显增加的趋势,但是对于处于不同气候地貌区域的不同湖泊而言,由于湖泊水源不同,其变化趋势及变化速率也不尽相同。下面我们对选取的 8 个典型湖泊的变化趋势及其气候响应方式进行逐个分析。

7.4.2.1   纳木错

综合 CCI LC 获取的湖泊面积数据和文献数据来看,纳木错总体呈扩张的趋势,1992—2015 年年均扩张速率大于 $2.5km^2/a$(图 7.12)。从气候角度来看,该时期年平均温度具有明显的升高趋势,但是年降水量和年潜在蒸散发量变化趋势不明显(图 7.13),潜在蒸散发量大于年降水量,湖泊扩张主要是由湖泊附近支流冰雪融水补给增多引起的(Zhang et al., 2011a)。

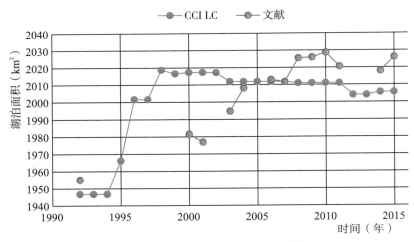

图 7.12   纳木错 1992—2015 年湖泊面积变化

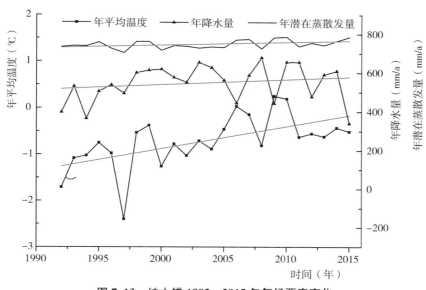

图 7.13　纳木错 1992—2015 年气候要素变化

从数据可信度和适用性角度来看,CCI LC 数据与文献中的数据在某些年份比较接近,加上其长时间序列数据优势,在其他数据的辅助下用该数据来分析纳木错变化趋势具有很好的可靠性。

7.4.2.2　色林错

尽管 CCI LC 和文献数据显示同时期色林错面积不一致,但是均显示色林错在 1992—2015 年湖泊面积增加明显,年均增加速率大于 14.6km²/a(图 7.14)。该时期年平均气温呈现明显增加的趋势,年降水量和年潜在蒸散发量略微增加(图 7.15),年潜在蒸散发量大于年降水量,因此色林错面积增加归于冰雪融水补给(德吉央宗等,2018)。

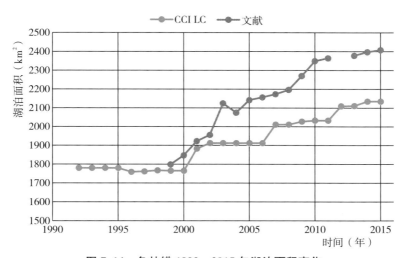

图 7.14　色林错 1992—2015 年湖泊面积变化

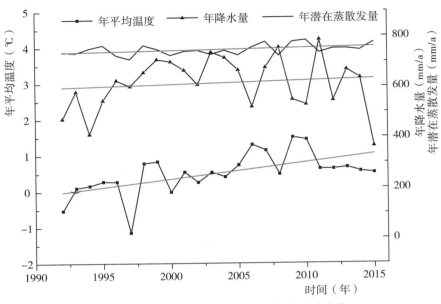

图 7.15　色林错湖 1992—2015 年气候要素变化

7.4.2.3　当惹雍错

CCI LC 数据提取的湖泊面积与已搜集的湖泊面积数据互相不吻合,CCI LC 数据显示当惹雍错面积 1992—2015 年总体呈现减小趋势(图 7.16),而文献数据表明 2000 年以后当惹雍错湖泊面积增加。拉巴等(2012)的研究表明,1999—2009 年当惹雍错面积显著增加,主要原因可能是在降水量和潜在蒸散发量基本不变的前提下,气温的显著上升造成冰雪融水量显著增加,导致湖面扩张(图 7.17)。

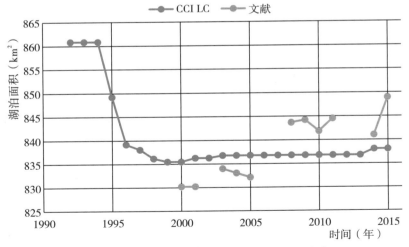

图 7.16　当惹雍错 1992—2015 年湖泊面积变化

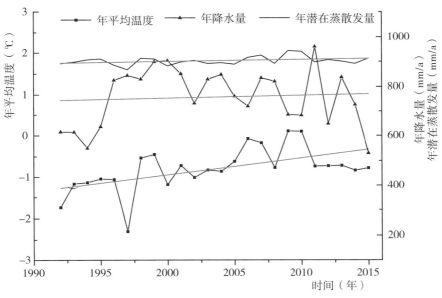

图 7.17　当惹雍错 1992—2015 年气候要素变化

7.4.2.4　扎日南木错

　　尽管 CCI LC 数据与文献数据得出的扎日南木错面积不同,但是两组数据都显示在 1992—2015 年扎日南木错面积呈现增加的趋势(图 7.18),这种变化趋势与之前的演绎结果相一致(闫立娟等,2016;张鑫等,2014)。

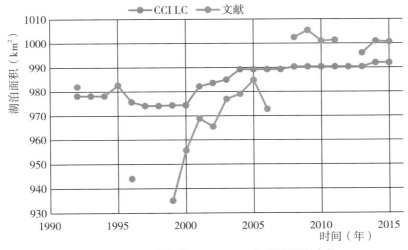

图 7.18　扎日南木错 1992—2015 年湖泊面积变化

　　1992—2015 年,扎日南木错所处区域年降水量呈现略微下降的趋势,年潜在蒸散发量基本保持不变(图 7.19),年均温度显著上升导致湖泊周围冰川退缩,入湖冰雪融水补给量显著增加,湖面不断扩张(德吉央宗等,2014)。

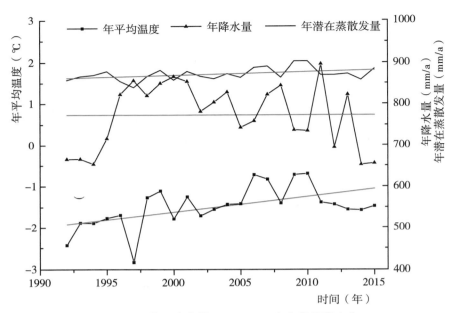

图 7.19　扎日南木错 1992—2015 年气候要素变化

7.4.2.5　青海湖

对于青海湖面积变化趋势及变化幅度,不同研究得出的结论不尽一致(图 7.20),CCI LC 数据提取的 1992—2015 年青海湖面积基本保持一致,而青海省气科所(杜军等,2007)提供的数据显示青海湖面积自 2000 年后呈现显著的增加趋势,而中分辨率的 MODIS 数据表明 2000—2010 年青海湖呈现微弱的萎缩趋势(孙芳蒂,2013)。

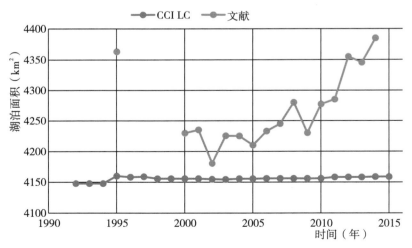

图 7.20　青海湖 1992—2015 年湖泊面积变化

1992—2015 年,青海湖地区的年平均温度、年降水量和年潜在蒸散发量基本保持不变(图 7.21)。但是长期以来,环青海湖地区滥垦滥耕导致的引水和用水减少了湖水的补给,导致 2000 年之前湖泊水位持续下降。进入 2000 年以来,随着青海湖流域退牧还草和退耕还林等生态保护措施的大力实施,使得河流冰雪融水补给量和降水补给量增加,入湖流量显著增加,湖面水温显著上升(刘宝康等,2013)。

通过与青海省气科所的实测数据比较,青海湖地区的 CCI LC 数据在使用时需要进行仔细校正。

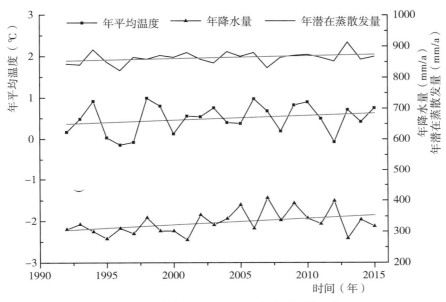

图 7.21 青海湖 1992—2015 年气候要素变化

7.4.2.6 鄂陵湖

CCI LC 数据和文献数据均表明,在 1992—2015 年鄂陵湖面积呈现增加趋势(闫立娟等,2016),年增加速率不到 1km²/a(图 7.22)。两组数据 2000—2005 年的数据基本一致,说明两组数据都有一定的可靠性和适用性。但是其余年份数据值相差加大,在使用时需要对两组数据进行仔细验证。其余的研究表明鄂陵湖呈现萎缩趋势,主要是出湖流量增加导致水位不断下降(杜军等,2017)。

1992—2015 年,鄂陵湖地区年平均温度和年降水量呈现明显的增加趋势,年潜在蒸散发量增加趋势缓慢(图 7.23),年平均温度上升可能会导致冰雪融水补给量的增加及冻融层水量的释放,导致湖面呈现扩张趋势。

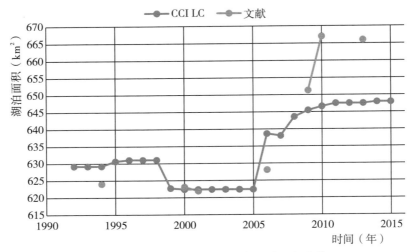

图 7.22　鄂陵湖 1992—2015 年湖泊面积变化

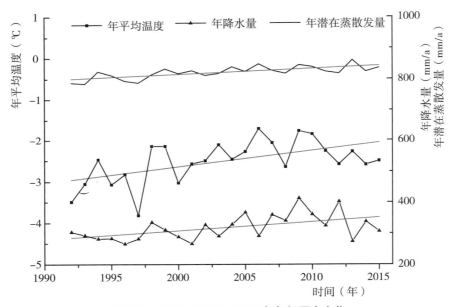

图 7.23　鄂陵湖 1992—2015 年气候要素变化

7.4.2.7　阿雅克库木湖

1992—2015 年阿雅克库木湖面积总体呈现增加的趋势，湖泊面积年均增加速率大于 4km²/a(图 7.24)。2004 年之前的 CCI LC 数据与文献数据还比较接近,2004 年之后的数据差异巨大,这种巨大差异有可能是 CCI LC 数据选择时相和处理精度误差造成的,这在后续的研究中需要进行专门的对比和校正。

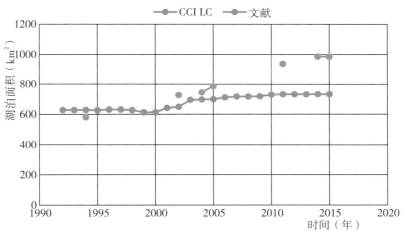

图7.24　阿雅克库木湖1992—2015年湖泊面积变化

过去20多年,阿雅克库木湖地区的降水量呈现微弱减少的趋势,而年潜在蒸散发量基本保持不变(图7.25),年平均温度的上升可能导致冰雪融水的增加,从而引起湖泊水位上涨,湖泊不断进行扩张。

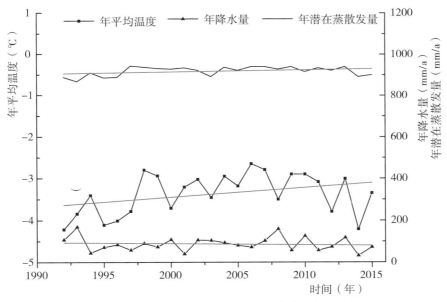

图7.25　阿雅克库木湖1992—2015年气候要素变化

7.4.2.8　乌兰乌拉湖

尽管CCI LC数据与文献得出的1992—2015年乌兰乌拉湖的湖泊面积大小不一,但是其变化趋势基本一致,即1992年以来乌兰乌拉湖总体呈现扩张趋势,年扩张速率大于1km²/a(图7.26)。该地区年降水量和年潜在蒸散发量基本保持不变,但是年平均温度显著上升(图 7.27),引起湖泊周围冰川退缩,冰雪融水入湖补给量增加,湖面水温持续上升。

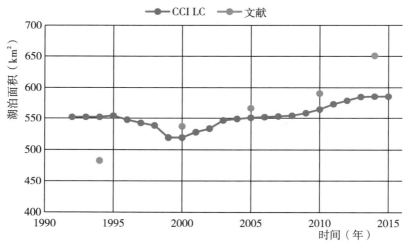

图 7.26　乌兰乌拉湖 1992—2015 年湖泊面积变化

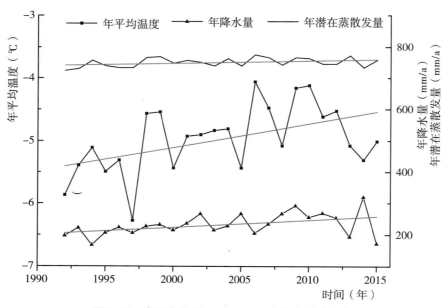

图 7.27　乌兰乌拉湖 1992—2015 年气候要素变化

7.5　小结

通过以上各种数据的对比分析,我们主要得出以下几点结论:

1)从青藏高原整个地区来看,ESA CCI LC 土地覆被分类数据提取的水体信息可以充分反映青藏高原湖泊变化趋势对气候变化的响应。尽管与不同文献中统计结果略有差异,但整体上不影响该数据的适用性和大区域尺度的可靠性。

2)1992—2015 年,青藏高原湖泊面积整体呈现显著增加的趋势,尤其是以内陆流域的湖泊面积的增加为主。青藏高原地区黄河流域和长江流域湖泊面积均呈现微弱增加的趋势,而西南诸河流域湖泊面积呈现减少的趋势,可能与人类活动用水有关。

3)对于典型湖泊而言,通过与各种文献数据比较,尽管 ESA CCI LC 提取的湖泊面积值与已有研究存在一定差异,但总体上还是能够反映各大型湖泊的总体演变趋势。至于单一湖泊的研究,哪种数据更加可靠,还需要后续的研究进行比较和验证。

4)湖泊面积的增加与降水增加的关系不大,主要与温度上升导致的冰雪融水入湖补给量增加有关。有关湖泊面积增加驱动因素的定量分析还需要进一步利用水量平衡模型进行比较和验证。

参考文献

[1] 王苏民,窦鸿身. 中国湖泊志[M]. 北京:科学出版社,1998.

[2] 杜军,边多,翟建青,等. 青藏高原主要湖泊对气候变化的响应[M]. 北京:气象出版社,2017.

[3] 朱大岗,孟宪刚,郑达兴,等. 青藏高原河流湖泊生态地质环境遥感调查与研究[M]. 北京:地质出版社,2007.

[4] 朱立平,乔宝晋,杨瑞敏,等. 青藏高原湖泊水量与水质变化的新认知[J]. 自然杂志,2017,39(3):166-172.

[5] Bryant R G,Rainey M P. Investigation of flood inundation on playas within the Zone of Chotts,using a time-series of AVHRR[J]. Remote Sensing of Environment,2002,82(2):360-375.

[6] Feyisa G L,Meilby H,Fensholt R,et al. Automated Water Extraction Index:A new technique for surface water mapping using Landsat imagery[J]. Remote Sensing of Environment,2014,140:23-35.

[7] Fisher A,Flood N,Danaher T. Comparing Landsat water index methods for automated water classification in eastern Australia[J]. Remote Sensing of Environment,2016,175:167-182.

[8] Gao B C. NDWI-A normalized difference water index for remote sensing of vegetation liquid water from space[J]. Remote Sensing of Environment,1996,58(3):257-266.

[9] Hung M C,Wu Y H. Mapping and visualizing the Great Salt Lake landscape dynamics using multi-temporal satellite images,1972—1996[J]. International Journal of

Remote Sensing,2005,26(9):1815-1834.

[10] Jain S K,Singh R D,Jain M K,et al. Delineation of Flood-Prone Areas UsingRemote Sensing Techniques[J]. Water Resources Management,2005,19(4):333-347.

[11] Ji L,Zhang L,Wylie B. Analysis of Dynamic Thresholds for the Normalized Difference Water Index[J]. Photogrammetric Engineering & Remote Sensing,2009,75(11):1307-1317.

[12] Jiang L,Nielsen K,Andersen O B,et al. Monitoring recent lake level variations on the Tibetan Plateau using CryoSat-2 SARIn mode data[J]. Journal of Hydrology,et al 2017:109-124.

[13] Khandelwal A,Karpatne A,Marlier M E,et al. An approach for global monitoring of surface water extent variations in reservoirs using MODIS data[J]. Remote Sensing of Environment,2017,202:113-128.

[14] Klein I,Dietz A J,Gessner U,et al. Evaluation of seasonal water body extents in Central Asia over the past 27 years derived from medium-resolution remote sensing data[J]. International Journal of Applied Earth Observation and Geoinformation,2014,26:335-349.

[15] Kropáček J,Braun A,Kang S,et al. Analysis of lake level changes in Nam Co in central Tibet utilizing synergistic satellite altimetry and optical imagery[J]. International Journal of Applied Earth Observation and Geoinformation,2012,17:3-11.

[16] Li B,Zhang J,Yu Z,et al. Climate change driven water budget dynamics of a Tibetan inland lake[J]. Global and Planetary Change,2017,150:70-80.

[17] Li J L,Sheng Y W. An automated scheme for glacial lake dynamics mapping using Landsat imagery and digital elevation models:a case study in the Himalayas[J]. International Journal of Remote Sensing,2012,33(16):5194-5213.

[18] Li Y,Liao J,Guo H,et al. Patterns and potential drivers of dramaticchanges in Tibetan lakes,1972—2010[J]. PLoS One,2014,9(11):e111890.

[19] Liao J,Shen G,Li Y. Lake variations in response to climate change in the Tibetan Plateau in the past 40 years[J]. International Journal of Digital Earth,2013,6(6):534-549.

[20] Lira J. Segmentation and morphology of open water bodies from multispectral images[J]. International Journal of Remote Sensing,2006,27(18):4015-4038.

[21] Liu J,Wang S,Yu S,et al. Climate warming and growth of high-elevation inland lakes on the Tibetan Plateau[J]. Global and Planetary Change,2009,67(3-4):209-217.

[22] Liu Z，Yao Z，Wang R. Automatic identification of the lake area at Qinghai-Tibetan Plateau using remote sensing images[J]. Quaternary International，2019，503：136-145.

[23] McFeeters S K. The use of the Normalized Difference Water Index(NDWI)in the delineation of open water features[J]. International Journal of Remote Sensing，1996，17(7)：1425-1432.

[24] Nie Y，Sheng Y W，Liu Q，et al. A regional-scale assessment of Himalayan glacial lake changes using satellite observations from 1990 to 2015[J]. Remote Sensing of Environment，2017，189：1-13.

[25] Phan V H，Lindenbergh R，Menenti M. ICES at derived elevation changes of Tibetan lakes between 2003 and 2009[J]. International Journal of Applied Earth Observation and Geoinformation，2012，17：12-22.

[26] Qiao B，Zhu L，Yang R. Temporal-spatial differences in lake water storage changes and their links to climate change throughout the Tibetan Plateau[J]. Remote Sensing of Environment，2019，222：232-243.

[27] Rogers A S，Kearney M S. Reducing signature variability in unmixing coastal marsh Thematic Mapper scenes using spectral indices[J]. International Journal of Remote Sensing，2010，25(12)：2317-2335.

[28] Sethre P R，Rundquist B C，Todhunter P E. Remote Detection of Prairie Pothole Ponds in the Devils Lake Basin，North Dakota[J]. GIScience & Remote Sensing，2013，42(4)：277-296.

[29] Sheng Y W，Song C Q，Wang J D，et al. Representative lake water extent mapping at continental scales using multi-temporal Landsat-8 imagery[J]. Remote Sensing of Environment，2016，185：129-141.

[30] Song C，Huang B，Ke L. Modeling and analysis of lake water storage changes on the Tibetan Plateau using multi-mission satellite data[J]. Remote Sensing of Environment，2013，135：25-35.

[31] Song C，Huang B，Ke L. Inter-annual changes of alpine inland lake water storage on the Tibetan Plateau：Detection and analysis by integrating satellite altimetry and optical imagery[J]. Hydrological Processes，2014，28(4)：2411-2418.

[32] Song C，Huang B，Ke L，et al. Seasonal and abrupt changes in the water level of closed lakes on the Tibetan Plateau and implications for climate impacts[J]. Journal of Hydrology，2014，514：131-144.

［33］ Sun J, Zhou T, Liu M, et al. Linkages of the dynamics of glaciers and lakes with the climate elements over the Tibetan Plateau［J］. Earth-Science Reviews, 2018, 185: 308-324.

［34］ Wan W, Long D, Hong Y, et al. A lake data set for the Tibetan Plateau from the 1960s, 2005, and 2014［J］. Scientific Data, 2016, 3: 160039.

［35］ Wang W C, Xiang Y, Gao Y, et al. Rapid expansion of glacial lakes caused by climate and glacier retreat in the Central Himalayas［J］. Hydrological Processes, 2015, 29(6): 859-874.

［36］ Wang X, Siegert F, Zhou A g, et al. Glacier and glacial lake changes and their relationship in the context of climate change, Central Tibetan Plateau 1972—2010［J］. Global and Planetary Change, 2013, 111: 246-257.

［37］ Wang X B, Xie S P, Zhang X L, et al. A robust Multi-Band Water Index(MBWI) for automated extraction of surface water from Landsat 8 OLI imagery［J］. International Journal of Applied Earth Observation and Geoinformation, 2018, 68: 73-91.

［38］ Xu H. Modification of normalised difference water index(NDWI) to enhance open water features in remotely sensed imagery［J］. International Journal of Remote Sensing, 2006, 27(14): 3025-3033.

［39］ Zhang B, Wu Y, Lei L, et al. Monitoring changes of snow cover, lake and vegetation phenology in Nam Co Lake Basin(Tibetan Plateau) using remote SENSING (2000—2009)［J］. Journal of Great Lakes Research, 2013, 39(2): 224-233.

［40］ Zhang B, Wu Y, Zhu L, et al. Estimation and trend detection of water storage at Nam Co Lake, central Tibetan Plateau［J］. Journal of Hydrology, 2011a, 405(1-2): 161-170.

［41］ Zhang G, Li J, Zheng G. Lake-area mapping in the Tibetan Plateau: an evaluation of data and methods［J］. International Journal of Remote Sensing, 2016, 38(3): 742-772.

［42］ Zhang G, Xie H, Kang S, et al. Monitoring lake level changes on the Tibetan Plateau using ICESat altimetry data(2003—2009)［J］. Remote Sensing of Environment, 2011b, 115(7): 1733-1742.

［43］ Zhang G, Yao T, Xie H, et al. An inventory of glacial lakes in the Third Pole region and their changes in response to global warming［J］. Global and Planetary Change, 2015, 131: 148-157.

［44］ 车向红, 冯敏, 姜浩, 等. 2000—2013 年青藏高原湖泊面积 MODIS 遥感监测分析［J］. 地球信息科学学报. 2015, 17(1): 99-107.

［45］ 除多, 普穷, 拉巴卓玛, 等. 近 40a 西藏羊卓雍错湖泊面积变化遥感分析［J］. 湖泊

科学,2012,24(3):494-502.

[46] 德吉央宗,拉巴,拉巴卓玛,等. 基于多源卫星数据扎日南木错湖面变化和气象成因分析[J]. 湖泊科学,2014,26(6):963-970.

[47] 德吉央宗,尼玛吉,强巴欧珠,等. 近40年西藏色林错流域湖泊面积变化及影响因素分析[J]. 高原山地气象研究,2018,38(2):35-41,96.

[48] 杜玉娥,刘宝康,贺卫国,等. 1976—2017年青藏高原可可西里盐湖面积动态变化及成因分析[J]. 冰川冻土,2018,40(1):47-54.

[49] 黄田进,梁丁丁,贾立,等. 青藏高原地区湖泊面积插补迭代自动提取[J]. 遥感技术与应用,2017,32(2):289-298.

[50] 拉巴卓玛,德吉央宗,拉巴,等. 近40年西藏那曲当惹雍错湖泊面积变化遥感分析[J]. 湖泊科学,2017,29(2):480-489.

[51] 类延斌,张虎才,王牲,等. 青藏高原中部兹格塘错1970年来的湖面变化及原因初探[J]. 冰川冻土,2009,31(1):48-54.

[52] 李均力,盛永伟,骆剑承. 喜马拉雅山地区冰湖信息的遥感自动化提取[J]. 遥感学报,2011,15(1):29-43.

[53] 梁丁丁. 青藏高原湖泊面积变化及对气候变化的响应[D]. 中国地质大学(北京),2016.

[54] 刘佳丽,周天财,于欢,等. 西藏近25年湖泊变迁及其驱动力分析[J]. 长江科学院院报,2018,35(2):145-150.

[55] 骆剑承,盛永伟,沈占锋,等. 分步迭代的多光谱遥感水体信息高精度自动提取[J]. 遥感学报,2009,13(4):610-615.

[56] 闫利,张廷斌,易桂花,等. 2000年以来青藏高原湖泊面积变化与气候要素的响应关系[J]. 湖泊科学,2019(2):573-589.

[57] 马津. 基于MODIS MOD09Q1产品的全国陆表水面面积估算与分析[D]. 山东农业大学,2018.

[58] 马荣华,杨桂山,段洪涛,等. 中国湖泊的数量、面积与空间分布[J]中国科学:地球科学,2011,41(3):394-401.

[59] 牛沂芳,李才兴,习晓环,等. 卫星遥感监测高原湖泊水面变化及与气候变化分析[J]. 干旱区地理,2008(2):284-290.

[60] 皮英楠,刘世英,李宗仁,等. 基于GF-1与Landsat卫星数据的青海省湖泊遥感调查及其动态变化分析[J]. 宁夏大学学报(自然科学版),2018,39(2):170-176.

[61] 孙芳蒂. 中国主要湖泊面积2000—2010年动态遥感监测[D]. 南京大学. 2013.

[62] 王碧晴,王珂,廖伟逸,等. 遥感图像分割下的青藏高原湖泊提取[J]. 遥感信息,

2018,33(1):117-122.

[63] 王智颖.青藏高原湖泊环境要素的多源遥感监测及其对气候变化响应[D].山东师范大学,2017.

[64] 吴艳红,朱立平,叶庆华,等.纳木错流域近30年来湖泊—冰川变化对气候的响应[J].地理学报,2007(3):301-311.

[65] 闫立娟,郑绵平,魏乐军,等.近40年来青藏高原湖泊变迁及其对气候变化的响应[J].地学前缘,2016,23(4):310-323.

[66] 杨珂含,姚方方,董迪,等.青藏高原湖泊面积动态监测[J].地球信息科学学报,2017,19(7):972-982.

[67] 张国庆.青藏高原湖泊变化遥感监测及其对气候变化的响应研究进展[J].地理科学进展,2018,37(2):214-223.

[68] 张克祥.MODIS监测长江中下游典型湖泊面积变化研究[D].东华理工大学,2015.

[69] 张鑫.基于多源遥感数据的青藏高原内陆湖泊动态变化研究[D].西北农林科技大学,2015.

[70] 张鑫,吴艳红,张鑫,等.1972—2012年青藏高原中南部内陆湖泊的水位变化[J].地理学报,2014,69(7):993-1001.

[71] 朱立平,乔宝晋,杨瑞敏,等.青藏高原湖泊水量与水质变化的新认知[J].自然杂志,2017,39(3):166-172.

[72] Qiao B,Zhu L,Yang R. Temporal-spatial differences in lake water storage changes and their links to climate change throughout the Tibetan Plateau[J]. Remote Sensing of Environment,2019,222:232-243.

[73] Song C,Huang B,Ke L,et al. Seasonal and abrupt changes in the water level of closed lakes on the Tibetan Plateau and implications for climate impacts[J]. Journal of Hydrology,2014,514:131-144.

[74] Wang X,Siegert F,Zhou A G,et al. Glacier and glacial lake changes and their relationship in the context of climate change,Central Tibetan Plateau 1972—2010[J]. Global and Planetary Change,2013,111:246-257.

[75] Zhang B,Wu Y,Lei L,et al. Monitoring changes of snow cover,lake and vegetation phenology in Nam Co Lake Basin(Tibetan Plateau)using remote SENSING(2000—2009)[J]. Journal of Great Lakes Research,2013,39(2):224-233.

[76] Zhang B,Wu Y,Zhu L,et al. Estimation and trend detection of water storage at Nam Co Lake,central Tibetan Plateau[J]. Journal of Hydrology,2011,405(1-2):161-170.

［77］ Zhang G,Li J,Zheng G. Lake-area mapping in the Tibetan Plateau:an evaluation of data and methods[J]. International Journal of Remote Sensing,2016,38(3):742-772.

［78］ Zhang G,Xie H,Kang S,et al. Monitoring lake level changes on the Tibetan Plateau using ICESat altimetry data(2003—2009)[J]. Remote Sensing of Environment, 2011,115(7):1733-1742.

［79］ Bryant R G,Rainey M P. Investigation of flood inundation on playas within the Zone of Chotts,using a time-series of AVHRR[J]. Remote Sensing of Environment,2002, 82(2):360-375.

［80］ Feyisa G L,Meilby H,Fensholt R,et al. Automated Water Extraction Index:A new technique for surface water mapping using Landsat imagery[J]. Remote Sensing of Environment,2014,140:23-35.

［81］ Fisher A,Flood N,Danaher T. Comparing Landsat water index methods for automated water classification in eastern Australia[J]. Remote Sensing of Environment, 2016,175:167-182.

［82］ Gao B C. NDWI—A normalized difference water index for remote sensing of vegetation liquid water from space[J]. Remote Sensing of Environment, 1996, 58 (3): 257-266.

［83］ Hung M C,Wu Y H. Mapping and visualizing the Great Salt Lake landscape dynamics using multi-temporal satellite images,1972—1996[J]. International Journal of Remote Sensing,2005,26(9):1815-1834.

［84］ Jain S K,Singh R D,Jain M K,et al. Delineation of Flood-Prone Areas Using Remote Sensing Techniques[J]. Water Resources Management,2005,19(4):333-347.

［85］ Ji L,Zhang L,Wylie B. Analysis of Dynamic Thresholds for the Normalized Difference Water Index[J]. Photogrammetric Engineering & Remote Sensing, 2009, 75 (11):1307-1317.

［86］ Jiang L,Nielsen K,Andersen O B,et al. Monitoring recent lake levelvariations on the Tibetan Plateau using CryoSat-2 SARIn mode data[J]. Journal of Hydrology,2017, 544:109-124.

［87］ Klein I,Dietz A J,Gessner U,et al. Evaluation of seasonal water body extents in Central Asia over the past 27 years derived from medium-resolution remote sensing data[J]. International Journal of Applied Earth Observation and Geoinformation,2014,26:335-349.

［88］ Kropáček J,Braun A,Kang S,et al. Analysis of lake level changes in Nam Co in central Tibet utilizing synergistic satellite altimetry and optical imagery[J]. International

Journal of Applied Earth Observation and Geoinformation,2012,17:3-11.

［89］ McFeeters S K. The use of the Normalized Difference Water Index(NDWI)in the delineation of open water features[J]. International Journal of Remote Sensing,1996,17 (7):1425-1432.

［90］ Qiao B,Zhu L,Yang R. Temporal-spatial differences in lake water storage changes and their links to climate change throughout the Tibetan Plateau[J]. Remote Sensing of Environment,2019,222:232-243.

［91］ Rogers A S,Kearney M S. Reducing signature variability in unmixing coastal marsh Thematic Mapper scenes using spectral indices[J]. International Journal of Remote Sensing,2010,25(12):2317-2335.

［92］ Sethre P R,Rundquist B C,Todhunter P E. Remote Detection of Prairie Pothole Ponds in the Devils Lake Basin,North Dakota[J]. GIScience & Remote Sensing,2013,42 (4):277-296.

［93］ Song C,Huang B,Ke L. Modeling and analysis of lake water storage changes on the Tibetan Plateau using multi-mission satellite data[J]. Remote Sensing of Environment, 2013,135:25-35.

［94］ Song C,Huang B,Ke L. Inter-annual changes of alpine inland lake water storage onthe Tibetan Plateau:Detection and analysis by integrating satellite altimetry and optical imagery[J]. Hydrological Processes,2014,28(4):2411-2418.

［95］ Song C,Huang B,Ke L,Richards K S. Seasonal and abrupt changes in the water level of closed lakes on the Tibetan Plateau and implications for climate impacts[J]. Journal of Hydrology,2014,514:131-144.

［96］ 姜加虎,黄群.青藏高原湖泊分布特征及与全国湖泊比较[J].水资源保护,2004, 6:24-27.

［97］ 陈毅峰,陈自明,何德奎,等.藏北色林错流域的水文特征[J].湖泊科学,2001,13 (1):21-28.

［98］ 杨志刚,杜军,林志强.1961—2012 年西藏色林错流域极端气温事件变化趋势[J]. 生态学报,2015,35(3):613-621.

［99］ 胡东生.青海湖的地质演变[J].干旱区地理,1989,12(2):29-36.

［100］ 李凤霞,伏洋,杨琼.环青海湖地区气候变化及其环境效应[J].资源科学,2008, 30(3):348-353.

［101］ University of East Anglia Climatic Research Unit[M]// Harris I C,Jones P D (2019):CRU TS4. 02:Climatic Research Unit(CRU)Time-Series(TS)version 4. 02 of high-resolution gridded data of month-by-month variation in climate. Centre for Environmental Data Analysis,date of citation. http://catalogue. ceda. ac. uk/uuid/b2f81914257c4188b181a4d8b0 a46bff.

[102] 罗健,荣艳淑. 利用英国 CRU 资料重建华北地区百年蒸发量及变化分析[M]// 罗健. 第三届全国水力学与水利信息学大会论文集. 南京:河海大学出版社,2007.762-767.

[103] 王芝兰,李耀辉,王素萍,等.1901—2012 年中国西北地区东部多时间尺度干旱特征[J]. 中国沙漠,2015,35(6):240-247.

[104] 任余龙,石彦军,王劲松,等. 英国 CRU 高分辨率格点资料揭示的近百年来青藏高原气温变化[J]. 兰州大学学报(自然科学版),2012,48(6):67-72.

[105] 闻新宇,王绍武,朱锦红,等. 英国 CRU 高分辨率格点资料揭示的 20 世纪中国气候变化[J]. 大气科学,2006,5:168-178.

[106] 拉巴,边多,陈涛,等. 基于 TM 影像的西藏当惹雍错湖面积变化及可能成因[J]. 气象科技,2012,27(2):69-72.

[107] 刘宝康,卫旭丽,杜玉娥,等. 基于环境减灾卫星数据的青海湖面积动态[J]. 科学,2013,30(2):178-184.

第8章　青藏高原高寒河流水环境遥感监测与评估

8.1　内陆水环境遥感监测现状与进展

内陆水体是人类生活和社会生产最主要的水源。然而,随着经济社会的发展,局部生态环境受到破坏,作为人们主要水源的内陆水体也遭到污染。传统的地面监测方法由于人力、物力和财力的限制,在大范围高效监测水环境变化方面还存在一定的局限性。相比传统的水环境监测方法,利用遥感技术监测水环境具有监测范围广、速度快、成本低等优势,而且可以进行长期动态监测(张兵等,2012)。因此,遥感在水环境监测中的应用也越来越广泛。

8.1.1　内陆水环境遥感监测的发展

利用遥感技术来监测水环境开始于 20 世纪 60 年代,当时用来监测海洋水色。海洋水色的监测有一个基本假设,就是认为叶绿素 a(反映浮游生物生物量和海表温度的指标)可以利用遥感来估算(Gordon et al.,1988;Morel and Gordon,1980)。基于这个假设,海洋学家开始利用遥感技术来探测水中物质成分的光学特性,如浮游生物、有色溶解有机碳和总悬浮物等(Jerlov,1968;Morel,2001)。因此,水光学和辐射传输理论发展起来,从而奠定了今天我们熟知的生物—光学模型的理论基础。然而,这些理论和概念也仅仅是最近 30 年才被应用于内陆水体(Jerlov,1968;Morel,2001)。

内陆水体水环境遥感监测方法与海洋水体完全不同,因为内陆水体成分变化更加复杂。最初,水体分类根据 443nm 波段和 550nm 波段反射率的比值将水体分为两类:比值大于 1 的为 I 类水;比值小于 1 的为 II 类水(Morel and Prieur,1977)。 I 类水体主要为海洋, II 类水体主要为内陆水体。后来,Gordon 和 Morel(1983)对两类水进行了重新定义。他们定义的 I 类水的光学特性主要由浮游生物及随之变化的组分决定, II 类水的光学特性不会受到其他成分的影响。但是,这种分类存在一定问题,例如,用这种分类方法可能会把受浮游生物影响的内陆水体误认为海洋水(Mobley et al.,2004)。尽管这种分类有局限,但是由于其可以快速识别水体类别,因此被研究人员广泛应用。

由于内陆水体物质组成复杂,与海色遥感相比,遥感技术在内陆水体水质监测中的应用进展相对缓慢。由于内陆水体中物质成分之间的相互作用,在人类活动的干扰之下,对内陆水体构建的遥感模型会产生很大的不确定性。在不同的采样位置,浮游生物、非藻类颗粒、有色溶解有机物（CDOM）等的吸收系数会随着物质成分浓度变化而变化（Gurlin et al，2011）。对于内陆水体来说，由于在蓝—绿波段光谱通道各种物质之间的复杂作用，蓝—绿波段并不适合用来监测内陆水体环境。大于 650nm 的红色和近红外波段更适合用来监测浓度大于 $10\mu g/L$ 的叶绿素浓度（Mishra and Mishra，2012）。

随着水环境遥感研究的深入发展，水环境遥感定量反演的要素除了悬浮物浓度之外，还逐渐涉及有色溶解有机物、总氮（TN）、总磷（TP）、化学需氧量（COD）、生化需氧量（BOD）、透明度（SD）等多种参数的反演研究（Cherukuru et al.，2016；Gitelson et al.，2009；Griffin et al.，2018；Jiang et al.，2019；Joshi et al.，2013；Markogianni et al.，2018；Mayora et al.，2018；Nechad et al.，2010；O'Reilly et al.，1998）。

8.1.2　水环境遥感定量反演基本原理

水体中物质组分的光学特性是水环境遥感的基础（Morel，2001），主要分为两类：一类是表观光学量，主要依赖于水体介质和入射光场的几何结构，如水面反射率和漫衰减系数；第二类是固有光学量，其变化主要取决于水体成分，如吸收和散射系数等。对于内陆水环境遥感而言，最常用的表观光学量是水面反射率，即离水辐射与下行辐射的比值。最常用的固有光学量是吸收系数，因为散射系数常常不容易获取，需要更深入的研究来探讨散射系数在这种光学属性复杂的水体中的应用（Ogashawara et al.，2017）。

为了理解物质的光学特性，我们首先需要了解什么是极限反射率。对于混浊水体的某一理想分层来说，随着深度的增加，反射率不会发生太大变化，此时的反射率为极限反射率。极限反射率与某一成分的吸收系数和散射系数的比值成比例关系。已有研究表明，极限反射率与水面反射率的倒数密切相关，因此，水面反射率的倒数可以用来表征浮游生物和有色溶解有机物的吸收特性（Dall'Olmo et al.，2003；Gitelson et al.，2003）。由图 8.1 可以看出，由于浮游生物色素、胡萝卜素-β、非藻类颗粒和有色溶解有机物等物质在绿色波段的吸收作用，绿色波段总体吸收系数较高。藻青蛋白的吸收系数峰值在 625nm 附近，叶绿素 a 的峰值在 675nm 附近。这些物质成分与光谱特性之间的复杂关系是生物—光学遥感反演模型的基础（Ogashawara et al.，2017）。

水体固有光学量不仅随地区发生变化，即使在同一地区也会存在差异。例如，纽约Finger 湖的有色溶解有机物的吸收系数介于 $0.06\sim67m^{-1}$（Gons et al.，2008）。这种变化表明同一地区的水体成分具有时空变化性，水体主要成分不仅在局部空间上发生变化，而且也会随时间发生变化（Huang et al.，2015；Matthews and Bernard，2013；Yacobi et al.，1995）。内陆水体环境中多种成分在短时间内的变化现象在开放的海洋环境中是不常见的，这为内陆水体环境遥感监测带来挑战。对内陆水体固有光学量的研究也是最近一些年才开始的，是一个相对较新的研究领域（Dall'Olmo and Gitelson，2006；Gurlin et al.，2011；Kutser et al.，2005；Kutser et al.，2015；Le et al.，2009；Matthews and Bernard，2013；Mishra et al.，2014）。

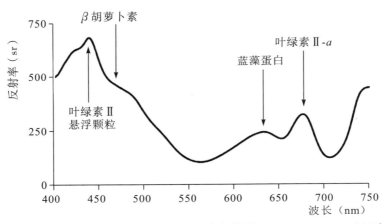

图 8.1　典型内陆水体反射率与波长关系光谱图（Ogashawara et al. ,2017）

8.1.3　水环境遥感定量反演常用方法

国内外学者常用的水环境参数遥感定量反演模型可以分为经验模型、半经验模型、半分析模型、分析模型和机器学习模型五类（Ogashawara et al. ,2017;李素菊等,2002;张兵等,2012）。经验模型是通过遥感波段反射率数据与地面实测水质参数浓度的统计回归分析,建立反演模型。该方法不考虑太阳光在水体中的所有传输过程,直接求取表观光学量与水体组分浓度之间的关系。经验方法虽然简便易用,但是由于表观光学量与水体成分浓度之间的关系是非线性的,经验算法属于局部性算法,难以推广应用到其他水体,得到的统计关系式也难以真正反映其中的物理过程（徐晓辉,2010）。半经验模型通过对某种水体组分光谱特征分析,选取敏感波段或波段组合（周艺等,2004）,进而采用适合的数学方法构建定量反演模型（聂宁,2012）。该方法相比分析方法可操作性强,相比经验方法具有一定的物理意义,是 20 世纪 90 年代以来最常用的水环境遥感监测方法。半分析模型和机器学习模型是以辐射传输理论为基础,通过生物光学模型,模拟光在大气和水体中的传播过程,分析水中光学活性物质吸收和后向散射特性,建立遥感反射率等表观光学量与各组分吸收系数、后向散射系数等固有光学量及其浓度间的关系（Lee et al. ,2002）。该方法机理明确,普适性好,但需要对纯水、悬浮物等各种水体组分的散射和吸收特性具有较全面的了解,这些参数主要通过大量实验获取,部分参数在不同水域存在差异,因此实际应用难度较大,效果并不理想（吕恒等,2005）。

在多种水体组分相互作用下的水体光谱特征较为复杂,简单线性模型不足以体现水环境参数浓度与反射率之间的关系。人工神经网络（ANN）能够在缺乏先验知识和数据假设的情况下,从大量复杂数据集中提取出潜在模式,揭示其中的规律（Richardson et al. ,2003）,众多研究已将其应用到水环境参数反演中。Keiner（1998）等利用 TM 数据,使用神经网络的方法,反演估算了水体中悬浮泥沙和叶绿素的浓度。王繁等（2009）利用 MODIS

卫星遥感数据,结合野外实测,使用 ANN 方法建立了杭州湾表层悬浮泥沙质量浓度遥感反演模型。丛丕福等(2005)以大连湾同步实验数据为基础,采用神经网络模型模拟 TM 的485nm、560nm 和 660nm 3 个波段的辐射亮度值与悬浮泥沙浓度之间的传递机理,结果说明神经网络方法比传统统计分析方法表现要好。陈燕(2014)针对渤海湾近岸海域悬浮泥沙浓度反演的研究中,对比了统计回归、主成分分析和神经网络模型,发现后两者的反演精度都有所提高,但神经网络模型较不稳定,参数的选择至关重要。周兆永(2008)、谢屹鹏(2010)、赵玉芹(2009)等采用支持向量机、遗传算法、BP 和 RBF 神经网络等多种机器学习算法进行遥感水质监测,也取得了较好的效果。

8.1.4 现有研究的不足

国内外学者利用遥感技术,在水环境遥感监测中取得了较多进展,但仍存在诸多不足。

(1)在研究对象方面

目前国内外关于水环境遥感监测的研究大部分关注内陆湖泊和海岸带区域,针对河流的研究较少。河流相对于湖泊和海洋,水体流动性强,水体成分具有明显快速的时空变化特征,很难构建统一适用的水环境遥感反演模型。由于河流水体面积相对较小,对遥感数据的空间分辨率有更高的要求,目前常用的数据源难以细致反演其浑浊情况。高原河流监测难度更大,现有研究主要依据水文站和典型断面的零散采样观测,缺乏时空上宏观、连续的研究,尤其近年来高原开发建设活动增多、气候变化趋势越发明显,高原河流水环境监测需求更加迫切。

(2)在遥感数据源方面

目前水环境遥感监测常用的数据源主要包括陆地卫星 Landsat、SPOT 系列、水色卫星MODIS、MERIS、SeaWiFs 以及高光谱卫星数据。但由于陆地卫星波段设置主要是针对陆地生态系统研究,水色卫星空间分辨率普遍较低,高光谱卫星时间分辨率较低,长时序监测能力不足,因此需要综合利用不同数据的特点,提高遥感监测能力。

(3)在方法及模型方面

内陆水体遥感模型以经验模型和半经验模型为主。此类模型主要适用于某一浊度范围,没有能应用于广泛浊度范围的模型(Ogashawara et al.,2017);模型具有时间和空间上的局限性,难以在不同区域和季节推广;研究方法依赖野外观测实验,充足的实测数据是模型精度的保障,当数据不足时,一般只能采用统计学方法进行校正(Islam et al.,2003)。神经网络等新方法的尝试也主要从提高模型精度的角度出发,然而未能充分挖掘遥感数据在时间、空间和光谱尺度上蕴含的丰富信息。遥感技术在不同区域流域水环境监测中具有极大潜力,随着对地观测技术的不断发展,能够充分利用多源遥感数据建立高精度反演模型,综合多种方法,提高对多种水体的监测能力,尤其是长时间尺度的水环境监测,将是重要的研究趋势。

目前,内陆水体水环境遥感反演的主要要素包括浮游生物含量(叶绿素浓度)、悬浮物含量(浑浊度)、营养盐含量(黄色物质、盐度指标)以及有机碳等。除此之外,我们也尝试了另外两种重要有机元素——N 和 P 的遥感反演方法探索。

8.2 青藏高原雅鲁藏布江概况

8.2.1 研究区位置

雅鲁藏布江(即"雅江")流域地处青藏高原南部,属于印度洋水系(刘昭,2011)。发源于喜马拉雅山脉中段北麓的杰马央宗冰川,自西向东流,处于冈底斯—念青唐古拉山脉与喜马拉雅山脉之间,形成一个狭长的柳叶状流域区域(图8.2)。雅江是世界上海拔最高的大河,也是青藏高原主要的淡水来源和水汽通道,流经中国、印度和孟加拉国三国,是全球生态环境变化研究和区域经济发展规划中不容忽视的重要因素,因此成为各领域研究关注的重点。研究区位于雅鲁藏布江中游段,包含拉萨河和尼洋河两条主要支流的部分河道。该区域聚集了大部分西藏重要城镇,包括日喀则市、拉萨市、江孜镇和八一镇等。该区域人口密集,工农业生产活跃,交通相对便利,是西藏自治区政治、经济和多民族文化最为繁荣的地区。

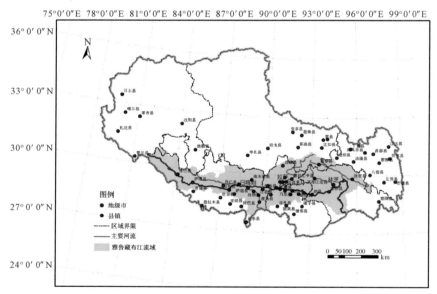

图 8.2　实验区位置示意图

8.2.2 地形地貌

研究区位于青藏高原南部一个狭长形的东西向河谷盆地,地处高原面上,河谷宽广,地形起伏较小,谷地海拔多为 3000~4000m,山峰海拔多在 4500m 以上,一般山地高差为 500~1000m,构成中低山宽谷盆地地形。中游区平均坡降 1.47‰,谷地宽窄相间,呈串珠状,河道两侧的河流阶地不连续,较宽阔的阶地是重要的高原农业基地。风沙地貌是研究区内另一种突出的地貌现象,由于高原区风力较强,山地环绕又易形成叠加环流,在地面风的作用下风沙地貌十分发育,河谷内多见不连续分布的沙丘、沙垄,其中山南宽谷最为明显(戴露,2006)。

8.2.3　气候条件

雅江流域地势高亢且受喜马拉雅山的屏障作用,使来自印度洋孟加拉湾的暖湿气流受阻北上,仅沿着雅鲁藏布江干流河谷上溯运动,故气温、降水一般由东南向西北,即下游向上游逐渐减弱。中游地区气候温凉,属于高原温带气候,河谷地带年平均气温一般为 4.7～8.6℃,最高月平均气温在 15℃左右,多发生在 6—7 月,最低月平均气温在－9℃,全年基本无霜冻;年平均降水量为 300～600mm,降水年内分布不均,全年降水量的 60%～90%集中在 6—9 月(贾建伟等,2008)。

8.2.4　水文特征

研究区内主要水系为雅江干流中游段和支流拉萨河、尼洋河下游部分河段(图 8.3)。雅江中游段一般指里孜至派镇河段,河长 1293km,主要以降水补给为主,融雪补给和地下水补给亦占一定比重。当尼洋河汇入雅鲁藏布江干流之后,融雪补给量明显增加,约占径流量的38%,降水补给量约占 32%,属混合型补给。与降水分布特征类似,径流年内分配不均,6—9月为丰水期,水量占全年水量的 65% 以上,10 月至次年 3 月水量最低,仅占 15.3%～17.6%,中游多年平均径流深 200～1000mm。拉萨河全长 530km,河口多年平均流量320m³/s,尼洋河河长 309km,河口多年平均流量为 584m³/s(刘昭等,2011)。

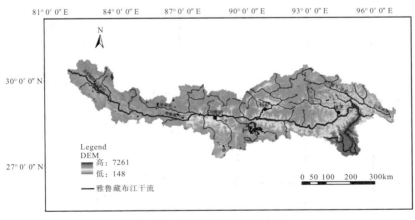

图 8.3　雅江流域水系分布图

在水质方面,雅鲁藏布江相比我国其他主要河流含沙量相对较低,水质状况相对较好。年悬移质输沙量约 1710 万 t,输沙量的年内变化与径流变化一致,径流量最大的 6—9 月输沙量占全年的 92%。中游河段是雅江泥沙含量最高的区域,由于两岸坡陡,气候干旱,河道两岸土壤风化强度大,较多泥沙进入河道。上游流速较低、下游植被覆盖度较高,因此泥沙含量均比中游河段低。河水 pH 值适中,矿化度低,总硬度小,为该区域工农业活动和生活饮用提供了良好的水源。由于气候相对较温和,水源充足,宽阔河谷为农业发展提供了良好条件,该区域同样也是西藏主要的粮食基地。耕地主要分布在干流的宽阔谷地以及拉萨河、尼洋河下游至汇流河口。

8.3 水环境监测数据获取与处理

8.3.1 地面实测数据获取与处理

8.3.1.1 地面测量数据

（1）采样实验设计

2016 年、2018 年著者多次前往雅江流域开展野外观测实验。采样点位设计时,应当重点关注水环境特征典型的重要河段,以及支流汇流口上下游、渡口等水环境易发生变化的区域。本研究采样位置涵盖雅江干流中游上段（日喀则河段）、拉萨河汇流口、雅江最宽阔河段、雅江中游下段（林芝河段）、尼洋河汇流口及拉萨河、尼洋河两条最主要的支流下游河段。实验时沿河道行进,选取河水流速稳定、河面宽阔且易测量的位置进行光谱测量和水样采集,并记录采样时的天气、周围植被覆盖、环境条件以及拍摄实景照片,便于最终存档。由于雅鲁藏布江水深流急,行船不便,因此选择在深度较大、流速稳定的水边进行采样。野外观测实验共获取了40 组有效样点数据,采样点平均间隔约为 10km,采样点分布如图 8.4 所示。

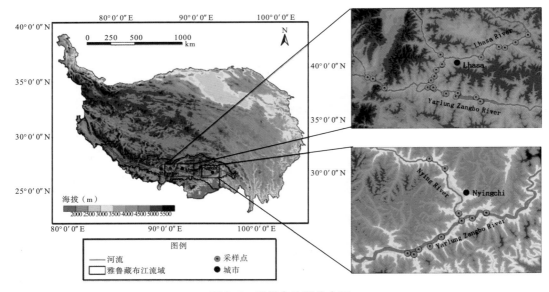

图 8.4 采样点位置分布图

（2）水样采集与分析

每个采样点采集 200mL 水样，装入水样瓶进行密封、标号。为防止样品变质，野外实验期间将采集的水样均放置在阴凉干燥处保存，实验完成后立刻交送实验室进行水质参数浓度测量。本研究委托中国环境科学研究院国家环境化学品生态效应与风险评估重点实验室进行水样实验室检测，共得到浊度、TP、TN 和总有机碳浓度（TOC）4 个水质参数值。所用检测设备为紫外分光光度计（尤尼柯 WFZ UV-2800HA）、压力蒸汽消毒器及 25mL 或 50mL 具塞玻璃磨口比色管。浊度测定采用分光光度法，单位为"度"，国际标准化组织 ISO 7072—1984 中规定水质浊度以"Unit"作为光学浊度计的测量单位，一般习惯称之为"度"（或浊度单位 NTU）。TP、TN 和 TOC 的单位为 mg/L，TP 测定采用《钼酸铵分光光度法》（HJ 636—2012），TN 测定采用《碱性过硫酸钾消解紫外分光光度法》（GB 11893—89），TOC 采用燃烧氧化法测定，依据的标准是《水和废水监测分析方法》（第四版）。

（3）实测光谱获取与处理

水面光谱测量使用美国分析光谱仪器公司制造的 ASD 野外光谱辐射仪（ASD Field Spec）便携式光谱仪，测得光谱范围为 350～2500nm，光谱分辨率 1nm。首先利用参考板进行光谱校正，每个样点采集数据前先对 ASD 光谱仪进行优化，每次观测以优化后的一个参考板观测值和一个水面观测值为一组有效数据。观测时，探头先对着参考板进行优化，并测得参考板辐亮度，然后测量水面辐亮度，记为一组，随后测量一组对应的 DN 值。测量高度为离水面 20～30cm 处。由于 ASD 记录的光谱数据受光照、风等环境条件以及仪器稳定性的影响较大，每次观测需要连续多次测量，去除瞬时风浪和光强波动等影响。在本实验中每次观测连续获取 10 组光谱曲线，在后期的数据处理中舍弃波形异常的曲线，剩余求取平均值。平均光谱曲线仍需进一步校正，使用 ASD 光谱仪配套软件 ViewSpecPro 完成，主要包括暗电流去除、波长校正等。

本研究需要获取的是水体反射率光谱曲线，而 ASD 测量得到的是辐亮度和 DN 值。DN 值计算反射率精度相对高于辐亮度，因此用原始 DN 值计算得到各点位的水体反射率：

$$Ref_{water} = \frac{DN_{water}}{DN_{board}} \times Ref_{board}$$

式中：Ref_{water} 为水体反射率，DN_{water} 为水体的 DN 值，DN_{board} 为白板的 DN 值，Ref_{board} 为白板的反射率，此处取值为 0.994。

红外波段反射率受噪声影响较大，信号不稳定，因此提取出对水质变化敏感、信号稳定的可见光和近红外波段反射率（350～1200nm），整理得到雅鲁藏布江中游水体光谱数据样本集。

8.3.1.2　水体光谱库构建

光谱库对遥感影像信息的准确解译、未知地物的快速匹配以及遥感自动分类精度的提高起着至关重要的作用。目前在国际上具有较大影响力的数字化地物反射光谱数据库主要有美国地质调查局(United States Geological Survey,USGS)地物反射光谱数据库、喷气动力实验室(Jet Propulsion Laboratory,JPL)地物反射光谱库、高级星载热辐射和反射探测器(Advanced Spaceborne Thermal Emission and Reflection Radiometer,ASTER)地物反射光谱库、高光谱图像处理与分析系统(Hyperspectral Image Processing and Analysis System,HIPAS)地物反射光谱库等,这些地物反射光谱库主要包括土壤、植被、水体、岩矿以及人工目标五大类,在遥感应用研究中发挥着重要作用。国内外常见的光谱库一般是采集自中低海拔区域的水体,然而,高原区气候、土壤等自然条件特殊、人为干扰较小,高海拔水体具有独特的光谱特性。但高原高寒地区气候恶劣,野外观测数据的采集存在很大困难,目前尚缺乏针对该区域的水环境光谱数据积累。基于此,本研究利用雅鲁藏布江中游野外观测实验获取的光谱数据,构建了针对高原高寒河流的水环境光谱库。

光谱库构建方法包括加权移动平滑、包络线去除、归一化等处理,并对同一典型河段不同采样点进行综合,最终得到典型河段不同水质状况的光谱曲线,构成适用于高原高寒河流的水质光谱库(图8.5)。该光谱库能够应用于不同水质参数的敏感波段分析及参数反演等方面,有利于了解高原高寒地区河流水体光学特性,为高原高寒地区的水环境监测、水资源管理和生态环境保护提供重要的信息支撑。

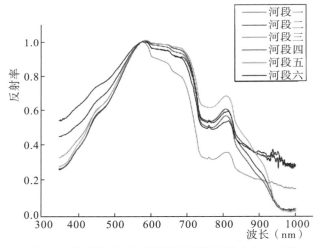

图 8.5　针对高寒河流的新型水环境光谱库建立结果

光谱库能够搭载到 EVNI 和 ArcGIS 等多种平台进行多种处理和分析(图8.6 和图8.7)。基于 ENVI 的光谱库能进行多种光谱分析和计算,尤其可重采样到不同卫星通道,便于敏感波段的提取及遥感数据适用性的比较。ArcGIS 具有强大的空间查询功能,能够实现基于空间和属性特征的实时查询和显示。将典型河段位置与水质参数数据、光谱数据及光谱曲线图等光谱库数据相关联,能够实时查看各采样点的光谱反射率、水质参数值和光谱曲线,并能通过空间位置和属性特征进行查询比较。

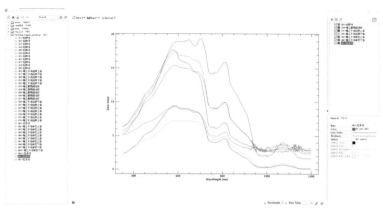

图 8.6 基于 ENVI 的光谱库分析

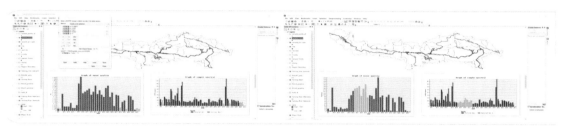

图 8.7 基于 ArcGIS 光谱库数据查询与显示

8.3.2 遥感数据获取与处理

8.3.2.1 哨兵 2A 数据集与数据处理

（1）哨兵 2A 数据介绍

哨兵 2A 卫星（Sentinel-2A）由欧洲航天局研制，于 2015 年 6 月 23 日发射升空。"哨兵"系列卫星是目前全球最大的环境监测计划——"哥白尼"计划中的重要组成部分，旨在帮助欧洲进行环境监测和满足其安全需求。哨兵 2A 数据具有空间分辨率高、多光谱成像能力强、幅宽宽以及重访周期短等优势，可用于监测地球土地覆盖变化、植被健康和水体污染情况（Harmel et al.，2018；Kuhn et al.，2019；Pahlevan et al.，2019），以及对山体滑坡、洪水等自然灾害进行快速成像，为灾害救援提供帮助。

哨兵 2A 卫星搭载推扫式多光谱成像仪（MSI），覆盖 13 个光谱波段，幅宽达 290km，重访周期 10 天，空间分辨率从可见光到近红外不等，最高可达 10m，实现了短时间、大范围、高分辨率的对地观测。在 13 个光谱波段中，4 个空间分辨率为 10m 的波段可与 SPOT 或 Landsat 数据之间保持良好的连续性，以满足长时间序列遥感监测的需求；6 个空间分辨率 20m 的波段为 2 个短波红外波段、1 个近红外波段和 3 个红边波段。哨兵 2 号卫星是首颗包含 3 个红边波段的民用光学对地观测卫星，为多种地表参数的反演提供了宝贵的信息；3 个空间分辨率为 60m 的波段，主要用于大气校正和卷云筛选（表 8.1）。

表 8.1　　　　　　　　　　　　　　　哨兵 2A 卫星数据波段设置

波段	中心波长 λ （nm）	光谱带宽 Δλ （nm）	空间分辨率 （m）
Band 1-Coastal aerosol	443	20	60
Band 2-Blue	490	65	10
Band 3-Green	560	35	10
Band 4-Red	665	30	10
Band 5-Vegetation Red Edge	705	15	20
Band 6-Vegetation Red Edge	740	15	20
Band 7-Vegetation Red Edge	783	20	20
Band 8-NIR	842	115	10
Band 8A-Vegetation Red Edge	865	20	20
Band 9-Water Vapour	945	20	60
Band 10-SWIR-Cirrus	1375	30	60
Band 11-SWIR	1610	90	20
Band 12-SWIR	2190	180	20

（2）哨兵 2A 数据获取及处理

在河流遥感水质监测中，由于河道较窄，需要使用较高空间分辨率影像；水体反射信号较弱，需要较丰富的光谱信息体现水质变化情况。哨兵 2A 卫星数据空间分辨率高，能够识别河道信息，近红外波段范围（700～800nm）内光谱信息较丰富，尤其 3 个红边窄波段位于水体光谱敏感波段范围，能够充分体现不同水环境状况下的水体生物光学特性。同时能够免费、大量获取，与 Landsat 系列数据结合可监测长时间序列变化，是进行流域水环境参数反演及监测的理想数据源，因此本研究选用其为遥感数据。

所用数据为 Sentinel-2A L1C 产品，包含数据为大气顶层反射率（TOA），已经完成了辐射校正、几何校正与投影。研究区河道狭长，空间范围共覆盖 T45RXN、T45RYN、T46RBT、T46RCT、T46RDT、T46RET、T46RFT 7 景。由于高原区天气多变，对数据进行了目视筛选，选取研究区河道无云、较清晰的影响进行处理和分析，共 40 幅，时间覆盖 2016 年 1 月至 2017 年 7 月，如表 8.2 所示。

表 8.2　　　　　　　　　　　　　　　哨兵 2A 数据数量

时间（年）	1	2	3	4	5	6	7	8	9	10	11	12	合计
2016	4	5	0	0	2	0	0	0	0	3	4	4	22
2017	2	3	2	2	4	2	3	—	—	—	—	—	18

1)大气校正与重采样

使用欧洲航空局发布的 SANP 软件进行大气校正。ESA SNAP 是欧洲航空局发布的,专门用于处理哨兵系列卫星数据,能够根据用户需求,生成大气校正和分类后的二级数据产品。大气校正采用的是 SNAP 软件中的 sen2cor 模块,算法为基于查找表和影像多波段反射率的半经验算法。研究表明,sen2cor 算法对于内陆水体大气校正有较高的精度(RESM<0.01)(Martins et al.,2017)。输出的大气校正产品有 60m、20m 和 10m 三种,分别包含对应分辨率的气溶胶光学厚度和水汽浓度值以及对应波段大气校正后的反射率值。大气校正后,再用 SNAP 软件中的 Resample 功能把所有波段的二级产品重采样为 10m 分辨率转换成便于处理的 ENVI 格式。

2)水体提取

水体提取算法采用增强型水体指数(MNDWI),以 0 作为阈值,制作水体掩膜。经过比较,MNDWI 的水体提取效果优于 NDWI、NDVI 的阈值提取效果,但是仍然会误提取一些河岸像元和云污染像元,尤其在不同季节雅江河道范围会存在差异,用一个河道掩膜难以完全覆盖,因此需要进一步精确提取。精确提取是在此基础上,利用对水体最为敏感的短波红外波段单波段反射率,结合影像获取当日的不同情况分别设定阈值,实现水体像元的精确提取。

$$\mathrm{MNDWI} = \frac{\rho_{\mathrm{Green}} - \rho_{\mathrm{SWIR}}}{\rho_{\mathrm{Green}} + \rho_{\mathrm{SWIR}}}$$

3)相邻影像标准化

同一天相邻的两景数据,由于获取时间不同,重叠区同一位置的反射率值略有差异,需要进行标准化处理。在重叠区内选取多个典型区域作为 ROI,导出两景影像上 ROI 内对应的像元值。每一个波段分别计算对应像元之间的回归方程,将这个方程应用到其中一景影像全幅,使同一天的数据保持一致。

4)像元邻近效应去除

对河道影像进行中值滤波处理,去除河岸临近像元的影响。由于水体反射为弱信号,水体边缘像元易受到陆地反射的影响,导致水体本身的反射率信息被陆地信号覆盖,难以反演出真实的水质状况。Pahlevan 等在湖泊和海岸带水体水色遥感研究中,采用 7×7 的滤板模板对哨兵 2A 数据进行中值滤波,以去除陆地像元造成的邻近效应。由于在本研究中研究对象为河流,且雅鲁藏布江部分河段河道较窄,不足 100m,7×7 的滤波模板较大,经过比较试验,3×3 的中值滤波模板较为合理,既能平缓陆地像元引起的反射率突变,又能保留部分细小河段的水体信息,因此对处理后的河道影像进行中值滤波,模板大小为 3×3。

8.3.2.2 Landsat 数据集与数据处理

Landsat MSS 数据是最早用于水环境监测的数据源,尽管陆地卫星通道设置不是针对海洋应用的,但其一直是Ⅱ类水体遥感监测中使用最广泛的数据源(Joshi and D′Sa,2015;

Joshi et al.,2017b;Kuhn et al.,2019;Pahlevan et al.,2019)。由于哨兵系列与Landsat系列数据间具有较好的一致性,本研究选用Landsat系列数据延长水体浑浊特征监测的时间序列。Landsat-5卫星发射于1984年,搭载专题制图仪(TM)和光谱成像仪(MSS),重访周期16天,于2011年12月失效。Landsat-8卫星发射于2013年2月,搭载陆地成像仪(OLI)和热红外传感器(TIRS)。两种数据波段设置比较如表8.3所示。覆盖研究区范围的数据共包含138/39、139/40、138/40、137/40、136/40、136/39和135/40七景,筛选出无云、清晰的有效数据进行处理分析,共326景。数据处理流程主要包括大气校正和水体提取。2007—2011年数据来自Landsat-5 TM,2013—2017年数据来自Landsat-8 OLI传感器,数据时间覆盖情况如表8.4所示。

表8.3　　　　　　　　　　　　　　　Landsat卫星数据波段设置

Landsat-8 OLI 传感器			Landsat-5 TM 传感器		
波段	波段范围(nm)	空间分辨率(m)	波段	波段范围(nm)	空间分辨率(m)
1-海岸波段	433～453	30			
2-蓝波段	450～515	30	1-蓝波段	450～520	30
3-绿波段	525～600	30	2-绿波段	520～600	30
4-红波段	630～680	30	3-红波段	630～690	30
5-近红外波段	845～885	30	4-近红外波段	760～900	30
6-短波红外1	1560～1660	30	5-近红外波段	1550～1750	30
7-短波红外2	2100～2300	30	6-热红外波段	10400～12500	120
8-全色波段	500～680	15	7-中红外波段	2080～2350	30
9-卷云波段	1360～1390	30			

表8.4　　　　　　　　　　　　　　　Landsat系列数据数量

传感器	时间(年)	1月	2月	3月	4月	5月	6月	7月	8月	9月	10月	11月	12月	合计
Landsat-5 TM	2007	8	2	7	7	4	1	1	1	1	1	0	0	33
	2008	2	5	7	3	2	1	2	0	1	4	9	10	46
	2009	8	8	7	8	4	4	0	0	4	9	5	1	58
	2010	7	7	1	6	2	1	0	1	2	2	9	9	47
	2011	8	8	3	4	3	3	0	2	5	3	4	0	43
Landsat-8 OLI	2013	—	—	—	1	1	0	0	2	3	1	3	6	17
	2014	4	4	0	2	1	0	0	0	2	2	5	5	25
	2015	2	3	3	1	0	0	0	0	1	4	4	4	22
	2016	4	2	3	3	0	0	0	2	0	1	6	5	26
	2017	1	2	4	2	—	—	—	—	—	—	—	—	9

8.4 高寒水环境遥感监测模型构建

8.4.1 遥感波段敏感性分析

不同区域的水体由于浑浊状况不同,光谱曲线也有所差异。在 40 组光谱数据中,4 组数据光谱曲线异常,大范围谱段信号为不规则噪声,故将其剔除。造成这种观测误差的主要原因是测量时光谱仪未能充分预热或电池电力不足。绘制其余 36 组光谱曲线,900nm 前数据稳定,波形合理;900nm 后光谱曲线出现波动,且水体在红外波段具有很强的吸收特性,因此,只考虑 350~900nm 波段范围内的反射率光谱。

不同样本组光谱曲线形态有所差异(图 8.8),因此我们分河段选取典型光谱曲线(图 8.9)。雅鲁藏布江水体光谱曲线呈"双峰"形态,主反射峰在 580~720nm 范围内,不同水环境状况对应反射峰宽度和形态有所差异,次反射峰位于810nm 附近。拉萨河和尼洋河水体光谱曲线形态与其他河段有明显差异,主反射峰较窄,反射率相对较低。干流水体浑浊度较高,光谱曲线主反射峰位置向长波方向移动,即出现"红移"现象,810nm 处次反射峰反射率也相对较高。不同浑浊状况的水体光谱反射率在 450~500nm 及 600nm、700nm 和800nm 附近波段区分度较高,尤其是 700~800nm 的红边波段,适合进行水体光谱分析,建立反演模型。

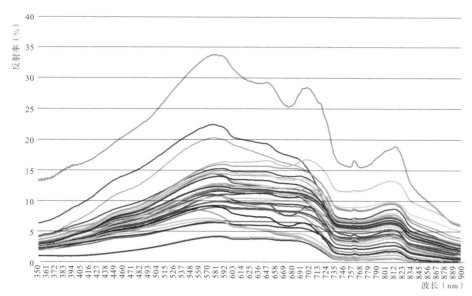

图 8.8 实测反射率光谱曲线

不同河段典型光谱曲线如图 8.9 所示,进一步选取区分度较高的特征波段量化,衡量采样光谱特征。选取 450nm、580nm、750nm 和 810nm 处反射率值代表光谱曲线反射峰谷高度,差值系数 $R_{(705)} \sim R_{(680)}$ 衡量主反射峰内部的小峰谷波动情况,$R_{(705)} \sim R_{(720)}$ 衡量主反射峰下降位置。分别计算各组有效光谱的特征波段参数值,利用系统聚类方法对实测光谱进行聚类分析,最终得到三组不同特征的光谱曲线。其中一组包含三组样本数据,查看其光谱曲线,发现这三组光谱整体反射率较高,尤其可见光—近红外波段反射率高于 15%,与水体的弱辐射特性不符,主要是由于采样位置靠近岸边,水深较浅,水面光谱受到水底反射的影响,反射率较高。其余两组样本与浊度有很好的对应关系,以浊度等于 10 为界限,划分出两类光谱曲线,因此分别定义为清澈组和浑浊组,两组样本水质状况和反射率光谱曲线如图 8.10、图 8.11 所示。可以明显看出,浑浊样本组浊度、TP、TN 浓度都较高,水体反射率光谱曲线主反射峰宽度较大,峰顶较为平缓,整体反射率较高,次反射峰突出,峰值较高;清澈水体反射率较低,主反射峰突出且宽度较小,810nm 处次反射峰不突出。两组样本数据 TOC 浓度差异较小。

逐一计算各波段实测光谱反射率和对应水环境参数的相关系数(图 8.12(a)),单波段反射率与各水环境参数相关性均不高,相关系数基本都低于 0.4,尤其 TN、TOC 浓度和各波段反射率相关系数基本都小于 0.1。

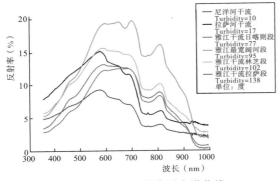

图 8.9　不同河段典型光谱曲线

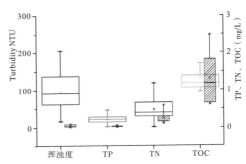

图 8.10　浑浊组和清澈组水环境参数浓度对比

注:彩色空心图为浑浊组,黑色填充图为清澈组

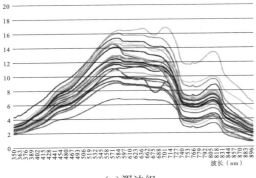

(a)浑浊组

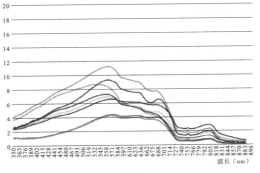

(b)清澈组

图 8.11　反射率光谱曲线

数据归一化处理能够有效减少由环境遮挡、测量角度变化等因素造成的反射率绝对数值差异,便于不同样本组之间进行比较。水色遥感研究中常用的光谱归一化方法是将可见光—近红外波段反射率平均值为归一化点,各波段反射率均除以该值,得到对应的归一化反射率。本研究中将光谱信号稳定的350~900nm反射率求平均值,进行光谱归一化计算,计算公式如下:

$$R_N(\lambda i) = \frac{R_f(\lambda i)}{\frac{1}{n}\sum_{i=350}^{900} R_f(\lambda i)}$$

式中:$R_N(\lambda i)$ 为波段 λi 归一化计算后的水体反射率,$R_f(\lambda i)$ 为原始的反射率,n 为 350~900nm 的波段数目。

光谱归一化计算后,相关系数显著提高(图8.12(b))。浊度和TP相关系数随波段变化的趋势相一致,550~600nm前相关系数为负值,尤其450nm之前的波段相关系数较高,随着浊度和TP浓度升高,蓝波段反射率降低。这是由于清澈水体蓝波段反射率较高,随着水中杂质含量增多,蓝光被散射和吸收,出水辐射中所含比例响应减少。550nm附近归一化反射率与浊度和TP浓度相关系数接近0,对浓度变化不敏感,600nm后相关系数为正,随着浊度和TP浓度的增加,反射率对应升高,其中650~870nm范围内归一化反射率与浊度和TP浓度相关系数较高。TN浓度与600~800nm归一化反射率相关系数较高,TOC浓度与归一化前后的各波段反射率相关系数均较低。

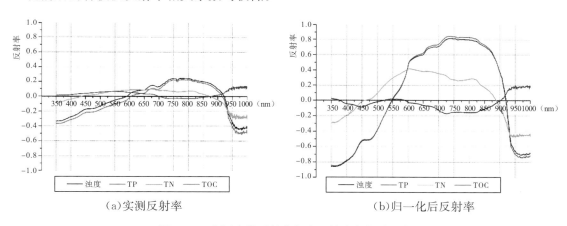

(a)实测反射率　　　　　　　　　　　(b)归一化后反射率

图8.12　实测光谱反射率与水环境参数相关系数

进一步对原始反射率光谱进行一阶微分计算,可以去除线性或接近线性的背景,以及噪声光谱的影响。各组有效样本光谱平均一阶微分值和对应相关系数如图8.13所示。580~700nm、750nm附近、810nm附近一阶导数值约为0,说明出现波峰或波谷,580nm附近光谱一阶微分值与浊度和TP浓度相关系数较高。

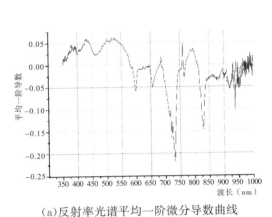

（a）反射率光谱平均一阶微分导数曲线

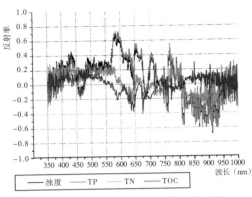

（b）一阶微分值与水环境参数相关系数

图 8.13　一阶微分导数曲线与相关系数

结合以上分析，低于 450nm 的蓝波段、650～870nm 的红波段和近红外波段对浊度和 TP 浓度较为敏感，550～580nm 附近的绿波段最不敏感；600～800nm 范围内反射率对 TN 浓度变化较为敏感，建立水环境参数反演模型应当优先考虑这些波段。TOC 浓度对光谱反射率变化的影响不显著。归一化处理能够显著提高波段反射率与水质参数的相关系数，580～700nm、750nm、810nm 附近的反射峰谷也是水质参数反演建模的常用波段。

8.4.2　半经验—半分析遥感反演模型构建

内陆水体水环境参数反演时，一般选取一个对水环境参数浓度敏感的活跃波段，以及一个对水环境参数浓度不敏感的参考波段，求取比值、差值或 NDVI 形式的光谱指数，相比单波段反射率模型反演效果更好。在研究中，相关系数较高的光谱参数为基于红波段 B4（中心波长 $\lambda = 665nm$）和哨兵 2A 特有的红边波段 B5（$\lambda = 705nm$）、B6（$\lambda = 740nm$）、B7（$\lambda = 783nm$）与蓝波段 B2（$\lambda = 490nm$）和绿波段 B3（$\lambda = 560nm$）建立的多种比值和差值系数，结合 2.2.3 中的波段敏感性分析，650～870nm 的红波段和近红外波段对水环境浓度较为敏感，500～580nm 附近的蓝绿波段最不敏感，因此，二者的差值或比值能够突出水环境参数浓度的差异，适合建立反演模型。在此基础上，选取相关系数较高的部分光谱系数建立反演模型，比较拟合效果和反演精度，筛选最佳模型。

8.4.2.1　光谱系数回归模型

（1）浊度反演模型

浊度反演模型拟合效果如表 8.5 所示，其中加粗的为拟合效果较好的模型。拟合模型以线性和幂函数模型为主，拟合效果最好的是红波段 B4 和绿波段 B3 的比值和差值模型、红边波段 B5 和绿波段 B3 的比值模型，拟合 R^2 较高。以 B4 和 B3 建立的各模型为例，绘制建模样本实测浊度与光谱参数散点图以及相应模型拟合线（图 8.14），比较不同光谱参数与水质的关系形式。线性模型和幂指数模型对浊度拟合效果略有差异，线性模型对中等浊度样本拟合精度相对较高,对高浊度和低浊度样本存在低估,且当光谱系数较低时,线性模型估计将出现负值;幂指数模型估计值均大于 0,符合实际意义,并对高低浊度样本估计精度较高,中等浊度样本略低估。比值系数的散点相对较为集中,差值系数散点较为分散。

表 8.5　　　　　　　　　　　　　　　浊度反演模型建立

编号	建模变量	模型类型	R^2	RMS	公式
1	$x=$B3/B2	线性	0.524	39.126	$Y=529.121\times X-616.671$
2	$x=$B4/B3	线性	0.613	34.627	$Y=493.674\times X-401.164$
3		幂	0.577	35.807	$Y=63.05\times X-10.441$
4	$x=$B5/B3	线性	0.586	38.930	$Y=364.791\times X-252.884$
5	$x=$B6/B2	线性	0.511	39.973	$Y=213.071\times X-83.761$
6	$x=$B7/B2	线性	0.485	38.337	$Y=201.289\times X-71.517$
7	$x=$B4/B2	线性	0.526	40.246	$Y=260.821\times X-255.938$
8	$x=$B5/B2	线性	0.478	36.794	$Y=225.205\times X-191.835$
9	$x=$B4$-$B3	线性	0.563	38.588	$Y=36.6\times X+91.364$
10		指数	0.604	40.681	$Y=8.52\times\exp(0.607\times X)$
11	$x=$B5$-$B3	线性	0.52	38.631	$Y=20.391\times X+39.011$
12	$x=$B4$-$B2	线性	0.466	38.437	$Y=24.096\times X+12.823$
13	$x=$(B3$-$B2)/(B3$+$B2)	线性	0.519	39.288	$Y=1402.296\times X-110.359$
14	$x=$(B6$-$B2)/(B6$+$B2)	线性	0.523	39.076	$Y=319.743\times X+126.047$
15	$x=$(B4$-$B3)/(B4$+$B3)	线性	0.502	36.201	$Y=887.433\times X+93.023$
16	$x=$(B4$+$B5)/B3	线性	0.507	66.042	$Y=854.896\times X-646.678$

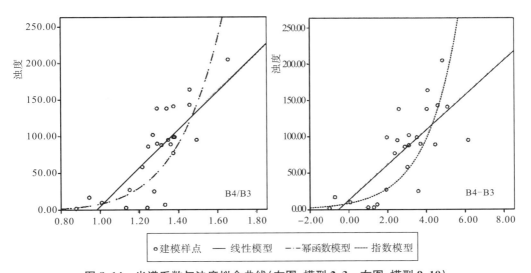

图 8.14　光谱系数与浊度拟合曲线(左图:模型 2、3　右图:模型 9、10)

　　计算模型反演的平均相对误差,发现各模型整体相对误差都较大,大部分模型平均估算值比清澈组误差大1~2倍。为进一步分析模型误差的来源,逐一查看各样本的反演误差,发现模型反演效果对不同浊度的样本有较大差异,如图8.15所示。可以看出,模型对不同浊度样点拟合误差差异较大,线性模型对浊度低于10的清澈组样本估计误差超过10倍,高估较多。随着浊度升高,相对误差明显下降,浊度高于50的干流样本估计误差稳定在一个较低水平,估计值较准确。幂指数模型对整体样本的估计误差差异较小,但清澈组样本误差仍相对较高,为实测值的2~6倍,干流样本估计误差略高于线性模型。同时将模型应用于验证样本组,分组分别统计误差平均值(表8.6)。误差平均值计算结果与散点图分析结果相一致,线性模型对浊度较低的清澈样本估计误差较大,因此总体样本平均相对误差均较高,但干流样本估计误差较低,其中模型2、3、4、16对建模和验证数据的干流样本估计的平均相对误差均不高于0.2,即模型反演精度能达到80%。建模变量间比较而言,基于红绿波段比值B4/B3的模型反演效果较好,拟合情况和精度均较其他模型高;差值模型9、10总体估计误差较其他模型低,但整体散点较为分散,浑浊样本和干流样本平均相对误差均较高。

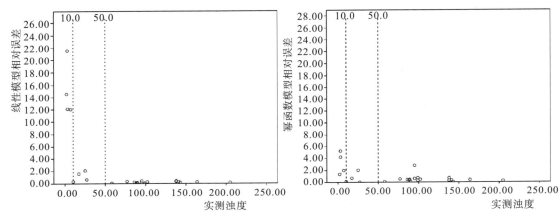

图8.15　模型估计相对误差随浊度变化图

表8.6　　　　　　　　　　　　　　浊度反演模型平均相对误差比较

模型编号	建模样本			验证样本		
	总体平均	浑浊组平均	干流组平均	总体平均	浑浊组平均	干流组平均
1	1.971	0.444	0.244	0.721	0.747	0.266
2	2.99	0.391	0.183	0.399	0.239	0.186
3	2.715	0.369	0.182	0.326	0.209	0.200
4	2.791	0.344	0.197	0.455	0.419	0.150
5	2.371	0.344	0.254	0.446	0.333	0.194
6	2.297	0.343	0.262	0.489	0.339	0.198
7	3.252	0.344	0.191	0.385	0.269	0.223

续表

模型编号	建模样本			验证样本		
	总体平均	浑浊组平均	干流组平均	总体平均	浑浊组平均	干流组平均
8	3.150	0.357	0.212	0.477	0.527	0.222
9	1.893	0.475	0.240	0.349	0.351	0.237
10	0.969	0.569	0.510	0.462	0.490	0.575
11	2.172	0.410	0.233	0.544	0.505	0.221
12	2.933	0.405	0.197	0.522	0.336	0.242
13	2.047	0.453	0.239	0.713	0.759	0.260
14	2.853	0.358	0.228	0.435	0.368	0.204
15	3.367	0.347	0.190	0.347	0.241	0.221
16	3.184	0.354	0.199	0.346	0.313	0.190

结合模型拟合 R^2，基于 B4/B3 和 B5/B3 的模型 2、3、4 拟合效果好、对浑浊样本反演精度高。以线性模型 2、4 为例，分别绘制建模样本和验证样本的模型估计值和实测值散点图（图 8.16），横轴为浊度观测值，纵轴为模型拟合值，实线为 1∶1 趋势线，虚线为±30％误差线，可以看到除浊度非常低的清澈样本外，其余大部分样本点均位于 30％误差线内，基于 B5/B3 建立的模型反演精度相对高于 B4/B3 模型，散点较均匀地分布在 1∶1 线两侧。

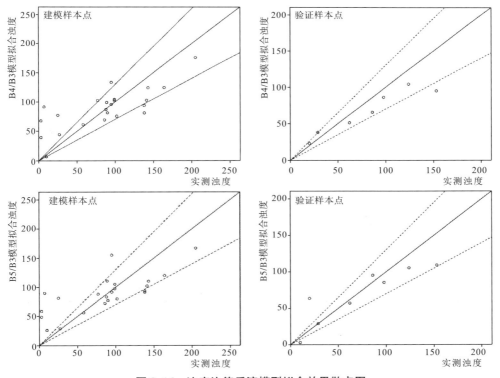

图 8.16　浊度比值反演模型拟合效果散点图

(2)TP 反演模型

TP 浓度反演拟合效果较好的部分模型如表 8.7 所示。总磷反演模型拟合 R^2 整体高于浊度反演模型,基于红波段 B4 和绿波段 B3 的比值、差值和 NDVI 形式指数的拟合模型 R^2 均较高,幂指数模型拟合 R^2 整体高于线性模型。以线性和幂指数模型中 R^2 最高的模型 1 和 8 为例,绘制拟合散点图(图 8.17),可以看到,与浊度拟合模型类似,线性模型对低浓度样本估计误差较大,幂指数模型整体拟合较好,但对中高浓度样点整体低估。

表 8.7   总磷反演模型

编号	建模变量	模型类型	R^2	RMS	公式
1	$x = B4/B3$	线性	0.579	0.078	$Y = 1.066 \times x - 0.844$
2		幂函数	0.658	0.095	$Y = 0.181 \times X^{8.347}$
3	$x = B5/B3$	幂函数	0.623	0.096	$Y = 0.067 \times X^{4.307}$
4	$x = B6/B2$	幂函数	0.623	0.105	$Y = 0.32 \times X^{2.752}$
5	$x = B4/B2$	线性	0.529	0.082	$Y = 0.545 \times x - 0.507$
6		幂函数	0.642	0.087	$Y = 0.037 \times X^{5.449}$
7	$x = B4 - B3$	线性	0.538	0.081	$Y = 0.051 \times x + 0.054$
8		指数	0.676	0.118	$Y = 0.0414 \times \exp(0.441 \times x)$
9	$x = (B6 - B2)/(B6 + B2)$	线性	0.525	0.083	$Y = 0.689 \times x + 0.294$
10		指数	0.625	0.109	$Y = 0.0328 \times \exp(5.836 \times x)$
11	$x = (B4 - B3)/(B4 + B3)$	指数	0.642	0.087	$Y = 0.181 \times \exp(16.771 \times x)$

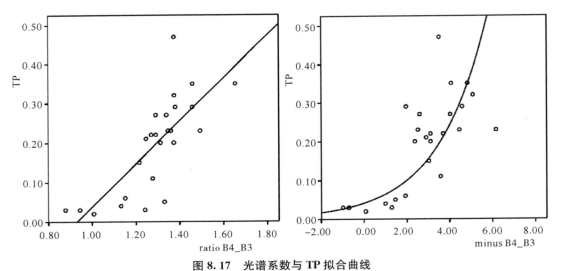

图 8.17   光谱系数与 TP 拟合曲线

同样,计算模型对建模样本组和验证样本组的平均相对误差情况,如表 8.8 所示。整体估计误差低于浊度反演模型,其中线性模型普遍对总体样本估计误差较高,去掉清澈样本后,估计误差明显下降,幂指数模型对不同水质的样本估计误差差异较小,对浑浊样本的估计误差高于线性模型。针对干流样本而言,基于红边波段 B6 和蓝波段 B2 的 NDVI 形式光谱指数建立的线性模型 9,红绿波段比值模型 1、2、12,红蓝波段比值线性模型 5 在建模组和验证组的干流样本平均相对误差均小于 0.2,即反演精度大于 80%。针对样本整体而言,红绿波段比值建立的幂函数模型 2 精度最好,对验证样本总体估计误差小于 20%,且拟合 R^2 也较高。图 8.18 为 TP 浓度拟合值与实测值散点图,实线为 1∶1 线,虚线为 ±30% 误差线,可以看出仅部分低浓度样本点估计误差较大,高浓度样本点基本都在 30% 误差线内,较均匀分布在 1∶1 线附近。

表 8.8　　　　　　　　　　　　　　　　　**TP 反演模型平均相对误差比较**

模型编号	建模样本			验证样本		
	总体平均	浑浊组平均	干流组平均	总体平均	浑浊组平均	干流组平均
1	0.720	0.261	0.119	0.315	0.257	0.192
2	0.558	0.263	0.271	0.185	0.165	0.181
3	0.579	0.296	0.323	0.279	0.249	0.256
4	0.582	0.350	0.361	0.366	0.338	0.346
5	0.741	0.216	0.156	0.324	0.265	0.199
6	0.543	0.290	0.299	0.368	0.341	0.374
7	0.620	0.331	0.209	0.367	0.360	0.220
8	0.458	0.379	0.361	0.433	0.428	0.449
9	0.753	0.222	0.192	0.157	0.165	0.161
10	0.580	0.364	0.378	0.918	0.916	0.916
11	0.558	0.263	0.272	0.367	0.339	0.346

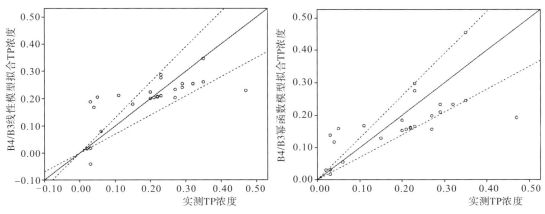

图 8.18　TP 浓度拟合散点图

（3）TN 反演模型

选取与 TN 浓度相关系数较高的光谱系数建立反演模型，拟合效果均较差。表 8.9 所列出的为两个相对拟合效果较好的反演模型，模型拟合散点和拟合线如图 8.19 所示。模型基于蓝绿波段 B3/B2 和近红外波段 B9/B8，散点分布在拟合线两侧，趋势与拟合线基本一致，但由于点的分布较为分散，因此拟合精度较低。如图 8.20 所示，拟合与实测浓度散点图中，实线为 1∶1 线，虚线为 50% 误差线。基于近红外波段比值的线性模型对低总氮浓度的样本点拟合精度较低，存在较大程度的高估，蓝绿波段指数模型则对高浓度样本点存在一定程度的低估。

（4）TOC 反演模型

根据 TOC 与各光谱参数相关性分析，相关关系较弱，相关系数均低于 0.2，模型回归拟合效果较差，精度较低，因此认为 TOC 不适合采用波段比值模型反演。

表 8.9　　　　　　　　　　　　总氮浓度反演模型

编号	建模变量	模型类型	R^2	RMS	公式	建模样本 MRE	验证样本 MRE
1	$x=\mathrm{B3/B2}$	线性	0.278	0.263	$Y=2.140\times x-2.393$	0.613	0.499
2	$x=\mathrm{B9/B8}$	指数	0.29	0.292	$Y=1037.439\times\exp(-9.964\times x)$	0.750	0.493

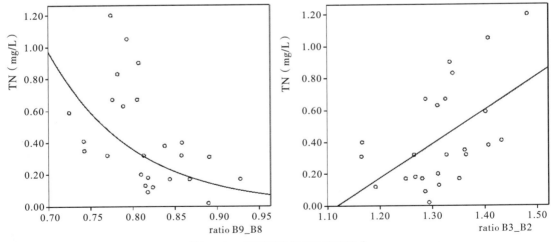

图 8.19　光谱系数与 TN 浓度拟合

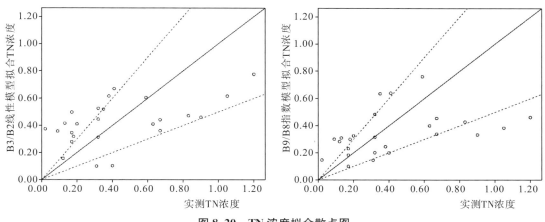

图 8.20　TN 浓度拟合散点图

8.4.2.2　归一化反射率模型

依据波段相关分析,归一化计算后的单波段反射率与水环境参数浓度相关系数显著增高,因此尝试采用归一化等效反射率建立水环境参数反演模型。计算各波段等效反射率与水环境参数浓度相关系数,如表 8.10 所示,归一化后各波段反射率与浊度和 TP 浓度均具有显著相关关系,蓝波段 GB2 和红边波段 GB6、GB7 的相关系数最高,TN 浓度与红波段GB4 和 GB5 相关关系显著,TOC 相关关系均不显著,相关系数均低于 0.2。

表 8.10　　　　　　　　　归一化等效反射率与水环境参数相关系数

归一化波段	浊度	TP	TN	TOC
GB2	$-0.717**$	$-0.712**$	-0.193	0.022
GB3	$-0.500**$	$-0.515**$	-0.023	0.114
GB4	$0.354*$	0.342	$0.363*$	0.126
GB5	$0.613**$	$0.611**$	$0.420*$	0.015
GB6	$0.780**$	$0.795**$	0.247	-0.146
GB7	$0.759**$	$0.777**$	0.234	-0.141
GB8	$0.645**$	$0.658**$	0.127	-0.108
GB9	$0.433*$	$0.437*$	-0.043	-0.05

注:＊＊在 0.01 水平(双侧)上显著相关。　＊在 0.05 水平(双侧)上显著相关。

选取相关系数较高的波段建立浊度和 TP 浓度反演模型,如表 8.11 所示。模型拟合情况和验证散点如图 8.21 所示。表 8.11 中的 MRE 均为浑浊组样本的平均相对误差,图 8.21(a)、(c)分别为浊度、TP 浓度的拟合曲线和建模散点图,(b)、(d)为浊度、TP 浓度的实测验证散点图,实线为 1∶1 趋势线,虚线为 30%误差线。比较发现,基于归一化红边波段GB6 的幂函数模型对浊度和总磷浓度都具有较好的反演效果,拟合曲线对高浓度样本略有低估,模型验证精度均高于 70%。但对比波段比值模型,归一化光谱反射率模型拟合 R^2 有所提高,反演精度差异不大。

表 8.11 归一化光谱反射率模型比较

水质参数	建模变量	模型类型	公式	R^2	RMS	建模样本浑浊组 MRE	验证样本浑浊组 MRE
浊度	GB2	线性	$Y=-252.645 \times X+377.824$	0.448	27.235	0.421	0.234
	GB6	幂	$y=123.206 \times x^{6.873}$	0.580	30.077	0.386	0.286
	GB7	幂	$y=130.365 \times x^{6.201}$	0.545	30.718	0.419	0.297
总磷	GB6	幂	$y=0.295 \times x^{5.158}$	0.690	0.052	0.323	0.216
		指数	$\ln(y)=0.001+6.301 \times x$	0.689	0.058	0.344	0.242
	GB7	幂	$y=0.310 \times x^{4.697}$	0.661	0.055	0.349	0.225

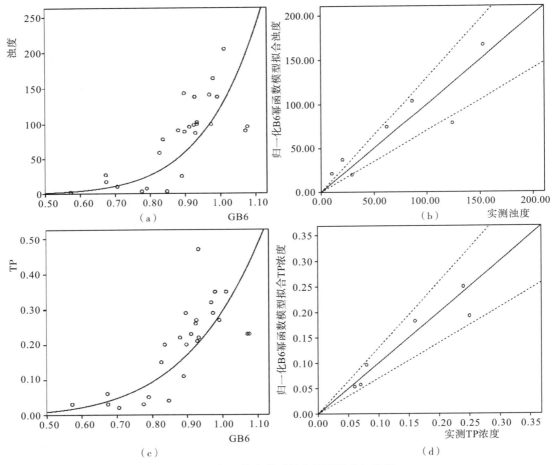

图 8.21 归一化光谱反射率模型拟合与验证

8.4.2.3　多元线性回归模型

利用遥感卫星的多波段信息,可以建立水环境参数浓度的多元反演模型,如表 8.12 所示。以拟合效果最好的浊度模型为例进行分析,对所有等效单波段反射率进行逐步回归,基于蓝波段 B2、红边波段 B6 和近红外波段 B8 三个波段建立的多元线性回归模型(模型 1)拟合 R^2 能够达到 0.773,其中 B2 的权重较低,B6 和 B8 的权重相当且较高。图 8.22 为该模型对建模样本和验证样本的散点图,可以看出除个别清澈样本外,散点基本都分布在 30% 误差线以内,干流样本估计平均相对误差 0.16,估计精度达到 84%。红边波段 B6 和近红外波段 B9 建立的多元模型(模型 2)拟合 R^2 达到 0.53,且模型估计误差与其他多波段模型差异不大,误差较大的点主要集中在清澈样本,对干流样本估计的平均相对误差均在 20% 左右。这说明在雅鲁藏布江浑浊水体中,各种杂质成分主要影响红边波段 740nm 和近红外波段 850nm 附近的吸收和散射特性,用这两个波段的等效反射率能够解释 80% 左右的雅江干流水体浊度变化。基于哨兵 2A 数据特有的红边波段 B5、B6、B7 和近红外波段 B9 的多元线性模型(模型 3)拟合 R^2 也超过 0.7,说明哨兵 2A 数据特有的红边波段有助于进行浊度反演。TP 多元反演模型与浊度类似,TN 浓度归一化反射率的多元模型拟合效果有所提升,TOC 的多元反演模型利用的是蓝波段 B2、绿波段 B3、红边波段 B5 和近红外波段 B8。

已有研究表明,高浓度水体红边波段与近红外波段比值建模效果较好,低浓度水体适合采用红绿波段比值,浑浊度变化大的水体可将红绿波段比值和近红外波段反射率结合建模。本研究同样尝试了红绿波段比值等比值参数与近红外波段的多波段反演模型,拟合效果与波段比值的一元模型差异不大,近红外波段的权重也较低(模型 4),因此认为雅鲁藏布江中游水质参数反演不适合采用红绿波段比值+近红外波段的多元模型反演。

表8.12　水环境参数多元线性回归模型比较

编号		建模变量	公式	R^2	建模样本 MRE			验证样本 MRE		
					总体	浑浊	干流	总体	浑浊	干流
浊度	1	$x_1=B2, x_2=B6,$ $x_3=B8$	$y=-13.9\times x_1+135.3\times x_2-$ $131.26\times x_3+43.25$	0.773	1.690	0.351	0.160	0.449	0.488	0.167
	2	$x_1=B5, x_2=B6,$ $x_3=B7, x_4=B9$	$y=-30.4\times x_1+191.6\times x_2-$ $78.7\times x_3-90\times x_4+47$	0.709	1.442	0.343	0.175	0.653	0.520	0.252
	3	$x_1=B6, x_2=B9$	$y=55.847\times x_1-$ $63.253\times x_2-9.182$	0.53	1.282	0.507	0.199	0.975	0.974	0.240
TP	4	$x_1=B4/B3, x_2=B8$	$y=0.886\times x_1-0.0009\times x_2-0.638$	0.548	0.776	0.294	0.228	1.017	0.618	0.181
	5	$x_1=B2, x_2=B6,$ $x_3=B8$	$y=-0.03\times x_1+0.29\times x_2-$ $0.28\times x_3+0.13$	0.774	0.468	0.242	0.148	0.268	0.264	0.086
TN	6	$x_1=GB3, x_2=GB8$	$y=3.7\times x_1+5.144\times x_2-9.119$	0.129	1.593	0.537				
TOC	7	$x_1=B2, x_2=B3,$ $x_3=B5, x_4=B8$	$y=0.32\times x_1+0.4\times x_2-$ $0.32\times x_3+0.26\times x_4+1.31$	0.239	0.169	0.331				

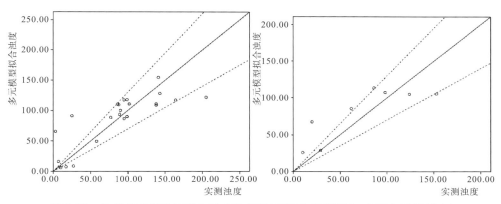

图 8. 22　浊度多元线性模型 1 拟合散点图(左图为建模样本,右图为验证样本)

8.4.3　机器学习模型构建

为了提升模型反演精度,我们采用了分类效果较好的支持向量机机器学习算法来构建新的水环境遥感反演模型。

8.4.3.1　支持向量机分类基本原理

支持向量机(Support Vector Machine,SVM)是 Vapnik 领导的 AT&T Bell 实验室研究小组在 1995 年提出的一种机器学习算法。SVM 的主要功能是分类和回归,基于统计学习中的 VC 维理论和结构风险最小原理,通过一个非线性映射将特征空间中线性不可分的样本映射到高维空间,使其转化为线性可分的问题予以解决。同时,SVM 引入多种核函数,从而在输入空间中进行特征空间的内积运算,降低高维空间的计算复杂度,巧妙地解决了维数问题,且使算法复杂度与样本维数无关(陈果和周伽,2008)。SVM 回归算法的基本思想是训练出超平面 $y=\omega Tx+b$,采用 $y_n=\omega Tx_n+b$ 作为预测值。与传统统计回归不同的是,SVM 为提高模型的泛化能力,获得稀疏解,超平面参数 ω、b 的计算不依靠所有样本数据,而是部分数据,即支持向量。通过定义误差函数,对超出阈值的样本点做惩罚,在训练样本有限时,最大程度地提高模型的推广能力。

传统统计学方法需要已知样本分布形式,研究的是样本数目趋于无穷大时的渐进情况。SVM 回归适合于具有非线性关系的小样本训练:一方面通过支持向量构建的"管道",对样本进行选择和惩罚,避免了统计回归方法中离群值对拟合结果的影响,以及神经网络中的局部极值问题;另一方面借助核函数适应样本数据的非线性特征,而传统的拟合方法通常是在线性方程后面加高阶项,增加的可调参数也增加了过拟合的风险。

由于水环境监测数据非常有限,水体光学特性之间作用复杂,支持向量机分类和回归在遥感水环境监测中已有广泛的应用。管军等利用 SVM 方法构建了基于地面观测和遥感影像的水质监测信息融合与评价系统,并成功应用于长江口的水质状况预测。李致博(2012)结合雷达、微波和光学遥感数据对海洋悬浮物浓度进行回归预测,周兆永利用 SPOT 数据对渭河水质进行定量研究。

8.4.3.2 支持向量机回归模型建立

根据8.4.1节中的光谱相关分析,选取了相关性较强的部分光谱系数作为SVM的输入数据。在SVM回归中,核函数类型和相关参数的选取是影响模型复杂度和精度的重要因素。常用核函数有线性核函数、多项式核函数、RBF核函数和Sigmoid核函数4种,通常依据输入样本数量和特征数量选取。本研究选用RBF核函数,RBF函数是一种局部性强的核函数,应用范围广,对不同类型样本都具有比较好的性能。常用的参数选择方法有手动选择、交叉验证法选择等,本研究中选用交叉验证法确定核函数参数。交叉验证法的一般思路是将数据集分成K份,轮流将其中1份作为训练数据,$K-1$份作为测试数据,取K次试验的正确率的平均值作为一次交叉验证正确率;再将数据随机重新分成K份再次进行交叉验证,反复进行K次,最后选取K交叉验证的正确率最高一次时的参数为最优参数。

SVM回归建模工具采用台湾大学林智仁博士等开发的LIBSVM软件包,基于Matlab平台运行。输入数据为建模组光谱系数和对应水环境参数浓度值,在模型训练前进行数据归一化,训练后对数据进行反归一化。经过参数寻优、模型训练后,得到对应预测值,并将独立验证组数据应用于训练好的SVM模型,计算反演精度。

8.4.3.3 支持向量机回归模型精度比较

以浊度反演模型为例,SVM模型与对应参数的线性统计回归模型比较如表8.13所示,同一参数的SVM模型相比线性统计回归模型拟合R^2和反演精度均较高。

表8.13 浊度反演SVM模型比较

建模参数		R^2	训练样本MRE			验证样本MRE
			总体	浑浊	干流	
SVM模型	$x=B4/B3$	0.653	1.911	0.312	0.184	0.182
	$x=B6/B2$	0.741	1.769	0.310	0.190	0.259
	$x=B4/B2$	0.590	2.494	0.335	0.195	0.208
	$x=B4-B2$	0.733	0.746	0.273	0.159	0.329
线性统计回归模型	$x=B4/B3$	0.613	2.99	0.391	0.183	0.399
	$x=B6/B2$	0.511	2.371	0.344	0.254	0.446
	$x=B4/B2$	0.526	3.252	0.344	0.191	0.385
	$x=B4-B2$	0.466	2.933	0.405	0.197	0.522
BP神经网络模型	$x=B4/B3$	0.685	1.986	0.287	0.190	1.349
	$x=B6/B2$	0.810	2.391	0.299	0.178	0.640
	$x=B4/B2$	1.049	2.315	0.332	0.192	0.348
	$x=B4-B2$	0.542	2.429	0.411	0.192	1.236

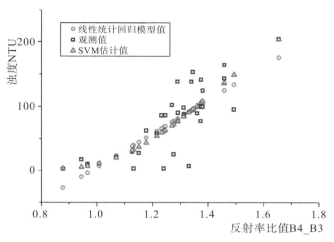

图 8.23   SVM 模型与线性统计回归模型比较

SVM 模型对建模样本总体的平均相对误差也较高,清澈样本估计误差较大,干流样本估计误差均小于 20%。相比线性统计回归模型,SVM 模型验证精度更高,对不区分清澈组和浑浊组的验证样本总体误差在 20% 左右,相对统计回归模型有较大提高。基于红波段 B6 和蓝波段 B2 比值和红蓝波段差值 B4~B2 的 SVM 模型拟合 R^2 变化较大,均超过 0.7,拟合精度也较高。在各参数建立的 SVM 模型中,基于红绿波段比值 B4/B3 的模型拟合效果和精度均为最佳,以该参数模型为例,绘制 SVM 模型、线性统计回归模型和实测值散点图(图 8.23),可以看出浊度位于中段的点在两种方法中估计结果差异不大,对于浊度较高和较低的样点,SVM 估计结果更为准确,且线性模型对低浊度样点估计出现负值,与实际情况不符。

采用相同的输入数据,对比了 BP 神经网络模拟结果(表 8.13)。多层前向 BP 神经网络是目前应用最多的一种神经网络形式,具备神经网络的普遍优点,具有较强的非线性映射能力、自学习和自适应能力以及泛化能力。比较设定不同结构和步数的网络训练结果,BP 神经网络拟合精度没有明显改进,相比线性统计回归模型和 SVM 模型,部分模型精度还略有下降。拟合散点图显示,BP 神经网络对部分样本估计误差较大,曲线形式不合理,出现较多负值(图 8.24)。BP 神经网络训练结果受网络结构设定和训练过程影响,拟合结果不稳定,不适合用于雅江水环境参数反演模型的构建。

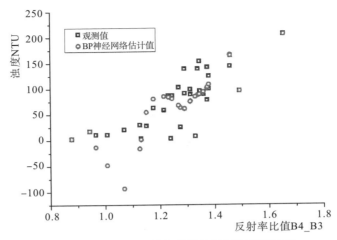

图 8.24 BP 神经网络与线性统计回归模型比较

TP 浓度反演模型与浊度反演模型情况类似。由于 TN 和 TOC 与单一反射率因子相关关系均不显著,因此用 SVM 建立 TN 和 TOC 反演的多元模型。TN 模型建模样本平均相对误差 0.306,验证样本平均相对误差 0.339,TOC 模型建模样本平均相对误差 0.016,验证样本 0.281,拟合散点图如图 8.25 所示。TOC 模型对建模样本估计精度较高,而对独立验证样本误差较大,即出现过拟合现象,原因是不同样本间光谱特征存在较大差异,一些异常值、离群值影响了模型估计结果,降低了泛化能力。

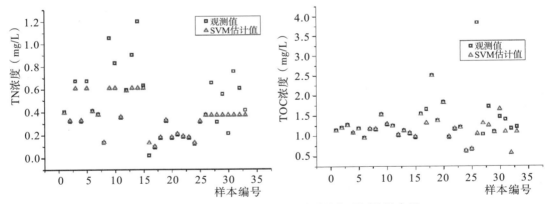

图 8.25 TN 和 TOC 浓度 SVM 估计值与观测值散点图

8.4.3.4 遥感反演模型选取

基于红波段 B4(中心波长 $\lambda=665\text{nm}$)和哨兵 2A 特有的红边波段 B5($\lambda=705\text{nm}$)、B6($\lambda=740\text{nm}$)、B7($\lambda=783\text{nm}$)与蓝波段 B2($\lambda=490\text{nm}$)和绿波段 B3($\lambda=560\text{nm}$)建立的多种比值和差值系数与水环境参数浓度之间具有较强的相关关系。浊度和 TP 浓度反演模型效果较好,线性模型对清澈样本估计误差较大,浑浊样本尤其是干流样本估计误差较小,精度能达到 80％；指数模型整体估计误差相对比线性模型低，但对浑浊样本估计准确度不如线性模型。光谱归一化能够显著提高单波段模型的反演效果，归一化后蓝波段 B2 和红边波段 B6、B7 建立的单波段模型均能够达到波段比值或差值模型反演效果。综合比较，浊度反演 B5/B3 的线性模型拟合效果最好，其次为 B4/B3 的线性模型；TP 浓度反演效果最好的是 B4/B3 的线性模型，其次为基于 B6 和 B2、B4 和 B2 比值的线性模型。

多元回归分析表明，雅鲁藏布江水体中各种杂质浓度主要影响红边波段 740nm 和近红外波段 850nm 附近的吸收和散射特性。支持向量机模型能够提高对浊度偏高和偏低样本的估计能力，具有更好的泛化能力，并能够综合利用多波段反射率信息，提高与光谱参数相关性较弱的 TN 和 TOC 浓度反演精度，在内陆水体水环境参数遥感反演中具有重要的应用价值。

利用遥感卫星数据对雅鲁藏布江水环境进行长时序动态监测，需要筛选最优模型应用于多时相遥感影像，因此，在精度能够满足需求的前提下，优先选取形式简单、易用、稳定性高的模型。同时，由于本研究的关注重点为雅鲁藏布江干流中下游河段，在模型对清澈样本均不能准确估计的情况下，重点比较浑浊组和干流组样本拟合精度。光谱参数回归模型计算简单，能够明确体现水环境变化影响的光谱波段，且部分模型对干流样本反演精度能达到 80％，所以优先考虑。线性模型简单、精度较高，但由于其对于清澈样本估计值为负，与实际意义不符，而根据雅鲁藏布江水环境的季节特征，采样时段处于水体浑浊度较高的丰水期，当线性模型应用到浊度较低的枯水期时，反演结果出现大量负值，而幂函数模型对不同季节情况的适应性较强，反演结果均较为合理，因此更适合用于本研究。综上所述，针对浊度和 TP 浓度反演效果分析，红绿波段反射率比值 B4/B3 的幂函数模型在建模组和独立验证组估计误差均不高于 20％、精度达到 80％、模型形式简单且能够反映出受水环境影响的波段特征，故选为遥感反演模型。

8.4.3.5　基于 Landsat 数据的模型校正

哨兵 2A 卫星发射时间较晚，长时序监测能力有限，与其他数据结合能够延长水环境监测结果的时间序列。Landsat 系列卫星与哨兵系列卫星都为欧洲航天局发射的陆地观测卫星，在光谱通道设计、数据产品生产等方面都具有一定的相似性。Pahlevan 等的研究表明，Landsat-8 与 Sentinel-2A 数据在内陆水体监测中表现出较好的一致性，将二者结合能够形成更丰富的时间序列。本研究尝试将基于哨兵 2A 的水质参数反演模型向 Landsat 系列数据拓展，通过模型校正，实现更长时序的雅鲁藏布江中游水质变化分析。

Landsat-8 OLI 传感器和 Sentinel-2A MSI 传感器数据比较如表 8.14 所示，除哨兵 2A 特有的红边窄波段 S5～S7 和近红外宽波段 S8，OLI 和 MSI 其余波段中心波长都较为接近，OLI 数据信噪比相对更高。将采样光谱数据等效重采样到 OLI 各波段，计算 OLI 和 MSI 等效光谱反射率的相关系数（表 8.15）。中心波长相近的 OLI 第 2、3、4 波段分别与 MSI 第

2、3、4 波段，OLI 第 5 波段和 MSI 第 9 波段相关系数为 1，相关性很强。Landsat-5 TM 传感器与 Landsat-8 OLI 传感器可见光波段基本一致，因此可以依据波段间关系对模型进行校正，将基于哨兵 2A 数据建立的水环境参数反演模型拓展到 Landsat 数据。

表 8.14　　　　　　　　哨兵 2AMSI 传感器与 Landsat-8 OLI 传感器数据比较

波段	MSI				波段	OLI			
	中心波长 (nm)	波段宽度 (nm)	空间分辨率 (m)	信噪比 SNR		中心波长 (nm)	波段宽度 (nm)	空间分辨率 (m)	信噪比 SNR
S1	444	20	60	439	L1	443	20	30	284
S2	497	55	10	102	L2	482	65	30	321
S3	560	35	10	79	L3	561	60	30	223
S4	664	30	10	45	L4	655	40	30	113
S5	704	15	20	45					
S6	740	15	20	34					
S7	783	15	20	26					
S8	843	115	10	20					
S9	865	20	20	16	L5	865	30	30	45
S10	1613	90	20	2.8	L6	1609	85	30	10.1
S11	2200	175	20	2.2	L7	2201	190	30	7.4

表 8.15　　　　　　　　MSI 和 Landsat 各波段等效反射率相关系数

波段	L1	L2	L3	L4	L5
S2	0.996**	1.000**	0.992**	0.950**	0.811**
S3	0.978**	0.988**	1.000**	0.978**	0.838**
S4	0.917**	0.935**	0.974**	1.000**	0.899**
S5	0.897**	0.913**	0.954**	0.989**	0.934**
S6	0.812**	0.827**	0.872**	0.931**	0.988**
S7	0.795**	0.810**	0.857**	0.920**	0.990**
S8	0.802**	0.816**	0.857**	0.915**	0.996**
S9	0.793**	0.804**	0.840**	0.895**	1.000**

注：** 在 0.01 水平（双侧）上显著相关。

　　如表 8.16 所示，对相关强的波段进行回归分析，利用波段间关系对模型进行校正。根据前面的模型比较结论，红绿波段比值 B4/B3 的幂函数模型对浊度和 TP 浓度反演都具有较高精度，且所用波段能够推广到 Landsat 系列数据。校正后的模型如表 8.17 所示，并验证了模型精度。校正后的 Landsat 反演模型对建模和验证样本的浑浊组反演平均相对误差在 30% 左右，干流组平均相对误差低于 20%，可用于水环境监测的长时序反演。

表 8.16　　　　　　　　　　　　　　**MSI 和 OLI 波段等效反射率拟合关系**

波段	R^2	波段间关系
S2	0.999	$Y=1.051 \times L2+0.087$
S3	1	$Y=1.004 \times L3+0.001$
S4	0.999	$Y=0.977 \times L4+0.095$
S9	1	$Y=L5$

注:Si:MSI 等效 i 波段反射率值,$i=2,3,4,9$;

Li:OLI 等效 i 波段反射率值,$i=2,3,4,5$。

表 8.17　　　　　　　　　　　　　　**水环境参数 Landsat 反演模型**

水质参数	公式	R^2	建模样本 MRE			验证样本 MRE		
			总体	浑浊组	干流组	总体	浑浊组	干流组
浊度	$Y=69.995 \times (\frac{L4}{L3} \char94 9.289)$	0.607	2.58	0.376	0.187	0.410	0.290	0.190
总磷	$Y=0.189 \times (\frac{L4}{L3} \char94 6.941)$	0.569	0.731	0.269	0.168	0.348	0.288	0.174

8.5　雅鲁藏布江水环境遥感监测与评估

由于研究区形状狭长,为便于分析,结合区域水环境变化特点,将研究区划分为多个子区域,分区位置如图 8.26 所示。

1~10 为雅鲁藏布江中游干流段,日喀则河段 1、2 为中游上段,分别位于年楚河汇流口及其下游;拉萨河段 3、4、5 分别位于拉萨河上游、汇流口附近及下游,河段 6 属于雅江最宽阔河段,河段 7 为雅江中游中段较窄河道;林芝河段为中游下段,8、9、10 分别位于尼洋河上游、汇流口附近及其下游;河段 11 为支流拉萨河下游,河段 12 为支流尼洋河下游。

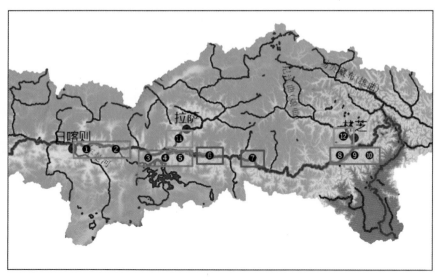

图 8.26　研究区河道分区位置示意图

8.5.1　雅鲁藏布江中游水环境参数空间分布

　　根据模型比较结果,选取拟合精度较高、通用性较好的模型应用于哨兵 2A 遥感数据。浊度和 TP 选用基于红绿波段比值(B4/B3)的幂函数模型;TN 和 TOC 浓度与光谱系数相关关系较弱,一元模型反演效果不佳,因此采用归一化和多元模型,充分利用多波段信息,增强遥感卫星监测能力。以空间分布差异较为明显的反演结果影像为例,比较水环境参数的空间分布差异。各水环境参数遥感监测选用的模型如表 8.18 所示。

表 8.18　　　　　　　　　　　　　水环境参数反演模型

序号	水质参数	模型类型	公式
1	浊度	波段比值幂函数	$y = 63.05 \times \left(\dfrac{B4}{B3}\right)^{10.441}$
2	TP	波段比值幂函数	$y = 0.181 \times \left(\dfrac{B4}{B3}\right)^{8.347}$
3	TN	归一化反射率多元线性模型	$y = 3.7 \times GB3 + 5.144 \times GB8 - 9.119$
4	TOC	多元线性模型	$y = -0.315 \times B2 + 0.402 \times B3 - 0.322 \times B5 + 0.257 \times B8 + 1.311$

　　注:B_i 为第 i 波段光谱等效反射率,GB_i 为归一化的光谱等效反射率;验证精度为验证样本点模型反演值的平均相对误差(MRE)。

8.5.1.1　浑浊度空间分布

　　浑浊度最高的水体分布在雅江最宽阔河段,拉萨河汇流口上游浊度较低,汇流口下游至宽阔河段之间的部分,浑浊度整体较高。随着河道越来越宽阔,浑浊水体比例逐渐增加,尤其进入雅江最宽阔河段后,清水流穿插在浑浊水体中间。林芝附近干流河段,尼洋河汇流口附近浑浊度变化较大,尼洋河浑浊度整体较低,如图8.27所示。

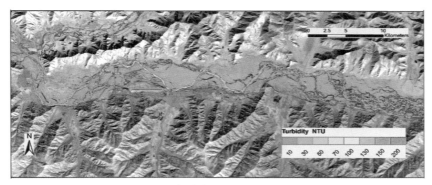

(a)中游中段,河段3~6

(b)中游下段,河段8~10

图 8.27　浑浊度空间分布

8.5.1.2　TP 空间分布

TP 浓度整体均较低,仅干流最宽阔河段处部分区域浓度较高,类似浊度分布,清浊水流相间。林芝附近河道 TP 浓度也均较低,空间差异不明显,如图 8.28 所示。

图 8.28　中游中段河段 TP 浓度空间分布

8.5.1.3　TN 空间分布

拉萨河及其附近干流河道 TN 浓度较低,拉萨河汇流口下游至最宽阔河段 TN 浓度较高,进入宽阔河段后,TN 浓度略有降低,尤其是部分较窄河道,较宽阔河段 TN 浓度仍然较高。林芝附近河段 TN 浓度和宽阔河段接近,尼洋河汇入干流后,下游 TN 浓度升高,尼洋河 TN 浓度低于雅江干流。TN 浓度最高出现在 1 月,位于拉萨河汇流口下游至雅江最宽阔河段之间,最低出现在 5 月,位于拉萨河附近,如图 8.29 所示。

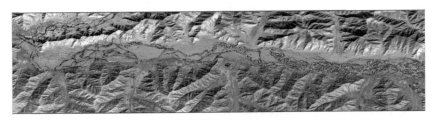

(a)中游中段,河段 3~6

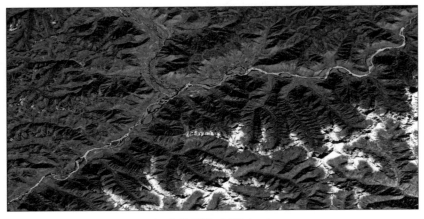

(b)中游下段,河段 8~10

图 8.29　TN 浓度空间分布

8.5.1.4 TOC 空间分布

TOC 浓度在拉萨河汇流口附近河道最低,拉萨河汇流口向下游浓度均较高,最宽阔河段处浓度有所降低。林芝河段 TOC 浓度也相对较高,尤其尼洋河汇流口附近最高。

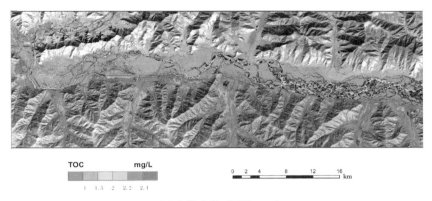

(a)中游中段,河段 3~6

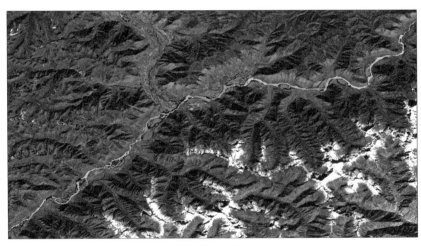

(b)中游下段,河段 8~10

图 8.30 TOC 浓度空间分布

8.5.2 近 10 年雅鲁藏布江中游水体浊度时空变化

依据哨兵 2A 卫星数据对各水环境参数的初步反演结果,结合 Landsat 系列时间序列数据,分析了研究区 2007—2017 年 10 年河流水体浊度时空变化情况。

8.5.2.1 月时间尺度变化趋势

2007—2017 年,雅鲁藏布江中游各区域河段月平均浑浊度呈现波动变化趋势,整体较低,大部分时间浑浊度在 50 以下,个别月份浑浊度突高;中游上段日喀则河段浑浊度相对较低,中段拉萨河段和宽阔河段浑浊度整体较高,下段林芝河段浑浊度再次降低。主要支流拉萨河和尼洋河浑浊度波动较大,浑浊度偏高的月份较多,年内月平均浑浊度差异较大,尼洋河月平均浑浊度呈现下降趋势,2011 年后浑浊度整体较低且波动幅度也较小。图 8.31 和图 8.32 为 2007—2017 年雅鲁藏布江中游各河段月平均浑浊度变化情况,由于部分月份缺乏无云、清晰的有效数据,故而数据不连续。

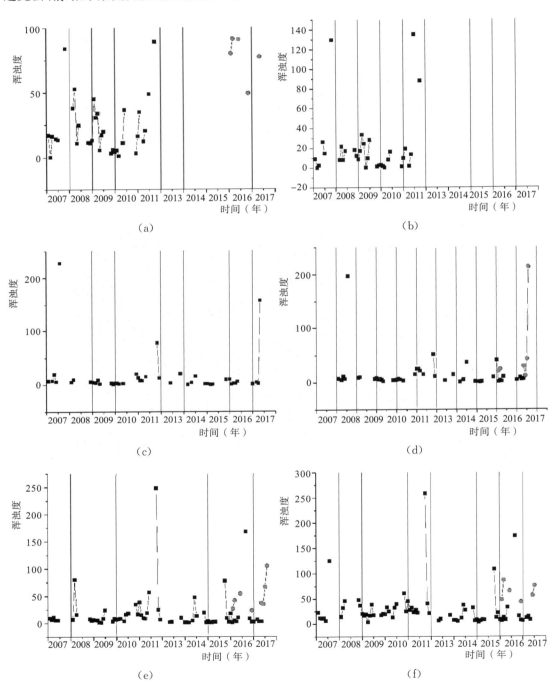

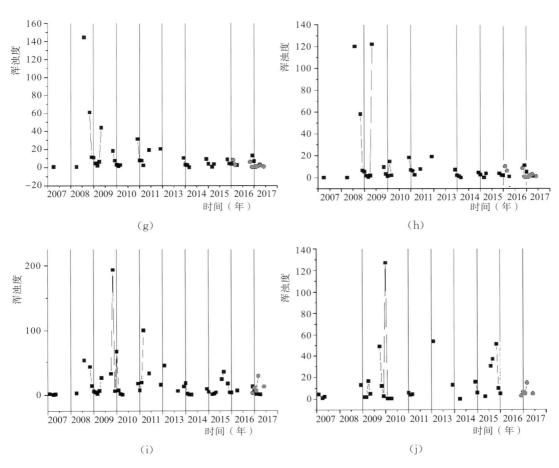

图 8.31 干流 1~10 河段 2007—2017 年月平均浑浊度变化(黑色点为 Landsat 系列数据反演结果,红色点为哨兵 2A 数据 2016—2017 年反演结果)

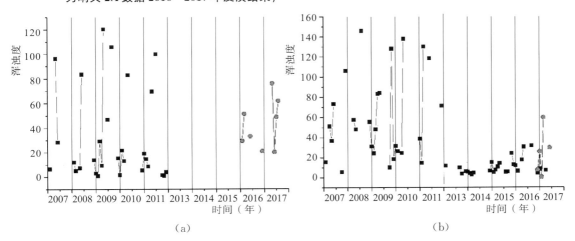

图 8.32 拉萨河(a)和尼洋河(b)2007—2017 年月平均浑浊度变化(黑色点为 Landsat 系列数据反演结果,红色点为哨兵 2A 数据 2016—2017 年反演结果)

我们进一步分析了主要河段月平均浑浊度的年内变化趋势(图8.33和图8.34)。干流河段全段6—9月浑浊度均高于20,丰枯水期浑浊特征差异显著。1—4月和11、12月浑浊度较低,自5月起浑浊度升高,6—9月浑浊度明显高于其他月份,从10月开始浑浊度下降。不同河段间的浑浊度差异主要体现在丰水期,干流中段最宽阔处丰水期浑浊度明显高于其他河段,上段和下段浑浊度均较低,林芝河段浑浊度最低,但仍具有明显的丰枯水期差异。拉萨河和尼洋河月间波动较大,丰枯差异不如干流明显,拉萨河4—8月浑浊度明显高于其他月份。浑浊度年内变化与径流和降水变化同步,降水量丰沛、径流量大的6—9月,浑浊度也相应较高。

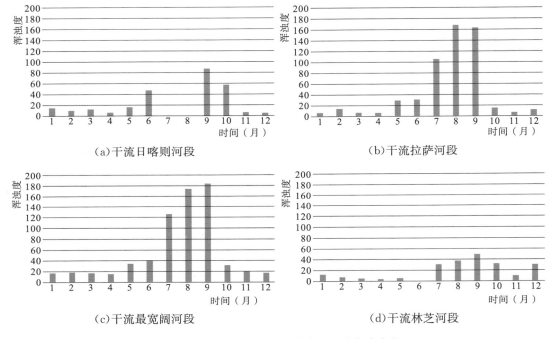

图 8.33　雅鲁藏布江干流中游浑浊度年内变化

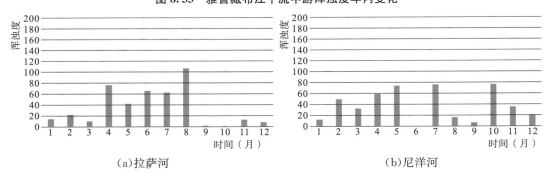

图 8.34　雅鲁藏布江中游主要支流浑浊度年内变化

8.5.2.2　年际变化趋势

全年平均浑浊度会受到年内变化的影响,造成年际变化分析的不准确,因此选择比较丰水期或枯水期年平均值。由于丰水期研究区多阴雨天气,有效数据数目较少,时间序列不连续,因此统计各年枯水期平均浑浊度,比较年际变化,如图 8.35 所示。图中实线为枯水期年平均浑浊度,虚线为年际变化趋势线性拟合线。各河段枯水期平均浑浊度整体均呈现下降趋势,年际间存在波动变化,以 3～4 年为一个波动周期,2008 年、2010 年、2011 年、2014 年和 2016 年相对临近年份浑浊度较高,干流林芝河段和尼洋河 2009 年、2011 年、2013 年及2015 年浑浊度相对临近年份较高。此外,支流汇流对浑浊度年际变化也存在影响。拉萨河和尼洋河汇流口上游(图(c)、(d)蓝色实线)及下游(图(c)、(d)灰色实线)浑浊度年际变化趋势不一致,汇流口(图 c,d 橘色实线)浑浊度变化趋势与上游或下游中的一段基本一致,汇流口上游河段年际间波动较小,折线变化较为平缓,汇流口下游河段,年际波动较大,且周期性较为明显。

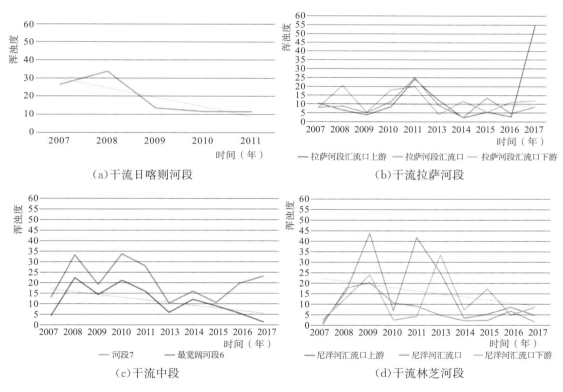

图 8.35　干流主要河段枯水期平均浑浊度年际变化

拉萨河和尼洋河浑浊度年际变化也呈现下降趋势(图 8.36),尤其尼洋河在 2013 年后,浑浊度从大于 50 下降到低于 20,差异显著。尼洋河浑浊度年际波动周期与汇流口下游的干流河段相似,因此认为干流汇流口上下游浑浊度的年际变化差异主要是由支流浑浊度的周期性变动引起的。

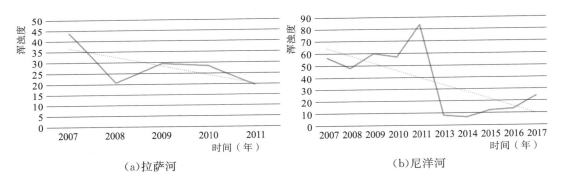

(a)拉萨河　　　　　　　　　　　　(b)尼洋河

图 8.36　支流河段枯水期平均浑浊度年际变化

8.5.2.3　多年平均浊度在不同河段分布差异

分别统计丰枯水期干流不同河段的多年平均浑浊度(图 8.37),虚线为趋势线。可以看出,雅鲁藏布江中游河段丰水期浑浊度空间变化较大,自上游向下游先增大后减小,中段河道多年平均浑浊度最高,中游下段林芝附近河道多年平均浑浊度最低。此外,拉萨河和尼洋河汇流口上游浑浊度也较高,由于支流较为清澈,汇入后干流浊度相应降低。枯水期浑浊度自上游向下游差异较小,略有下降,日喀则河段和中段最宽阔处枯水期浑浊度相对其他区域较高。

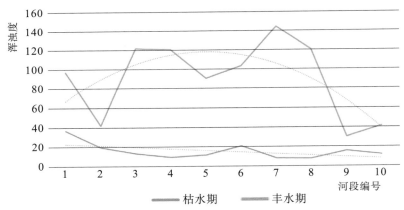

图 8.37　干流不同河段多年平均浑浊度变化

8.6　小结

利用流域水环境遥感监测模型构建的经典方法,将地面监测数据与多源遥感数据相结合,构建半经验模型,进而实现水环境参数的长时序反演分析。模型构建以光谱敏感性分析为基础,比较了光谱系数回归模型、归一化反射率模型、多元线性回归模型和支持向量机回归模型的适用性,分析了不同模型的适用性,选择最优模型应用于长时序遥感影像,并以浑浊度为例分析水环境的年内、年际和空间变化特征。

研究区为雅鲁藏布江中游河段,构建了高原河流水环境光谱库。在实测水环境参数中,浊度和 TP 浓度与光谱反射率相关性较强,TN 和 TOC 浓度相关关系较弱,遥感反演精度较低。光谱敏感性分析表明,低于 450nm 的蓝波段、650~870nm 的红波段和近红外波段对水环境变化较为敏感,550~580nm 附近的绿波段最不敏感。因此,基于红绿波段比值的反演模型效果较好,幂函数模型对不同时间和区域影像通用性较强,且能够向 Landsat 系列数据拓展,可用于长时序遥感监测。以浑浊度反演结果为例,雅鲁藏布江中游河段浑浊度具有明显的季节变化特征,丰水期和枯水期浑浊度差异显著,6—9 月浑浊度较高;2007—2017 年整体呈波动下降趋势;在空间分布方面,不同河段丰水期浑浊度差异较大,中游上段和下段浑浊度较低,中段浑浊度较高,各河段枯水期浑浊差异较小。支流汇流对干流浑浊度具有一定的影响,清澈支流汇入后干流浑浊度降低,且年际变化趋势也随之改变。

参考文献

[1] 张兵,李俊生,王桥,等. 内陆水体高光谱遥感[M]. 北京:科学出版社,2012.

[2] Gordon H R,Brown O B,Evans R H,et al. A Semianalytic Radiance Model of Ocean Color [M]. Journal of Geophysical Research-Atmospheres,1988,93(D9):10909-10924.

[3] Jerlov N G. Chapter 1 Introduction[M] // Jerlov N G Optical Oceanography. Elsevier Oceanography Series. Elsevier,1968:1-12.

[4] Morel A Y,Gordon H R. Report of the Working Group on Water Color[J]. Boundary-Layer Meteorology,1980,18(3):343-355.

[5] Morel A. Bio-optical Models[M] // Steele J H,Encyclopedia of Ocean Sciences. Academic Press,Oxford,2001:317-326.

[6] Morel A,Prieur L. Analysis of variations in ocean color[J]. Limnology and Oceanography,1977,22(4):709-722.

[7] Mobley C D,Stramski D,Bissett W P,et al. Optical modeling of ocean waters—Is the Case 1~Case 2 classification still useful[J]. Oceanography,2004,17(2):60-67.

[8] Gurlin D,Gitelson A A,et al. Remote estimation of chl-a concentration in turbid productive waters—Return to a simple two-band NIR-red model? [J] Remote Sensing of Environment,2011,115(12):3479-3490.

[9] Mishra S,Mishra D R. Normalized difference chlorophyll index:A novel model for

remote estimation of chlorophyll-a concentration in turbid productive waters[J]. Remote Sensing of Environment,2012,117:394-406.

[10] Cherukuru N,Ford P W,Matear R J,et al. Estimating dissolved organic carbon concentration in turbid coastal waters using optical remote sensing observations [J]. International Journal of Applied Earth Observation and Geoinformation,2016,52:149-154.

[11] Gitelson A A,Gurlin D,Moses W J,et al. A bio-optical algorithm for the remote estimation of the chlorophyll-aconcentration in case 2 waters[J]. Environmental Research Letters,2009,4(4).

[12] Griffin C G,McClelland J W,Frey K E,et al. Quantifying CDOM and DOC in major Arctic rivers during ice-free conditions using Landsat TM and ETM+ data[J]. Remote Sensing of Environment,2018,209:395-409.

[13] Jiang G, Loiselle S A, Yang D, et al. An absorption-specific approach to examining dynamics of particulate organic carbon from VIIRS observations in inland and coastal waters[J]. Remote Sensing of Environment,2019,224:29-43.

[14] Joshi I, D'Sa E. Seasonal Variation of Colored Dissolved Organic Matter in Barataria Bay, Louisiana, Using Combined Landsat and Field Data[J]. Remote Sensing, 2015,7(9):12478-12502.

[15] Markogianni V,Kalivas D,Petropoulos G,et al. An Appraisal of the Potential of Landsat 8 in Estimating Chlorophyll-a, Ammonium Concentrations and Other Water Quality Indicators[J]. Remote Sensing,2018,10(7).

[16] Mayora G,Schneider B, Rossi A. Turbidity and dissolved organic matter as significant predictors of spatio-temporal dynamics of phosphorus in a large river-floodplain system[J]. River Research and Applications,2018,34(7):629-639.

[17] Nechad B, Ruddick K G, Park Y. Calibration and validation of a generic multisensor algorithm for mapping of total suspended matter in turbid waters[J]. Remote Sensing of Environment,2010,114(4):854-866.

[18] O'Reilly J E, Maritorena S, Mitchell B G, et al. Ocean color chlorophyll algorithms for SeaWiFS[J]. Journal of Geophysical Research:Oceans, 1998,103(C11):24937-24953.

[19] Ogashawara I,Mishra D R,Gitelson A A. Chapter 1 - Remote Sensing of Inland Waters:Background and Current State-of-the-Art[M]//Mishra D R. Ogashawara and A A. Gitelson(Editors),Bio-optical Modeling and Remote Sensing of Inland Waters. Elsevier, 2017:1-24.

[20] Dall'Olmo G, Gitelson A A, Rundquist D C. Towards a unified approach for remote estimation of chlorophyll-a in both terrestrial vegetation and turbid productive waters[J]. Geophysical Research Letters, 2003, 30(18).

[21] Gitelson A A, Gritz Y, Merzlyak M N. Relationships between leaf chlorophyll content and spectral reflectance and algorithms for non-destructive chlorophyll assessment in higher plant leaves[J]. J Plant Physiol, 2003, 160(3): 271-82.

[22] Gons H J, Auer M T, Effler S W. MERIS satellite chlorophyll mapping of oligotrophic and eutrophic waters in the Laurentian Great Lakes[J]. Remote Sensing of Environment, 2008, 112(11): 4098-4106.

[23] Huang C C, Shi K, Yang H, et al. Satellite observation of hourly dynamic characteristics of algae with Geostationary Ocean Color Imager(GOCI)data in Lake Taihu [J]. Remote Sensing of Environment, 2015, 159: 278-287.

[24] Matthews M W, Bernard S. Characterizing the Absorption Properties for Remote Sensing of Three Small Optically-Diverse South African Reservoirs[J]. Remote Sensing, 2013, 5(9): 4370-4404.

[25] Yacobi Y Z, Gitelson A, Mayo M. Remote sensing of chlorophyll in Lake Kinneret using highspectral-resolution radiometer and Landsat TM: spectral features of reflectance and algorithm development[J]. Journal of Plankton Research, 1995, 17(11): 2155-2173.

[26] Dall'Olmo G, Gitelson A A. Effect of bio-optical parameter variability and uncertainties in reflectance measurements on the remote estimation of chlorophyll-a concentration in turbid productive waters: modeling results[J]. Applied Optics, 2006, 45 (15): 3577-3592.

[27] Kutser T, Pierson D, Tranvik L, et al. Using satellite remotesensing to estimate the colored dissolved organic matter absorption coefficient in lakes[J]. Ecosystems, 2005, 8 (6): 709-720.

[28] Kutser T, Verpoorter C, Paavel B, et al. Estimating lake carbon fractions from remote sensing data[J]. Remote Sensing of Environment, 2015, 157: 138-146.

[29] Le C F, Li Y M, Zha Y, et al. A four-band semi-analytical model for estimating chlorophyll a in highly turbid lakes: The case of Taihu Lake, China[J]. Remote Sensing of Environment, 2009, 113(6): 1175-1182.

[30] Mishra S, Mishra D R, Lee Z. Bio-Optical Inversion in Highly Turbid and Cyanobacteria-Dominated Waters [J]. IEEE Transactions on Geoscience and Remote

Sensing,2014,52(1):375-388.

[31] Gordon H, Morel A. Remote assessment of ocean color for interpretation of satellite visible imagery: a review. Lecture Notes on Coastal and Estuarine Studies[J]. Springer Verlag, New York, NY, 1983, USA, p. 4.

[32] 李素菊,吴倩,王学军,等.巢湖浮游植物叶绿素含量与反射光谱特征的关系[J].湖泊科学,2002,14(3):228-235.

[33] 徐晓晖.基于 MODIS 的闽江口悬浮泥沙长期特征研究[D].厦门:国家海洋局第三海洋研究所,2010.

[34] 周艺,周伟奇,王世新,等.遥感技术在内陆水体水质监测中的应用[J].水科学进展,2004,15(3):312-317.

[35] 聂宁.近年来雅鲁藏布江流域气候、冰川波动及河流水资源变化研究[D].南京:南京大学,2012.

[36] Lee Z P, Carder K L, Amone R. Deriving inherent optical properties from water color: A multi-band quasi-analytical algorithm for optically deep waters[J]. Applied Optics, 2002, 41:5755-5772.

[37] 吕恒,江南,李新国.湖泊的水质遥感监测研究[J].地球科学进展,2005,20(2):185-192.

[38] Richardson A J, Risien C, Shillington F A. Using self-organizing maps to identify patterns in satellite imagery[J]. Progress in Oceanography, 2003, 59(2-3):223-239.

[39] Keiner L E, Yan X H. A neural network model for estimating sea surface choirophyll and sediments from thematic mapper imagery[J]. Remote Sensing of Environment, 1998, 66:153-165.

[40] 王繁,凌在盈,周斌,等.MODIS 监测河口水体悬浮泥沙质量浓度的短期变异[J].浙江大学学报,2009,4:755-759.

[41] 丛丕福,牛铮,曲丽梅.基于神经网络和 TM 图像的大连湾海域悬浮物质量浓度的反演[J].海洋科学,2005,29(4):31-35.

[42] 陈燕.渤海湾近岸海域悬浮泥沙浓度遥感反演模型研究[D].西安:长安大学,2014.

[43] Baban S J. Detecting water quality parameters in the Norfolk Broads, U. K. using Landsat imagery[J]. International Journal of Remote Sensing, 1993, 14(7):1247-1267.

[44] 谢屹鹏.基于最小二乘支持向量机的渭河水质定量遥感监测研究[D].西安:陕西师范大学,2010.

[45] 赵玉芹.基于神经网络的渭河水质定量遥感研究[D].西安:陕西师范大学,2009.

［46］Islam M A,Gao J,Liu Y. Quantification of shallow water quality parameters by means of remote sensing［J］. Progress in Physical Geography,2003,27(1):24-43.

［47］刘昭.雅鲁藏布江拉萨—林芝段天然水水化学及同位素特征研究［D］.成都:成都理工大学,2011.

［48］戴露.雅鲁藏布江中游段径流预测研究［D］.成都:四川大学,2006.

［49］Harmel T,Chami M,Tormos T,et al. Sunglint correction of the Multi-Spectral Instrument(MSI)-SENTINEL-2 imagery over inland and sea waters from SWIR bands［J］. Remote Sensing of Environment,2018,204:308-321.

［50］Kuhn C,de Matos Valerio A,Ward N,et al. Performance ofLandsat-8 and Sentinel-2 surface reflectance products for river remote sensing retrievals of chlorophyll-a and turbidity［J］. Remote Sensing of Environment,2019,224:104-118.

［51］Pahlevan N,Chittimalli S K,Balasubramanian S V,et al. Sentinel-2/Landsat-8 product consistency and implications for monitoring aquatic systems［J］. Remote Sensing of Environment,2019,220:19-29.

［52］Martins V,Barbosa C,De Carvalho L,et al. Assessment of Atmospheric Correction Methods for Sentinel-2 MSI Images Applied to Amazon Floodplain Lakes［J］. Remote Sensing,2017,9(322).

［53］陈果,周伽.小样本数据的支持向量机回归模型参数及预测区间研究［J］.计量学报,2008,29(1):92-96.

［54］李致博.基于支持向量机的海洋悬浮物浓度遥感反演模型研究［D］.北京:中国地质大学(北京),2012.

第 9 章　青藏高原积雪遥感监测与评估

9.1　积雪遥感研究现状与进展

　　积雪是地表最为活跃的自然要素之一,具有季节性强、分布广、反照率高的特点(延昊,2005;任秀珍等,2010)。其特征如积雪分布、积雪面积、雪深等是研究气候变化、地表辐射平衡、水文循环等的一个重要因子,也是全球水能平衡模型中的主要输入参数。积雪参数是气候变化的敏感指示器,任何时间和空间尺度的气候变化都伴随着不同规模的积雪波动,从积雪信息可以预测气候变化趋势。因此,积雪监测对于研究全球和区域的气候变化及其对生态环境的影响等具有重要意义(Groisman et al.,1994;李培基,1995;李维京,1999;Chen et al.,2000;Wu and Qian,2003),尤其是对我国具有特殊地貌单元的青藏高原地区的积雪进行深入研究,对于认识亚洲夏季风和我国气候、东亚区域气候乃至全球气候系统都具有十分重要的意义(郭其蕴和王继琴,1984;柯长青等,1997;郑益群等,2000;王叶堂等,2008)。对于我国干旱区、半干旱区的青藏高原地区而言,一方面,融雪水是河流和地下水的重要水源之一,是青藏高原地区生态系统中极其重要的水资源,研究积雪信息,掌握其分布特点,可以为水资源的合理利用提供科学依据;另一方面,由于青藏高原地区海拔较高,气候寒冷,年降雪量较大导致雪灾频发,进行积雪监测对于准确评估灾情、制定科学的减灾救援政策提供依据,对防灾减灾也具有极其重要的意义(史培军和陈晋,1996;曹梅盛等,2006)。因此,准确而全面地监测积雪这一重要环境参数,已成为全球气候变化研究的一项重要课题。

　　随着对地观测技术的发展,已逐步形成"三全"(全天候、全天时和全球观测)、"三高"(高时间、高空间、高光谱分辨率)、"三多"(多平台、多传感器和多角度)的对地观测体系,并且随着国内外众多性能优越的星载传感器的发射、遥感应用的不断深入、计算机技术以及空间和信息技术的迅速发展,为积雪的遥感监测提供了数据保障和技术支持。在这样的背景下,遥感积雪监测将有望取得更大进展和成果。但由于长期以来卫星传感器的局限以及技术条件的限制,积雪监测大多是基于一种典型的以数据产品为中心的服务模式,不同遥感信息源相互独立、自成体系,所提供的服务具有明确而单一的特点,存在仅能获取特定、有限信息的局限性,不能有效协同多源数据,充分发挥各数据融合的优势以提供积雪监测所亟须的多种时空现势信息,而且积雪监测所涉及的信息处理过程稍显简单,不能满足积雪监测的高精度和多样化需求。当前,随着积雪研究的不断深入,国内外已经在雪盖信息提取、积雪深度反演等方面开展了大量的研究并取得了很大进展,本章分别从雪盖和雪深两个方面论述其进展。

9.1.1　雪盖信息提取

自 1966 年在加拿大东部第一次用 TIROS-1(Television Infrared Observation Satellite)气象卫星观测积雪以来,随着对地观测技术的不断发展,不同传感器系列如 Landsat、SPOT、CBERS、HJ、NOAA/AVHRR、EOS/MODIS 及 SMMR、SSM/I、AMSR-E、SAR 等微波传感器的出现以及卫星影像时空谱分辨率的逐渐提高,国内外发展了一系列不断完善的积雪提取算法(Lucas et al.,1990;于惠等,2010),取得了显著的成绩。

40 多年来,可见光遥感技术已广泛应用于雪盖提取和雪盖面积研究。目前,使用较广的雪盖提取方法主要有 3 种:亮度阈值法、雪盖指数法以及监督分类法(Hall et al.,1995;曹梅盛等,2006;季泉等,2006;延昊,2004)。周咏梅等通过统计青海省 1993—1997 年冬春季有雪盖的 NOAA/AVHRR 影像,确定了基于 AVHRR 的积雪多光谱识别法,然后将积雪的判识结果与目视判读结果进行对比,结果表明积雪的提取精度达 80% 以上(周咏梅等,2001)。刘玉洁等为了消除云的影响,利用积雪与云的主要差别,即积雪相对固定,而云不断运动,利用连续 7 天多时相合成法,尽量避免云的影响,并结合多光谱阈值法提高了遥感识别积雪的精度(刘玉洁等,1992)。Simpson 等(1998)基于 NOAA/AVHRR 雪盖影像,利用线性模型,研究了混合像元的积雪覆盖率的估算方法,研究发现在森林覆盖区,线性混合模型能够降低植被对雪盖面积估算的影响,提高积雪识别精度。相对于 AVHRR 而言,MODIS 具有波谱宽、通道窄、高时空分辨率的优点,其应用范围更广。Hall 等(1995)利用积雪的可见光高反射以及短波红外强吸收的特性,提出归一化差分积雪指数(Normalized Difference Snow Index,NDSI)。该算法可以进一步消除地形阴影和部分云层的影响,并已在国内外得到广泛应用。Salomonson 等(2004)进行了基于 MODIS 影像的 NDSI 指数法雪盖提取研究,并把较高空间分辨率的 TM 影像作为地面真值,进行回归分析比较,结果表明 NDSI 指数法判别结果基本可信,积雪识别精度较高。在林区,由于植被在可见光特别是红光波段的低反射率降低了混合区积雪的 NDSI 值,为了准确反映积雪信息,有效提取植被覆盖区的雪盖范围,Klein 等(2003)通过相关试验,证实在提取林区雪盖信息时,需要结合 NDVI,在 NDVI 较高的林区选择较低的 NDSI 值作为积雪判别阈值。任秀珍等(2010)利用 MODIS 资料对青藏高原积雪的监测方法进行了探讨,并提出了适合于该地区的积雪判别模式。由于云层和大气对光学传感器的影响很大,虽然云、雪识别技术已经取得了大量成果,但是仅利用光学遥感资料精确区分厚云和雪是比较困难的,并且也很难获取云下尤其是厚云下的地表信息,不能判断云覆盖区的雪盖状况。具有云穿透功能的微波传感器如 SMMR、SSM/I、AMSR-E 在积雪信息提取领域有着独特的优势,它可以全天候穿透云层获取地表信息,但由于分辨率较低,故主要用来进行大范围的积雪监测。常用的微波雪盖提取方法包括阈值法、多时相参照法、发射率规则等。被动微波识别积雪主要是利用积雪在低频通道的亮温大于高频的亮温(Grody and Basist,1996,1997;Wulder et al.,2007),国内外利用这个特点发展了几种运用多频率数据的算法。Grody 等(1996)利用 SSM/I 数据进行了一系列的试验,认为通过一系列的阈值组成的决策树可以有效地区分积雪和其他地物如沙漠、降雨、冻土等信息。相比 SMMR、SSM/I 等星载被动微波扫描仪数据而言,搭载在 NASA 对地观测卫星 Aqua 上的 AMSR-E 微波辐射计有更高空间分辨率和更多的微波频段信息。利用 AMSR-E 数据进行积雪信息提取时,结合 Grody 提出的决策树算法,认为如果 TB19V > TB37V 或 TB24V >TB89V(89GHz 波段的空间分辨率较高,约 5km)则认为是积雪。在 MODIS 和 AMSR-E 数据提取雪盖的基础上,国内外发展了许多基于 MODIS 和 AMSR-E 协同提取雪盖的算法。梁天刚等(2008)通过研究 Terra/MODIS 每日积雪产品 MODD1OA1 和 Aqua/AMSR-E 雪水当量产品 SWE 的合成算法,生成了各种天气状况下的每日积雪产品 MOD-AE,并以新疆北部地区为研究区进行精度验证,结果表明合成产品的积雪提取精度远高于 MOD10A1 在各种天气状况下的积雪提取精度,高达 74.5%。冯琦胜等(2009)根据 Liang 等提出的积雪合成算法,比较了 AMSR-E 的雪水当量产品 SWE 以及根据梁天刚所研发的合成产品的积雪分类精度,发现合成产品积雪识别率达 76.43%,高于 SWE 的积雪识别率 66.59%。杨秀春等首先利用 MODIS 云掩膜图像,检测出云的覆盖范围,然后利用较高空间分辨率的 MODIS 数据得到我国草原无云区的雪盖信息,而对于无云区域,则利用具有云穿透性的 AMSR-E 数据来填充云下积雪覆盖信息。王玮等(2011)基于 MOD10A1、MYD10A1 和 AMSR-E 的 SWE 产品,研究了青海省的按旬合成雪盖图像算法并比较了 MOD10A1 与 MYD10A1 的按旬合成产品 MOYD_10D、AMSR-E 的按旬合成产品 AE_10D、Terra-Aqua 和 AMSR-E 的按旬合成产品 MDAE_10D 的积雪识别率,结果表明 MDAE_10D 的精度要高于 MOYD_10D 以及 AE_10D。

以上研究表明,现有雪盖信息提取研究大多是基于单源数据的,光学遥感资料具有较高的空间分辨率以及较强的可解译性,对于雪盖信息的提取具有独特的优势。但是若仅利用光学遥感资料去精确区分厚云和雪仍然存在困难,并且也很难获取云下尤其是厚云下的地表信息,不能判断云覆盖区的积雪覆盖状况,这就在一定程度上限制了光学遥感数据的应用。被动微波数据则可以用于获取天气条件差,尤其是云层下方的积雪信息。被动微波遥感不受云层等因素的影响,能够全天候地进行地表积雪信息的获取,但其空间分辨率较低,主要用于全球或半球大范围的积雪研究(Foster et al.,1997;Wulder et al.,2007),而在区域性的雪盖信息提取和积雪深度反演等方面还存在较大偏差。虽然国内外已经有部分研究是协同了 MODIS 和 AMSR-E 数据进行雪盖信息提取的,但是大多是直接利用 MODIS 和 AMSR-E 的积雪产品,针对青藏高原独特的地形、气候等环境条件,MOD10A1 的算法不太适合于青藏高原地区,故需要在研究适合青藏高原地区的 MODIS 积雪信息提取算法的基础上协同 AMSR-E 数据,以提高雪盖遥感反演精度。

9.1.2 积雪深度反演

目前,国内外进行积雪深度反演主要采用微波遥感技术,也有少量利用光学遥感数据反演雪深的研究。利用被动微波遥感数据反演雪深中应用较广的是以 NASA 的 Chang 在 1986 年提出的算法以及在此基础上发展的一系列半理论、半经验算法。Chang 等(1987)基于辐射传输理论和米氏散射理论,在假设雪密度为 0.3g/cm³ 且雪粒径为 0.35mm 的情况下,通过对干雪亮温与实测雪深进行回归分析,得到基于 SMMR 数据的雪深反演"亮温梯度"算法。该算法是应用被动微波传感器进行雪深反演的基本算法,已被用于全球雪深反演研究中,但该算法仅适用于雪深大于 3cm 且小于 1m 的干雪区。Foster 等(1997)通过比较研究表明,并不存在适合任何地区的雪深算法,认为亮温梯度算子与雪深之间的线性关系在不同地区有不同的表达式。Armstrong 等(2002)利用 SSM/I 数据反演的雪深,发现在青藏高原地区尤其是荒漠和冻土地区的雪深总是被高估的。Tait(1998)也利用 SSM/I 亮度温度数据对此进行了地形差异的探讨。曹梅盛和李培基(1993,1994)在我国西部地区利用可见光积雪影像 OLS 订正 NASA 算式。为了克服我国地形复杂的西部局地环境的影像,利用 DEM 和 GIS 技术把西部分为高山、高原、丘陵、低山、盆地 5 个地形单元,分别采用统计方法建立了反演公式。柏延臣和冯学智(1997)对 Chang 算法进行了修正,反演出青藏高原地区的雪深分布,结果表明,修正后的算法较好地反映了该区的雪深分布情况,但局部地区的误差较大,总体上雪深被高估。高峰等(2003)在曹梅盛的算法基础上进行了修正,利用 SSM/I 数据对青藏高原进行积雪监测,但研究结果表明雪盖范围估计偏大,雪深估计过高,这主要是由于 SSM/I 的空间分辨率过粗引起的,混合像元较多。车涛等(2004)利用青藏高原地区的实测雪深数据与 SSM/I 亮温数据进行统计回归分析,得到了青藏高原地区 SSM/I 的亮温梯度与雪深的关系,并认为在雪深反演之前需要利用 Grody 的决策树进行分类。随着搭载在 Aqua 卫星上的 AMSR-E 传感器的应用,雪深反演的精度会有所提高。Sun et al.(2006)利用 2004 年 1 月新疆地区 AMSR-E 亮温数据,建立了新疆地区基于 AMSR-E 数据的雪深反演模型。反演的雪深值与气象台站的实测值进行对比分析,其 RMSE 值为 9.2cm。利用 SAR 数据进行雪深反演大多是基于后向散射系数的统计回归分析法。

近年来,利用光学遥感影像特别是 MODIS 数据进行雪深反演的算法研究并不多,主要有刘艳(2005)提出的根据积雪深度和 MODIS 相关性较好的几个波段建立的一系列雪深反演模型;裴欢(2008)根据积雪光谱特征与积雪深度的关系建立的以雪深 20cm 为边界的分段式雪深反演模型;李三妹(2008)利用逐步判别与 Bayes 判别等数学统计的方法结合不同目标物的光谱特性,同时考虑下垫面的条件(地表粗糙度和土地覆盖类型)建立的多类型的雪深反演回归模型。利用光学影像反演雪深一般都是基于统计回归模型的,雪深与反射率或灰度值的关系复杂,而且缺乏坚实的理论依据,一般的统计模型难以大范围推广。总之,由于微波的穿透性,因此无法反演浅雪区(≤5cm)的雪深,而可见光则难以估算大于10cm的积雪厚度(毛克彪等,2005;傅华等,2007)。

以上研究表明,现有积雪深度反演研究大多是基于单源数据的,被动微波遥感数据在反演雪深方面具有较强的理论基础且相关研究较多,但是小于等于5cm的积雪发生的微波很微弱,故被动微波遥感数据在反演浅雪区雪深时有较大的误差,这在一定程度上影响了雪深反演结果的精度。利用光学遥感数据进行雪深反演主要是通过分析不同波段光谱信息与雪深之间的相关性,从而建立反演模型来达到雪深反演的目的,但是当积雪超过一定深度后,它的反射率不随雪深变化而变化,故仅适合于浅雪地区的雪深反演。因此,在进行积雪深度反演时,需要充分利用光学与微波数据的优势与互补性,通过多源遥感信息协同,有望提高雪深反演的精度。

9.2　积雪遥感信息协同提取模型

针对现有的积雪信息提取研究大多是基于遥感单一源数据反演的,如果仅利用光学数据提取积雪,则结果容易受到云的影响,容易造成云雪混淆的情况,而且也无法获取厚云下地表信息。被动微波数据虽然具有云穿透性,但其空间分辨率一般都较低,适用于大范围乃至全球的研究。因此,为了充分利用多时相、多传感器的互补性,研究提出一种基于多源数据协同的积雪信息提取模型。

9.2.1　雪盖遥感信息协同提取原理与方法

9.2.1.1　光学遥感积雪反射光谱特性分析

利用光学影像提取雪盖的原理主要是利用积雪的特殊波谱特性及其与云、裸地、植被、水体等光谱特性的差异,将积雪识别出来。雪在波长 $0.1\sim0.8\mu m$ 光谱段,即可见光波段的反射率较高,达80%以上,这和裸地、植被、水体等典型地物的反射率有较大差异。但在该波段,云的反射率也较高,与雪相近。在近红外波段($0.8\sim1.1\mu m$),雪的反射率仍较高,和云相近,水体的反射很低,植被的反射率虽低于云、雪,但明显高于裸土和水体。雪在短波红外波段 $1.6\mu m$ 和 $2.0\mu m$ 波长处的反射率最低,而大多数云(尤其是中低云)在该波段反射率仍很高,因此根据这一特点可用于识别积雪和中低云。反射光谱曲线如图 9.1 所示。

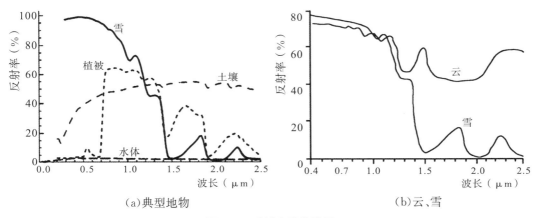

图 9.1　反射光谱曲线图

9.2.1.2　基于 NDSI 的雪盖提取

　　基于 MODIS 数据的积雪信息提取主要是采用基于 NDSI 的多光谱阈值法。NDSI（Normalized Difference Snow Index）是 Hall、Riggs、Salomonson 等提出的目前应用最为广泛的积雪判识方法,它是植被指数 NDVI 在积雪信息提取中的延伸和发展。根据积雪的特殊光谱特性,即积雪的可见光强反射和短波红外低反射特点,进行归一化处理,突出积雪特性,NDSI 公式如式（9-1）所示。由 MODIS 的波段设置可知,NDSI 的计算是利用 MODIS 的第 4 波段（0.545～0.565μm,绿光）和第 6 波段（1.628～1.652μm,短波红外）的反射率,故基于 Terra/MODIS 数据的 NDSI 计算公式如式（9-2）所示。由于 Aqua 星 6 通道数据是无效的,因此在利用 Aqua/MODIS 数据计算 NDSI 时使用 7 通道（2.105～2.155μm）代替第 6 波段（1.628～1.652μm,短波红外）。

$$\text{NDSI} = \frac{\text{CH}(n) - \text{CH}(m)}{\text{CH}(n) + \text{CH}(m)} \tag{9-1}$$

$$\text{NDSI} = \frac{\text{CH}(4) - \text{CH}(6)}{\text{CH}(4) + \text{CH}(6)} \tag{9-2}$$

　　NDSI 可以把雪从大多数模糊的云尤其是中低云中分离出来,但常常不能区别薄卷云、厚云和积雪。因为卷云与雪类似,在短波红外波段具有强吸收低反射特性,卷云的 NDSI 也有可能达到积雪判识的阈值,故还需要根据其他波段的光谱差异区分卷云和积雪。

9.2.1.3　基于多时相光学数据的雪盖信息协同提取

　　MODIS 的 MOD10A1 雪盖产品的算法中没有考虑积雪下垫面中植被对信息提取的影响,仅适合于非高密度森林覆盖区域陆地积雪信息的提取,对于林区雪盖提取的适用性不高,而青藏高原地区存在植被覆盖较多的地区,如西藏东南部地区地势复杂、森林茂密,存在林区混合像元,植被在可见光特别是红光波段的低反射率降低了混合区积雪的 NDSI 值,如果不考虑植被的影响,则对积雪信息提取的结果影响较大。Klein 等通过相关试验,证实在提取林区雪盖信息时,需要结合 NDVI,在 NDVI 较高的林区选择较低的 NDSI 值作为积雪判别阈值。而且雪盖产品中 NDSI 的阈值 0.4 也不一定是最适合青藏高原地区的,所以需要在 MOD10A1 雪盖产品算法的基础上,根据青藏高原地形地貌特点,改进雪盖提取的算法。通过分析无云区实测有效积雪样本所对应的 NDVI 值分布情况可知,NDVI 大多小于 0.1 甚至有些为负值,表明青藏高原地区气象台站分布很不均匀,大多坐落在裸土或植被稀疏区域,故本书在缺乏充足实测数据的情况下,借鉴前人的青藏高原研究成果,利用 0.35 作为 NDSI 的最佳阈值(王玮,2011),通过合理利用植被指数 NDVI,提高青藏高原地区的积雪信息提取精度。

由图 9.1(a)可知,水体也有在 MODIS 的 B6 短波红外波段(1.628~1.652μm)强吸收的特点,若仅利用 NDSI 进行判识可能会混淆水体和积雪,故需要利用水体和积雪在近红外通道 B2(0.841~0.876μm)的反射特性差异来区分水体和积雪,即积雪在近红外通道具有强反射特性,而水体在近红外通道具有强吸收特性,故可通过设定 B2 的阈值进行区分,这也可以防止在可见光波段反射率很低的地物如云、阴影等被误划为积雪。黑云杉林等暗目标在可见光波段反射率很低,对 NDSI 的变化不明显,故需要设定绿光波段 B4 的阈值来防止暗目标被误划分为积雪。MOD10A1 雪盖产品的算法中将 B2 的阈值设为 0.11,B4 的阈值设为 0.1,通过分析 2010 年无云区实测积雪点相对应的 B2、B4 波段反射率值的分布情况(图 9.2),可以看出实测积雪点的 B2 反射率值大多大于 0.11,B4 反射率值大多大于 0.1,这与 MODIS 雪盖产品算法中对 B2、B4 波段阈值的设定相吻合。

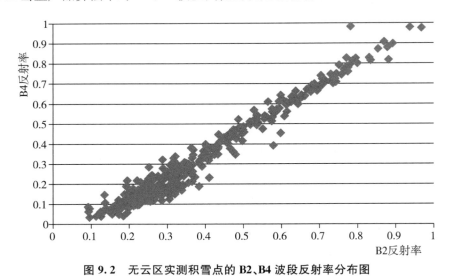

图 9.2 无云区实测积雪点的 B2、B4 波段反射率分布图

基于以上分析,本研究利用 MODIS 反射率产品进行积雪信息提取的规则如下:

①若 B2>0.11,剔除水体。

②若 B4>0.1,剔除出黑云杉林等暗目标。

③若 NDVI>0.1,0<NDSI<0.35 或者 NDVI≤0.1,NDSI≥0.35。

基于 MODIS 的反射率产品 MOD09GA、MYD09GA,利用以上积雪信息的提取规则,可以分别得到积雪提取结果 MOD_Snow 和 MYD_Snow,参照 MODIS 雪盖产品的编码规则,满足以上积雪识别规则的像元赋值为 200,不满足以上规则的像元赋值为 25(包括水体、陆地、中低云、影像裂缝)。

利用以上基于 NDSI 的综合阈值法,虽然可以剔除水体、陆地、中低云等非雪信息,但是会混淆积雪与厚云、含冰的高云,而且也无法获取云下地表信息,所以需要识别出云的分布范围。MODIS 雪产品中具有云信息,本书通过融合 NDSI 的积雪提取结果 MOD_Snow 以及 MOD10A1 雪盖产品中的云信息,得到上午星的雪、云、陆地分布结果 MOD,经过反复试验及分析,融合规则如表 9.1 所示。MYD_Snow 与 MYD10A1 雪盖产品中的融合规则与之相同,得到下午星的雪、云、陆地分布结果 MYD。

表 9.1　　　　　　　　　　　　　　**MOD_Snow 与 MOD10A1 融合规则**

MOD10A1 编码值及地表类型	MOD_Snow 编码值及地表类型	
	200(积雪)	25(非雪)
0\1\4\11\254\255(异常值)	0	0
25(没有积雪覆盖的陆地)	200	25
37(内陆水体或湖泊)	37	37
39(海洋)	39	39
50(云)	50	50
100(积雪覆盖的湖冰)	100	100
200(积雪)	200	25

利用不同时相的 MOD 和 MYD 的积雪判别结果,可避免影像裂缝缺值的情况,经过反复试验及分析,融合规则如表 9.2 所示,得到 MOYD。

表 9.2　　　　　　　　　　　　　　**MOD 与 MYD 融合规则**

MOD 编码值及地表类型	MYD 编码值及地表类型						
	0(异常值)	25(没有积雪覆盖的陆地)	37(内陆水体或湖泊)	39(海洋)	50(云)	100(积雪覆盖的湖冰)	200(积雪)
0(异常值)	0	25	37	39	50	100	200
25(没有积雪覆盖的陆地)	25	25	25	25	25	25	25
37(内陆水体或湖泊)	37	37	37	37	37	37	37

MOD 编码值及地表类型	MYD 编码值及地表类型						
	0（异常值）	25（没有积雪覆盖的陆地）	37（内陆水体或湖泊）	39（海洋）	50（云）	100（积雪覆盖的湖冰）	200（积雪）
39（海洋）	39	39	39	39	39	39	39
50（云）	50	25	37	39	50	100	200
100（积雪覆盖的湖冰）	100	100	100	100	100	100	100
200（积雪）	200	200	200	200	200	200	200

为了尽量消除云的影响，避免云雪混淆的情况，并最大可能获得云下地表信息，根据积雪与云的主要差别，即积雪相对固定，而云不断运动，结合临近日的合成积雪图像 MOYD，图像分类规则如下：如果当日积雪合成图像中像元值为 50（云）或者 0（异常值），而前一日与后一日相应像元地表类型相同，则当日云像元下的地表信息判断为前后时相相应像元的地表类型；如果前后时相的相应像元值不同，则当日合成积雪图像 MOYD 中的像元值不变，得到多时相的 MODIS 雪盖融合图像 MODIS_Snow。

9.2.1.4 基于被动微波数据的雪盖信息提取原理与方法

雪水当量（Snow Water Equivalent，SWE）指当积雪完全融化后，所得到的水形成水层后的垂直深度。雪水当量在雪融洪水影响估算、洪涝灾害预测、水资源利用等领域有着重要的作用，对于气候、水文研究具有非常重要的意义。雪水当量遥感反演算法和模型主要有两种：一是利用亮温与实测 SWE 进行统计回归分析，得到利用亮温反演 SWE 的统计模型（Hailikainen，1989；Chang et al.，1996；Gan，1996；Foster et al.，1997；Singh and Gan，2000）。二是利用微波辐射传输模型，基于亮温和积雪的物理参数（包括雪粒径、雪密度、积雪层温度以及介电常数等）反演 SWE。

（1）统计模型

目前，SWE 的统计趋势算法可归结为光谱极化差算法：

$$SWE = a + b[(V,H)_{19} - (V,H)_{37}] \tag{9-3}$$

式中：(V,H) 表示取 V 或 H，表示水平极化方式或垂直极化方式。值得注意的是，这个通用的算法是在不考虑雪粒径、海拔、湿雪、森林覆盖等影响因子的前提下而提出的，结合实测雪深数据可以回归出系数 a,b 的对应值。针对以上基本算法，Chang 在考虑了森林覆盖的情况下，于 1996 年提出了改进算法（Chang，1996）：

$$SWE = K_3 + K_4(H_{19} - H_{37})(1 - A_F) \tag{9-4}$$

式中：H 为水平极化方式；A_F 为森林覆盖度；K_3 为截距；K_4 为斜率，其值随 A_F 的变化而变化。

Hallikainen 考虑了积雪区与无雪区的亮温差异后，于 1989 年提出改进算法

（Hallikainen，1989）：

$$SWE = K_5 + K_6 \left[(V_{18SWE} - V_{37SWE}) - (V_{18SWE=0} - V_{37SWE=0}) \right] \tag{9-5}$$

式中：K_5 为截距；K_6 为斜率；K_5、K_6 的取值随地域不同而变化；V_{18SWE} 和 $V_{18SWE=0}$ 分别为雪盖区和无雪区的垂直极化亮度温度。

由于被动微波数据分辨率较低，混合像元较多，故 Gan 在考虑了混合像元中水体和冰的覆盖度后，于 1996 年提出改进算法（Gan，1996）：

$$SWE = K_7 \left[(A_{TUNDRA})(H_{19} - H_{37}) \right] + K_8 (A_W)(T_a) + K_9 \tag{9-6}$$

式中：T_a 为气温；A_{TUNDRA} 和 A_W 表示水体和冻原在像元内的比例。

此外，Foster（1997）、Singh 等（2000）在考虑霜层、水体、海拔等相关因素后也提出类似算法。NSIDC 发布的雪水当量产品的算法是基于光谱极化差算法的，具体流程如图 9.3 所示。

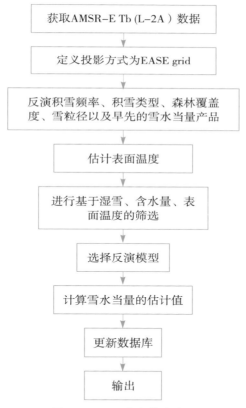

图 9.3　SWE 产品算法流程

基于统计模型的雪水当量算法具有简单、可操作性强的优点，并能达到一定的精度，但是由于该类型算法是基于统计规律，而不是微波辐射传输的物理机制，故算法精度的提高空间有限。

（2）微波辐射传输模型

基于统计模型的雪水当量反演算法难以保证高精度，在具有充足的积雪参数的前提下基于辐射传输模型反演雪水当量可在一定程度上提高 SWE 的反演精度。

HUT 算法以 HUT（Helsinki University of Technology）积雪发射模型为基础，假设地区雪盖均匀，辐射传输方程可表示为：$f(d,\theta)$，其中 d 为雪深，θ 为角度。Pulliainen 等在 HUT 模型的基础上，结合光谱极化 SPD（spectral and polarization difference）算法对模型进行改善，以 SSM/I 的 V_{37}、V_{19} 和 H_{19} 3 个通道数据为数据源，表达式为（Pulliainen et al.，1999）：

$$SWE = \min\left[(2\sigma^2)^{-1}\left[\left[(TB_{HUT-MODEL}V_{19} - TB_{HUT-MODEL}V_{37}) - (TB_{SSM/I}V_{19} - TB_{SSM/I}V_{37})\right] + \left[(TB_{HUT-MODEL}V_{19} - TB_{HUT-MODEL}H_{19}) - (TB_{SSM/I}V_{19} - TB_{SSM/I}H_{19})\right]^2\right] + (2\lambda^2)^{-1}(d_0 - \hat{d}_0)^2\right]$$

$$(9-7)$$

式中：$TB_{HUT-MODEL}$ 表示 HUT 模型计算的亮度温度；$TB_{SSM/I}$ 表示 SSM/I 直接获取的亮度温度；d_0 为雪粒大小；$\hat{d}_0$ 为雪粒大小的最优值；λ 为标准差；σ 为 SSM/I 数据的标准差。

这类算法理论基础较复杂，需要考虑多个积雪物理参数，但这类算法往往适用性不强，研究区不同，该类算法的具体表达式也会不同。

（3）多时相微波遥感数据融合

参照 MODIS 融合积雪图像的编码规则，利用 SWE 产品得到雪盖图像 AE_Snow 的赋值规则如表 9.3 所示。

表 9.3   SWE 产品分类编码规则

SWE 编码值及地表类型	AE_Snow 编码值
0\252（陆地）	25
1～240（雪水当量）	200
247\248\255（异常）	0
253（冰）	100
254（水体）	37

由于 AMSR-E 数据在中纬度地区会有裂缝，出现数据缺失的情况，为了避免数据缺失的影响以及更好地与 MODIS 数据进行有效协同，利用临近日分析法，融合研究日以及前一日、后一日的影像，得到不受影像裂缝影响的合成积雪图像 AMSR_Snow，若当日积雪图像中编码值为 0（异常值），则融合前后时相的 AE_Snow 的规则如表 9.4 所示。利用临近日分析法，得到多时相融合的 AMSR-E 的积雪图像 AMSR_Snow。

表 9.4 异常区的临近日融合规则

前一时相编码值 及地表类型	后一时相编码值及地表类型				
	0（异常值）	25（陆地）	37（水）	100（冰）	200（积雪）
0（异常值）	0	25	37	100	200
25（陆地）	25	25	0	0	200
37（水）	37	0	37	0	0
100（冰）	100	0	0	100	0
200（积雪）	200	0	0	0	200

9.2.1.5　基于光学与微波数据协同的雪盖信息遥感提取模型及精度评价

（1）雪盖信息遥感协同提取模型及雪盖提取实验

由于青藏高原地区海拔较高，常年有云覆盖，云污染现象是影响光学影像积雪信息提取的重大制约因子之一。利用以上多时相的 MODIS 数据雪盖提取方法在一定程度上能够降低云对积雪信息提取的影响，但是融合后的 MODIS_Snow 图像中仍会有云的覆盖，故需要进一步协同不受天气影像的被动微波数据 AMSR-E 来判断云下地表信息。

在 MODIS 积雪合成图像 MODIS_Snow 中，云下积雪信息需要利用 AMSR-E 的积雪合成图像 AMSR_Snow 进行协同补充。MODIS_Snow 和 AMSR_Snow 的融合规则如下：若 MODIS_Snow 中相应像元值为 0（异常值）或 50（云），则将 AMSR_Snow 相应像元值赋给融合图像 MDAE 的相应像元，否则 MDAE 保留 MODIS_Snow 的像元值。

以上多源数据积雪协同提取方法，具体流程如图 9.4 所示。

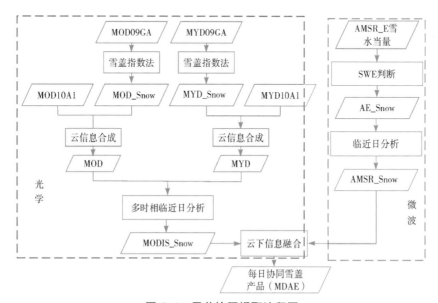

图 9.4　雪盖协同提取流程图

以 2010 年 3 月 1—3 日的 MOD09GA、MYD09GA、MOD10A1、MYD10A1 和 AMSR-E 的 SWE 产品为基础数据,综合应用上述所提出的多时相多传感器数据协同模型提取雪盖信息,结果如图 9.5 所示。其中所用的数据包括图 9.5(a)、图 9.5(b)分别表示基于 MOD09GA、MYD09GA 反射率数据,利用改进的 NDSI 雪盖指数法的积雪提取结果 MOD_Snow、MYD_Snow。上午星 Terra 的积雪产品 MOD10A1 的云量为 72.91%,异常区的比例为 0.07%,下午星 Aqua 的逐日积雪产品 MYD10A1 的云量为 81.39%,异常区的比例为 1.67%。因此,若仅利用该数据无法监测翔实的积雪覆盖范围。图 9.5(c)表示 MOD_Snow 与 MOD10A1 的云信息融合结果 MOD,图 9.5(d)表示 MYD_Snow 与 MYD10A1 的云信息融合结果 MYD。利用 MOD 与 MYD 进行合成得到 MOYD,MOYD 的云量为 67.3%,异常区的比例为 0.015%,可以看出云量以及异常区的比例都在降低,再协同前后一天的合成 MOYD,得到多时相融合图像 MODIS_Snow,如图 9.5(e)所示,其中云量 35.63%,异常区的比例为 0.002%。这表明多时相分析法降低了一半的云量。但利用多时相的 MODIS 数据融合后的积雪图像仍然有 35.63% 的云量,故还不能直接应用于高精度的雪盖提取。为了进一步获取云区的地表信息,需要与被动微波数据进行对比分析,判断云下的地表信息。图 9.5(f)表示利用基于 SWE 的判别规则得到的积雪提取结果 AE_Snow,其中异常区(不正确的飞行姿态、地球以外地区、裂缝)所占比例为 30.44%,通过多时相合成法,得到不受裂缝影响的积雪提取结果 AMSR_Snow,如图 9.5(j)所示,其中异常区(不正确的飞行姿态、地球以外地区、裂缝)所占比例降低为 5.03%。利用 AMSR_Snow 补充 MODIS_Snow 中的云区地表信息,得到最终的多时相多源数据协同结果 MDAE(图像中云量降低为 1.05%,无异常区),如图 9.5(h)所示。

(2)雪盖信息协同提取精度评价方法

利用 2010 年青藏高原 93 个气象台站的有效实测雪深数据对上述多源协同提取算法的结果 MDAE 进行精度验证,并分别与 MODIS 的雪盖产品 MOD10A1、AMSR-E 的雪盖产品 SWE 的积雪分类精度进行比较。

分析 3 种雪盖图像的总体分类精度 Oa(Overall accuracy)和积雪分类精度 Sa(Snow accuracy),其公式如下:

$$Oa = \frac{N(S) + N(L)}{N(S) + N(l) + N(sl) + N(ls)} \tag{9-8}$$

$$Sa = \frac{N(S)}{N(S) + N(sl)} \tag{9-9}$$

式中:$N(S)$ 为气象台站实测有雪同时积雪分类图像上有雪的样本数;$N(L)$ 表示气象台站实测无雪同时积雪分类图像上判断为无雪的样本数;$N(sl)$ 表示气象台站实测有雪而积雪分类图像上判断为无雪即漏测的样本数;$N(ls)$ 表示气象台站实测无雪而积雪分类图像上判断为有雪即多测的样本数。

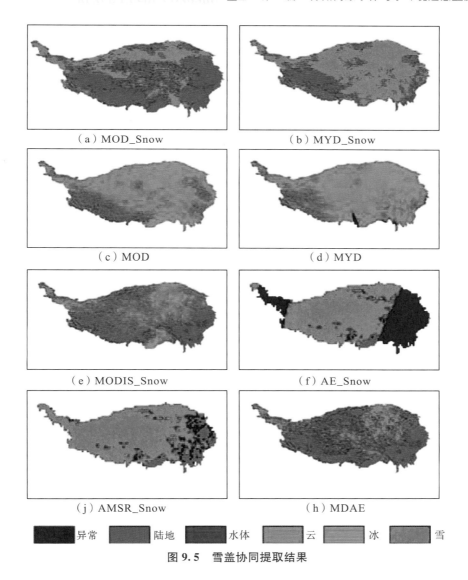

（a）MOD_Snow　　　　　　　（b）MYD_Snow

（c）MOD　　　　　　　　（d）MYD

（e）MODIS_Snow　　　　　　（f）AE_Snow

（j）AMSR_Snow　　　　　　（h）MDAE

异常　　陆地　　水体　　云　　冰　　雪

图 9.5　雪盖协同提取结果

（3）MDAE 与 MOD10A1 分类精度比较

由于 MOD10A1 中含有云信息,为了更好地比较不受云影响的 MDAE 积雪图像与 MOD10A1 的分类精度,需要剔除 MOD10A1 中云覆盖下的气象台站样本,仅比较晴空天气状况下 MOD10A1 与 MDAE 的分类精度,另外还需要剔除 MOD10A1 中编码值异常(0、1、4、11、254、255)点所对应的实测样本。经过数据筛选后,用于精度评定的样本总共有 15068 个,实测积雪样本 382 个,无积雪样本 14686 个。精度评价的结果如表 9.5 所示。

表 9.5　　　　　　　　晴空下 MDAE 与 MOD10A1 的分类精度比较

SD(cm)	MDAE					MOD10A1				
	$N(S)$	$N(sl)$	$N(L)$	$N(ls)$	积雪精度(%)	$N(S)$	$N(sl)$	$N(L)$	$N(ls)$	积雪精度(%)
0	0	0	14581	105	—	0	0	14477	209	—
≤3	87	235	0	0	27.02	81	241	0	0	25.16
>3	50	10	0	0	83.33	45	15	0	0	75
总计	137	245	14581	105	35.86	126	256	14477	209	32.98

注：SD 表示积雪深度。

由表 9.5 中的数据表明,在晴空天气状况下:

①随着雪深的增加,MDAE 与 MOD10A1 的积雪提取精度有所提高。当雪深小于等于 3cm 时,MDAE 与 MOD10A1 的积雪分类精度(Sa)均较低,MDAE 的积雪提取精度为 27.02%,MOD10A1 的积雪提取精度为 25.16%;当雪深大于 3cm 时,MDAE 的积雪提取精度为 83.33%,MOD10A1 的积雪提取精度为 75%。

②在所有积雪覆盖地区,MDAE 的积雪提取精度为 35.86%,MOD10A1 积雪分类精度仅为 32.98%,虽然 MDAE 比 MOD10A1 的积雪提取精度稍高,但是总体来说,精度还是较低,这主要是因为在雪深小于等于 3cm 的区域积雪识别率很低,而且用于精度验证的实测积雪样本的 84.29% 是雪深小于等于 3cm 的浅雪区样本,故出现大于 3cm 的积雪区积雪提取精度较高,而在所有积雪区的积雪识别率低的原因。浅雪区积雪提取精度低,这主要是因为浅雪区的地表覆盖状况对积雪识别影响很大。

③在不同雪深范围内,MDAE 比 MOD10A1 的积雪提取精度高,尤其是在雪深大于 3cm 的区域,积雪提取精度提高了 8.33%,MOD10A1 的漏测积雪像元较多,漏测现象主要出现在雪深小于等于 3cm 的区域,这可能是由于 MODIS 雪盖产品中的积雪判别阈值 0.4 不适合本研究区,而且在进行积雪信息提取时,需要考虑地表植被的影响,对于植被覆盖区应选用较低的阈值。

④MDAE 的总体分类精度为 97.68%,MOD10A1 的总体分类精度为 96.91%。这说明在区分积雪与陆地时,MDAE 与 MOD10A1 的精度都较高。

(4)MDAE 与 AMSR-E/SWE 提取精度比较

利用 2010 年实测气象台站的积雪资料对不受天气影响的协同提取结果 MDAE 与 AMSR-E 的雪水当量产品分别进行精度验证并比较分析,为了更好地比较两种产品的精度,需要剔除 SWE 中编码值异常(247\248\255)点所对应的实测样本,故用于精度评定的样本总共有 18580 个,实测积雪样本 792 个,无积雪样本 17788 个。精度评价的结果如表 9.6 所示。

表 9.6 　　　　　　　　　　　　　　　　MDAE 与 SWE 的分类精度比较

SD(cm)	MDAE					SWE				
	$N(S)$	$N(sl)$	$N(L)$	$N(ls)$	精度(%)	$N(S)$	$N(sl)$	$N(L)$	$N(ls)$	精度(%)
0	0	0	17343	445	—	0	0	9286	8502	—
≤3	141	507	0	0	21.76	504	144	0	0	77.78
>3	121	23	0	0	84.03	125	19	0	0	86.81
总计	262	530	17343	445	33.08	629	163	9286	8502	79.42

由表 9.6 中的数据表明：

①随着雪深的增加，MDAE 与 AMSR-E 的 SWE 雪盖产品的积雪提取精度有所提高。当雪深小于等于 3cm 时，MDAE 积雪提取精度（Sa）较低，仅为 21.76%，SWE 的积雪提取精度为 77.78%；当雪深大于 3cm 时，MDAE 的积雪提取精度为 84.03%，SWE 的积雪提取精度为 86.81%。

②在不同雪深范围内，MDAE 积雪提取精度比 SWE 的低，尤其是在雪深小于等于 3cm 的区域，SWE 的积雪提取精度比 MDAE 的积雪提取精度高 56.02%，MDAE 的漏测积雪像元相对较多，这是由于 SWE 的空间分辨率较低，为 25Km，混合像元较多，在进行积雪信息提取时，易将每个像元所代表的 25km×25km 的地表类型全都判为积雪，造成 SWE 识别出的积雪比 MDAE 多，从而出现 SWE 的积雪提取精度比 MDAE 的高。

③MDAE 的总体分类精度为 94.75%，SWE 的总体分类精度为 53.36%，SWE 的积雪提取精度较高，但是总体精度显著较低，主要是因为 SWE 的陆地分类精度仅为 52.2%，而用于精度评定的陆地样本占总样本的 95.74%，故 SWE 的总体分类精度较低。由于 AMSR-E 的分辨率较低，积雪多测像元数明显比 MDAE 的多测像元数多，多测率高，而 MDAE 在总体分类精度上明显比 SWE 的精度高，分类结果更能真实反映区域的积雪分布情况。

9.2.2　雪深遥感信息协同反演原理与方法

雪深参数在水文、气候、地表辐射平衡等领域的研究中具有重要的作用，利用多时相、多平台遥感数据协同反演雪深，提高雪深反演精度，对于积雪监测、水资源管理等具有重要的意义。目前，国内外对于雪深反演的研究大多是基于微波遥感影像的，也有少量利用光学数据反演雪深。本书提出一种利用多时相、多源（光学与微波）协同反演雪深的算法，将聚焦服务模型的理论与方法引进到雪深反演中，以提高雪深反演的精度。

（1）被动微波雪深反演

被动微波传感器获得的亮温来自大气、雪盖和雪盖下的向上微波辐射，雪粒是微波辐射的散射体，散射作用重新分配了地面的辐射分布，这种散射会受到多种因素的影响，如雪深、雪粒径大小。这就为被动微波数据反演雪深提供了物理基础。微波辐射可以穿透积雪层,从而获取积雪层和陆表信息。随着积雪深度的增加,被雪粒散射的微波能量越多,则到达传感器的微波能量越少、辐射强度越弱,因此深雪区的亮温比浅雪区的亮温低,亮温梯度因子即($T_{19H} - T_{37H}$)的亮温差越大,这种反相关关系是微波遥感反演雪深的理论基础(Matzler,1987;Foster et al.,1991;Hall and Sturm,1991)。因此,在深雪覆盖地区的微波亮度温度低,而在浅雪地区的微波亮度温度高。另一方面,亮度温度也是雪层后向散射系数的函数,而后向散射系数又和微波的频率成正比,导致了微波波段积雪的负亮度温度梯度。

基于上述被动微波雪深反演原理,学者们对积雪深度的微波遥感反演算法开展了大量研究。目前应用较广的雪深反演算法是 Chang 的"亮温梯度"算法,这是一种半理论、半经验算法,算法的基本表达式如下:

$$SD = A \times (T_{19H} - T_{37H}) + B$$

式中:SD 表示积雪深度(cm);A、B 为经验系数,取值和研究区有关;T_{19H} 和 T_{37H} 分别表示 19GHz、37GHz 水平极化亮度温度数据。

在全球的雪深遥感反演算法中,A、B 取值分别为 1.59 和 0。

该算法简单实用、可操作性强,已经在多个区域中得到应用,但这一全球性的算法并不适用于我国西部地区,特别是在青藏高原地区,其反演结果往往高于实际的雪深。车涛等通过分析大量的地面台站实测积雪深度和 SSM/I 亮温数据,经过误差分析,剔除无效的观测数据后进行统计回归,提出了一个能够更好地反映我国西部地区积雪深度的算法,如下式(该算法已经经过了精度验证,反演结果较好):

$$SD = 0.868 \times (T_{18H} - T_{37H}) - 2.130 \tag{9-11}$$

由于被动微波数据分辨率较低,且具有穿透性,在利用被动微波数据反演雪深时,浅雪区的雪深反演误差一般较大。选出 2010 年青藏高原 93 个气象台站的实测雪深资料中的浅雪(≤5cm)数据,然后分析实测雪深与相应的 4 个亮温因子(18.7H—36.5H、18.7H—36.5V、18.7V—36.5V、18.7V—36.5H)和雪水当量 SWE 值分别进行统计回归分析,分析结果如表 9.7 所示。

表 9.7   亮温因子、SWE 与浅雪雪深的相关性

亮温因子	18.7H—36.5H	18.7H—36.5V	18.7V—36.5V	18.7V—36.5H	SWE
显著性(双侧)	0.660	0.189	0.057	0.436	0.691
Pearson 相关性	0.033	0.195	−0.107	−0.036	−0.043

根据表 9.7 相关性分析结果,被动微波数据 AMSR-E 的"亮温因子"以及雪水当量在反演浅雪区雪深(≤5cm)时,没有通过显著性相关检验,相关性系数较低,线性模型的 R^2 都较低,所以在利用上式反演雪深的基础上,为了提高雪深反演精度,需要协同其他数据源以提

高浅雪区的雪深反演精度,从而得到较高精度的全区雪深分布。

虽然基于"亮温梯度"的雪深反演算法已经得到了广泛的应用,但还是会存在一些误差。由于青藏高原地区分布着较多的降雨、冻土、寒漠等地表特征,而这些地表特征的散射特性与积雪层类似,如果不剔除这些像元,则会高估研究区的积雪面积以及雪深。故在利用被动微波数据反演雪深时,还需要协同积雪分类图,剔除非积雪像元,得到积雪区的雪深分布,即将 AMSR-E 的积雪分类图 AE_Snow 中地表类型不为积雪的像元(包括陆地、水体、冰)的雪深值赋为 0;分类图中为异常区的像元的雪深值赋为 255,表示像元异常,其雪深值需要结合相邻时相的雪深反演结果进行判别。

基于 AMSR-E 的亮温数据,结合积雪分类提取结果,利用上式的雪深反演算法,得到逐日的 AMSR-E 雪深分布图,但由于 AMSR-E 传感器在中纬度地区会有裂缝,出现数据缺失的情况,而且由上节 9.2.1 中的结果可以看出,青藏高原裂缝区所占比例可达 30%,如果仅利用单时相的 AMSR-E 亮温数据,无法获取翔实的雪深分布情况,通过多时相的 AMSR-E 影像融合方法,可以将异常区(不正确的飞行姿态、地球以外地区、裂缝)所占比例从 30.44% 降低为 5.03%,因此在利用 AMSR-E 亮温数据反演雪深时,需要结合临近日、多时相的亮温影像以及雪盖提取影像,得到不受裂隙影响的雪深反演结果,即在当日影像的异常区,判断前一日与后一日的遥感影像的地物类型是否相同,若地物类型相同,那么异常区的具体融合规则如下:地物类型均为积雪,则取相应像元的雪深平均值作为当日影像的雪深值;地物类型均为异常区,则通过空间插值方法获得雪深信息;地物类型均为陆地、水体或者冰层,则将当日影像的雪深值赋为 0(无积雪)。

(2)光学遥感雪深反演

利用光学遥感影像特别是 MODIS 数据进行雪深反演的研究并不多,现有反演算法主要是建立在统计回归分析基础上的,通过分析积雪点的雪深和相应的波段反射率之间的相关性关系确定雪深反演的最佳波段,并分析各显著性波段相关性最高的回归模型,得到基于光学数据 MODIS 的雪深遥感反演的数学公式。MODIS 具有 36 个光谱通道,1~19 波段提供了地物反射信息,刘艳等(2005)通过对比 MODIS 的 1~19 波段的积雪光谱与实测积雪反射光谱,结果表明:

①1~7 波段 MODIS 的反射光谱特征与实测光谱特征相似度很高;

②8~16 波段 MODIS 的反射光谱特征与实测积雪光谱特征有明显差异,因此不能真实地反映积雪反射光谱特征,故不适合用来反演雪深;

③17~19 波段 MODIS 的积雪光谱曲线与实测积雪光谱曲线的趋势是基本一致的,但是光谱反射率值相差很大(0.6~0.8),这主要是因为 17~19 通道是水汽强吸收带,传感器接收到的地物辐射远低于地表实际的辐射,因此该通道不适宜用于雪深反演。综上所述,在利用 MODIS 反射雪深时,1~7 波段反射率的可靠性较强。

首先分别对 2010 年青藏高原地区的 MODIS 影像的 B1~B7 波段反射率、NDSI 值与气象台站的实测日积雪深度做相关性分析,选出显著性相关波段,然后分析相关性波段与雪深之间相关系数最大的模型,结果如表 9.8 所示。

表 9.8 MODIS 波段与雪深的显著相关性分析

波段	B1	B2	B3	B4	B5	B6	B7	NDSI
Pearson 相关性	0.456**	0.488**	0.578**	0.472**	0.543**	0.031	−0.152	0.237
显著性(双侧)	0.003	0.001	0.000	0.002	0.000	0.852	0.350	0.142

注:**表示在 0.01 水平(双侧)上显著相关,$N=40$。

从表 9.8 中数据表明,B1~B5 与日积雪深度在 0.01 水平(双侧)显著相关。分别对 B1~B5 与日积雪深度做线性、对数、指数、二次多项式、三次多项式的曲线拟合,结果显示 B1~B4 与日积雪深度的三次多项式曲线拟合相关性最高,B5 与日积雪深度的指数曲线拟合相关性最高。根据以上分析结果,以 B1~B5 为自变量,日积雪深度为因变量,进行多元非线性回归方程拟合,经过三次多项式的参数约束(−60~60)以及指数的参数约束(−10~10)后,得到 MODIS 浅雪雪深(≤5cm)反演模型:

$$SD = 13.047 \times B1^3 - 0.403 \times B1^2 - 26.779 \times B1 - 7.448 \times B2^3 + 0.132 \times B2^2 + 14.929 \times$$
$$B2 - 28.231 \times B3^3 + 14.597 \times B3^2 + 29.865 \times B3 + 7.908 \times B4^3 + 6.400 \times B4^2 - 22.567 \times$$
$$B4 + 1.322 \times e^{(2.195 \times B5 - 1.394)} + 0.699 \quad (R^2 = 0.759)$$

在利用以上基于 MODIS 遥感影像反演雪深时,需要考虑影像裂缝与云的影响,因此需要结合 MODIS 积雪分类提取结果 MOD,即将 MODIS 的积雪分类图 MOD 中地表类型不为积雪的像元(包括陆地、水体、海洋、湖冰)的雪深值赋为 0;分类图中为异常区的像元(包括影像裂缝和云区)的雪深值赋为 255,表示像元异常,其雪深值需要融合相邻时相的雪深反演结果进行判别。通过多时相 MODIS 影像融合法,可以将云量比例大大降低,异常区的比例从 0.07% 降为 0.002%,因此在利用以上 MODIS 雪深反演方法时,需要结合多时相的遥感影像,利用临近日分析法,避免"云污染"对光学数据 MODIS 雪深反演的影响,即在当日影像的裂缝区和云区,判断前一日与后一日的遥感影像的地物类型是否相同。若地物类型相同,那么异常区的具体融合规则如下:地物类型均为积雪,则取相应像元的雪深平均值作为当日影像的雪深值;地物类型均为异常区(裂缝区和云区),则通过空间插值方法获得雪深信息;地物类型均为陆地、水体或者冰层,则将当日影像的雪深值赋为 0(无积雪)。

(3)光学与微波遥感信息协同的雪深反演

在多时相的微波反演结果中,将积雪深度是否大于 5cm 分为深雪区和浅雪区,其中浅雪区和异常区的雪深值取多时相 MODIS 融合雪深值,而深雪区则保留多时相 AMSR-E 亮温数据反演的雪深融合结果。基于多时相、多源遥感影像的雪深协同反演方法流程如图 9.6 所示。

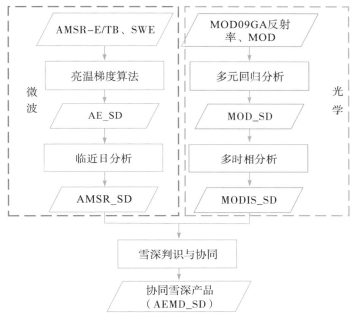

图 9.6　雪深协同反演方法流程

（4）光学与微波遥感信息协同雪深反演精度分析

图 9.7 是以 2010 年 3 月 2 日遥感数据为例，利用上述所提出的多时相多传感器数据协同反演雪深的结果。其中所用的数据包括 2010 年 3 月 1—3 日的 AMSR-E 的 18.7GHz 和 36.5GHz 的水平亮温数据，AMSR-E 的积雪分类图 AE_Snow、MOD09GA，MODIS 积雪分类图 MOD，其中图 9.7（a）表示基于 AMSR-E 亮温梯度算法的雪深反演结果 AE_SD，其中异常区的比例达到 54.86%，因此若仅利用单一时相的被动微波亮温数据无法监测翔实的雪深分布情况，需要协同相邻时相的微波雪深反演结果，尽量避免异常区比如影像裂缝对积雪深度反演的影响。图 9.7（b）表示利用临近日分析法的微波雪深融合结果 AMSR_SD，其中异常区的比例大大降低，达到 22.85%。图 9.7（c）表示基于 MODIS 数据的多时相雪深融合结果 MODIS_SD，图 9.7（d）是多时相微波数据反演结果与多时相光学雪深协同反演结果的融合协同结果 AEMD_SD。

利用 2010 年青藏高原地区 93 个气象台站的实测雪深数据，对雪深遥感反演的结果进行验证。计算每个实测积雪点的遥感反演雪深值与气象台站的实测雪深值之间的差值分布情况，分别比较雪深协同反演结果 AEMD_SD 与仅利用 AMSR-E 亮温数据反演的结果 AE_SD 进行精度比较。分析在不同雪深下，反演雪深值与实测雪深值之间的平均误差、均方根误差（RMSE），利用这些指标进行遥感反演结果的精度评定。为了更好地对遥感反演结果进行精度评价与比较，剔除实测样本中的非积雪样本，即雪深值为 0 的样本。

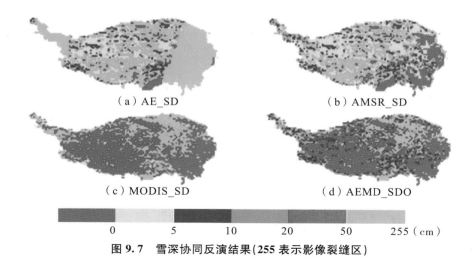

（a）AE_SD

（b）AMSR_SD

（c）MODIS_SD

（d）AEMD_SDO

| | | | | | |
|0|5|10|20|50|255（cm）|

图 9.7　雪深协同反演结果（255 表示影像裂缝区）

　　均方根误差（Root Mean Square Error，RMSE）是用来衡量观测值与真值之间的偏差程度的，常作为衡量测量精度的一种数值指标。它是均方差的正平方根，均方差定义为观测值与真值偏差的平方和的平均值，因此 RMSE 按下式计算。

$$\text{RMSE} = \sqrt{\frac{\sum d_i^2}{n}} \tag{9-12}$$

　　式中：$i = 1, 2, 3, \cdots, n$；n 为观测次数；d_i 为一组测量值与真值的偏差。

　　为了更好地比较雪深协同反演结果与仅利用 AMSR-E 的亮温数据的雪深反演结果，需要剔除 AMSR-E 亮温数据缺测点相对应的实测样本，筛选后的有效雪深样本为 368 个，其中小于等于 5cm 的雪深样本有 329 个，大于 5cm 的积雪样本有 39 个。雪深协同反演结果 AEMD_SD 与仅利用 AMSR-E 数据的雪深反演结果 AE_SD 的总体雪深误差分布状况如图 9.8（a）所示，在实测雪深小于等于 5cm 的区域，雪深反演误差分布状况如图 9.8（b）所示。

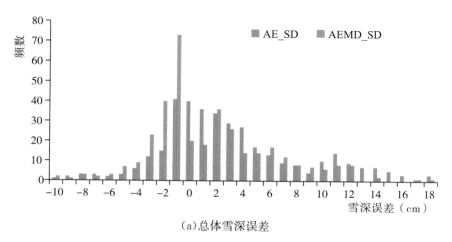

（a）总体雪深误差

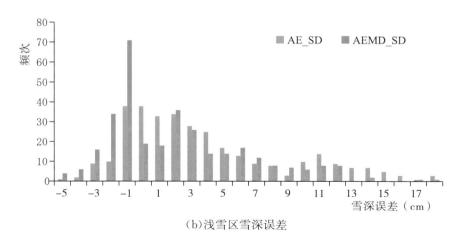

（b）浅雪区雪深误差

图 9.8　AEMD_SD 与 AE_SD 的精度比较

统计反演的雪深分布 AE_SD 图像的雪深均值为 5.59cm，协同反演的雪深分布 AEMD_SD 结果的雪深均值为 3.75cm，而气象台站的实测的雪深均值为 2.49cm；AE_SD 的雪深平均误差为 3.01cm，平均绝对误差为 4.52cm；而 AEMD_SD 的雪深平均误差仅为 1.26cm，平均绝对误差为 3.80cm。AE_SD 的均方根误差为 6.38cm，AEMD_SD 的为 5.30cm，表明协同反演的雪深值与真值的偏差程度较 AE_SD 与实测雪深值的偏差程度小，这也可以在图 9.8（a）中看出。从图 9.8（a）反映出，协同反演雪深的误差主要分布在 −3～3cm（64%），而 AE_SD 的雪深误差仅 56% 分布在 −3～3cm。AEMD_SD 雪深反演结果中有 176 个样本的雪深被低估，负误差的平均值为 −2.66cm，最大达 −23cm；192 个样本被高估，正误差的平均值为 4.85cm，最大达 16.92cm。而在 AE_SD 中有 113 个样本的雪深被低估，负误差的平均值为 −2.31cm，最大达 −18.36cm；255 个样本被高估，正误差的平均值为 5.50cm，最大达 21.45m。雪深被低估的样本数均要少于雪深被高估的样本数，且 AE_SD 雪深高估的样本较多，说明在反演青藏高原地区的雪深时，在整体上高估了雪深，但仍能反映出青藏高原地区雪深分布的趋势。

为了验证协同反演算法在反演雪深小于等于 5cm 的浅雪区的精度，本书比较了浅雪区协同反演结果 AEMD_SD 与仅利用 AMSR-E 亮温数据的反演结果 AE_SD 的误差分布状况，如图 9.8（b）所示。在实测雪深小于等于 5cm 的浅雪区，AE_SD 图像的雪深均值为 5.59cm，协同反演的雪深分布 AEMD_SD 结果的雪深均值为 3.84cm，而气象台站的实测雪深的均值为 1.70cm；AE_SD 的雪深平均误差为 3.90cm，而 AEMD_SD 的雪深平均误差仅为 2.14cm。AE_SD 的均方根误差为 6.42cm，AEMD_SD 的为 4.87cm，表明在反演浅雪区雪深时，协同反演的雪深值与真值的偏差程度较 AE_SD 的偏差程度小，这也可以在图 9.8（b）中看出。从图 9.8（b）反映出，协同反演雪深的误差主要分布在 −3～3cm

(66.87%),而 AE_SD 的雪深误差仅 57.75%分布在-3~3cm,有较多样本的雪深误差达到 15cm。AEMD_SD 雪深反演结果中有 131 个样本的雪深被低估,179 个样本被高估,而 AE_SD 中有 60 个样本的雪深被低估,231 个样本被高估。雪深被低估的样本数均少于雪深被高估的样本数,且 AE_SD 雪深高估的样本较多,说明在反演青藏高原地区的雪深时,在整体上高估了雪深。

9.3 长时序青藏高原积雪产品生成及积雪时空特征分析

青藏高原是世界上最高、地形最复杂的高原,季节性积雪特征明显,青藏高原的准确而翔实的积雪空间分布季节变化与年际波动资料,是研究气候变化尤其是东亚气候变化的重要依据。基于以上面向积雪监测的遥感信息协同提取模型,选择 1982—2012 年(近 30 个水文年)的多时相、多传感器数据协同反演雪盖、雪深参数,研究青藏高原地区近 30 年间积雪覆盖、积雪深度的时空变化特征,并进行时空序列分析,分析青藏高原近 30 年积雪的时空演变规律。

9.3.1 近 30 年青藏高原雪盖空间分布特征

根据 Wang 和 Xie(2009)提出的算法,逐像元分别计算每个水文年(当年 9 月 1 日至次年 8 月 31 日)的积雪覆盖日数(Snow-Covered Days,SCD)、积雪开始日期(Snow Cover Start Date,SCS)和积雪结束日期(Snow Cover Melt Date,SCM),如式(9-13),式(9-14),式(9-15)所示:

$$SCD = \sum_{i=1}^{n} (s_i) \tag{9-13}$$

$$SCS = F_d - SCD_{bFd} \tag{9-14}$$

$$SCM = F_d + SCD_{aFd} \tag{9-15}$$

式中:n 代表一个水文年内包含的天数;s_i 为 0 或 1,分别表示非雪像元和雪像元;Fd 为固定日期,由于青藏高原积雪呈双峰分布,从秋季开始累积,春季开始消融,因此式(9-14)和式(9-15)中分别把 F_d 设定为 12 月 1 日和 3 月 1 日;SCD_{bFd} 和 SCD_{aFd} 分别表示一个水文年内固定日期 F_d 之前和之后的积雪覆盖日数。

该算法假设积雪从降落到融化是持续覆盖地表的,忽略了瞬时降雪的影响。

基于前面得到的逐日无云积雪覆盖产品,计算了 1982—2012 年连续 30 个水文年的积雪覆盖日数、积雪开始日期以及积雪融化日期,其空间分布格局如图 9.9 至图 9.11 所示。

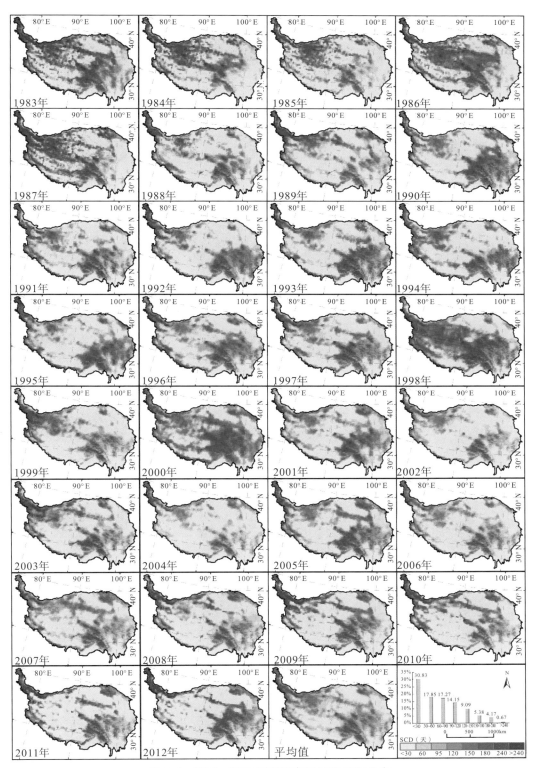

图 9. 9　1982—2012 年青藏高原 SCD 空间分布

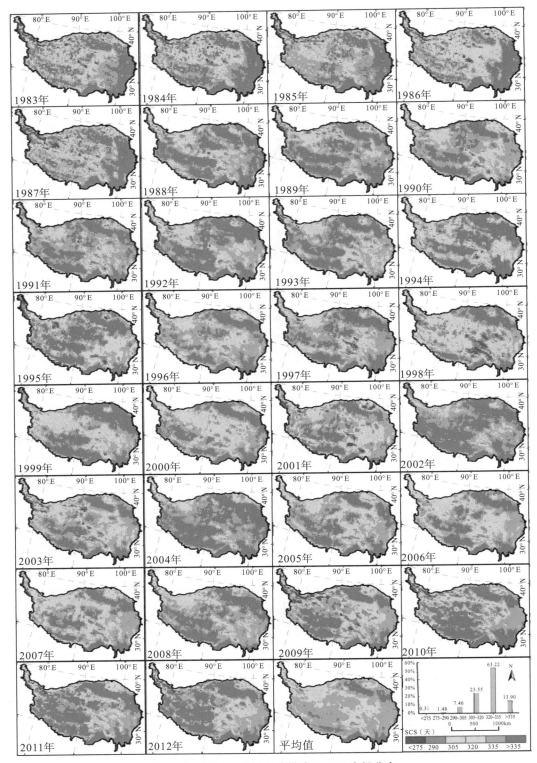

图 9.10　1982—2012 年青藏高原 SCS 空间分布

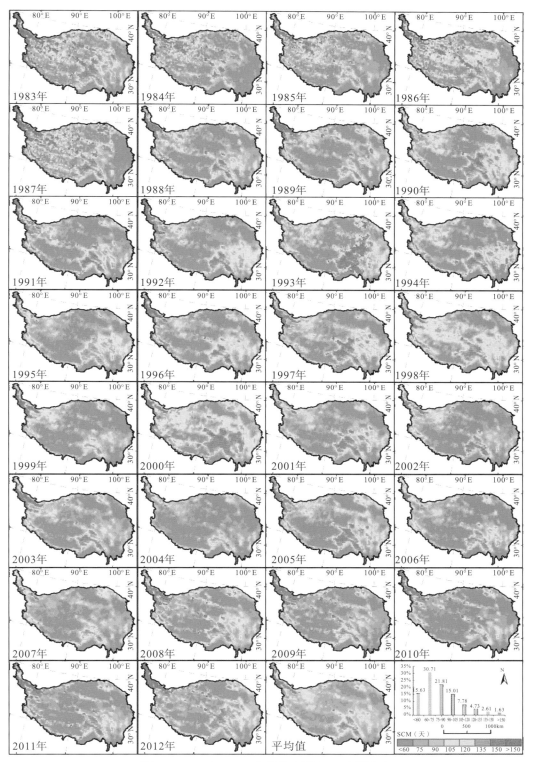

图 9.11　1982—2012 年青藏高原 SCM 空间分布

分析青藏高原积雪日数的空间分布可以看出,青藏高原积雪分布广泛,但受到气候和地形等因素的影响,存在明显的地域性差异。从总体来看,高原积雪日数存在两个高值中心,年均积雪日数在 180 天以上:南部高值区,主要位于喜马拉雅山脉和念青唐古拉山地区,这里受到印度洋和孟加拉湾暖湿气流的影响,降水较为充沛,而这些高海拔的山区温度较低,降水多以降雪形式出现;西部高值区,主要位于帕米尔高原和喀喇昆仑山脉,该区域受西风带上升运动的影响,降水较多,加之海拔高、气温低,为积雪的持续发育创造了条件。此外,昆仑山北翼地区、祁连山地、东部的唐古拉山和巴颜喀拉山以及西南部的冈底斯山脉积雪也较为丰富,年均积雪日数介于 120～180 天。青藏高原中部地区由于受到周围山地的影响,水汽输入较少,年均积雪日数相对较短,为 30～90 天。积雪日数的低值区则主要分布在藏南谷地、藏北羌塘高原、柴达木盆地以及祁连山南部地区,这些区域距离水汽源较远,降水稀少,导致积雪相对匮乏,年积雪日数不足 30 天。而念青唐古拉山以南的地区属于亚热带湿润气候,全年几乎无积雪覆盖,后续分析中也不对此区域进行讨论。整体而言,青藏高原将近 70％的区域存在积雪。

青藏高原 SCS 的分布具有明显的空间异质性。高海拔的山区 SCS 普遍较早,9 月就开始出现积雪,这其中包括了山顶部的永久积雪,主要分布在喀喇昆仑山、西昆仑山、喜马拉雅山和念青唐古拉山。随着海拔降低,SCS 逐渐推迟,但整体上山区在 10 月下旬就已经出现积雪。而在青藏高原东部边缘地区,SCS 普遍较晚,积雪开始于 12 月。而高原中东部和西部的绝大多数地区积雪开始于 11 月中旬。

青藏高原 SCM 的分布同样表现出显著的空间差异,在喀喇昆仑山、西昆仑山、喜马拉雅山、念青唐古拉山、巴颜喀拉山和祁连山等高海拔的山区 SCM 普遍较晚,一般进入 5 月以后积雪才开始消融。随着海拔降低,SCM 逐渐提前。高原中部和西北地区的积雪融化期出现在 4 月中旬,而其他大部分地区的积雪在 3 月中下旬就开始融化。

9.3.2　近 30 年青藏高原雪盖时空变化分析

基于提取的青藏高原逐年积雪 SCD、SCS 和 SCM,从整体上对青藏高原近 30 年的积雪变化进行了分析,统计其结果如图 9.12 所示。

我们发现,SCD 和 SCM 年际间的波动较大,标准偏差分别为 14.8 天和 6 天;SCS 年际间波动相对较小,标准差为 3.7 天。我们还发现,在 1998 年和 2000 年,高原积雪日数异常偏多,原因是 1997 年、1998 年出现了强厄尔尼诺现象,从而初雪期异常偏早;而在 2000 年 1月,青藏高原降雪量比往年偏多 30％～50％,导致融雪期异常偏晚。

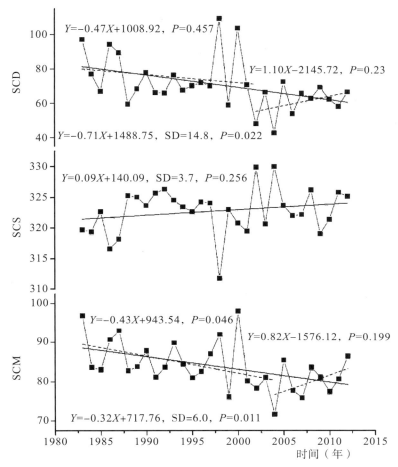

图9.12　1982—2012年青藏高原积雪SCD、SCS和SCM变化趋势

从变化趋势来看,SCD在1982—2012年呈现为减少趋势,减少速率为0.71d/a,且通过了0.05的显著性检验,其中,在1982—2002年为不显著的减少趋势,而在2002年以后又以每年1.1d的速率增加。SCS在30年间表现为不显著的推迟趋势,推迟速率为0.09d/a。SCM在1982—2012年为显著的提前趋势,提前速率为0.32d/a,$P<0.05$,其中在2004年以前为显著提前(0.43d/a,$P<0.05$),2004年以后又转为不显著的推迟趋势(0.82d/a,$P=0.199$)。

由于青藏高原地形复杂,气候条件有明显的区域差异,因此我们进一步逐像元从空间上对青藏高原积雪的变化进行了分析,结果如图9.13至图9.15所示。

1982—2012年,青藏高原大部分区域的SCD为减少趋势,占高原总面积的70.61%,但只有27.85%的区域呈现出显著减少的趋势($P<0.1$),主要分布在青藏高原北部和西南地区,其中羌塘地区SCD减少最为明显,减少速率超过了4d/a。29.39%的区域SCD为增加趋势,增加速率基本在1~2d/a,仅有4.45%的区域呈现出显著的增加趋势,主要集中在青藏高原边缘的昆仑山、祁连山和喜马拉雅山脉。

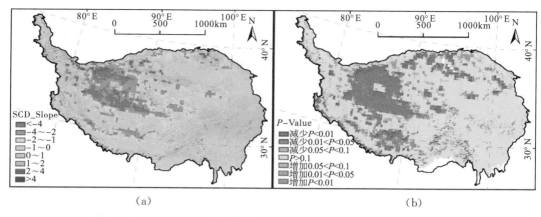

图 9.13　1982—2012 年青藏高原 SCD 变化趋势及显著性的空间分布

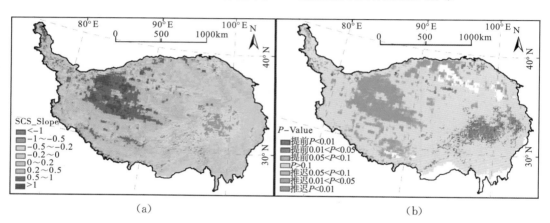

图 9.14　1982—2012 年青藏高原 SCS 变化趋势及显著性的空间分布

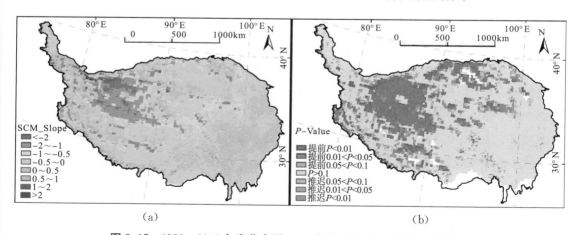

图 9.15　1982—2012 年青藏高原 SCM 变化趋势及显著性的空间分布

　　1982—2012 年，青藏高原 SCS 的变化并不明显，变化速率主要集中在±1d/a 以内。其中，高原中东部地区 SCS 显著提前，占高原总面积的 8.38%；20.89% 的区域表现为显著推迟的趋势,主要分布在青藏高原西北部;而高原中部和东南部的大部分地区则没有显著的变化趋势。

1982—2012 年,青藏高原 SCM 变化显著的地区主要集中在西部,且以提前为主,其中有 16.91% 的区域达到了 $P<0.01$ 的显著性,提前速率超过了 2d/a。SCM 显著推迟的面积仅占 2.32%,主要分布在昆仑山中段、喜马拉雅山东段以及念青唐古拉山。青藏高原东部地区的 SCM 由于年际间波动较大,没有显著的提前或推迟的趋势。

9.3.3 近 30 年青藏高原雪深时空变化分析

雪深比积雪面积的年际波动更为显著,对亚洲季风、雪灾、长江黄河区域的径流等有着重要的影响,本书利用经验正交函数分析方法(Empirical Orthogonal Function,EOF)探讨了青藏高原地区的雪深在时间与空间上的分布变化特征。

9.3.3.1 EOF 原理与方法

EOF 也称特征向量分析(Eigenvector Analysis),或者主成分分析(Principal Component Analysis,PCA),是一种分析矩阵数据中的结构特征和提取主要数据特征量的一种方法。Lorenz 在 20 世纪 50 年代首次将其引入气象和气候研究,现在在地学及其他学科中得到了非常广泛的应用。地学数据分析中的特征向量通常对应的是空间样本,所以也称空间特征向量或者空间模态;主成分对应的是时间变化,也称时间系数,因此地学中也将 EOF 分析称为时空分解(施能,2002)。EOF 对实际数据场序列作时空正交分解,将时空要素场转化为若干空间的基本模态和相应的时间系数序列的线性组合,进而得以客观定量地分析要素场的空间结构和时变特征。它的使用价值在于用个数较少的几个空间分布模态来描述原变量场,且又能基本涵盖原变量场的信息,也就是通过某种数学表达式将变量场的主空间分布结构有效地分离出来。它的特点是展开式收敛快,能以少数几项逼近变量场的状态。

经验正交函数分析是多元统计分析应用得最广泛的一种方法,它根据大量实测数据在分析众多要素场的基础上,把要素场分解为只依赖于时间函数和只依赖于空间函数的乘积之和。EOF 减少了数据组中的大量的变量。这些被选取的新的变量是原始数据的线性组合,它包含了原始观测数据绝大部分的信息。EOF 具有下列优点:

①EOF 不是利用事先给定的函数形式来逼近要素场,而是根据观测资料本身的结构来确定函数形式,能够客观地反映要素场的主要特征;

②EOF 能针对展开对象的特征,比其他函数展开收敛快;

③不要求所描述的空间场的各测点彼此等距,不受区域、位置限制,适应于中、大尺度;

④能浓缩资料信息,简化数据处理过程;

⑤EOF 分解空间结构具有物理意义。

9.3.3.2 青藏高原雪深的时空变化特征

本书利用 EOF 分析方法分析了青藏高原 2000—2009 年高原雪深分布与变化特征。

(1)月尺度上的时空变化特征

基于雪深遥感协同反演模型,利用 2000 年 9 月 1 日至 2010 年 8 月 31 日 10 个水文年期间每天的积雪深度,协同反演图像生成月平均积雪深度数据,根据月平均雪深影像序列,对序列的距平场进行归一化处理后利用 EOF 分解方法进行分析。图 9.16 是前 10 个模态的方差和累计方差贡献率,由图 9.16 可见,前两个模态占方差的 73.02%,其中第一模态占 67.37%,比其他 9 个模态所占比重大很多,第二模态占 5.65%,这表明该 EOF 分析的结果是比较理想的。

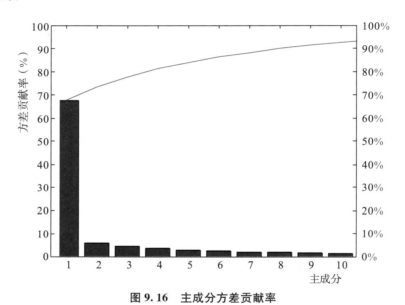

图 9.16 主成分方差贡献率

图 9.17 是月平均雪深数据的 EOF 分析结果。其中,图 9.17(a)是相应的第一模态图,图 9.17(b)是相应的第二模态图,图 9.17(c)和图 9.17(d)是空间模态图对应的是时间系数图。

由图 9.17(a)可见,图中绝大部分地区为负值,这表明在第一模态分布中,负值高区表示积雪多,负值低区表示积雪少,形成四周边缘地区尤其是东西两侧积雪较多而广大腹地积雪较少的空间分布格局。模态负向较大值的地域集中位于帕米尔高原、喜马拉雅山西部、念青唐古拉山脉、唐古拉山东部、横断山西部等地区,表明这些地区积雪较多。模态负值低区主要位于藏北高原、藏南谷地以及柴达木盆地,这些地区雪深值很小甚至于没有积雪。由第一模态图可以较好地反映 10 年间青藏高原平均积雪深度的空间分布特征。由第一模态相对应的时间系数图可以看出青藏高原地区雪深的年际变化情况。2009 年 12 月左右时间系数负值最大，表明这段时间青藏高原为异常多雪年。

图 9.17（b）表示第二模态图，反映不同地区之间的雪深分布与变化的差异，与图 9.17（a）不同，图中大部分地区第二模态值为正值，模态负向最大值主要位于念青唐古拉山偏北地区。模态正向最大值的地区，主要集中于念青唐古拉山东部至四川省阿坝藏族羌族自治州的九寨沟地区。图 9.17（c）和图 9.17（d）是空间模态图所对应的时间系数图，由图可以判断每个水文年时间系数为正值的月份基本一致，大多为 4—9 月；时间系数为负值的月份也基本一致，大多为 10 月至次年 3 月，其中每个水文年最大值与最低值出现时间也基本一致，峰值大多出现在 9 月，最低值大多出现在 1 月，表示每年月均雪深变化趋势出现转折的月份也基本一致。

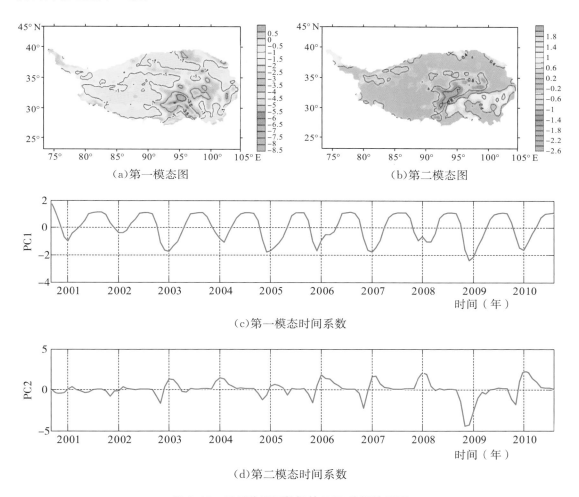

（a）第一模态图　　（b）第二模态图

（c）第一模态时间系数

（d）第二模态时间系数

图 9.17　月平均雪深数据的 EOF 分析结果图

（2）冬春季雪深的时空变化

众多研究表明，青藏高原冬春季积雪会影响夏季高原地区的气压、降水甚至会影响亚洲的气候,因此研究高原冬春季雪深的时空变化有重大的意义。利用 2000—2009 年 10 个水文年的月平均雪深图像得到冬春季节的平均雪深影像序列,对序列的距平场进行归一化处理后,利用 EOF 分解方法进行分析。

图 9.18 是冬季平均雪深影像序列的前 7 个模态的方差和累计方差贡献率,如图 9.18 所示,其中第一模态占 34.25%,第二模态占 20.38%,前两个模态的累计方差贡献率占方差的 54.63%,超过 50%。

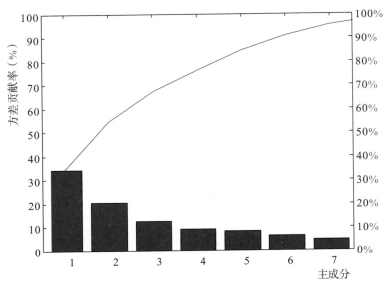

图 9.18　冬季各主成分的方差贡献率

图 9.19 是冬季平均雪深数据的 EOF 分析结果。其中,图 9.19(a)是相应的第一模态图,图 9.19(b)是相应的第二模态图,9.19(c)是空间模态图所对应的时间系数图。

第一模态图 9.19(a)反映的空间分布特征表现为:大部分地区为正值,主要分布在帕米尔高原、喀喇昆仑山脉、昆仑山脉、祁连山脉、喜马拉雅山西部、念青唐古拉山脉、唐古拉山东部等地区,其中念青唐古拉山脉、唐古拉山东部等地区为雪深异常的大值变化区。负值主要分布在藏北高原、藏南谷地以及柴达木盆地等地区。如图 9.17(c)所示,由第一模态图可以较好地反映 10 年间青藏高原平均积雪深度的空间分布特征。由第一模态相对应的时间系数图,可以看出:青藏高原地区雪深的年际变化显著,波动较大,其中 2003 年、2005 年、2007 年、2009 年冬季对应正的时间系数,在此期间第一模态为正值的地区雪深异常偏大,模态为负值的地区雪深异常偏小。而 2001 年、2002 年、2004 年、2006 年、2008 年、2010 年冬季对应负的时间系数。

在此期间,第一模态为正值的地区雪深异常偏小,模态为负值的地区雪深异常偏大。第一模态在 0 附近的值的地区,主要位于唐古拉山西部和北部的广大地区,以及青藏高原东部的小范围地区。青藏高原冬季雪深 EOF 第一模态主要体现了年代际变化分量,较好地反映了 10 年间青藏高原冬季平均积雪深度的空间分布特征。

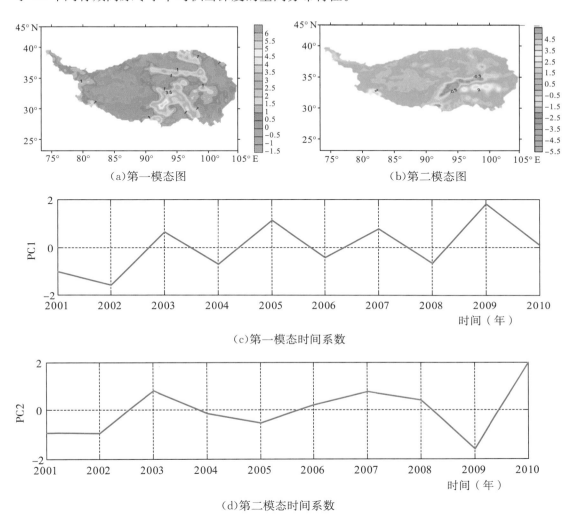

（a）第一模态图　　　　　　　　　　　　　（b）第二模态图

（c）第一模态时间系数

（d）第二模态时间系数

图 9.19　冬季平均雪深数据的 EOF 分析结果

第二模态图 9.19(b)描绘出不同地区雪深分布与变化的差异,反映的异常空间分布特征表现为:负值区主要分布在青藏高原东部,西部主要为正值区,表明青藏高原东部雪深和西部雪深变化趋势相反,呈现反位相的偶极型分布结构,其相应的时间系数序列则表现出明显的年际变化。东部负的最高值与西部正的最高值相差不大,这表明东部雪深的年际波动与西部雪深的年际波动相差不大。最大负值区位于青藏高原东部,唐古拉山和巴颜喀拉山西部之间的地区,最大正值区位于青藏高原的西部克什米尔与喜马拉雅山西部之间的地区,第二模态相对应的时间系数也反映了这种积雪变化的反位相关系,时间系数为正,则东部积雪较少,西部积雪较多;时间系数为负,则东部积雪较多,西部积雪较少。2008 年 12 月至

2009 年 2 月冬季时间系数负值异常大,表明东部唐古拉山等地区的雪深远大于其他年份,而西部克什米尔地区积雪则偏少。2009 年 12 月至 2010 年 2 月冬季的时间系数正值异常大,表明青藏高原西部异常多雪,东部异常少雪。

图 9.20 是春季平均雪深影像序列的前 8 个模态的方差和累计方差贡献率,其中第一模态占 39.40%,第二模态占 18.06%,前两个模态的累计方差贡献率占方差的 57.45%,超过 50%。春季平均雪深数据的 EOF 分析结果如图 9.21 所示。

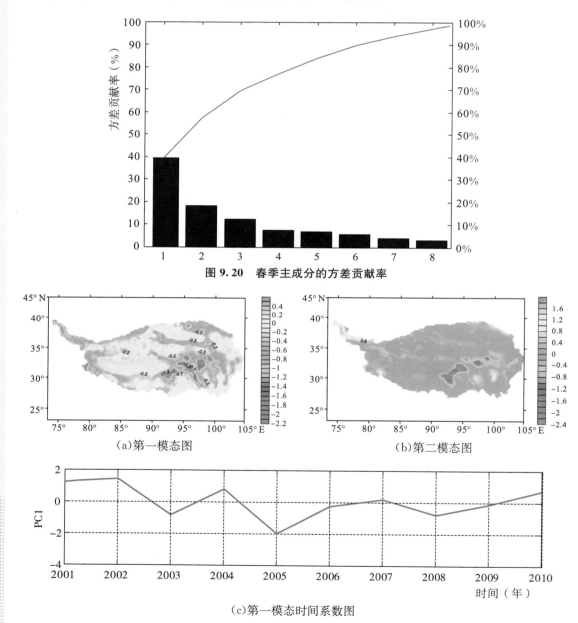

图 9.20　春季主成分的方差贡献率

(a)第一模态图　　　　　　　　　　(b)第二模态图

(c)第一模态时间系数图

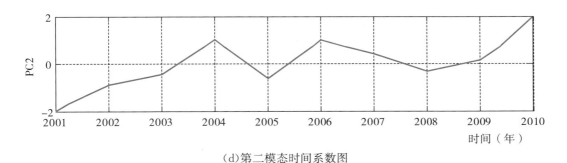

（d）第二模态时间系数图

图 9.21 春季平均雪深数据 EOF 分析结果

从图 9.21 可知,图 9.21(a)是相应的第一模态图,图 9.21(b)是相应的第二模态图,图 9.21(c)和图 9.12(d)是空间模态图所对应的时间系数图。

第一模态图 9.21(a)反映的异常空间分布特征表现为:正值主要分布在昆仑山脉、青藏高原西部、横断山脉等地区。负值主要分布在帕米尔高原、唐古拉山脉、念青唐古拉山脉等地区。由第一模态相对应的时间系数图可以看出青藏高原地区雪深的年际变化显著,波动较大,其中 2001 年、2002 年、2004 年、2007 年、2010 年春季对应正的时间系数,在此期间第一模态为正值的地区雪深异常偏大,模态为负值的地区雪深异常偏小。而 2003 年、2005 年、2006 年、2008 年、2009 年春季对应负的时间系数,在此期间第一模态为正值的地区雪深异常偏小,模态为负值的地区雪深异常偏大。2005 年 3—5 月春季时间系数负值异常大,表明第一模态负值区的雪深远大于其他年份,而第一模态正值区的积雪较少。

第二模态图 9.21(b)描绘出不同地区雪深分布与变化的差异,反映的异常空间分布特征表现为:柴达木盆地、喜马拉雅山脉、横断山脉等地区的模态值接近于 0,正值区的范围大,主要分布在帕米尔高原、祁连山脉等地区,负值区主要分布在唐古拉山、念青唐古拉山、阿尼玛卿山以及巴颜喀拉山等区域。2001 年 3—5 月春季时间系数负值异常大,表明第二模态负值区的雪深远大于其他年份,而第一模态正值区的积雪较少。

（3）年际雪深时空变化

根据雪深遥感协同反演的逐日雪深数据可以得到 2000—2009 年 10 个水文年的年平均雪深分布(图 9.22)、冬季平均雪深分布(图 9.23)、春季平均雪深分布(图 9.24)以及平均雪深年际变化曲线图(图 9.25)。

由图 9.22 至图 9.24 可以看出,青藏高原地区大部分地区的平均雪深主要分布在 0～10cm,同时也可以看出青藏高原积雪不仅在空间分布上存在差异,而且在时间上也呈现出年际变化。在空间分布上,高原地区积雪有 3 个高值中心:一是西部的帕米尔高原和喀喇昆仑山脉,二是青藏高原南部的喜马拉雅山脉以及东南部的唐古拉山和念青唐古拉山地区,三是青海东部的阿尼玛卿山和巴颜喀拉山地区。这与丁峰等的研究结果基本吻合。结合青藏高原地区的 DEM 数据,可以看出高值中心主要是分布在高海拔的山区。而广阔的高原中部腹地由于受四周高山地形的影响,水汽输送较少,是积雪深度低值分布区域(如位于内陆地区,离水汽源较远,海拔也较低的柴达木盆地,其积雪较少)。另外,高原的东南部横断山脉地区的积雪也较少。这就形成了青藏高原地区四周高山地区雪深较高,而腹地、盆地地区雪深较低的空间分布格局,并且东部地区多雪、西部地区少雪,这与车涛等研究的雪深分布基本一致。青藏高原积雪在时间上也表现出明显的年际变化。高原东部雪深年际波动较大,而在积雪深度较大的高原腹地地区(如唐古拉山和念青唐古拉山地区)的雪深年际波动不是最显著的,高原东西两侧的深雪与广大腹地的浅雪形成了鲜明对比,由图 9.22 的年平均雪深变化图可以看出,2002 年、2004 年以及 2008 年雪深较大的区域增大,呈现积雪整体异常偏多,而在 2001 年雪深较小的区域较广,呈现积雪整体异常偏少趋势,这种年际变化特征与图 9.24 中所反映的年度平均雪深变化特征相吻合。

由图 9.23 可以看出,2008 年冬季雪深偏大现象尤为显著,这与实际情况相符合,2005 年冬季雪深异常偏小。由图 9.24 反映出 2004 年春季(2004 年 3—5 月)异常多雪,雪深高值区分布最广,2008 年春季积雪也呈现出异常偏多的分布,2009 年则是积雪异常偏少的一年,这一年春季雪深低值区域最广,这与图 9.24 中所反映的春季平均雪深变化特征基本一致。

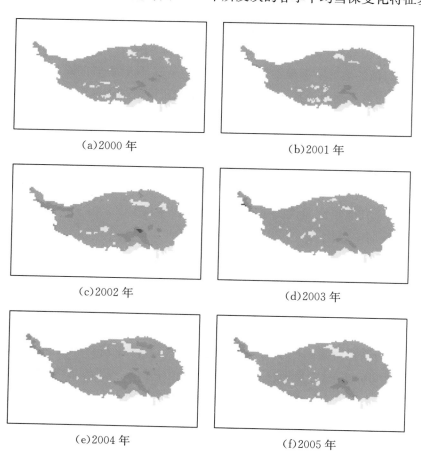

(a)2000 年   (b)2001 年

(c)2002 年   (d)2003 年

(e)2004 年   (f)2005 年

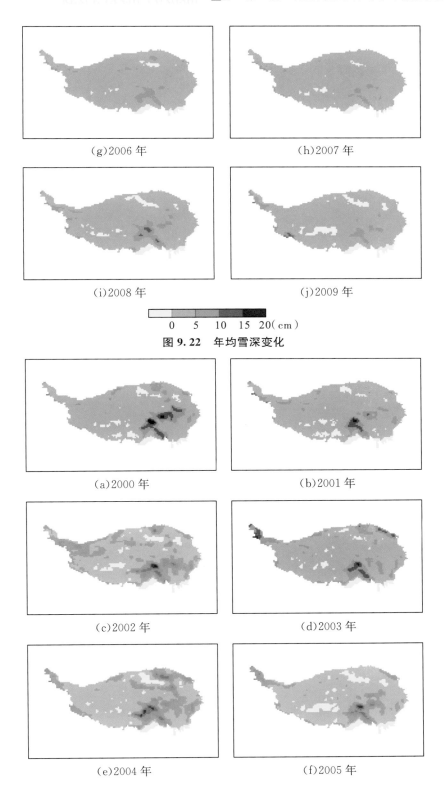

（g）2006 年　　　　　　　　（h）2007 年

（i）2008 年　　　　　　　　（j）2009 年

0　5　10　15　20（cm）

图 9.22　年均雪深变化

（a）2000 年　　　　　　　　（b）2001 年

（c）2002 年　　　　　　　　（d）2003 年

（e）2004 年　　　　　　　　（f）2005 年

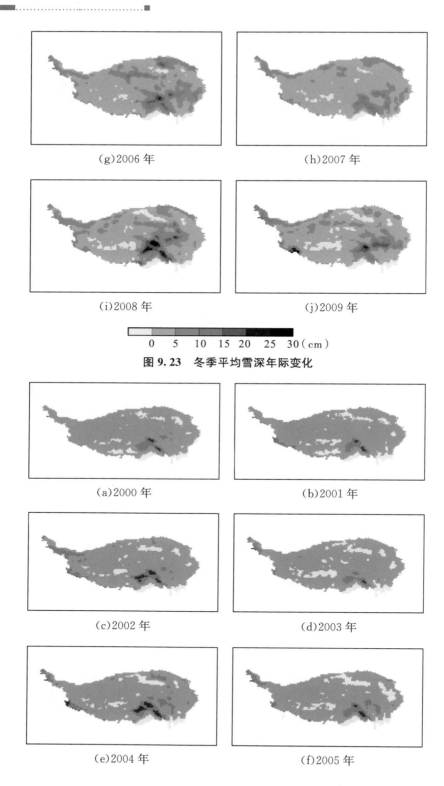

(g)2006 年　　　　　　　　　(h)2007 年

(i)2008 年　　　　　　　　　(j)2009 年

0　5　10　15　20　25　30（cm）

图 9.23　冬季平均雪深年际变化

(a)2000 年　　　　　　　　　(b)2001 年

(c)2002 年　　　　　　　　　(d)2003 年

(e)2004 年　　　　　　　　　(f)2005 年

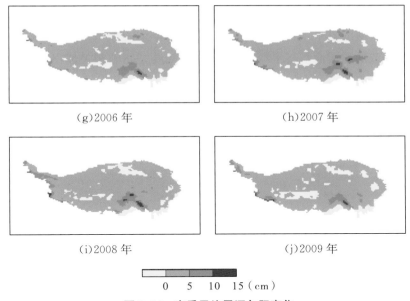

(g)2006 年　　　　　　　　　　(h)2007 年

(i)2008 年　　　　　　　　　　(j)2009 年

0　　5　　10　　15（cm）

图 9.24　春季平均雪深年际变化

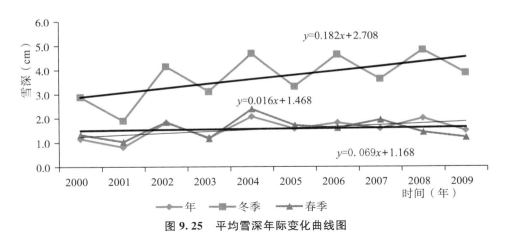

图 9.25　平均雪深年际变化曲线图

由图 9.25 可以看出，2000—2009 年年平均雪深、冬季平均雪深以及春季平均雪深都呈现一定的增加趋势，其中以冬季平均雪深的增加幅度最大，年平均雪深的增加幅度介于冬季、春季平均雪深增加幅度之间。

9.3.4　青藏高原积雪时空变化与气温、降水的关系

气温和降水是表征气候变化的两个主要因子，气候变化总是伴随着积雪的变化。因此积雪的变化与气温和降水量的变化密不可分，研究积雪（雪盖面积与雪深）与气温、降水量等重要气候因子的关系显得十分重要。研究"第三极"青藏高原积雪变化对气候变化的响应，对全面、深入理解积雪与气候之间的相互作用无疑具有重大意义，是探讨积雪对气候变化响应的主要内容之一，也是预测积雪未来变化的基础。

(1)雪盖变化与气温、降水量的关系

利用模型所反演的月平均积雪面积与同期月平均降水量、月平均气温做相关性分析,然后分析了不同季节的积雪面积与平均降水量、平均气温之间的相关性,分析的结果如表9.9所示。

表9.9　　　　　　　　　　　　雪盖面积与同期降水量、气温的相关性分析

积雪面积	降水量	气温
月度	−0.872**	−0.782**
春季	−0.699**	−0.671**
夏季	−0.630**	−0.633**
秋季	−0.734**	−0.764**
冬季	0.527**	−0.073

注:**表示在0.01水平(双侧)上显著相关。

由表9.9可以看出,10年的月平均积雪面积与降水量、气温在总体上都存在负相关关系,且通过了0.01水平的显著性检验,与降水量的关系更为紧密,积雪面积与气温的负相关关系说明青藏高原地区气候变暖会导致积雪面积的减少;在春、夏季期间,积雪面积与降水量、气温存在负相关关系,均通过了0.01水平的显著性检验,春季积雪面积与降水量的关系更显著一些,而夏季则对气温更为敏感;在秋季,雪盖面积与降水量、气温均成负相关关系,相对来说积雪与气温的相关性要大于秋季积雪与降水量的相关性;在冬季,雪盖面积与降水量存在显著性相关关系,但与气温相关性不显著,说明冬季青藏高原雪盖面积变化对降水量更为敏感,会随着全球气候变暖引起的降水量增加而增多。总体而言,气温和降水量是青藏高原地区雪盖面积变化的主要因素。

为了进一步分析雪盖面积与降水量、气温的关系,分别对2000年9月到2010年8月这10个连续水文年内的月降水量、气温做变化趋势分析,结果如图9.26所示。图9.26(a)表示每个月的降水量,图9.26(b)表示每个月的平均气温。

由图9.26(a)可以看出,青藏高原地区2000—2010年每年降水量与气温的变化趋势基本一致,降水量较多、气温较高的月份主要集中在夏季的7—8月,降水量较少、气温较低的月份主要集中在冬季的12月至次年1月。年降水量有总体增多的趋势,月降水量在2007年7月达到高峰,为降水量异常多的一年,由图9.26(b)可以看出气温有总体小幅度升高的趋势。

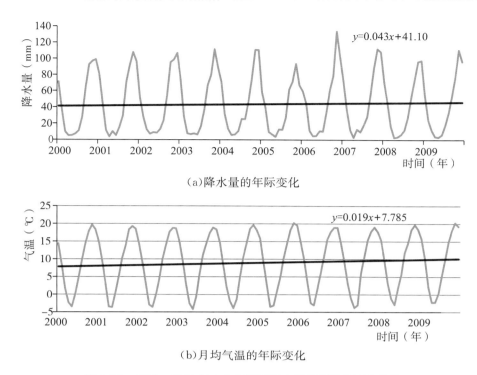

（a）降水量的年际变化

（b）月均气温的年际变化

图 9.26　2000—2009 年水文年期间降水量与气温的变化趋势

　　根据每月的降水量与气温数据,得到每个水文年的 4 个季节的平均降水量与平均气温,雪盖变化与其响应关系如图 9.27 所示。

　　由图 9.27 可以看出,2000—2009 年水文年期间,每个季节的平均气温都呈现出升高的趋势,这与年际气温变化趋势相一致,其中,春季气温的升高幅度最大,其次是冬季;夏季气温的升高幅度最小,其次是秋季。每个季节的降水量都有降低的趋势,其中秋季降水量的降低幅度最大,其次是春季。冬季降水量的降低幅度最小,其次是夏季。春季气温升高幅度最大,这与积雪面积在春季减少幅度最大相对应。虽然冬季升温较为显著,幅度较大,但是冬季积雪面积仍维持在多年平均值上下,并未出现减少趋势,反而出现增加趋势,这说明在冬季期间,高原积雪和两极积雪一样,它与气候相互作用的机制与温带地区截然不同,高原地区的平均气温的升高将导致降雪量的增加。夏季积雪零散地分布在高海拔的山区,而且主要为常年不化的永久性积雪,夏季降水量减少、气温升高,这都会导致夏季雪盖面积的减少,高原夏季积雪难以维持。

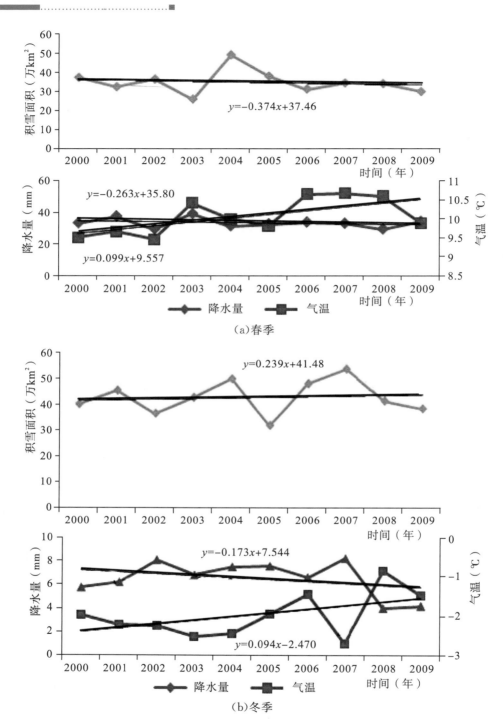

(a)春季

(b)冬季

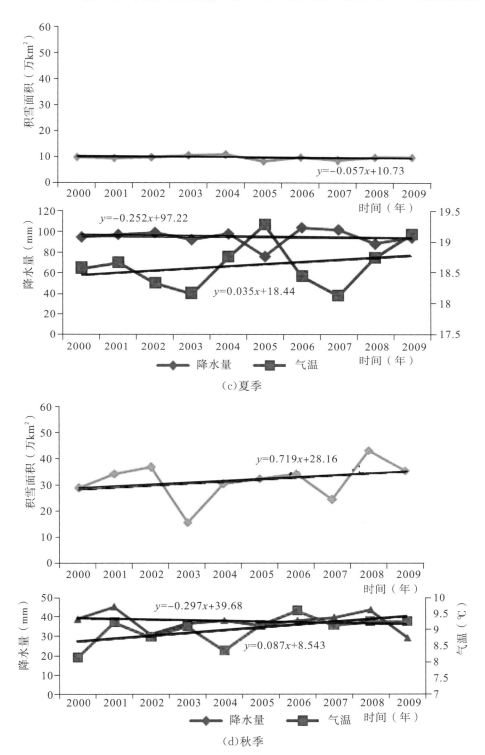

图 9.27　雪盖变化与气温、降水量的相应关系

冬季积雪面积一般比春季积雪面积大,仅在 2005 年水文年(2005 年 9 月至 2006 年 8 月)春季的积雪面积比冬季偏大,且 2005 年冬季的积雪是 10 年来最少的,积雪面积最大出现在 2007 年。由 10 年的冬季期间的降水量与气温的变化趋势图可以看出,2007 年冬季的降水量是 10 年来最多的一年,而且气温也是 10 年冬季中气温最低的一年。在低气温以及丰沛的降水量的双重因素影响下,2007 年冬季的积雪量达到最大值。2003 年春季的积雪是 10 年春季期间积雪面积最小的年份,这一年春季平均气温较高,降水量也较多,由春季积雪面积与降水量、气温之间的相关性,即春季积雪面积与降水量、气温均成负相关关系,所以 2003 年春季气温较高、降水量较多,会导致 2003 年春季的积雪面积达到最小。

(2)雪深变化与气温、降水量的关系

冬春季雪深变化的机理如图 9.28 所示。

由图 9.28 可以看出:冬季的雪深增长幅度比春季的增长幅度大,这主要是由于冬季升温的幅度比春季的小,而且降水量的减少幅度要小于春季降水量的幅度;由图 9.28 也可以较直观地反映出雪深异常年的分布。2002 年、2004 年冬、春季积雪均异常偏多,这主要是由于 2002 年和 2004 年的平均气温较低。2001 年雪深较小的区域较广,呈现出积雪整体异常偏少的趋势,这主要是由 2001 年平均气温偏高所致,而积雪对气温较为敏感,故气温的升高会引起积雪的减少。2005 年冬季雪深异常偏小,在这期间降水量虽然较多,但是气温偏高,故受高温的影响,2005 年冬季积雪偏少。2004 年春季(2005 年 3—5 月)异常多雪,2008 年春季积雪也呈现出异常偏多的趋势,这主要是受降水量增多的影响;2009 年则是春季积雪异常偏少的一年,这一年年平均气温较高,导致积雪难以维持。

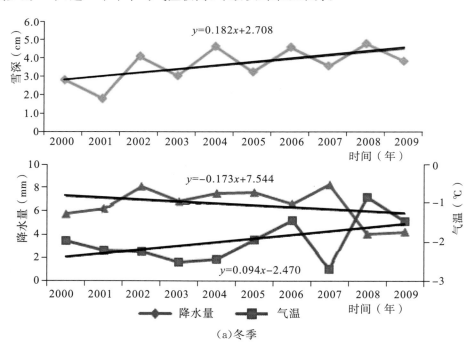

(a)冬季

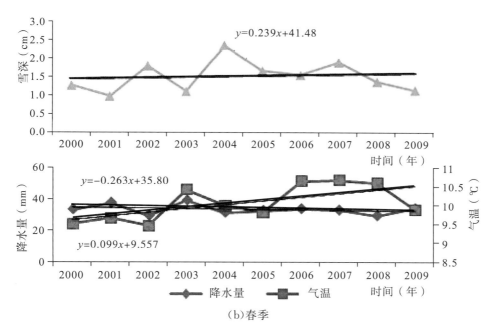

图 9.28　冬春季雪深变化的机理

9.4　小结

　　本章以青藏高原高寒植被生态系统所生长的环境积雪变化为焦点,协同多时相、多尺度、多传感器的遥感资料和地面气象台站观测资料,充分利用多传感器数据的互补性,进行积雪信息协同提取以及雪深协同反演研究,主要研究结论如下:

　　(1)利用多时相的 MODIS 反射率产品、MODIS 云信息以及 AMSR-E 雪水当量产品协同提取青藏高原地区的雪盖信息

　　基于 MOD09GA、MYD09GA 反射率数据,考虑下垫面中植被的影响,利用改进的基于归一化差分积雪指数 NDSI 的多光谱阈值法提取积雪信息,并结合 MODIS 云信息,区分出云和雪,融合多时相的 MODIS 雪盖提取结果以及 AMSR-E 的雪水当量产品,避免处于影像裂隙中无效数值的影响,并在一定程度上减少研究区中云雪混淆以及片雪的情况。利用 2010 年青藏高原地区 93 个气象观测站的实测每日积雪资料,分别对 MOD10A1、AMSR-E 雪盖产品以及协同雪盖提取结果 MDAE 进行精度验证与比较,结果表明在不同雪深范围内,MDAE 比 MOD10A1 的积雪提取精度高,尤其是在雪深大于 3cm 的区域,积雪提取精度提高了 8.33％;在不同雪深范围内,MDAE 的积雪提取精度比 SWE 的低,尤其是在雪深小于等于 3cm 的区域;MDAE 的漏测积雪像元相对较多,而 SWE 多测像元相对较多,虽然 MDAE 的积雪提取精度比 SWE 低,但是其总体精度比 SWE 高 41.39％,这是由 SWE 的空

间分辨率较低,易将混合像元的地表类型全都判为积雪,造成 SWE 识别出的积雪比 MDAE 多,MDAE 分类结果更能真实反映区域的积雪分布情况。基于多时相、多源数据协同的雪盖提取方法不仅能够较好地反演出影像裂缝区域积雪分布情况,还能降低云污染对雪盖提取的影响。

(2)利用多时相 MODIS 反射率数据和 AMSR-E 亮温数据协同反演雪深

针对被动微波数据在反演浅雪区(小于等于 5cm)的雪深时精度较低的现状,基于 MODIS 地表反射率产品,分析了 MODIS 的 1~7 波段反射率、NDSI 与气象台站实测浅雪雪深的相关性,认为 MODIS 的 B1~B5 波段反射率与雪深显著性相关,分别对显著相关波段反射率与气象台站的实测雪深进行统计回归分析,选择各波段相关性最大的统计模型,构建基于 MODIS 数据的浅雪区雪深反演算法。基于 AMSR-E 的亮温数据,利用改进的 Chang 的雪深反演"亮温梯度"算法反演雪深,并利用临近日分析法,尽量避免影像裂缝的影响;然后融合 MODIS 以及 AMSR-E 的雪深反演结果,得到全区的雪深分布。利用 2010 年青藏高原地区 93 个气象台站的每日实测积雪深度资料对协同反演结果、仅利用 AMSR-E 亮温数据的雪深反演结果以及仅利用 MODIS 反射率数据的雪深反演结果分别进行精度评价,结果表明 AEMD_SD 的雪深平均误差、平均绝对误差、均方根误差等均比 AE_SD 低,表明 AEMD_SD 更能反映出区域的雪深分布趋势。

(3)青藏高原积雪信息的时空特征分析

基于以上面向积雪监测的遥感信息反演模型,进行青藏高原长时间序列积雪信息时空特征分析。研究结果表明:青藏高原积雪的分布具有明显的地域性差异,高海拔的山区积雪开始早,融化晚,积雪日数在 180 天以上;高原中部受周围山地的影响,水汽输入受阻,SCS 较晚,SCM 较早,SCD 在 30~90 天;藏南谷地、藏北羌塘高原、柴达木盆地及祁连山南部地区距离水汽源较远,积雪相对匮乏。1982—2012 年,SCD 呈现出减少的趋势,减少速率为 $0.71d/a(P<0.05)$;SCM 表现为较为显著的提前趋势,提前速率为 $0.32d/a$;SCS 为不显著的推迟趋势,推迟速率仅为 $0.09d/a$。雪深的 EOF 分析结果表明,青藏高原的四周边缘地区尤其是东西两侧积雪较多而广大腹地积雪较少,冬季高原东部雪深和西部雪深变化趋势相反,呈现出反位相的分布结构。气温和降水量是青藏高原地区积雪变化的主要因素,不同季节的雪盖与气温、降水量的相关性不同;雪深异常年的雪深分布与气温和降水量也存在着一定的关系。

总体研究结果表明,遥感模型反演出的雪盖、雪深图像可较真实地反映出青藏高原地区积雪分布的状况,对于像青藏高原这样气象观测数据缺乏的地区,利用遥感对地观测技术来监测积雪的时空变化具有重要的研究意义与实际应用价值。

参考文献

[1] 任秀珍,巴桑顿珠,王彩云. MODIS 资料在西藏积雪监测中的应用[J]. 西藏科技,2010(4):50-54.

[2] 延昊. 利用 MODIS 和 AMSR-E 进行积雪制图的比较分析[J]. 冰川冻土,2005,27(4):515-519.

[3] 李培基. 高亚洲积雪分布[J]. 冰川冻土,1995,17(4):292- 298.

[4] Wu Tongwen,Qian Zhengcan. The relation between the Tibetan winter snow and the Asian summer monsoon and rainfall. An observational investigation[J]. Climate,2003,16(12):2038- 2051.

[5] Groisman P Y,Karl T R,Knight R W. Observed impact of snow cover on the heat balance and the rise of continental spring temperatures[J]. Science,1994,263:198-200.

[6] 李维京. 1998 年大气环流异常及其对中国气候异常的影响[J]. 气象,1999,25(4):20-25.

[7] Chen Wen,Grag H F,Huang Ronghui. The interannual variability of East Asian winter monsoon and its relation to the summer moonsoon[J]. Advances in Atmospheric Sciences,2000,17(1):48-60.

[8] 王叶堂,何勇,侯书贵. 青藏高原冬春季积雪对亚洲夏季风降水影响的研究[J]. 冰川冻土,2008,30(3):452-460.

[9] 郑益群,钱永甫,苗曼倩. 青藏高原积雪对中国夏季风气候的影响[J]. 大气科学,2000,24(6):761-773.

[10] 郭其蕴,王继琴. 青藏高原冬春积雪及其对东亚季风的影响[J]. 高原气象,1986,5(2):116-124.

[11] 柯长青,李培基,王采平. 青藏高原积雪变化趋势及其与气温和降水的关系[J]. 冰川冻土,1997,19(4):289-294.

[12] 史培军,陈晋. RS 与 GIS 支持下的草地雪灾监测试验研究[J]. 地理学报,1996,51(4):296-304.

[13] 曹梅盛,李新,陈贤章,等. 冰冻圈遥感[M]. 北京:科学出版社,2006.

[14] Lucas R M,Harrison A R. Snow observation by satellite:A review[J]. Remote Sensing Reviews,1990,4(2):285-348.

[15] 于惠,张学通,冯琦胜,等. 牧区积雪光学与微波遥感研究进展[J]. 草业科学,2010,27(8):59-68.

[16] Hall D K,Riggs G A,Salomonson V V. Development of methods for mapping global snow Cover using moderate resolution imaging spectroradiometer data[J]. Remote

sensing of environment,1995,54(2):127-140.

[17] 季泉,孙龙祥,王勇. 基于 MODIS 数据的积雪监测[J]. 遥感信息,2006(3):57-58.

[18] 延昊. NOAA16 卫星积雪识别和参数提取[J]. 冰川冻土,2004,26(3):369-373.

[19] 周咏梅,贾生海,刘萍. 利用 NOAA-AVHRR 资料估算积雪参数[J]. 气象科学,2001,21(1):117-121.

[20] 刘玉洁,袁秀卿,张红,等. 用气象卫星资料监测积雪[J]. 环境遥感,1992,7(1):24-31.

[21] Simpson J J,Stitt J R,Sienko M. Improved estimates of the area extent of snow cover from AVHRR data[J]. Hydrology,1998,204:1-23.

[22] Hall D K,Riggs G A,Salomonson V V. Development of methods for mapping global snow Cover using moderate resolution imaging spectroradiometer data[J]. Remote sensing of environment,1995,54(2):127-140.

[23] Salomonson V,Appel I. Estimating fractional snow cover from MODIS using the normalizeddifferences now index[J]. Remote Sensing of Environment,2004,89(3):351-360.

[24] Klein A G,Barnett A C. Validation of daily MODIS snow cover maps of the Upper Rio Grande River Basin for the 2000—2001 snow year[J]. Remote Sensing of Environment,2003,86(2):162-176.

[25] 杨秀春,曹云刚,徐斌,等. 多源遥感数据协同的我国草原积雪范围全天候实时监测[J]. 地理研究,2009,28(6):1704-1712.

[26] 方墨人,田庆久,李英成,等. 青藏高原 MODIS 图像冰雪信息挖掘与动态监测分析[J]. 地球信息科学,2005,7(4):10-14.

[27] Wulder M A,Nelson T A,Derksen C. Snow cover variability across central Canada(1978—2002)derived from satellite passive microwave data[J]. Climatic Chang,2007,82(1),113-130.

[28] Grody N C,Basist A. Global identification of snow cover using SSM/I measurements. IEEE Transaction of Geoscience and Remote Sensing,1996,34:237-249.

[29] Grody N C,Basist A. Interpretation of SSM/ I measurement s over Greenland. IEEE Transaction of Geoscience and Remote Sensing,1997,35:360-366.

[30] Liang Tiangang,ZhangXuetong,Xie Hongjie,et al. Toward improved daily snow cover Mapping with advanced combination of MODIS and AMSR-E measurements[J]. Remote Sensing of Environment,2008,112:3750-3761.

[31] Liang Tiangang,Huang Xiaodong,Wu Caixia,et al. An application of MODIS

data to snow cover monitoring in a pastoral area: A case study in Northern Xinjiang, China[J]. Remote Sensing of Environment, 2008, 112:1514-1526.

［32］冯琦胜,张学通,梁天刚. 基于 MOD10A1 和 AMsR-E 的北疆牧区积雪动态监测研究[J]. 草业学报,2009,18(1):125-133.

［33］王玮,冯琦胜,张学通,等. 基于 MODIS 和 AMSR-E 资料的青海省旬合成雪被图像精度评价[J],冰川冻土,2011,23(2):88-100.

［34］Wulder M A, Nelson T A, Derksen C, et al. Snow cover variability across central Canada(1978—2002)derived from satellite passive microwave data. Climatic Change, 2007, 82(l),113-130.

［35］Foster J L, Chang A, Hall DK. Comparison of snow mass estimates from a prototype passive·microwave snow algorithm, a revised algorithm and a snow depth climatology. Remote Sensing of Environment, 1997, 62:132-142.

［36］Chang A T C, Foster J L, Hall D K. Nimbus-7 SMMR Derived Global Snow Cover Parameters[J]. Annals of Glaciology, 1987, 9:39-44.

［37］Foster J L, Chang A T C, Hall D K. Comparison of Snow Mass Estimates from a Prototype Passive Microwave Snow Algorithm, A Revised Algorithm and a Snow Depth Climatology[J]. Remote Sensing of Environment, 1997, 62:132-142.

［38］Armstong R L, Brodzik M J. Hemispheric-scale comparison and evaluation of passive microwave Snow algorithms[J]. Annals of Glaciolog, 2002, 34:38-44.

［39］Tait A, Estimation of Snow Water Equivalent Using Passive Microwave Radiation Data[J]. Remote Sensing of Environment, 1998, 64:286-291.

［40］曹梅盛,李培基,Robinson D A,等. 中国西部积雪 SSMR 微波遥感的评价与初步应用[J]. 环境遥感,1993,8(3):260-269.

［41］曹梅盛,李培基. 中国西部积雪微波遥感监测[J]. 山地研究,1994,12(4):231-233.

［42］柏延臣,冯学智. 积雪遥感动态研究的现状及展望[J]. 遥感技术与应用,1997,12(2):59-62.

［43］高峰,李新,Armstrong R L,等. 被动微波遥感在青藏高原积雪业务监测中的初步应用[J]. 遥感技术与应用,2003,18(6):360-363.

［44］车涛,李新,高峰. 青藏高原积雪深度和雪水当量的被动微波遥感反演[J]. 冰川冻土,2004,26(3):261-266.

［45］车涛,李新. 利用被动微波遥感数据反演我国积雪深度及其精度评价[J]. 遥感技术与应用,2004,19(5):301-306.

[46] Sun Zhiwen, Shi Jiancheng, Jiang lingmei, et al. Development of Snow Depth and Snow Water Equivalent Algorithm in western China Using Passive Microwave Remote Sensing Data[J]. Advances in Earth Seience, 2006. 21(12):1363-1368.

[47] 刘艳,张璞,李杨,等. 基于 MODIS 数据的雪深反演——以天山北坡经济带为例[J]. 地理与地理信息科学,2005,21(6):41-44.

[48] 裴欢,房世峰,覃志豪,等. 基于遥感的新疆北疆积雪盖度及雪深监测[J]. 自然灾害学报,2008,17(5):52-57.

[49] 李三妹,张晔萍,刘诚,等. MODIS 雪深估算模型在南方冰冻雨雪灾害监测中的应用[J]. 中国气象学会 2008 年年会卫星遥感应用技术与处理方法分会场论文集,2008.

[50] 毛克彪,覃志豪,李满春,等. AMSR 被动微波数据介绍及主要应用研究领域分析[J]. 遥感信息,2005(3):63-65.

[51] 傅华,李三妹,黄镇,等. MODIS 雪深反演数学模型验证及分析[J]. 干旱区地理,2007,30(6):907.

[52] 乐鹏,龚健雅. 语义支持的空间信息智能服务关键技术研究[J]. 测绘学报,2007,37(2):268-268.

[53] 张镱锂,李炳元,郑度. 论青藏高原范围与面积[J]. 地理研究,2002,21(1):1-8.

[54] 韦志刚,黄荣辉,陈文,等. 青藏高原地面站积雪的空间分布和年代际变化特征[J]. 大气科学,2002,26(4).

[55] 陈栋,陈忠明,张驹,等. 利用 NSIDC 雪盖资料和 ERA-40 资料对比分析青藏高原积雪的时空分布特征[J]. 高原山地气象研究,2006,26(3):4-7.

[56] 王玮. 青藏高原牧区积雪监测研究[D]. 兰州:兰州大学,2011.

[57] Chang A T C, Foster J L, Hall D K. Effects of forest on the snow parameters derived from microwave measurements during the boreal[J]. Hydrology Processing, 1996, 10:1565-1574.

[58] Hallikainen M T. Microwave radiometry on snow[J]. Advance in Space Research, 1989, 9(1):267-275.

[59] Gan T Y. Passive microwave snow research in Canadian high arctic[J]. Canadian Journal of Remote Sensing, 1996, 22(1):36-44.

[60] Foster J L, Chang A T C, Hall D K. Comparison snow mass estimates from aprototype passive microwave snow algorithm, a revised algorithm and snow depth climatology[J]. Remote Sensing of Environment, 1997, 62:132-142.

[61] Singh P R, Gan T Y. Retrieval of snow water equivalent using passive microwave brightness temperature data[J]. Remote Sensing of Environment, 2000, 74(2):275-286.

〔62〕 Hallikainen M T. Microwave radiometry on snow〔J〕. Advance in Space Research,1989,9(1):267-275.

〔63〕 Pulliainen J T,Grandell J,Hallikainen M T. HUT snow emission model and its applicability to snow water equivalent retrieval〔J〕. IEEE Transaction on Geoscience and Remote Sensing,1999,37(3):1378-1390.

〔64〕 Matzler C. Applications of the interaction of microwaves with the natural snow cover〔J〕. Remote Sensing Rev,1987,2:259-391.

〔65〕 Foster JL,Chang A T C,Hall D K,et al. Derivation of snow water equivalent in boreal forests using microwave radiometry〔J〕. Arctic,1991,44(Supp. 1):147-152.

〔66〕 D K Hall,M Sturm. Passive Microwave Remote and In situ Measurements of Arctic and Subarctic Snow Cover in Alaska〔J〕. Remote Sensing Environment,1991,38: 161-172.

〔67〕 刘艳,张璞,李杨,等. 基于 MODIS 数据的雪深反演——以天山北坡经济带为例〔J〕. 地理与地理信息科学,2005,21(6):41-44.

〔68〕 Xie H,Wang X,Liang T. Development and assessment of combined Terra and Aqua snow cover products in Colorado Plateau,USA and northern Xinjiang,China〔J〕. Journal of Applied Remote Sensing,2009,3(1):033559-033573.

〔69〕 施能. 气象科研与预报中的多元分析方法〔M〕. 北京:气象出版社,2002:114-123.

第四篇

全球变化影响下的青藏高原陆地生态系统

第10章　全球变化影响下的青藏高原当代气候变化特征

10.1　青藏高原总体气候特征

青藏高原地处我国西部地区,介于 $73°\sim104°E,26°\sim39°N$,是世界上最年轻、海拔最高的高原,平均海拔 4000m 以上,有"世界屋脊"之称。由于高原独特的地形以及其大气热力和动力循环,使得青藏高原具有了独特的气候系统,又因青藏高原跨度大且地势复杂,使得其气候环境复杂并产生了多种多样的气候类型(郑然等,2015;宋辞等,2012)。总体上青藏高原空气比较干燥、大气稀薄,气温偏低、积温少,气温随高度和纬度的升高而降低。据推算,海拔高度每上升 100m,年平均气温降低 0.57℃,纬度每升高 1°,年平均气温降低 0.63℃。大部分地区的最暖月平均气温在 15℃ 以下,1 月和 7 月平均气温都比同纬度东部平原低 15~20℃。按气候分类,除东南缘河谷地区外,整个西藏全年无夏。青藏高原总体降水量比较少,冬季干冷漫长,大风多;夏季温凉多雨,冰雹多。青藏高原太阳辐射强、日照多,年总辐射量高达 5850~7950MJ/m²,比同纬度东部平原高 50%~100%。但由于青藏高原地形复杂多变,青藏高原上气候本身也随地区的不同有很大的变化。总体上,青藏高原气候特征概括如下:

(1)气温寒冷干洁

青藏高原是一个巨大的山脉体系,由高山和高原组成。而气温随着海拔高度的升高而逐渐下降,一般每升高 1000m,气温下降约 6℃,有的地区甚至每升高 150m 会下降 1℃。因此,青藏高原总体气温偏低,高原大部分地区空气稀薄、干燥少云、大气干洁。白天地面接收大量的太阳辐射能量,近地面层的气温迅速上升,晚上地面散热极快,地面气温急剧下降,高原一天当中的最高气温和最低气温之差很大,即日较差大。由于高原大气压低,水蒸气气压亦低,空气中水分随着海拔高度的升高而递减,海拔愈高气候愈干燥。加上高原风速大,空气中的水分含量明显低于平原区域。

青藏高原的温度和水分条件具有自西部向东南变化的特征,高原的西北部比较严寒干燥,东南部比较温暖湿润。而东部区域由于多高山峡谷,气候的垂直差异明显,造成温度、降水、植被分布等随着海拔高度发生很大变化(林振耀和吴祥定,1981;姚莉和吴庆梅,2002)。青藏高原大部分地区年降水量为 200~500 mm,高原内降水量极不均匀,即是我国降水量最少的区域,也是我国的多雨中心。如青藏高原年降水量自藏东南的 4000mm 以上向柴达木盆地冷湖逐渐减少,冷湖降水量仅 17.5mm。以雅鲁藏布江河谷的巴昔卡为例,降水量极为丰沛,平均年降水量达 4500mm,是最少降水量的 200 倍,也是我国降水最多的中心之一。

(2)日照时间长,太阳辐射强

太阳辐射是地球表层能量的主要来源,是天气和气候形成的基础。到达地面的太阳辐射是由直接辐射和散射辐射两部分组成的。通过太阳直接以平行光的形式到达地面的辐射称为直接辐射,经过大气散射后到达地面的辐射为散射辐射。青藏高原海拔高,空气稀薄清洁,大气中尘埃、水蒸气和二氧化碳含量低,大气透明度比平原地带高,太阳辐射透过率高因而到达地面的太阳辐射强度很高,年总直接辐射量为 20000~30000 MJ/m^2,是全国年总辐射量最高的区域(高国栋和陆渝蓉,1980;胡清华等,2005;王蕾迪等,2013)。由于青藏高原常年多地积雪,积雪是太阳散射辐射的重要因子,加上高原云层的散射作用,因此,青藏高原也是太阳散射辐射较强的区域(谢贤群,1983;翁笃鸣和张文宗,1984;蒋熹等,2007;乔艳丽等,2008)。太阳辐射强度的主要影响因素是太阳高度角,太阳高度角越大,辐射能量也就越强,反之就越小。而青藏高原位于中低纬度海拔高的区域,这里的太阳高度角大,日照时间长,大气透明度高,使得更多的太阳紫外线能到达地面,因而青藏高原获得的太阳辐射较强。较强的太阳辐射有利于绿色植物进行光合作用,将太阳能转化为化学能创造有机物;也有利于人类直接利用太阳能,通过太阳能板将太阳能转化为电能,用于人类的日常电能需求。

(3)地形复杂,区域气候差异大

青藏高原高山大川密布,地势险峻多变,地形复杂,其平均海拔远远超过同纬度周边地区。青藏高原各处高山参差不齐,落差极大,海拔 4000m 以上的地区占青海全省面积的 60.93%,占西藏全区面积的 86.1%。区内有世界第一高峰珠穆朗玛峰(8844.43m),也有海拔仅 1503m 的金沙江,喜马拉雅山平均海拔在 6000m 左右,而雅鲁藏布江河谷平原仅有 3000m(李吉均,1999;肖龙等,2005;曹伟超等,2011)。总体来说,青藏高原地势呈西高东低的特点。相对于高原边缘区的起伏不平,高原内部反而存在一个起伏度较低的区域。青藏高原年平均气温由东南的 20℃向西北递减至 −6℃以下(张杰等,2008;徐薇等,2012)。由于南部海洋暖湿气流受多重高山阻留,年降水量也相应由 2000mm 递减至 50mm 以下。喜马拉雅山脉北翼年降水量不足 600mm,而南翼为亚热带及热带北缘山地森林气候,最热月平均气温 18~25℃,年降水量 1000~4000mm。而昆仑山中西段南翼属高寒半荒漠和荒漠气候,最暖月平均气温 4~6℃,年降水量 20~100mm。日照充足,年太阳辐射总量 140~180kcal/cm²(1cal=4.18J),年日照总时数 2500~3200h。冰雹日最多,如那曲年冰雹日在 20~30d 以上。总之,由于青藏高原地形复杂,加上高原下垫面地表覆盖的影响,整个青藏高原不同区域表现为不同的气候特征,区域气候差异大(姚檀栋等,2000;李林等,2010;王瑶,2005),既有海拔相对较低具有“小江南”之称的林芝地区,也有位于藏北高原区域昆仑山、可可西里山以南、冈底斯山和念青唐古拉山以北被称为"生命禁区"的藏北无人区。

（4）气压低大气稀薄，蒸发大

大气压随高度而变化，组成大气的各种气体的分压亦随高度而变化，即随着高度升高而递减。氧气分压也是如此。青藏高原地区大气压随着海拔高程升高而降低，因而大气中的含氧量和氧分压降低。蒸散发（Evapotranspiration，ET）是指各种不同下垫面的气候因素影响下，区域水分蒸发和植被蒸发的总和，是水分循环的重要环节。青藏高原的气候条件和自然条件独特，作为"亚洲水塔"，其蒸散发也较内陆其他区域大。青藏高原多年平均蒸散发呈现从东南向西北递减的趋势，其中青藏高原南方林区、农作物区以及部分灌丛和农林混杂地的 ET 值较高，而青藏高原西北草地、稀树草原地区的 ET 值较低。青藏高原季节蒸散发总体呈现出春、冬季低，夏、秋季高的变化特点（郑双飞，2013；宋璐璐，2013；湛青青，2017）。

总之，青藏高原作为北半球气候变化的启张器和调节器，这里的气候变化不仅直接驱动我国东部和西南部气候的变化，而且对北半球气候具有巨大的影响力，甚至对全球的气候变化也具有明显的敏感性、超前性和调节性。因此，分析青藏高原陆地生态系统演变过程，首先需要分析清楚青藏高原气候变化的现代特征及其变化趋势。

10.2　常用气候数据集与气象数据处理方法

10.2.1　全球主要气候数据集介绍

（1）NCEP/NCAR（National Centers for Environmental Prediction/National Center for Atmosphere Research）再分析数据集

美国国家环境预测中心（NCEP）和美国国家大气研究中心（NCAR）联合制作的再分析数据。他们采用最先进的全球气候资料同化系统和完善的数据库，对来源于各种平台（地面观测、船舶、无线电探空、测风气球、飞机、卫星等）的观测资料进行数据同化与质量控制，获得了一套完整的全球气候再分析资料集（Kalnay et al.，1996；Simmonds et al.，2000；Kistler et al.，2001；Bao et al.，2013）。NCEP/NCAR 再分析资料包括观测和数值天气预报（NWP）模型输出从 1948 年到现在的气象资料，内容包括气温、地面抬升指数、最佳地面抬升指数、垂直速度、位温、可降水、气压、相对湿度、海平面气压、风速 u 分量、风速 v 分量、位势高度和海陆标志，资料以 6h 的间隔（每天 4 次）获得，空间分辨率为 0.5°～2.5°。

（2）CRU（Climate Research Unit）数据集

英国 East Anglia 大学的 Climatic Research Unit（简称 CRU）通过整合已有的若干个知名数据库，重建了一套覆盖完整、高分辨率且无缺测的月平均地表气候要素数据集（Simmons et al.，2004；Harris et al.，2014），时间范围覆盖 1901—2015 年，空间分辨率为 0.5°×0.5°经纬网格，覆盖所有陆地区域。

（3）ECMWF（European Centre for Medium-Range Weather Forecasts）再分析数据集

欧洲中期天气预报中心是一个包括 24 个欧盟成员国的国际性组织，是当今全球独树一帜的国际性天气预报研究和业务机构。其前身为欧洲的一个科学与技术合作项目。1973年有关国家召开大会宣布 ECMWF 正式成立，总部设在英国的 Bracknell。该中心于 1979年 6 月首次做出了实时的中期天气预报。自 1979 年 8 月 1 日起中心开始发布业务性中期天气预报，为其成员国提供实时的天气预报服务。此外，ECMWF 还与克罗地亚、冰岛、匈牙利和斯洛文尼亚达成了合作协议，与世界气象组织（WMO）、欧洲气象卫星开发组织（EUMETSAT）和非洲气象应用发展中心（ACMAD）也有业务工作上的具体协议。同时，ECMWF 与世界各国气象预报机构在天气预报领域有广泛的联系。ECMWF 主要提供 10天的中期数值预报产品，各成员国通过专用的区域气象数据通信网络得到这些产品后做出各自的中期预报，同时 ECMWF 也通过由世界气象组织（WMO）维护的全球通信网络向世界所有国家发送部分有用的中期数值预报产品。其使用的模式充分利用四维同化资料，可提供全球在 65km 高度内 60 层的 40km 网格密度共 20、911、680 个点的风、温、湿预报。欧洲中期天气预报中心运行两个"再分析"（re-analysis）计划，分别是 ERA-15 和 ERA-40，对应的时间跨度不同，前者是 1978 年 12 月至 1994 年 2 月的 15 年产品，后者是 1957 年至 2002年的 40 年产品（Viterbo et al.，1995；Molteni et al.，1996；Buizza et al.，2005）。

（4）JRA-55 数据集

日本气象厅（JMA）在第二次日本全球气象再分析项目建立的数据集，它是基于全新的数据同化和预测系统（DA）所建立，如基于更高空间分辨率卫星数据、全新的数据辐射处理方案和四维变分数据同化，改进了第一代再分析资料 JRA-25 中的许多缺陷，整体数据同 JRA-25 相比有了很大的提高（Ebita et al.，2011；Chen et al.，2014；Kobayashi et al.，2015）。JRA-55 数据时间分辨率从 1958 年自现在，覆盖了 55 年的气象观测资料（每日数据根据不同种类提供包括 3h、6h 和 24h 的数据，0.5625°空间分辨率），逐日和逐月数据均以二进制GRID 格式（WMO2011）编码存储。

（5）GEWEX（Global Energy and WaterCycle Experiment）数据集

作为世界气候研究计划（the World Climate Research Programme，WCRP）的一部分，全球能量和水循环实验（GEWEX）项目致力于了解地球表面和大气中的水循环和能量通量，收集有关全球水和能源循环的信息和研究，这将有助于预测世界气候的变化（Charlock et al.，1996；Chen et al.，1999；Stubenrauch et al.，2013）。GEWEX 数据产品覆盖了辐射、云覆盖等能量与水循环的各个方面，空间分辨率 1°×1°，时间分辨率可为 3h、日或月。

（6）GPCP（Global Precipitation Climatology Project）全球降水气候计划数据集

由 Global Precipitation Climatology Center（全球降水气候研究项目）综合了数十颗静止卫星和极轨卫星的红外和微波资料并经过全球多个台站数据校正后的卫星降水产品。

GPCP 数据集具有揭示季节降水和年际降水的能力,能够为研究长时间尺度降水分布及变化提供数据支撑(Huffman et al.,1997;Adler et al.,2003;Huffman et al.,2009)。GPCP 数据作为热带地区降水研究的"准资料",历经几十年不断的改进与完善,目前已是第四版本。

(7)CMAP(the CPC Merged Analysis of Precipitation)数据集

该数据集是由美国国家海洋气象局 NOAA(National Oceanal and Atmospheric Administrator)、气候预报中心 CPC(Climate Prediction Center)通过合并几种不同来源的降水数据(包括地面雨量计观测资料、卫星观测降水数据和 NCEP-NCAR 再分析资料)建立全球逐月降水数据集。时间跨度为 1979 年至今,每年更新一次,空间分辨率为 2.5°,降水数据集覆盖全球范围,与单一数据源相比质量得到了提升(Xie et al.,1997;Yin et al.,2004;Bosilovich et al.,2008)。该数据集与 GPCP 数据源基本相同,但是在生产过程中的算法完全不同。CMAP 数据可以用来调查大尺度降水的年度和年际变化,可为气候变化、数据模拟、水文及其他相关领域提供高质量数据。

(8)TRMM(Tropical Rainfall Measuring Mission satellite)资料

TRMM 计划是由美国国家航空航天局(NASA)和日本宇宙航空研究开发机构(JAXA)共同主持的一项为研究天气和气候降水而专门研制的国际联合计划,TRMM 卫星是世界上第一颗搭载测雨雷达的卫星,此外还携带了微波成像仪、可见光和红外扫描仪、云和地球辐射能量系统、闪电成像传感器等设备。其中,测雨雷达与微波成像仪相结合,首次提供了三维降水分布信息,进一步结合可见光和红外扫描数据,极大地改善了降水反演精度(Huffman et al.,2007;Rozante et al.,2010)。3B43 数据是 TRMM 卫星与其他卫星以及地面观测联合反演的降水产品,该产品首先订正 TRMM/TM1 资料,并联合 SSM/1、AMSR-E 和 AMSU-B 资料估值降水,其次利用全球降水气候计划(GPCP)的红外降水估值订正微波降水,再进行微波和红外资料联合估值。此外,制作该数据的 3B43 算法是利用 TRMM 卫星和其他数据源来生产最佳降水率(mm/h)估计和降水误差估计的均方根(RMS)数据产品。3B43 还融合了地面的雨量计资料,所以该产品最大限度地利用了已有的探测资料,提供了每个标准观测时次每个网格降水的最优估值,具有准确性好、分布面广、时空分辨率较高等特点(Condom et al.,2011;Karaseva et al.,2012;Duan et al.,2013)。TRMM3B43 数据格式为 HDF 格式,包含 3 个数据集,数据为 grid 形式,空间分辨率为 $0.25° \times 0.25°$,参考椭球体为 WGS84。

(9)中国国家气象信息中心(National Meteorological Information Center,NMIC)

包括全球和中国的地面天气资料、地面气候资料、近地面边界层观测资料等多个数据和产品,提供中国最全的各类气象观测资料与处理分析资料的服务与下载。

10.2.2　气象数据的处理与空间化

本章分析青藏高原现代气候变化特征所采用的气候数据集来自中国气象科学数据共享

服务网青藏高原及周边各省共 120 个标准气象站点的气象统计数据,时间跨度由建站开始到 2012 年,据此形成的原始数据库包括各站点多年的月降水量、月平均气温、日照时数以及各站点所处位置的经纬度、海拔高度。各气象站点的地理坐标以国家气象局 1990 年 9 月公布的"全国气象台站区站号码表"为准。先检查数据的完整性和有效性,对于数据缺少值或异常值,需要将该站点缺失值或异常值设置为无效值不参与计算。再进行粗差探测,对原始观测数据进行统计分析,将观测数据中大于 4 倍方差的数据认为是粗差予以剔除。

进行了粗差检测后的气象数据处理首先编程计算年平均气温 T_a、年平均降水量 P_a、$\geqslant 0℃$ 积温($T > 0$)、$\geqslant 10℃$ 积温($T > 10$),计算公式如下:

$$T_a = \frac{1}{12} \sum_{i=1}^{12} T_i D_i$$

$$P_a = \frac{1}{12} \sum_{i=1}^{12} P_i$$

$$T_{(>0)} = \sum_{i=1}^{12} D_i T_{i(>0)}$$

$$T_{(>10)} = \sum_{i=1}^{12} D_i T_{i(>10)}$$

式中:D_i 为每月天数;T_i、P_i 分别为月平均气温、月降水量。

在以上数据的基础上,计算月降水量、月平均气温、年平均气温、年降水量。进一步用 Thornthwaite 方法计算湿润指数(IM):

$$IM = \sum 100(S - 0.6D)/PE$$

式中:$PE = \sum 16(10t/I)\alpha \times CF$,$t$ 为月平均气温。

$$\alpha = (0.675I3 - 77.1I2 + 17920I + 492390) \times 10^{-6}$$

$$I = \sum (t_i/5)1.514$$

式中:CF 为按纬度的日长数与每月日数计算的校正系数;$S = P - PE$(当 $P > PE$ 时),$D = PE - P$(当 $P < PE$ 时)。

饱和水汽压差 VPD 数据则需基于近地表气压(hPa)、温度(℃)和近地面空气比湿(g/g)数据进一步计算得到。设定 p 表示近地表气压,T 表示温度,q 表示空气比湿,则 VPD 可由以下公式计算得到:

$$VPD = 6.11 \times \exp\left(\frac{17.27 \times T}{273.3 + T}\right) - \frac{q \times p}{0.622 + q}$$

经过上述处理的青藏高原气象站点的各种数据在 ArcGIS 中转为站点的图层(coverage),如图 10.1 所示,并利用 Kriging 插值的方法内插出空间分辨率为 500m × 500m 的年平均气温(T_a)、年平均降水量(P_a)、$\geqslant 0℃$ 积温、$\geqslant 10℃$ 积温、湿润指数(IM,Thornthwaite 方法)等空间数据集。

青藏高原大部分地区为山区,山区的气象指标在很大程度上受到地形的影响。利用青藏高原 1∶50 万 DEM、以海拔高度每上升 100m 气温降低 0.6℃的温度递减率为依据,对气温(T_a)等进行了 DEM 校正。其中≥0℃积温和≥10℃积温的 DEM 校正是根据 DEM 校正的各气象站点的月平均气象数据插值后计算而得到的。与直接插值相比,DEM 校正的数据与实际情况更为相符。

投影系统采用等面积割圆锥投影,采用全国统一的中央经线和双标准纬线,中央经线为 105°E,双标准纬线分别为 25°N、47°N,Krasovsky 椭球体。结果以 ArcGIS 中 Grid 的数据格式 500m×500m 栅格大小存储。

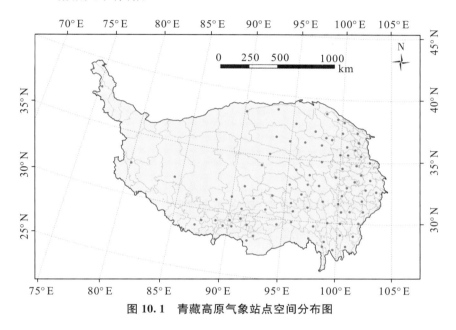

图 10.1　青藏高原气象站点空间分布图

为了检验上述气象数据的精度,我们从寒区旱区科学数据中心网站下载了青藏高原区域高时空分辨率地面气象要素驱动数据集。该数据集以国际上现有的 Princeton 再分析资料、GLDAS 资料、GEWEX-SRB 辐射资料以及 TRMM 降水资料为背景场,融合了中国气象局常规气象观测数据制作而成(Chen et al.,2011;何杰和阳坤,2011)。其时间分辨率为 3h,空间分辨率为 0.1°,包含近地面气温、地面降水率等 7 个要素,以 NetCDF 格式存储。我们分别提取了每个站点在两种数据中的年平均温度和年降水量进行对比分析,并计算了均方根误差(RMSE),结果如图 10.2 所示。从检验结果可以看出,两种数据中的年平均温度和年降水量与气象站点的观测值均具有极显著的相关性,其中年平均温度的 RMSE 为 0.78℃,年降水量的 RMSE 为 19.9mm,属于可接受的范围。

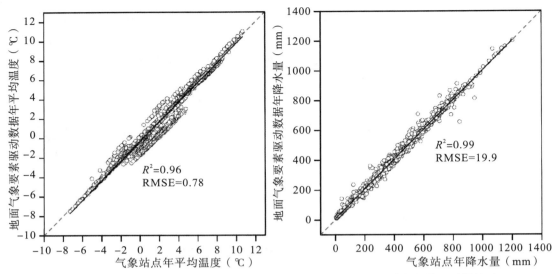

图 10.2　气象站点空间化数据与地面气象要素驱动数据温度降水数据的一致性检验

10.3　青藏高原当代气候变化特征

10.3.1　青藏高原气象因子的空间分布特征

图 10.3 为青藏高原年平均温度、降水量、太阳短波辐射（Solar Shortwave Radiation，Srad）以及饱和水汽压差（VPD）的空间分布，可以看出，整体上，青藏高原温度从西北部向东南部逐渐抬升，冈底斯山脉以北地区基本海拔高度在 4000m 以上，温度全年最低在 0℃ 以下，其中西北部的羌塘高原、可可西里一带为极寒冷地区。而在青藏高原南部（喜马拉雅山北坡—冈底斯山南坡）和中部（冈底斯山北坡—唐古拉山南坡）是高原的温暖区，包括拉萨—林芝—左贡一带以及柴达木盆地温度较高。与温度分布相对应的，从年降水量的空间分布来看，降水格局表现出明显的北部区域降水少而东南部区域降水多的格局。其中，可可西里与柴达木盆地是降水最少的区域，柴达木盆地年降水量为 20～95mm，可可西里年降水量为 150～500mm。而在西藏东南部的墨脱一带，雨量充沛，年降水量达 2300mm 以上。Srad 在青藏高原的西部地区值比较大，而在东南部地区的值却比较小；VPD 在柴达木盆地内的值最大，而在青藏高原中部地区的值较小。

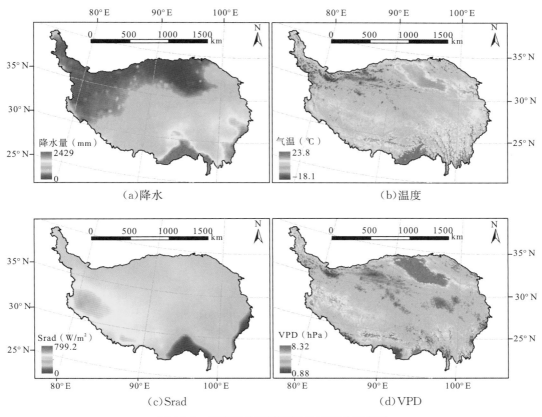

图 10.3　青藏高原气象因子的空间分布格局

10.3.2　近 30 年青藏高原温度降水的变化特征

利用青藏高原长时间序列气象观测数据,对青藏高原近 30 年的温度与年降水量数据进行统计分析,从而发现:温度变化速率为 0.51℃/10a,30 年中年平均温度上升了约 1.4℃。增温主要是从 1998 年开始的,在此之前年平均温度都在多年平均值以下波动,此后距平转为正值,年平均温度维持在较高的水平上。2009 年达到 30 年来的最高值,年平均温度达−1℃,此后略有下降。年降水量呈现小幅度增加趋势,但没有达到显著性水平($P>$ 0.05),趋势不明显。1997 年之前降水量波动幅度较大,出现多个峰值和谷值,最小值出现在 1994 年。1994 年之后降水量开始回升,距平多为正值,进入一个丰水期,一直持续到 2005 年,此后降水量再次出现较大幅度波动。

如图 10.4 所示,随着全球气候变暖,青藏高原温度呈现明显的升高趋势,1982—2015 年,青藏高原温度以 0.5℃/10a 的速率上升,其升温率大约是全球其他地区的 2 倍;降水量也表现为增加的趋势,增加速率为 1.1cm/10a。如图 10.5 所示,从各个季节来看,冬季升温最为明显,上升速率达到了 0.9℃/10a;不同季节降水量的变化存在差异,夏季降水量增加最显著,为 0.7cm/10a,而冬季降水量呈现不显著的减少趋势,减少速率为 0.1 cm/10a。

分析青藏高原近 30 年温度变化趋势的空间分布(图 10.6),结果表明:青藏高原地区除极小部分地区之外,春、夏、秋、冬四季温度均呈升高趋势。其中春季温度升高速率大于 0.06℃/a 的区域占青藏高原总面积的 26.59%,夏季为 15.11%,秋季为 12.21%,而冬季达到 53.99%,表现出在全球变暖影响下青藏高原冬季升温尤为明显的特点。

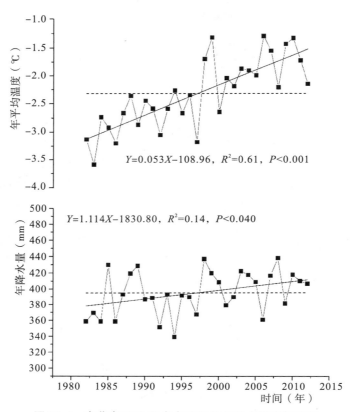

图 10.4　青藏高原近 30 年年均温度与降水量变化趋势

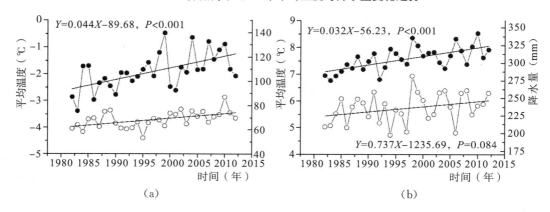

(a) 　　　　　　　　　　　　　　　(b)

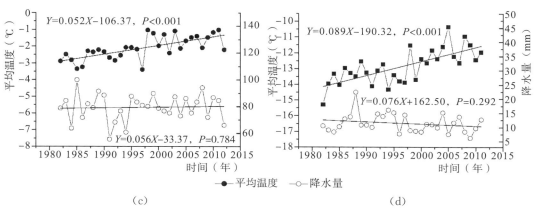

（c）   （d）

图 10.5 青藏高原近 30 年不同季节气温与降水量的变化趋势

从空间分布特点来看，近 30 年青藏高原春季温度、夏季温度的变化特点与纬度分布有一定关系（图 10.6(a)、图 10.6(c)），由南向北，青藏高原春、夏季温度升高的趋势越来越明显，北部的柴达木盆地温度升高最快（0.06℃/a）。另外，在青藏高原西北部昆仑高山、高原地区，青藏高原春季温度升高的趋势非常显著。而青藏高原的秋、冬季温度变化的空间分布特征则相对复杂（图 10.6(c)、图 10.6(d)），其中，青藏高原东部及东南部地区秋、冬季升高速度较为缓慢。

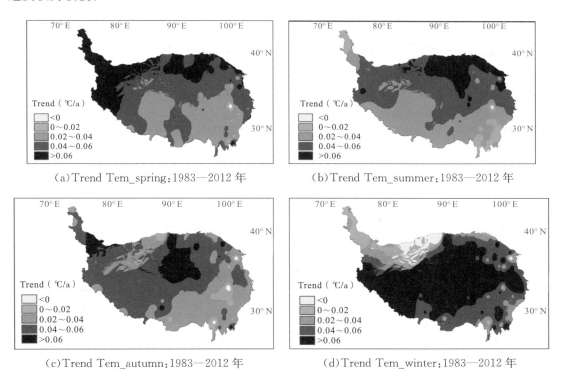

（a）Trend Tem_spring：1983—2012 年   （b）Trend Tem_summer：1983—2012 年

（c）Trend Tem_autumn：1983—2012 年   （d）Trend Tem_winter：1983—2012 年

图 10.6 青藏高原春夏秋冬四季温度 30 年变化趋势图

分析青藏高原近 30 年降水量变化的空间分布特征(图 10.7):春、夏、秋、冬降水量呈增加趋势的面积分别占青藏高原总面积的 58.99%、44.48%、39.34%、33.77%,但冬季降水量变化的速度明显较其他三个季节的降水量增加速率平缓,这可能与本身青藏高原冬季降水量少也有一定关系。青藏高原东南部地区的云南高原及川西藏东高山深谷等地,春、夏、秋、冬四季降水量均呈现减少的趋势。另外,秋、冬季降水的变化特点与纬度变化有一定关系,由南部的降水量减少趋势向北逐渐过渡为降水量呈增多的趋势。

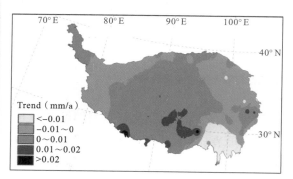

(a)Trend Pre_spring:1983—2012 年

(b)Trend Pre_summer:1983—2012 年

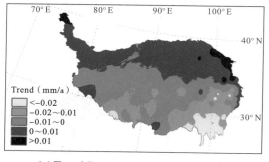

(c)Trend Pre_autumn:1983—2012 年

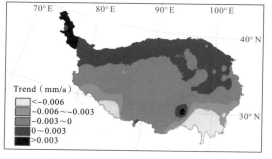

(d)Trend Pre_winter:1983—2012 年

图 10.7　青藏高原近 30 年春夏秋冬四季降水变化趋势图

10.4　小结

青藏高原表面温度与降水的时空变化空间格局为:青藏高原西北部羌塘高原、可可西里为高原的寒冷区,全年平均温度低于 0℃,而青藏高原南部(喜马拉雅山北坡—冈底斯山南坡)和中部(冈底斯山北坡—唐古拉山南坡)是高原的温暖区,包括拉萨—林芝—左贡一带以及柴达木盆地温度较高。与温度分布相对应的,降水格局表现出明显的北部区域降水少,而东南部区域降水多的格局,可可西里与柴达木盆地是降水最少的区域,而在西藏东南部的墨脱一带雨量充沛,整个高原降水表现出极度的不平衡。

对青藏高原 30 多年的温度与降水数据进行统计分析发现,随着全球气候变暖,青藏高原气温呈现明显的升高趋势,1982—2015年青藏高原气温以0.5℃/10a的速率上升,其升温率大约是全球其他地区的2倍;降水量也表现为增加的趋势,增加速率为1.1cm/10a。而从季节变化来看,青藏高原冬季升温尤为明显,其中北部的柴达木盆地温度升温最快达0.06℃/a。不同季节降水量的变化存在差异,夏季降水量增加最显著,为0.7cm/10a,而冬季降水呈现不显著的减少趋势,其中云南高原及川西藏东高山深谷等地,春、夏、秋、冬四季降水均呈现减少的趋势。

参考文献

[1] 郑然,李栋梁,蒋元春.全球变暖背景下青藏高原气温变化的新特征[J].高原气象,2015,V34(6):1531-1539.

[2] 宋辞,裴韬,周成虎.1960年以来青藏高原气温变化研究进展[J].地理科学进展,2012,31(11):1503-1509.

[3] 林振耀,吴祥定.青藏高原气候区划[J].地理学报,1981(1):22-32.

[4] 姚莉,吴庆梅.青藏高原气候变化特征[J].气象科技,2002,30(3):163-164.

[5] 高国栋,陆渝蓉.青藏高原太阳辐射能量的收入状况[J].气象,1980,6(2):30-31.

[6] 胡清华,高孟理,王三反,等.青藏高原太阳辐射热的计算与利用[J].兰州交通大学学报,2005,24(4):62-66.

[7] 田荣湘,康玉香,张文滨,等.太阳辐射和大气环流在青藏高原气温季节变化中的作用[J].浙江大学学报(理学版),2017(1).

[8] 王蕾迪,吕达仁,章文星.西藏羊八井和纳木错太阳辐射特征分析[J].高原气象,2013(2):2-8.

[9] 谢贤群.青藏高原夏季地面辐射场的若干特征值[J].科学通报,1983,28(7):426-426.

[10] 翁笃鸣,张文宗.青藏高原夏季的散射辐射[J].大气科学学报,1984(1):28-35.

[11] 乔艳丽,古松,唐艳鸿,等.青藏高原的散射辐射特征[J].南开大学学报(自然科学版),2008,41(3):69-78.

[12] 蒋熹,王宁练,杨胜朋.青藏高原唐古拉山多年冻土区夏、秋季节总辐射和地表反照率特征分析[J].冰川冻土,2007,29(6):889-899.

[13] 李吉均.青藏高原的地貌演化与亚洲季风[J].海洋地质与第四纪地质,1999,19(1):1-12.

[14] 肖龙,王春增,Franco Pirajno.青藏高原东西向地质构造差异及其成因探讨[C]//青藏高原地质过程与环境灾害效应文集,2005.

[15] 曹伟超,陶和平,孔博,等.青藏高原地貌形态总体特征GIS识别分析[J].水土保

持通报,2011,31(4):163-167.

[16] 张杰,李栋梁,王文. 夏季风期间青藏高原地形对降水的影响[J]. 地理科学,2008, 28(2):235-240.

[17] 徐薇,尼玛楚多. 青藏高原地形对气象要素观测的影响浅析[J]. 西藏科技,2012 (6):58-59.

[18] 姚檀栋,刘晓东. 青藏高原地区的气候变化幅度问题[J]. 科学通报,2000,45(1): 98-106.

[19] 李林,陈晓光,王振宇,等. 青藏高原区域气候变化及其差异性研究[J]. 气候变化 研究进展,2010,6(3):181-186.

[20] 王瑶. 青藏高原对区域气候的影响[J]. 中国科技信息,2005(20):164-164.

[21] 郑双飞. 1967—2008年青藏高原参考蒸散时空趋势与突变分析[D]. 青海师范大学,2013.

[22] 宋璐璐. 青藏高原蒸散发时空变化特征研究[D]. 中国科学院大学,2013.

[23] 湛青青. 2001—2014年青藏高原蒸散时空变化特征[J]. 科技资讯,2017(35): 218-219.

[24] Kalnay E,Kanamitsu M,Kistler R,et al. The NCEP/NCAR 40-year reanalysis project[J]. Bulletin of the American meteorological Society,1996,77(3):437-472.

[25] Simmonds I,Keay K. Mean Southern Hemisphere extratropical cyclone behavior in the 40-year NCEP-NCAR reanalysis[J]. Journal of Climate,2000,13(5):873-885.

[26] Kistler R,Kalnay E,Collins W,et al. The NCEP-NCAR 50-year reanalysis: monthly means CD-ROM and documentation[J]. Bulletin of the American Meteorological society,2001,82(2):247-268.

[27] Bao X,Zhang F. Evaluation of NCEP-CFSR,NCEP-NCAR,ERA-Interim,and ERA-40 reanalysis datasets against independent sounding observations over the Tibetan Plateau[J]. Journal of Climate,2013,26(1):206-214.

[28] Simmons A J,Jones P D,da Costa Bechtold V,et al. Comparison of trends and low-frequency variability in CRU,ERA-40,and NCEP/NCAR analyses of surface air temperature[J]. Journal of Geophysical Research:Atmospheres,2004,109(D24).

[29] Harris I,Jones P D,Osborn T J,et al. Updated high-resolution grids of monthly climatic observations-the CRU TS3. 10 Dataset[J]. International journal of climatology, 2014,34(3):623-642.

[30] Viterbo P,Beljaars A C M. An improved land surface parameterization scheme in the ECMWF model and its validation[J]. Journal of Climate,1995,8(11):2716-2748.

[31]　Molteni F，Buizza R，Palmer T N，et al. The ECMWF ensemble prediction system：Methodology and validation[J]. Quarterly journal of the royal meteorological society，1996，122(529)：73-119.

[32]　Buizza R，Houtekamer P L，Pellerin G，et al. A comparison of the ECMWF，MSC，and NCEP global ensemble prediction systems[J]. Monthly Weather Review，2005，133(5)：1076-1097.

[33]　Ebita A，Kobayashi S，Ota Y，et al. The Japanese 55-year reanalysis "JRA-55"：an interim report[J]. Sola，2011，7：149-152.

[34]　Chen G，Iwasaki T，Qin H，et al. Evaluation of the warm-season diurnal variability over East Asia in recent reanalyses JRA-55，ERA-Interim，NCEP CFSR，and NASA MERRA[J]. Journal of climate，2014，27(14)：5517-5537.

[35]　Kobayashi S，Ota Y，Harada Y，et al. The JRA-55 reanalysis：General specifications and basic characteristics[J]. Journal of the Meteorological Society of Japan. Ser Ⅱ，2015，93(1)：5-48.

[36]　Charlock T P，Alberta T L. The CERES/ARM/GEWEX Experiment(CAGEX) for the retrieval of radiative fluxes with satellite data[J]. Bulletin of the American Meteorological Society，1996，77(11)：2673-2684.

[37]　Chen F，Mitchell K. Using the GEWEX/ISLSCP forcing data to simulate global soil moisture fields and hydrological cycle for 1987-1988[J]. Journal of the Meteorological Society of Japan. Ser Ⅱ，1999，77(1B)：167-182.

[38]　Stubenrauch C J，Rossow W B，Kinne S，et al. Assessment of global cloud datasets from satellites：Project and database initiated by the GEWEX radiation panel[J]. Bulletin of the American Meteorological Society，2013，94(7)：1031-1049.

[39]　Huffman G J，Adler R F，Arkin P，et al. The global precipitation climatology project(GPCP)combined precipitation dataset[J]. Bulletin of the American Meteorological Society，1997，78(1)：5-20.

[40]　Adler R F，Huffman G J，Chang A，et al. The version-2 global precipitation climatology project(GPCP) monthly precipitation analysis(1979-present)[J]. Journal of hydrometeorology，2003，4(6)：1147-1167.

[41]　Huffman G J，Adler R F，Bolvin D T，et al. Improving the global precipitation record：GPCP version 2. 1[J]. Geophysical Research Letters，2009，36(17).

[42]　Xie P，Arkin P A. Global precipitation：A 17-year monthly analysis based on gauge observations，satellite estimates，and numerical model outputs[J]. Bulletin of the

American Meteorological Society,1997,78(11):2539-2558.

[43] Yin X,Gruber A,Arkin P. Comparison of the GPCP and CMAP merged gauge-satellite monthlyprecipitation products for the period 1979-2001 [J]. Journal of Hydrometeorology,2004,5(6):1207-1222.

[44] Bosilovich M G,Chen J,Robertson F R,et al. Evaluation of global precipitation in reanalyses[J]. Journal of applied meteorology and climatology,2008,47(9):2279-2299.

[45] Huffman G J, Bolvin D T, Nelkin E J, et al. The TRMM multisatellite precipitation analysis (TMPA): Quasi-global, multiyear, combined-sensor precipitation estimates at fine scales[J]. Journal of hydrometeorology,2007,8(1):38-55.

[46] Rozante J R,Moreira D S,de Goncalves L G G,et al. Combining TRMM and surface observations of precipitation:technique and validation over South America[J]. Weather and forecasting,2010,25(3):885-894.

[47] Condom T, Rau P, Espinoza J C. Correction of TRMM 3B43 monthly precipitation data over the mountainous areas of Peru during the period 1998—2007[J]. Hydrological Processes,2011,25(12):1924-1933.

[48] Karaseva M O,Prakash S,Gairola R M. Validation of high-resolution TRMM-3B43 precipitation product using rain gauge measurements over Kyrgyzstan[J]. Theoretical and Applied Climatology,2012,108(1-2):147-157.

[49] Duan Z, Bastiaanssen W G M. First results from Version 7 TRMM 3B43 precipitation product in combination with a new downscaling-calibration procedure[J]. Remote Sensing of Environment,2013,131:1-13.

[50] Chen Y,Yang K,He J,et al. Improving land surface temperature modeling for dry land of China[J]. Journal of Geophysical Research:Atmospheres,2011,116(D20).

[51] 何杰,阳坤. 中国区域高时空分辨率地面气象要素驱动数据集[J]. 寒区旱区科学数据中心,2011.

第 11 章　全球变化影响下的青藏高原陆地生态系统的响应与模拟

11.1　全球气候变化下青藏高原植被生产力对物候变化的响应

从第 10 章青藏高原现代气候变化中可以看出,青藏高原已经出现了明显的升温现象,而且升温幅度大于内地。而从前面的植被物候的分析结果可以看出,青藏高原植被物候响应全球气候变化,出现了不同程度的变化,如部分区域植被返青期提前,植被生长季延长或缩短等(于海英和许建初,2009;宋春桥等,2011;Li et al.,2011;Rui et al.,2011;Gao et al.,2011)。那么,在全球气候变暖影响下,青藏高原植被物候出现了不同程度的变化,是否会对植被生产力产生影响? 下面将探讨在全球气候变暖的影响下,青藏高原植被生产力响应植被物候的变化格局及其演变趋势。

11.1.1　植被生产力对植被生长季长度变化的响应分析

植被生长季长度能直接影响植物光合作用时间的长短,而后者能够决定植物吸收 CO_2 的总量。LOS 的延长可能导致植物生物量的增加从而引起生产力增加,但事实上不同植物种类、各种生物和非生物因素的影响导致植被 NPP 对 LOS 响应呈现显著的差异性。因此,为探讨植被物候变化对 NPP 的影响,首先从 NPP 对 LOS 变化的响应关系展开分析。

11.1.1.1　植被 NPP 与 LOS 相关性分析

对青藏高原植被 LOS 与年 NPP 时序数据按每 10 年分段进行相关系数计算,得到两者相关系数的空间分布(图 11.1)。可以看出这三个时段青藏高原东部 LOS 与年 NPP 都主要表现为正相关关系,西部和中部则更多地表现出负相关关系。2002—2012 年相关系数空间分布区分更加明显,表现为正、负相关性的区域都比较集中。1983—1992 年有 50.17% 的区域 LOS 与年 NPP 存在负相关关系,正负相关性显著($P < 0.1$)的面积比都为 5.81%;1993—2002 年有 53.45% 的区域 LOS 与年 NPP 存在正相关关系,其中 8.64% 的地区显著正相关($P < 0.1$),6.60% 的地区显著负相关($P < 0.1$);2002—2012 年有 52.61% 的区域 LOS 与年 NPP 存在正相关关系,其中 7.63% 的地区显著正相关($P < 0.1$),5.16% 的地区显著负相关($P < 0.1$)。

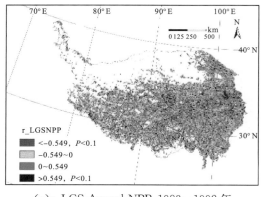

(a)r_LGS-Annual NPP:1983—1992 年

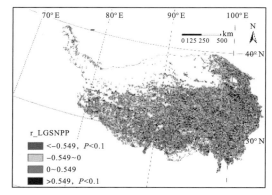

(b)r_LGS-Annual NPP:1993—2002 年

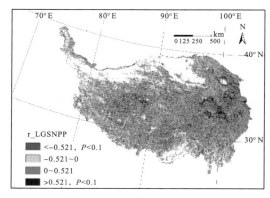

(c)r_LGS-Annual NPP:2002—2012 年

图 11.1　各阶段 LOS 与年 NPP 相关系数分布

总体来看,青藏高原超过 50% 的地区植被 NPP 与 LOS 呈现正相关关系,显著正相关的区域分布在 3 个时间段较为一致,都集中在青藏高原东部,且显著正相关的区域面积比例大于显著负相关区域。下面将对 NPP 与 LOS 之间响应关系的区域性差异展开分析。

11.1.1.2　植被 NPP 对 LOS 变化响应的空间格局

考虑到 MODIS 产品具有更高空间分辨率,本书针对 MODIS 数据进行植被 NPP 与 LOS 响应的区域性分析。利用 ArcGIS 进行植被 LOS 与 NPP 变化趋势空间叠加分析,得到青藏高原不同地理单元 LOS 和 NPP 变化之间的响应关系空间分布图(图 11.2),并将响应关系分为 4 种响应情形:①LOS 缩短,NPP 随之减少;②LOS 延长,NPP 减少;③LOS 缩短,NPP 反而增加;④LOS 延长,NPP 随之增加。

研究发现:情形①主要位于青藏高原南部的灌丛区,面积占青藏高原的 14.41%,由于灌丛处于高原温带湿润/半湿润地区,水热条件均较好,年降水量达到 700mm 以上,植被生产力水平常年较为稳定,而这部分地区 2002—2012 年降水量下降趋势相比其他地区更为显著,秋季升温幅度大于春季升温幅度,在生长季长度呈现缩短(SOS 推迟 1.400d/a,EOS 提前

0.378d/a)的趋势下,灌丛 NPP 也显著减少,减少速率为 4.359gC/(m² · a)(P<0.01)。

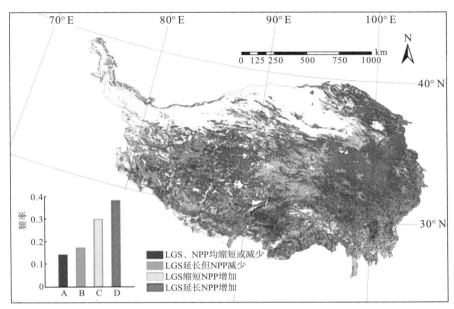

图 11.2　青藏高原 NPP 与 LOS 响应的空间差异

情形②主要位于青藏高原西部——高原温带干旱地区和高原亚寒带半干旱地区羌塘高原湖盆高寒草原,占青藏高原的 17.34%,高寒草原在 SOS 提前和 EOS 推后的双重作用下(SOS 提前 0.942d/a,EOS 推后 1.296d/a)整个物候期有了较大程度的延长。通过 NPP 结合温度降水数据进行相关分析(标准化之后与温度降水复相关系数分别为－0.079 和 0.780),发现降水量为影响该区域植被生长的主导因子,随着本身降水量的下降,温度升高(见图 11.3)又促进了水分蒸发,尽管生长期有所延长,它对植被生产力累积的促进作用因植被自身消耗增大被大大抵消,NPP 减少速率为－0.870gC/(m² · a)(P<0.01)。

情形③主要位于青藏高原中部,主要植被类型为高寒草甸和苔原,占青藏高原的 29.98%。该区年降水量基本维持在 500mm 左右,基于 NPP 结合当地的温度降水数据进行相关分析发现(标准化之后温度降水复相关系数分别为 0.673 和 0.269),气温对该区域植被生产力水平的影响占主导地位,并且近 10 年该区域气温增加最为显著,秋季增温大于春季增温,而降水量只有略微下降,因此植被生产力水平提高。前人的研究如李英年等通过模拟实验也发现,生长期气温的升高导致矮嵩草草甸植物发育速度加快,提前成熟,生长季变短。而提前结束的生长期避免了秋季增温所增加的自身消耗,LOS 缩短一天,NPP 增加 1.271gC/m²(P<0.01)。

情形④主要位于青藏的东部——高原温带半干旱草原区和亚寒带半干旱高寒草甸草原地区,主要植被类型为高寒草甸和苔原以及高寒草原,且所占面积比例最大(38.27%)。④情形下,高寒草甸和苔原所处区域年平均温度和年降水量均高于③情形所处区域,标准化之后温度降水复相关系数分别为 0.582 和 0.543,相对于③情形,④情形的植被生产力对温度变化的敏感程度下降,而对降水敏感度上升。LOS 延长,该地区降水增加,从而 NPP 显著增加,增加速率为 5.942gC/(m² · a)($P<0.01$)。

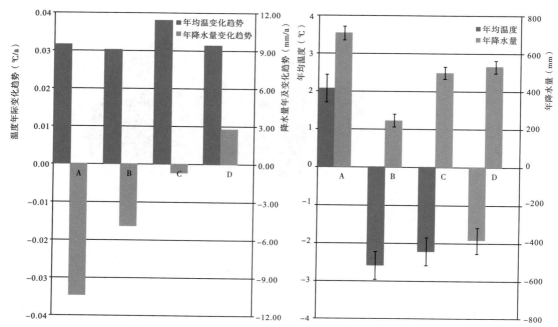

图 11.3   不同地区年平均温度、年降水量及变化趋势分布

11.1.2   植被生产力对植被生长季开始期、结束期变化的响应分析

植被生长季的开始与结束同时影响着整个 LOS,进而影响植被的生产力。理论上,在植被生长期内,春季物候主要影响了上半年生产力进而影响全年生产力变化,而秋季物候结束则对下半年植被生产力影响较大。为了深入了解它们的关系,本书分析了青藏高原整体以及各植被类型 SOS、EOS 分别对春季(3—5 月)、秋季(9—11 月)和全年 NPP 的影响。

11.1.2.1   植被 NPP 与 SOS、EOS 相关性分析

本节首先分不同时段计算了 SOS、EOS 与全年 NPP 之间的相关性,图 11.4 表示了各时段相关系数的空间分布情况。1983—1992 年,47.83%的区域 NPP 与 SOS 之间呈负相关关系,主要集中在青藏高原东部,其中有 4.95%的区域达到 $P<0.1$ 的显著性,55.37%的区域 NPP 与 EOS 之间呈正相关关系,8.02%的区域达到 $P<0.1$ 的正相关显著性;1993—2002 年,55.76%的区域 NPP 与 SOS 之间呈负相关关系,广泛分布在青藏高原东部和西南部分,其中有 8.97%的区域达到 $P<0.1$ 的负相关显著性,52.77%的区域 NPP 与 EOS 之间呈正相关关系,分布在青藏高原西北部和东南地区,8.01%的区域达到 $P<0.1$ 的正相关显著性;2002—2012 年 57.4%的地区全年 NPP 与 SOS 之间呈负相关关系,其中对 SOS 提前敏

感的区域集中在青藏高原东部，负相关响应较为显著，负相关达到 $P<0.1$ 显著性水平的面积占 8.58%。55.78% 的地区全年 NPP 与 EOS 之间呈负相关关系，主要集中在青藏高原中部地区的高寒草甸和苔原地区。这与该地区 LOS 由于 EOS 提前而缩短，NPP 反而增加的结论相一致。全年 NPP 与 EOS 正相关响应较为强烈的区域在青藏高原东南部分的高寒草甸和苔原地区。

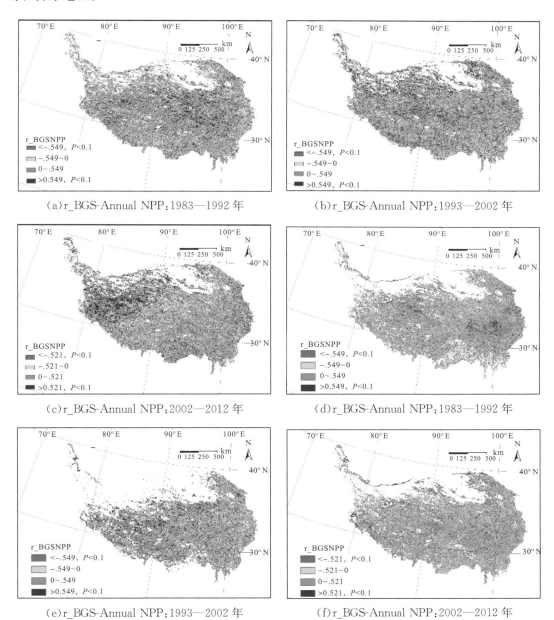

(a) r_BGS-Annual NPP：1983—1992 年

(b) r_BGS-Annual NPP：1993—2002 年

(c) r_BGS-Annual NPP：2002—2012 年

(d) r_BGS-Annual NPP：1983—1992 年

(e) r_BGS-Annual NPP：1993—2002 年

(f) r_BGS-Annual NPP：2002—2012 年

图 11.4　生长开始期、结束期与 NPP 的相关关系

SOS、EOS 与 NPP 之间相关特性统计数据如表 11.1 所示。整体来看,青藏高原地区植被生长初期与春季 NPP 存在显著的负相关关系($P=0.003$),而 EOS 对秋季 NPP 和全年 NPP 的影响都没有 SOS 对春季 NPP 和全年 NPP 的影响大。

就各植被类型来看,针阔混交林 SOS 对全年 NPP 有较大的影响,相关系数为 -0.672,且显著性达到 0.023。常绿阔叶林由于前面提到的 SOS/EOS 与其他植被类型相反,SOS 对秋季 NPP 显著相关,相关系数为 -0.807。灌丛、高寒草原、高寒草甸和苔原以及高山稀疏植被 SOS 都与春季 NPP 显示出显著的负相关性。除了高寒草原外,剩余植被类型的 EOS 对 NPP 的影响则没有达到显著相关水平。这可能是由于物候结束期的延迟,使得植被同期呼吸作用的增加抵消了下半年净生产力的增加。

表 11.1   植被 SOS、EOS 对 NPP 的影响

植被种类		春季 NPP		秋季 NPP		全年 NPP	
		r	P	r	P	r	P
整体	SOS	-0.808^{**}	0.003	0.257	0.446	-0.14	0.682
	EOS	-0.373	0.259	0.587	0.058	0.115	0.735
针阔混交林	SOS	-0.498	0.119	-0.345	0.298	-0.672^{*}	0.023
	EOS	-0.032	0.926	0.238	0.481	-0.031	0.929
常绿阔叶林	SOS	-0.47	0.145	-0.807^{**}	0.003	-0.641^{*}	0.034
	EOS	-0.292	0.384	-0.767^{**}	0.006	-0.529	0.095
灌丛	SOS	-0.65^{*}	0.03	0.242	0.474	-0.224	0.508
	EOS	-0.251	0.457	0.588	0.057	0.032	0.926
高寒草原	SOS	-0.675^{*}	0.023	0.461	0.154	0.174	0.609
	EOS	-0.275	0.413	0.625^{*}	0.04	0.535	0.09
高寒草甸和苔原	SOS	-0.798^{*}	0.03	0.137	0.687	-0.315	0.346
	EOS	-0.398	0.226	0.585	0.059	0.04	0.908
高山稀疏植被	SOS	-0.908^{**}	0	-0.08	0.815	0.605^{*}	0.049
	EOS	0.063	0.854	0.48	0.135	0.584	0.059

注:$^{*}P<0.05$;$^{**}P<0.01$。

11.1.2.2 植被 NPP 与 SOS、EOS 变化响应的空间格局

对青藏高原植被 SOS、EOS 与 NPP 变化趋势进行空间叠加分析,同样可以将 NPP 对 SOS、EOS 变化的响应关系分为 4 种情形。如图 11.5 所示,NPP 对这两个物候指数响应关系的分布特征较为一致。

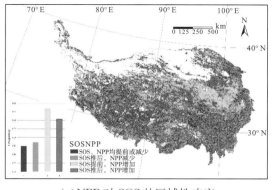
（a）NPP 对 SOS 的区域性响应

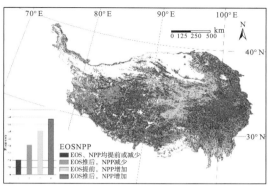
（b）NPP 对 EOS 的区域性响应

图 11.5　青藏高原 NPP 与 SOS/EOS 响应的空间差异

对于 SOS，情形①SOS 提前，NPP 减少，占青藏高原总面积的 14.41%，主要分布在青藏高原南缘和西北边缘；情形②SOS 推后，NPP 减少，占青藏高原总面积的 17.31%，主要分布在青藏高原南部和西北部；情形③SOS 提前，NPP 增加，所占比例最大，为青藏高原总面积的 36.79%，分布在青藏高原东部；情形④ SOS 推后，NPP 增加，占青藏高原总面积的 30.83%，主要分布在青藏高原中部和西南部分。

对于 EOS，情形①EOS 提前，NPP 减少，占青藏高原总面积的 10.51%，主要分布在青藏高原南部地区；情形②EOS 推后，NPP 减少，占青藏高原总面积的 20.62%，主要分布在青藏高原南部和西北部；情形③EOS 提前，NPP 增加，占青藏高原总面积的 30.17%，分布在青藏高原中部；情形④EOS 推后，NPP 增加，占青藏高原总面积的 38.70%，主要分布在青藏高原东部和中西部区域。

NPP 对 SOS、EOS 不同响应情形的区域分布基本与 NPP 对 LOS 响应情形的区域分布相吻合，即 NPP 随 LOS 延长而增加的区域对应 NPP 随 SOS 提前而增加，NPP 随 EOS 推后而增加的区域，其他情形类推。且各情形下年平均温度、年降水量以及各自的变化趋势也基本一致。可见在 NPP 对 LOS 响应的区域差异是在 SOS 与 EOS 的协同作用下产生的。

不同地区年平均温度、年降水量及变化趋势分布见图 11.6。

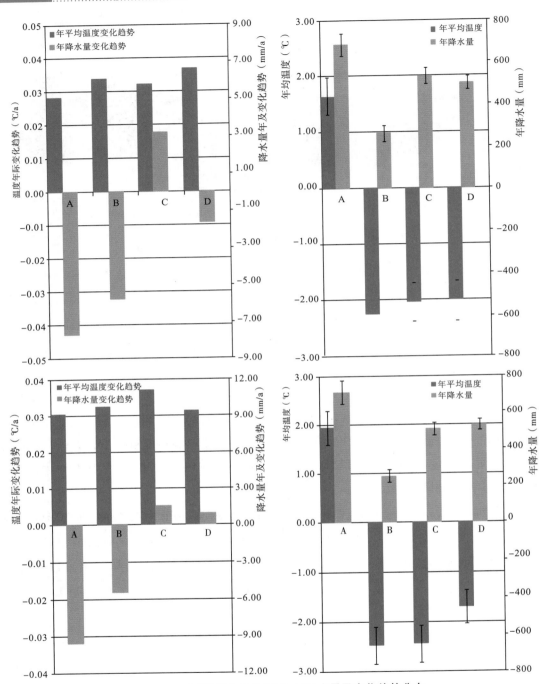

图 11.6　不同地区年平均温度、年降水量及变化趋势分布

11.2　青藏高原植被 NPP 响应物候变化的驱动机制分析

11.2.1　气候因子控制下的响应机制分析

青藏高原人类活动较少,气候因子往往对植被生长起到决定性作用。本书根据气象站点插值数据统计了青藏高原气温降水时空变化,并统计了植被物候、NPP 与气候因子的相关性,分析了不同气候单元植被 NPP 与物候响应机制的差异。

对植被物候、年 NPP、各季节 NPP 分别与相应时段的温度、降水量做相关性分析,如表 11.2 所示。结果表明,近 30 年 SOS 与春季温度存在显著的负相关关系($P<0.01$),春季温度的升高使得 SOS 提前,同时 SOS 与上一年冬季温度呈显著正相关关系($P<0.01$),说明冬季升温会使 SOS 推迟。中国昆明植物研究所许建初研究员认为冬季的升温可能会使冬季休眠植物所需的低温满足时间推迟,从而导致草原返青期推后。SOS 与春、冬季降水之间没有显著的相关性,可以认为温度是春季物候变化的主导因子。EOS 与夏季温度呈负相关($P<0.05$),夏季温度升高可导致 EOS 提前,与秋季温度呈显著正相关关系($P<0.1$),秋季温度升高则导致 EOS 推后。EOS 与夏、秋季降水之间没有显著的相关性。相比 SOS,EOS 与温度、降水相关性普遍降低,可见 EOS 变化相比 SOS 所受到的影响因素更为复杂,这与植物本身内部机理、土壤温度和光照等其他因子有关。LOS 与年平均温度之间表现为正相关关系,与降水量呈负相关,但都没有达到很好的显著性。这是由于显著的冬季升温与春季升温的共同影响使得春季物候变化复杂,加之 EOS 对温度变化不如 SOS 敏感,导致LOS 整体上对年际温度的敏感性下降。

年际和各季度 NPP 与相应时段的温度之间则呈现显著的正相关性($P<0.01$)。除春季外,各时段 NPP 与相应降水量都呈现微弱负相关性,但未通过显著性水平验证。可见,就青藏高原整体区域而言,降水量的变化对 NPP 累积相比气温只产生次要影响。

表 11.2　　　　　　　　　　　　物候、NPP 与温度降水年际线性关系

物候	温度	降水
SOS	−0.714**(春季)	0.078
	0.549**(上一年冬季)	−0.329(上一年冬季)
EOS	−0.441*(夏季)	0.246(夏季)
	0.422(秋季)	−0.185(秋季)
LOS	0.417(年均)	−0.202(年际)
NPP	温度	降水

物候	温度	降水
年际	0.804**	−0.200
春季	0.654**	0.038
夏季	0.768**	−0.184
秋季	0.692**	−0.098
冬季	0.796**	−0.304

注: ** 表示在 0.01 水平(双侧)上显著相关;* 表示在 0.05 水平(双侧)上显著相关。

上述分析可以看出,气候因子同时影响了植被物候和 NPP,为了找出气候因子、植被物候与 NPP 之间的响应强度,我们利用统计分析软件对青藏高原植被整体年际 NPP、物候和温度降水数据,进行因子分析,得到由物候指数、温度、降水线性组合的成分因子 F_1、F_2(表 11.3)。

表 11.3　　　　　　　　　　成分因子矩阵

变量	F_1		F_2	
	因子荷载	得分系数	因子荷载	得分系数
SOS	−0.145	0.125	−0.858	−0.609
LOS	0.177	−0.102	0.856	0.599
年均温度	0.884	0.568	0.199	−0.084
年降水量	−0.898	−0.594	−0.137	0.134

根据成分因子的荷载可以视 F_1 为气候因子,表示干热程度;F_2 视为物候因子,表示生长季前移和延长程度。经回归分析得到 NPP(Y)与 F_1、F_2 之间的标准化线性关系 $Y = 0.451F_1 + 0.170F_2(P < 0.1)$。标准化系数越大则影响越大,可见青藏高原植被整体上生长季前移和延长和对 NPP 累积有促进作用,然而其对 NPP 的贡献要小于气候的干热化。

11.2.2　不同气候分区青藏高原植被 NPP 对物候变化的响应机制分析

我们首先以年降水量 50mm 为间隔,将青藏高原划分为 24 个降水区间,而后以 2℃ 为间隔,将各降水区间进一步划分为 14 个区间,分析植被物候与 NPP 在不同的温度降水区间的变化趋势。

由图 11.7 可以看出,各植被物候指数与 NPP 演变趋势在不同的温度降水区间内表现出较强的聚集性。年降水量在 800~1000mm 年平均温度低于 −8℃ 的地区,SOS 提前,但 EOS 也出现提前,LOS 和 NPP 都没有明显的变化。年平均气温和年降水量都较高(年均温度高于 0℃、年降水量大于 900mm)的区域内 LOS 缩短,NPP 减少。年降水量在 1100mm 以上、年均温度在−8℃以下时,LOS 与 NPP 都呈现延长或增加的趋势。年降水量为 500～700mm、年平均温度在−8～−4℃的区域虽然 LOS 缩短,但此区间气温和年降水量都呈现上升趋势,NPP 大幅增加。可见在温度和降水量都高的区域,NPP 与 LOS 变化趋势一致;而在水热条件一般的区域,NPP 与 LOS 的变化趋势并不完全一致。

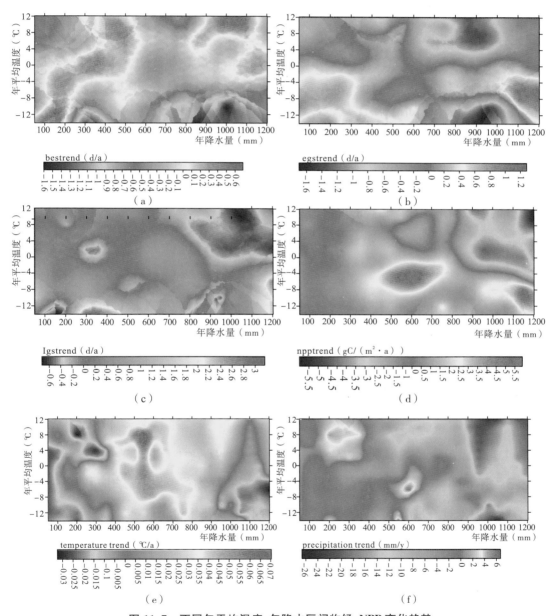

图 11.7　不同年平均温度、年降水区间物候、NPP 变化趋势

按不同的温度与降水区间,分析 NPP 对 LOS 变化的响应关系,发现 NPP 随 LOS 变化的规律在不同的温度、降水区间有所不同。如图 11.8(a)所示,以 2℃ 为间隔划分年平均气温区间,总体上温度越高的区域 NPP 值越大。当年平均温度在 −6℃ 以下时,年 NPP 累积量基本在 $100gC/m^2$ 以下,并且 NPP 与 LOS 之间存在显著负相关($r=-0.810,P<0.05$),LOS 越长,NPP 累积反而越少;而当年均温度在 $-6\sim2℃$ 的范围内,NPP 随着 LOS 的延长先增大后减小,转折点随着温度升高而向后推移;年均温度在 2℃ 以上时,NPP 随着 LOS 的延长先有略微的减小,随后急剧增大。

与此同时(图 11.8(b)),我们发现年降水量在 800mm 以下时,NPP 总体上随着降水量增加而增加,但当年降水量超过 800mm 时,过高的降水反而抑制了 NPP 的累积。当年降水量在 300mm 以内时,NPP 随 LOS 变化幅度小;当年降水量在 $300\sim400mm$ 时,NPP 随 LOS 的延长先增大后减小;当年降水量在 $400\sim600mm$ 时,LOS 越长 NPP 累积越多,年降水量超过 600mm,以 LOS 在 165 天为转折点,NPP 先减少后增加。可见,水热条件好的区域,LOS 越长,则 NPP 累积量越多,这也解释了上文出现高原温带湿润、半湿润地区 NPP 由于 LOS 的缩短而呈现减少趋势的现象。

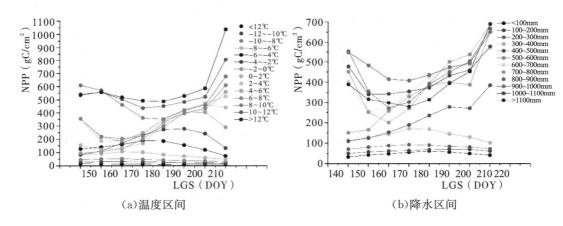

(a)温度区间　　　　　　　　　　　　　　(b)降水区间

图 11.8　不同温度降水区间 NPP 随 LOS 变化情况

11.2.3　不同生态地理单元青藏高原植被 NPP 对物候变化的响应机制分析

青藏高原独特的自然环境造就了空间上多样化的水热组合条件,进而影响了植被覆盖空间分布的差异。因此综合研究和比较地表生物和非生物要素,按自然界地域分异规律划分区域系统进行研究,能更好地反映青藏高原内部的区域差异。

11.2.3.1　不同生态地理单元植被 NPP 与物候相关性分析

为分析在不同生态地理单元内,NPP 与物候之间的响应特征,本书统计各个生态分区 LOS 与 NPP 的相关性,可以发现从高原亚寒带到中亚热带,降水较为丰富的地区(HⅠB1、

HⅡA/B1、VA5、VA6），NPP 与 LOS 之间往往表现出正相关性，半干旱区 NPP 与 LOS 正负相关性比例基本持平；干旱区 NPP 与 LOS 均呈现出负相关性。相关性统计数据如表 11.4 所示。湿润、半湿润区和干旱区 NPP 与 LOS 之间相反的响应关系反映出降水量的多少在响应关系中扮演了重要角色。还可以看到同属高原亚寒带半干旱区 HⅠC1、HⅠC2 以及同属高原温带半干旱区 HⅡC1、HⅡC2 的区域，NPP 与 LOS 的响应关系不尽相同。分析其原因，发现 HⅠC1 和 HⅠC2 在海拔分布上有很大差异，HⅠC1 海拔较高且分布均匀，而 HⅠC2 在南北高山中间存在大片谷地；HⅡC1 海拔低，相比其他半干旱区还在甘南部分分布有一部分针叶林，而 HⅡC2 海拔高，雪峰林立，这种显著的地貌和植被类型差异导致了半干旱区 NPP 与 LOS 响应关系的不同。

表 11.4 各生态区 NPP 与 LOS 相关性分析

温度带	降水等级	分区号	相关系数
高原亚寒带	半湿润	HⅠB1	0.458
	半干旱	HⅠC1	−0.469*
		HⅠC2	0.531*
高原温带	湿润、半湿润	HⅡA/B1	0.327
	半干旱	HⅡC1	0.407
		HⅡC2	−0.342
	干旱	HⅡD1	−0.578*
		HⅡD2	−0.494
		HⅡD3	−0.259
中亚热带	湿润	VA5	0.578*
		VA6	0.189

注：* 表示在 0.05 水平（双侧）上显著相关。

11.2.3.2 不同生态地理单元植被 NPP 对物候变化的响应规律

经过上一节的分析我们已经得知，NPP 与物候之间的响应关系有很大的区域差异，为了深入理解这种差异，本书统计分析了近 30 年青藏高原植被物候及 NPP 在不同生态地理单元的响应规律（图 11.9）。

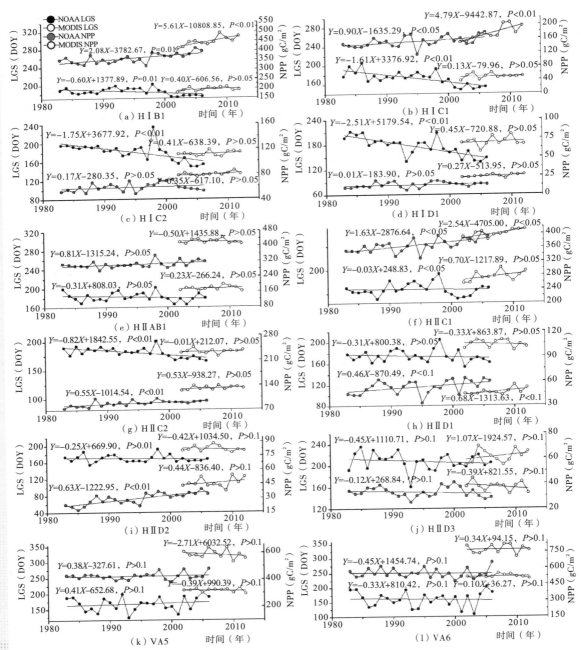

图 11.9　青藏高原不同生态分区 LOS、NPP 变化趋势

（1）高原亚寒带半湿润地区 HⅠB1——果洛那曲高原山地高寒灌丛草甸区

西起怒江河源的那曲，向东经玉树、黄河上游的果洛，直至四川西北部的阿坝、若尔盖，西部海拔多在 4000～4600m，东部海拔在 3500m 左右。本区受松潘低压控制，气候较冷湿，最暖月平均气温 6～10(12)℃，年降水量为 400～700mm，为高原上降水较多的区域。该区广泛分布着高寒草甸,生长季长度 LOS 在 1998 年以前较为稳定,之后出现较剧烈的缩短趋势,到 2002 年以后开始缓慢延长。该区域年 NPP 较高,基本在 320gC/m² 以上,近 30 年均保持增长趋势,尤其在 1997 年以后增加趋势明显。从图 11.9 中可以看出,LOS 与 NPP 几处明显的波峰波谷形状都保持一致,如 1984 年、1997 年、1998 年等。

（2）高原亚寒带半干旱地区 HⅠC1——青南高原宽谷高寒草甸草原区

西部是长江上游通天河河源的沱沱河和楚玛尔河,东部为黄河河源,南北宽 300~400km,海拔为 4200~4700m,相对高差仅 300~500m。本区气候寒冷,最暖月平均气温为 6~10℃,受湿润气候影响,年降水量可达 200~400mm。该区生长季长度在 1983—2006 年持续表现出缩短趋势,缩短速率 1.61d/a,通过了 0.01 的显著性水平验证,2002 年以后较为平稳,显示出一定的延长趋势,但并不显著。而该区年 NPP 在近 30 年呈现出增加趋势,尤其在 2002 年以后增加势头强烈,增加速率达到 4.79gC/(m²·a),通过了 0.01 的显著性水平验证。

（3）高原亚寒带半干旱地区 HⅠC2——羌塘高原湖盆高寒草原区

处于昆仑和冈底斯—念青唐古拉山之间,西以公珠错—革吉—多玛一线与阿里西部山地为界,地势南北高、中间低,北部海拔 4900m 左右,南部约 4500m。这里气候寒冷,气温年日变化大,最暖月平均气温 6~10℃,最冷月平均气温在 −10℃ 之下;暖季最低气温达 −18~−1℃,冷季可达 −40℃ 以下。年降水量为 100~300mm,自西北向东南递增。该区主要分布的植被类型为高寒草原,南部还分布有部分高寒草甸和苔原。该区域 LOS 在 1983—2006 年显示出显著的减少趋势,减少速率达到 1.75d/a,且通过了 0.01 的显著性验证,2002 年以后则表现平稳。该区域 NPP 常年较低,在 100gC/m² 以内,近 30 年变化较小,呈现微弱增加趋势。

（4）高原亚寒带干旱地区 HⅠD1——昆仑高山高原高寒荒漠区

该生态区是青藏高原主体西北部地势最高的部分,冰川资源丰富,湖泊亦较多。本区气候严酷,寒冷干旱,最暖月平均气温 3~7℃,暖季日最低气温多在 0℃ 以下。除高山上降水较多外,该区年降水量一般不超过 100mm,且多以固态形式为主,降水低值区为 20~50mm。该区主要土地覆盖类型为高山荒漠土或寒漠土,植被稀疏,植株矮小,植被生产力水平低,其生长季长度与 NPP 变化趋势与 HⅠC2 十分相似。

（5）高原温带湿润/半湿润地区 HⅡA/B1——川西藏东高山深谷针叶林区

位于青藏高原东南部,西起雅鲁藏布江中下游,东至横断山区中北部,是以高山峡谷为主体的自然区。高山地区海拔最高可达 7556m,峡谷海拔在 2500~4000m,相对高差大。本区受来自印度洋及太平洋暖湿气候的影响,具有湿润、半湿润气候,且气温的垂直变化明显。该区域生产力水平较高,常年保持在 250gC/m² 以上,近 30 年 LOS 与 NPP 都较稳定,变化趋势都未达到显著性水平。LOS 与 NPP 在几个明显的波峰波谷处,如 1997 年、1998 年、2002 年、2003 年等形状都保持一致。

(6)高原温带半干旱地区 HⅡC1——青东祁连高山盆地针叶林、草原区

位于青藏高原的东北部,包括西倾山以北的青海东部、祁连山以及洮河上游的甘南地区。这里纬度偏北,但海拔较低,气候温和,最暖月平均气温为 12～18℃,最冷月平均温度为 -12～-5℃,且该区受偏南湿润气流影响,暖季降水较多,年降水量达 300～600mm,多集中于生长季。该区域主要分布高寒草甸和草原并且含有少量混交林,整体生产力水平高。1998 年以前,LOS 有较明显的延长,1998—2002 年生长季长度有明显的下滑期,随后继续延长。然而 NPP 在 1983—2012 年始终保持增长趋势,两个时段均通过了 0.05 的显著性水平验证。LOS 与 NPP 在年际变化趋势上虽有一定差异,但主要的波峰波谷在 1990 年、1991 年、1998 年等基本一致。

(7)高原温带半干旱地区 HⅡC2——藏南高山谷地灌丛草原区

位于青藏高原南部喜马拉雅山脉与冈底斯山脉之间,它包括喜马拉雅主脉的高山及其北翼高原湖盆和雅鲁藏布江中上游谷地。其中喜马拉雅主脉雪峰林立,多海拔 8000m 以上的高峰,而雅鲁藏布江中上游谷地海拔相对较低,大多在 4500m 左右。该区域主要植被类型为高寒草原、灌丛和高寒草甸,生产力水平为 70～140gC/m²。该区域 LOS 在 1983—2006 年和 2002—2012 年两个时段都呈现出缩短趋势,前一时段线性拟合通过了 0.01 的显著性水平验证。NPP 在 1983—2006 年表现出显著增加趋势($P<0.01$),增加速率为 0.55gC/(m² · a),2002—2012 年虽然也表现出增加趋势,但是并不显著。除 1998 年 LOS 和 NPP 都表现出波峰外,1988 年、1994 年、2008 年等两者出现峰谷相反的现象。

(8)高原温带干旱地区 HⅡD1——柴达木盆地荒漠区

位于青藏高原北部地区,包括柴达木盆地及其西北缘的阿尔金山地,是一个封闭的内陆高原盆地,海拔 2600～3100m,地势自西北向东南倾斜。本区全年受高空西风带控制,且受到蒙古高压反气旋的影响,晴朗干燥、降水稀少,是整个青藏高原上最干旱的地区。仅盆地东部受夏季风尾闾影响,气候稍湿润,东部年降水量 100～200mm,自东向西递减,至西部仅为 10 余 mm。该区最暖月平均温度为 10～18℃,最冷月平均温度为 -16～-10℃,占优势的地带性植被是荒漠植被,山地荒漠植被上界高达 3600～3800m,其上有山地草原分布,东部降水稍多,具有草原化荒漠的特点。北区柴达木东部和南缘的山间小盆地和扇缘地段灌溉农业发达,形成荒漠绿洲,提升了该区域总体的植被生产力。该区域 LOS 在 1983—2006 年、2002—2012 年两个时段都表现为缩短趋势,但并未通过显著性水平验证;NPP 在这两个时段都有较显著的增加($P<0.1$)。该区域 LOS 与 NPP 有很明显的波峰波谷反向的特征,如 1991 年、2001 年、2002 年、2004 年、2011 年等。

（9）高原温带干旱地区 HⅡD2——昆仑北翼山地荒漠区

本生态区包括帕米尔高原东缘，西、中昆仑山的北翼，毗邻新疆塔里木盆地，山峰与盆地高差达 4000m。本区年平均温度 0～6℃，1 月平均温度约−12～−4℃，7 月平均温度 12～20℃，年降水量为 70～150mm，山地中上部降水可达 300～400mm。该区域 LOS 在 1983—2006 年和 2002—2012 年两个时段都呈现缩短趋势，但未达到显著性水平；该区域植被稀少，植被生产力水平很低，NPP 在 1983—2006 年显著增长（$P<0.01$），增长速率为 0.63gC/（m²·a），2002—2012 年 NPP 也表现出一定的增长趋势，但并不显著。

（10）高原温带干旱地区 HⅡD3——阿里山地荒漠区

位于青藏高原西部，北起喀喇昆仑山脉，南抵喜马拉雅山脉，中部为冈底斯山脉所贯穿，南连羌塘高原，西与西喜马拉雅和克什米尔地区毗邻，呈南北径向延伸。本区高山、盆地与宽谷相间，地形比较复杂。山峰海拔多为 5000～6000m，宽谷、盆地一般海拔 3800～4500m。该生态区太阳辐射强，日照时数长，最高月平均气温为 10～14℃，地表类型主要为草原和荒漠，生产力水平低，且 NPP1983—2006 年和 2002—2012 年两个时段都呈现减少趋势，但没有达到显著性水平。LOS1983—2006 年呈现缩短趋势，2002—2012 年呈现延长趋势，延长速率较大，达到 1.07d/a，但未达到显著性水平。

（11）中亚热带湿润地区 VA5——云南高原常绿阔叶林、松林区

包括云南省北半部，贡嘎山以南的川西南山地和广西最西端右江源区，平均海拔 1800～1900m。该区冬半年受西风南支急流控制，热带大陆气团，经沙漠或大陆干燥区长途跋涉至此，加上北部湾的西南暖流，性质比较稳定，因此其天气多干燥晴朗、日照充足，最低月平均气温在 8～10℃，河谷部分可达 15℃左右。夏季受西南季风的影响，降水集中，年降水量在 1000mm 左右，其中 80%～90%集中在 5—10 月。该区 LOS 波动较大，在 1983—2006 年呈现延长趋势，2002—2012 年呈现缩短趋势，但并不显著。该区生产力水平高，基本在 400gC/m² 以上，但年际波动也较大，NPP 与 LOS 年际变化趋势较为一致，且变化曲线峰谷形状也基本一致。

（12）中亚热带湿润地区 VA6——东喜马拉雅南翼山地季雨林、常绿阔叶林区

在西藏自治区境内、喜马拉雅山主山脊线以南，分属山南地区的错那县和林芝地区的察隅、墨脱两县的部分地区。该生态区海拔 1000～4000m，从低到高依次分布着山地亚热带常绿阔叶林—山地亚热带半常绿阔叶林—山地温带针阔混交林—山地寒温带暗针叶林—山地草甸。该地区季节性区分不明显，导致 LOS 波动很大，年际变化不显著。该区有丰富的森林资源，在所有生态区中生产力水平最高，年际波动也较大，1983—2006 年呈现减少趋势，2002—2012 年呈现增加趋势，但都未达到显著性水平。

总体来说，青藏高原地区高原亚寒带植被 NPP 增加幅度以及物候变化程度比高原温带

以及中亚热带地区大;高原温带植被 NPP 与物候年际变化趋势较为缓和;中亚热带植被NPP 与物候年际波动大,变化趋势不明显。

11.2.4 不同海拔梯度青藏高原植被 NPP 对物候变化的响应机制分析

青藏高原地势高,众多大山脉绵亘于此,地形复杂多样,海拔高度具有明显的区域差异,因此垂直方向上海拔要素的影响不容忽视。图 11.10 反映了青藏高原地形地势的空间分布情况。

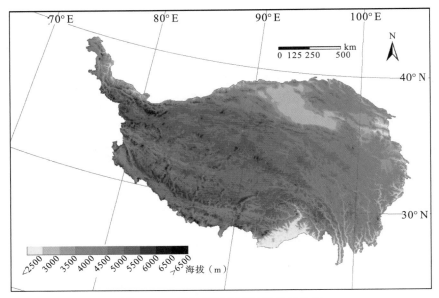

图 11.10 青藏高原地形地势空间分布

青藏高原平均海拔在 4000m 以上,南部东喜马拉雅山地南冀海拔小于 2500m,主要植被类型为常绿阔叶林和落叶阔叶林,约占总面积的 2.6%;海拔在 2500~3000m 的区域集中在北部,主要为水与荒漠,占总面积的 6.1%;海拔在 3000~4000m 的区域主要在青藏高原东北部,地表分布荒漠和高寒草甸,占总面积的 7.9%;海拔在 4000~4500m 的区域主要分布在高原东部,地表分布高寒草甸和苔原,占青藏高原总面积的 10.4%;海拔在 4500~5000m 的区域主要分布在高原西部和中部,地表分布植被类型为高寒草原,该区域占总面积的 31.8%,在各海拔层面中面积比最大;海拔在 5000~5500m 的区域主要分布在青藏高原西南、西北部,地表主要分布高山稀疏植被,占总面积的 20.1%;海拔大于 5500m 的区域所占面积较小,地表植被稀疏。

为反映不同海拔植被物候与 NPP 的分布特征以及响应机制,本书基于 DEM 数据,以100m 为间隔,将青藏高原地区划分为 31 个高程带,分别提取 1983—1992 年、1993—2002年、2002—2012 年 3 个时段各个高程带的物候与 NPP 分布格局,如图 11.11 所示。

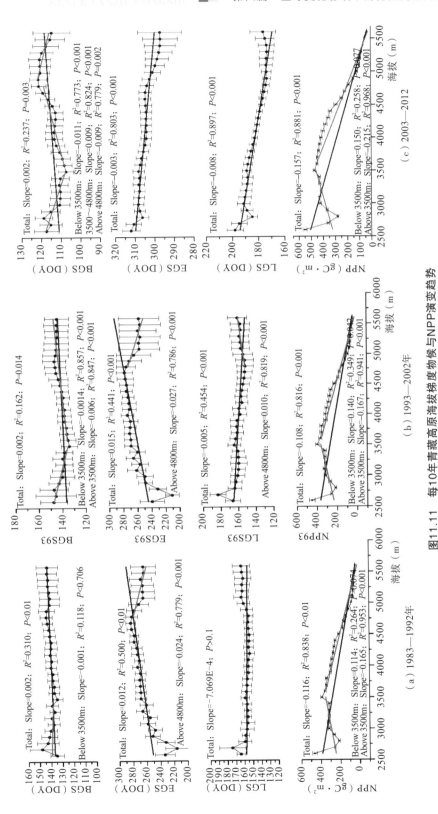

图11.11　每10年青藏高原海拔梯度物候与NPP演变趋势

其中青藏高原植被 SOS 在 1983—1992 年、1993—2002 年、2002—2012 年 3 个时段,整体上都呈现出随着海拔的增高而推后的现象,延后速率均为 0.2d/100m,且都通过了 $P<0.05$ 的显著性验证。还可以发现,SOS 并不是随着海拔的增高而持续推迟,当海拔低于 3500m 时,海拔越高,SOS 反而出现得越早,提前速率分别为 0.1d/100m、1.4d/100m 和 1.1d/100m,除 1983—1992 年外,其余两个时段都达到了 0.001 的显著性水平。此外,2002—2012 年的数据显示,当海拔高于 4800m 时,也出现海拔越高,SOS 反而越早的现象。

青藏高原植被 EOS 在 1983—1992 年和 1993—2002 年随海拔的变化趋势较为一致,整体上都表现为随海拔的增高而推后的趋势,推后速率分别为 1.2d/100m 和 1.5d/100m,当海拔高于 4800m 时,EOS 随着海拔增高而提前,提前速率分别为 2.4d/100m 和 2.7d/100m,且都达到了 0.001 的显著性水平。2002—2012 年数据结果显示,EOS 整体上随海拔增高而提前,提前速率为 0.3d/100m,$P<0.001$。

青藏高原植被 LOS 在 1983—1992 年随海拔变化趋势不显著,而在 1993—2002 年和 2002—2012 年都表现出随海拔上升而缩短的趋势,缩短速率分别为 0.5d/100m 和 0.8d/100m 且都达到了 0.001 的显著性水平。

青藏高原植被 NPP 在 3 个时段整体上都表现为随海拔增高而显著减少的趋势,减少速率分别为 11.6gC/(m^2·100m),10.8gC/(m^2·100m)和 15.7gC/(m^2·100m),都达到了 0.01 的显著性水平。海拔在 3500m 以下时,3 个时段 NPP 都随海拔的增高而增加,增加速率分别为 11.4 gC/(m^2·100m),14.0gC/(m^2·100m)和 15.0gC/(m^2·100m),但该高程区间 NPP 增加的显著性没有整体上 NPP 随海拔而减少的显著性高,这是由于青藏高原北部的荒漠海拔较低,影响了低海拔区的 NPP 总量。

我们同时对每个高程面的植被 SOS、EOS、LOS 与 NPP 的相关性进行了统计,结果如图 11.12 所示。发现物候与 NPP 相关性大小随高程变化有一定的波动性。其中,当海拔在 3500m 以下时,NPP 与 SOS 有较强的负相关性,特别在 3200m 以下时,达到了 0.01～0.05 的显著性水平,NPP 与 LOS 也相应地呈现出显著的正相关性。当海拔在 4300～4500m 时,NPP 与 LOS 也显示出显著的正相关性,该层面 NPP 与 SOS 负相关性下降,与 EOS 正相关性上升。海拔在 5000m 以上时,NPP 与 LOS 的相关系数又出现波峰,但并未达到显著性水平,同时 NPP 与 SOS 负相关性更加微弱,与 EOS 正相关性有所上升。

综上所述,海拔在 3500m 以下和 4800m 以上时各物候指数和 NPP 的年际波动较大,中等海拔层面年际变化数据则较为平稳。当海拔在 3500m 以下时,NPP 对 SOS 变化有很高的敏感性,对 EOS 变化的响应微弱。中等海拔层面 NPP 对 LOS 也有较强的正相关响应。青藏高原植被 SOS、LOS 和 NPP 在海拔层面上的分布情况较为一致,而结束期在不同海拔层面的分布情况则出现了较大差异。其原因:一是考虑到两种数据本身存在的差异，NOAA 数据较低的分辨率导致对海拔层面的敏感性较低；二是海拔在 3500m 以下的地区主要位于青藏高原南部的常绿林区和北部荒漠，EOS 的判定存在不稳定性。

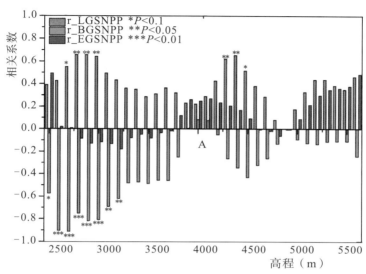

图 11.12　不同高程面物候与 NPP 相关系数统计

11.2.5　多因子协同作用下 NPP 响应物候变化的数值模拟

通过前面一系列的分析可以发现，植被 NPP 与物候之间的响应关系难以统一描述，自然界中气温、降水量、地理单元、物候之间本身就存在较强的联系。若气候因子、物候同时发生变化，可能会在一定程度上互相抵消或者同向协同放大对 NPP 的影响。我们在分别讨论了上述因子影响下物候与 NPP 的演变规律后，将青藏高原按生态分区、植被类型和海拔加以划分，以建立各个地理单元 NPP 与物候在多因子协同作用下的响应模型，解释各地理单元中不同因子对 NPP 的影响强度。

鉴于 NOAA 影像空间分辨率的限制，我们只对 2002—2012 年 MODIS 数据做了区划数值模拟。将海拔以 3500m 和 4800m 为界划分成 3 个等级，再按生态地理单元和植被类型划分区间，并选取了具有代表性的青藏高原典型植被高寒草原、高寒草甸和苔原以及灌丛加以研究。为了增加样本数量，我们对每个分区进行随机取样，每个分区采样个数为 20，综合区划和样点分布如图 11.13 所示。每个分区总样本数为 220 个。以 NPP 为因变量 Y_{NPP}，设自变量 X_B、X_E、X_L、X_T、X_P、X_A 分别代表对应点的 SOS、EOS、LOS、年均温度、年降水量和海拔高度。由于各自变量之间并不完全独立，我们采用逐步回归法以排除自变量偏相关的影响。表 11.5 列出了因变量与各自变量之间经标准化之后的拟合系数，数值越大，表示该因子影响 NPP 的贡献越大，空值表示由于因子贡献率太低，在回归过程中被剔除。各回归系数显著性水平多数达到 0.01,个别为 0.05。各地理单元植被 NPP 影响因子标准化系数及回归模型如表 11.5 所示。

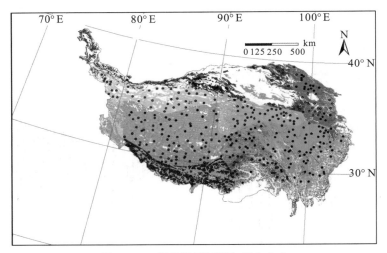

图 11.13　数值模拟区划与样点分布

表 11.5　　　　　　　　　NPP 响应因子标准化系数与回归模型

海拔(m)	生态分区	植被类型	X_L	X_B	X_E	X_T	X_P	X_A
<3500	HⅡC1	高寒草原	—	−0.118	—	−0.174	0.604	0.232
			$Y_{NPP}=-0.918X_B-15.954X_T+0.951X_P+0.109X_A+315.796$					
3500~4800	HⅡD2	高寒草原	—		−0.205	0.435		
			$Y_{NPP}=-0.819X_E+21.240X_T+417.209$					
	HⅡD1	高寒草原	—		−0.198	−0.327	0.802	
			$Y_{NPP}=-0.458X_E-6.007X_T+0.319X_P+136.198$					
	HⅡC1	高寒草甸和苔原				−0.776	0.712	−0.241
			$Y_{NPP}=-72.978X_T+1.121X_P-0.190X_A+579.680$					
	HⅠC1	高寒草原	−0.203	−0.198				
			$Y_{NPP}=-0.940X_B-0.359X_L+405.666$					
		高寒草甸和苔原				−0.326	0.485	
			$Y_{NPP}=-51.549X_T+0.750X_P-220.651$					
	HⅠC2	高寒草原	—	−0.449		−0.261	0.651	
			$Y_{NPP}=-0.343X_B-5.267X_T+0.131X_P+108.356$					
	HⅠB1	灌丛	—	−0.297		−0.117	0.212	−0.407
			$Y_{NPP}=-1.854X_B-8.387X_T+0.234X_P-0.138X_A+1078.982$					
		高寒草甸和苔原				−0.210	0.167	0.247	−0.482
			$Y_{NPP}=-3.970X_E+17.764X_T+0.419X_P-0.294X_A+2755.191$					

续表

海拔(m)	生态分区	植被类型	X_L	X_B	X_E	X_T	X_P	X_A
3500~4800	HⅡAB1	灌丛	—	—	−0.190	0.162	0.468	—
			\multicolumn{6}{} $Y_{NPP}=-1.734X_E+13.579X_T+0.417X_P+594.869$
		高寒草甸和苔原	—	—	—	—	0.145	−0.360
			$Y_{NPP}=0.253X_P-0.210X_A+1286.220$
	HⅡC2	高寒草原	—	—	—	—	—	−0.537
			$Y_{NPP}=0.116X_A+604.689$
>4800	HⅠC2	高寒草原	−0.226	—	—	0.455	0.310	0.162
			$Y_{NPP}=-0.239X_L+9.662X_T+0.095X_P+0.057X_A-162.786$
		高寒草甸和苔原	−0.143	—	—	0.498	0.236	—
			$Y_{NPP}=-0.507X_L+27.896X_T+0.180X_P+190.312$
	HⅠB1	高寒草甸和苔原	—	—	—	0.196	—	−0.344
			$Y_{NPP}=30.084X_T-0.398X_A+2355.565$
	HⅡC2	高寒草甸和苔原	—	—	—	0.283	—	—
			$Y_{NPP}=12.915X_T+131.583$

研究发现,海拔在4800m以下时HⅡC1、HⅡD1、HⅠC2的高寒草原受降水影响较大,其中HⅡC1、HⅠC2生态单元的NPP对SOS响应也较强烈,若SOS开始早,同期降水增加,将会对这两个生态分区高寒草原NPP累积起到更大的促进作用;各地理单元内高寒草甸和苔原对降水较敏感,高原温带半干旱区和亚寒带半干旱区温度升高对草甸和苔原NPP累积有消极作用,但高原温带半湿润区温度升高则促进草甸和苔原NPP累积。高寒草甸和苔原对物候变化的响应不如高寒草原和灌丛。EOS延后对高原温带干旱区草原NPP累积会产生消极作用,亚寒带草原则更容易受到SOS的影响,SOS的提前对NPP累积有积极作用。而不同生态区的灌丛对植被物候变化的响应也不同:高原亚寒带半湿润区SOS提前会促进灌丛NPP累积;而高原温带湿润半湿润区灌丛NPP更容易受到EOS的影响,EOS推后会抑制其NPP累积;另外,高原亚寒带灌丛对降水量的敏感性低于高原温带灌丛。

海拔较高的地区(大于4800m),各地理单元植被NPP累积受气温影响很大,对于HⅠC2高寒草原、HⅠC2高寒草甸和苔原以及HⅡC2高寒草甸和苔原而言,气温都是影响植被NPP累积的主导因子,温度越高,植被NPP累积越多,海拔变化对NPP累积几乎没有影响;对于HⅠB1高寒草甸和苔原,海拔高度的变化比气温变化对NPP累积的影响更大,高程越低,气温越高,植被NPP累积越多;HⅠC2高寒草原、高寒草甸和苔原NPP累积除受气温影响较大外还受到降水量和 LOS 的影响,降水量增大能促进该区植被 NPP 累积,而 LOS 的延长则对 NPP 累积有消极作用。

11.3 在全球变化影响下青藏高原植被返青期对积雪变化的响应

青藏高原植被大部分为高寒植被,高寒植被的生长环境变化直接影响着植被生态系统,特别是积雪覆盖的变化,对高寒植被的生长发育有着非常大的影响(Peng et al.,2010;Yu et al.,2013)。因此,下面我们首先分析在全球变化影响下青藏高原植被返青期对积雪变化的响应。

11.3.1 植被返青期与积雪关键参数的相关性分析

从 SOS 与 SCD 相关性的空间分布来看(图 11.14),1983—2012 年约有 32.3% 的植被区域的 SOS 与 SCD 有显著的相关性($P<0.1$),空间分布集中在青藏高原中部和西部地区,高原西南部和东南部也有小部分区域存在显著的相关性。其中,SOS 与 SCD 以显著负相关为主者,约为所有植被面积的 29.6%,说明积雪日数的增加会促进植被的生长,导致植被返青期提前。青藏高原中西部属于高原亚寒带半干旱地区,气候寒冷干燥,积雪日数的增加可以有效保护植被不受大风和低温的侵袭,提高土壤温度,减少植被根部的死亡率;同时,融雪水可以提高土壤水分含量,对植被的生长有促进作用。

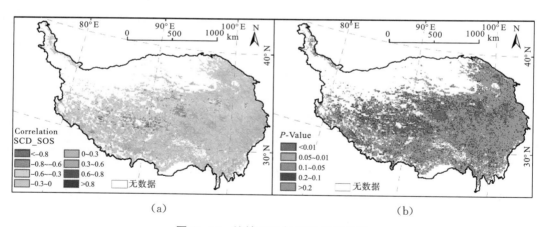

图 11.14 植被 SOS 与 SCD 的相关性

从 SOS 与 SCS 相关性的空间分布来看(图 11.15),1983—2012 年,大约 25.9% 面积的植被覆盖区的 SOS 与 SCS 有显著的相关性($P<0.1$),其中以显著正相关为主,占植被区面积的 24.2%,主要分布在青藏高原的中部和藏北高原地区。积雪开始期的提前有助于积雪日数的增多,进而促进植被的生长,导致植被返青期提前。

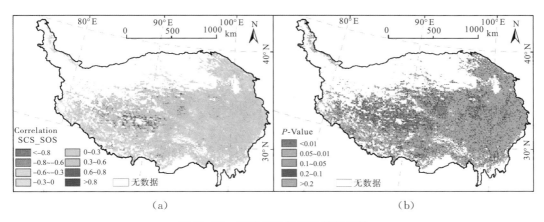

图 11.15　植被 SOS 与 SCS 的相关性

　　从 SOS 与 SCM 相关性的空间分布来看(图 11.16),有显著相关性($P<0.1$)的区域面积仅占 22.7%,且分布较为零散。其中,17.6%的区域面积有显著的负相关性,即积雪融化日期提前,植被返青期反而推迟,主要分布在青藏高原的中部地区;5.1%的区域面积有显著的正相关性,即植被返青期会随着积雪融化日期的延后而推迟,主要分布在青藏高原的东部地区。春季积雪融化时间对植被的生长具有双重影响:一方面过多的积雪覆盖会减少光合有效辐射,抑制植被的光合作用,因此积雪融化时间越晚,植被生长期开始就越晚;另一方面积雪过早融化又会使植被面临干旱胁迫,春季植被生长初期积雪融化时间提前会使得霜冻事件出现的频率增加,从而抑制植被的正常生长,导致返青期的推迟(Kokelj et al.,2010;Merbold et al.,2012)。这可能是导致 SOS 与 SCM 显著相关的区域要少于 SOS 与 SCD 和 SCS 显著相关区域的原因。

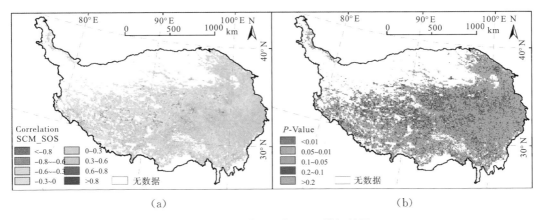

图 11.16　植被 SOS 与 SCM 的相关性

11.3.2 典型植被类型的返青期对积雪变化的响应

针对青藏高原 4 种典型的高寒植被类型，我们分别对其返青期与积雪 SCD、SCS 和 SCM 的相关性进行了分析，结果如图 11.17 所示。

从图 11.17 中可以看出，4 种典型高寒植被类型的 SOS 对积雪变化的响应具有明显的差异。

高寒草原 SOS 与 SCD 有显著的负相关性（$r=-0.61$，$P<0.001$），即随着积雪日数的增加，高寒草原的返青期呈现出提前的趋势；SOS 与 SCS 存在显著的正相关性（$r=0.58$，$P<0.001$），即随着积雪开始期的推迟，返青期也会出现推迟的趋势；SOS 与 SCM 呈现出较为显著的负相关性（$r=-0.49$，$P<0.01$），随着融雪日期的推迟，高寒草原的返青期反而会出现提前的趋势。高寒草原主要分布在青藏高原的西北部，平均海拔在 4685m，属于高原亚寒带半干旱地区，气候寒冷干燥。高寒草原植株较为矮小，积雪能够将其完全覆盖，可以起到很好的保温作用。同时，高寒草原所处地区较为干旱，在这种情况下积雪就成为了土壤水分的重要来源，积雪在春季开始消融，土壤水分增加，为植被的正常生长提供了必要的水分条件。因此，高寒草原受积雪变化的影响最为显著。

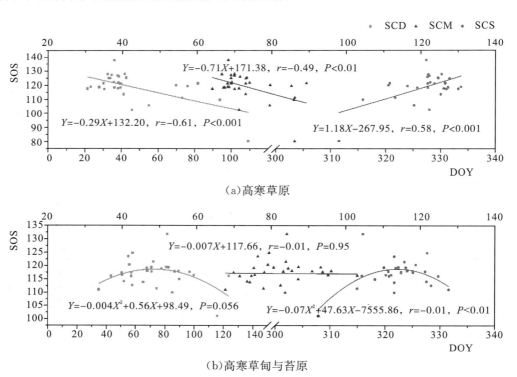

(a)高寒草原

(b)高寒草甸与苔原

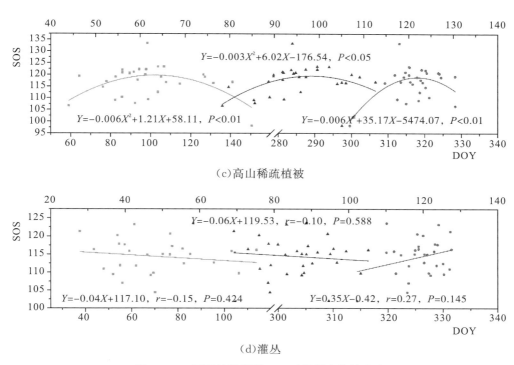

（c）高山稀疏植被

（d）灌丛

图 11.17 不同植被类型 SOS 对积雪变化的响应

　　高寒草甸和苔原的 SOS 与 SCD、SCS 和 SCM 均没有显著的线性关系，但我们发现采用二次函数可以较好地拟合 SOS 与 SCD 和 SCS 之间的关系，显著性分别为 $P=0.056$ 和 $P<0.01$。这表明，积雪日数和积雪开始日期在不同范围内变化会使植被 SOS 做出不同的响应。当积雪日数小于 70 天时，返青期随积雪日数的增加而推迟；而当积雪日数超过 70 天时，随着积雪日数的增加返青期又变为提前趋势。当 SCS 早于 322.2 天时，SOS 随 SCS 的推迟而推迟；当 SCS 晚于 322.2 天时，SOS 随 SCS 的进一步推迟而提前。高寒草甸和苔原主要分布在青藏高原的中东部，平均海拔 4481m，属于高原亚寒带半湿润地区，该区域水分条件较好，积雪提供的水分对植被的生长影响不大，这可能是导致 SOS 与 SCM 没有明显相关性的原因。然而，该地区气候仍较为寒冷，积雪仍可以保护植被免受低温的侵袭，但是，草甸草的高度要比草原草的高，少量的积雪无法完全将植被覆盖，只有当积雪量达到一定程度后，才能提供较好的保温作用。

　　高山稀疏植被的 SOS 与 SCD、SCS 和 SCM 之间的关系均可以用二次函数进行拟合，且均达到了 0.01 或 0.05 的显著性水平。当积雪日数小于 102.3 天时，SOS 随积雪日数的增加而推迟；当积雪日数大于 102.3 天时，SOS 随积雪日数的增加而提前。当 SCS 早于 318.1 天时，SOS 随 SCS 的推迟而推迟；当 SCS 晚于 318.1 天时，SOS 随 SCS 的推迟而提前。当 SCM 早于 98.3 天时，SOS 随 SCM 推迟而推迟；当 SCM 晚于 98.3 天时，SOS 随 SCM 的推迟而提前。高山稀疏植被零散分布在高海拔的山区,所在区域的平均海拔为 5085m,由于海拔高气温低,积雪的保温作用尤为重要,但只有当积雪量达到一定程度时才能起到较好的保护作用。

灌丛主要集中在青藏高原东南地区,平均海拔为 4070m,该区域属于高原温带湿润、半湿润地区,积雪的保温作用和提供水分的作用对植被生长的影响均不大,因此灌丛的 SOS 受积雪变化的影响较小,与 SCD、SCS 和 SCM 均没有明显的相关性。

11.3.3 植被返青期对积雪关键参数变化的响应

从上文的分析中可以看出,青藏高原植被返青期与积雪关键参数间存在显著的相关性,为进一步明确 SOS 对积雪变化的响应规律,我们利用 ArcGIS 对 SOS 和积雪关键参数的变化趋势进行空间叠加分析,分别得到了 SOS 对 SCD、SCS 和 SCM 响应关系的空间分布。

同时,植被 SOS 对积雪的响应关系可能会受到冬、春两季温度和降水的影响,因此我们采用多元线性回归法计算了 SOS 与春季温度、降水和冬季温度、降水之间的关系,结果如表 11.6 所示。在复相关公式中,x 代表冬春季的温度和降水,y 代表植被返青期,y_t 是根据 x_1、x_2、x_3 和 x_4 的模拟 y 值。根据回归结果,复相关分析计算如式(11.2)所示,R 为复相关系数,取值范围为 $[0,1]$,复相关系数越大,变量之间的关系就越密切。在建立回归模型的过程中,采用了逐步回归法,即逐个引入自变量,将对 y 影响不显著的变量剔除,最终只保留对 y 影响显著的变量。

表 11.6   不同响应关系下 SOS 对冬、春季温度和降水的复相关系数

		春季温度	春季降水	冬季温度	冬季降水	复相关系数
SOS 与 SCD 响应关系	SCD 减少 SOS 提前	−0.54**	−0.43**	—		0.81**
	SCD 减少 SOS 推迟	—		0.63**		0.63**
	SCD 增加 SOS 提前	−0.56**	—		−0.33*	0.74**
	SCD 增加 SOS 推迟	—		0.75**		0.75**
SOS 与 SCS 响应关系	SCS 提前 SOS 提前	−0.71**				0.71**
	SCS 提前 SOS 推迟			0.59**		0.59**
	SCS 推迟 SOS 提前	−0.48**	−0.48**			0.78**
	SCS 推迟 SOS 推迟	—	—	0.63**	0.37*	0.75**
SOS 与 SCM 响应关系	SCM 提前 SOS 提前	−0.52**	−0.44**			0.79**
	SCM 提前 SOS 推迟			0.62**		0.62**
	SCM 推迟 SOS 提前	−0.57**	—		−0.33*	0.74**
	SCM 推迟 SOS 推迟			0.76**		0.76**

注:* 表示 $P<0.05$,** 表示 $P<0.01$。

$$y_l = b_0 + b_1 x_1 + b_2 x_2 + b_3 x_3 + b_4 x_4 \tag{11.1}$$

$$R = \frac{\sum (y_i - \bar{y})(y_l - \bar{y})}{\sqrt{\sum (y_i - \bar{y})^2 \sum (y_l - \bar{y})^2}} \tag{11.2}$$

本文中的复相关分析都进行了 F 检验,按下式计算:

$$F_{k,n-k-1} = \frac{R^2}{1 - R^2} \times \frac{n - k - 1}{k} \tag{11.3}$$

式中: n 为样本数; k 为自变量个数。

图 11.18 为 1983—2012 年 SOS 对 SCD 响应关系的空间分布,并将其分为 4 类:①SCD 减少 SOS 提前;②SCD 减少 SOS 推迟;③SCD 增加 SOS 提前;④SCD 增加 SOS 推迟。情形①分布在高原东北部和中部的少部分区域,占高原面积的 3.99%,这部分区域 SOS 同时受到春季温度和降水的影响(复相关系数达到了 0.81, $P < 0.01$),该区域春季温度显著增加($0.06℃/a$),从而导致 SCD 减少,加之春季降水量的增加($0.98cm/10a$),最终导致 SOS 提前。情形②主要分布在羌塘高寒草原区,这部分区域气候寒冷,积雪的覆盖可以对植被起到很好的保温作用,有助于植被的生长,因此当 SCD 减少时,SOS 随之推迟。情形③主要分布在高原东部的高寒灌丛草甸区,这部分区域的 SOS 受春季温度和冬季降水的影响显著,说明土壤的水分含量也是影响该区域植被 SOS 的重要因素,而 SCD 的增加又有助于土壤水分含量的增加,因此 SOS 呈现出提前的趋势。情形④所占面积很少,且分布较为零散。

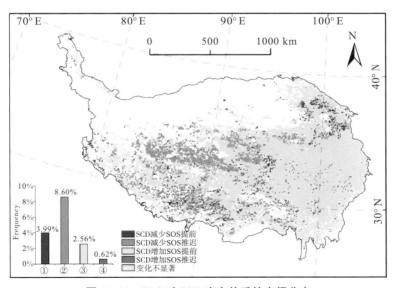

图 11.18 SOS 对 SCD 响应关系的空间分布

图 11.19 为 1983—2012 年 SOS 对 SCS 响应关系的空间分布,从结果可以看出,SOS 对 SCS 的响应存在明显的东西差异。东部地区植被 SOS 随着 SCS 的提前而提前,该部分区域 SOS 受春季温度影响显著,而 SCS 的提前有助于积雪量的增加,进而增加土壤水分含量,促进植被返青期的提前;西部地区气候寒冷干燥,SCS 推迟会导致冬季积雪的减少,使得植被更容易受到大风和低温的侵袭,从而导致 SOS 的推迟。

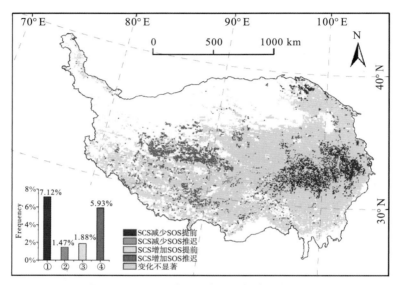

图 11.19 SOS 对 SCS 响应关系的空间分布

图 11.20 为 1983—2012 年 SOS 对 SCM 响应关系的空间分布,同样分为四类:①SCM 提前 SOS 提前;②SCM 提前 SOS 推迟;③SCM 推迟 SOS 提前;④SCM 推迟 SOS 推迟。情形①主要分布在高原东北部,这部分区域的 SOS 主要受春季温度和降水的影响,随着温度升高,SCM 提前,土壤水分含量增加,从而使得 SOS 提前。情形②主要分布在高原西北部,该区域气候寒冷,SCM 的提前会增加霜冻事件出现的频率,对植被的正常生长有抑制作用,从而导致 SOS 推迟。情形③和情形④所占面积很少,且分布较为零散。

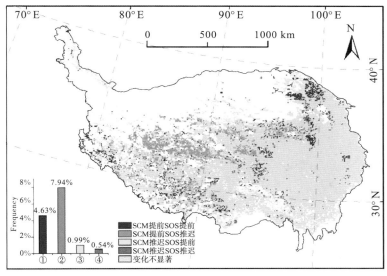

图 11.20 SOS 对 SCM 响应关系的空间分布

11.4 青藏高原植被返青期响应积雪变化的驱动机制

青藏高原气候条件、地形特征复杂多变,不同环境背景下的高寒植被对积雪变化的响应势必会存在差异。因此,本章分别针对不同气候条件、不同生态地理单元以及不同海拔层面的植被返青期对积雪变化的响应进行分析,并综合以上多种因素建立回归模型,试图模拟出多因子控制下的青藏高原植被返青期的演变趋势。

11.4.1 气候因子控制下的响应机制分析

我们分别以 1℃ 和 50mm 为间隔,将青藏高原划分为 18 个温度区间和 18 个降水区间,并分别计算了每个区间内 SOS 与 SCD、SCS 和 SCM 的相关系数,结果如图 11.21 所示。

我们发现,年平均温度低于 −9℃ 的地区 SOS 与积雪间没有明显的相关性,这些区域的气候条件恶劣,植被分布稀疏且生长周期较短,因此受到积雪的影响较小。年平均温度在 −8～0℃ 时,SOS 与 SCS 和 SCD 有显著的相关性,这些区域气候寒冷,积雪的覆盖能够起到很好的保温作用,能减少植被根部的死亡率。而随着温度的进一步升高,SOS 与积雪的相关性逐渐减弱,说明温度较高的区域积雪对植被生长的影响较小。

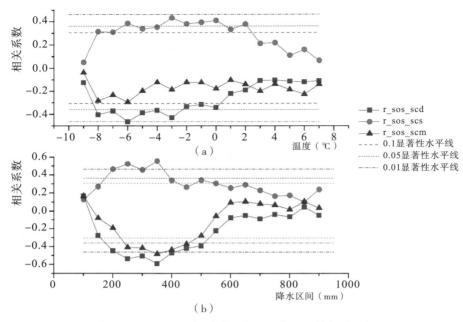

图 11.21 不同温度、降水区间 SOS 与积雪的相关系数

从不同降水区间 SOS 与积雪参数的相关性来看,年降水量少于 150mm 的区域没有明显的相关性,虽然积雪可以增加土壤中水分的含量,但这些区域极端干旱,融雪水不足以提供植被正常生长所需要的水分条件,这可能是导致这些区域 SOS 与积雪间无显著相关性的原因。年降水量在 200～500mm 的地区 SOS 受积雪变化的影响显著,这些区域属于半干旱地区,积雪可以进一步增加土壤中水分的含量,促进植被生长。而在年降水量超过 500mm 的地区水分含量较为充足,因此,降水量越多的地区 SOS 受积雪变化的影响就越小。

11.4.2 不同生态单元响应机制分析

青藏高原特殊的自然环境导致了水热条件的多样化,从而造就了植被空间分布的差异。因此,合理地划分区域系统,对高寒植被返青期及其对积雪变化的响应进行分析,能更好地反映出青藏高原的内部差异。

本书所采用的青藏高原生态地理区划数据来源于中国科学院地理所,它是根据郑度等(2008,2017)制定的中国生态地理区域系统划分方案进行划分的。我们分别针对不同区域内过去 30 年植被返青期和积雪参数的变化规律进行了分析,同时探讨了各区域内植被返青期对积雪变化的响应。结果如图 11.22 和图 11.23 所示。

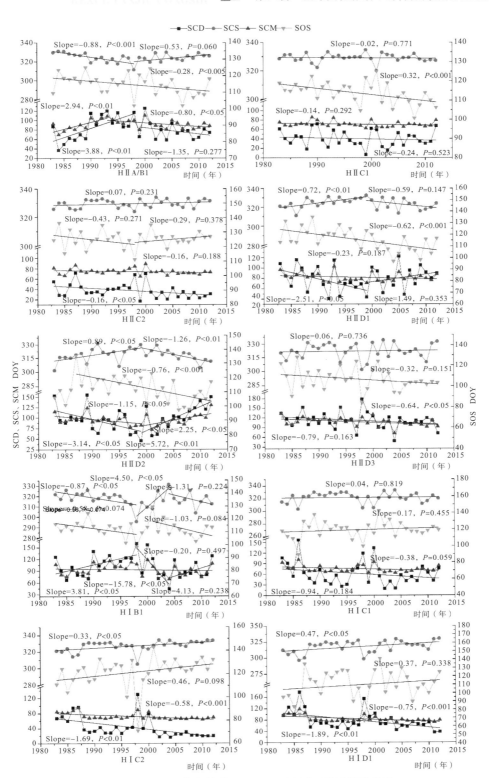

图 11. 22　不同生态单元 SOS、SCD、SCS 和 SCM 变化趋势

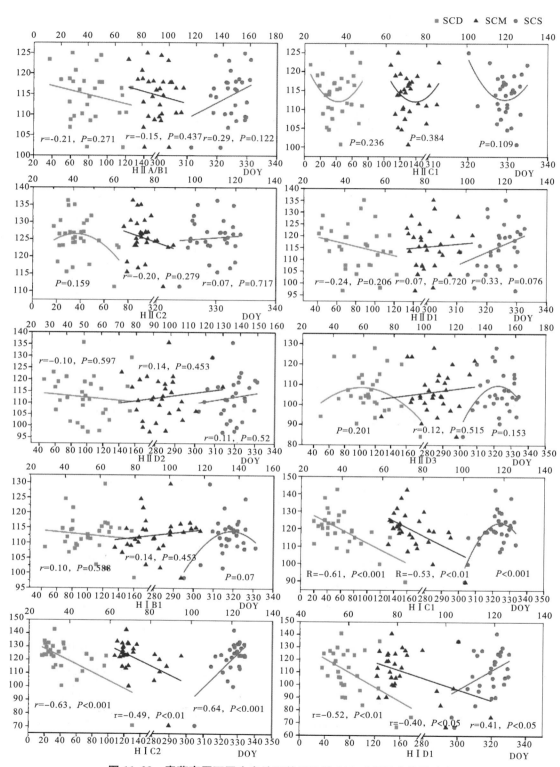

图 11.23　青藏高原不同生态地理单元植被 SOS 对积雪变化的响应

（1）HⅡA/B1区

SOS1983—2012年表现为持续的提前趋势,提前速率为0.28d/a,且通过了0.005的显著性检验;SCD1983—1998年以3.88d/a的速率显著增加($P<0.01$),在1998—2012年呈不显著的减少趋势;SCS在1998年以前显著提前,提前速率为0.88d/a,在1998年后以0.53d/a速率推迟;SCM1983—1993年呈现出显著的推迟趋势($P<0.01$),而1994—2012年转变为较显著的提前趋势($P<0.05$)。该区域SOS与积雪参数存在线性相关,但均未通过显著性检验。

（2）HⅡC1

1983—2012年,SOS表现为显著的提前趋势($P<0.01$),提前速率为0.32d/a,而SCD、SCS和SCM均没有明显的变化趋势。该区域SOS与积雪参数间存在二次关系,但均未达到显著性水平。

（3）HⅡC2

SOS1982—1998年呈现出不显著的提前趋势,速率为0.43d/a,1999—2012年表现为轻微的推迟趋势,推迟速率为0.29d/a;1983—2012年,SCD呈现较为显著的减少趋势($P<0.05$),而SCS和SCM没有明显的变化。该区域的SOS与SCD存在不显著的二次关系,与SCM表现为不显著的负相关,而与SCS基本没有相关性。

（4）HⅡD1

本区的SOS在近30年呈现出极为显著的提前趋势($P<0.001$),提前速率达到了0.62d/a;1983—1999年,SCD显著减少(速率为-2.51d/a,$P<0.05$),SCS显著推迟(速率为0.72d/a,$P<0.01$);2000—2012年间,SCD表现为增加趋势(速率为1.49d/a,$P=0.353$),SCS表现为提前趋势(速率为-0.59d/a,$P=0.147$);SCM在整个时间段内呈现轻微的提前趋势。该区域SOS与积雪参数存在线性相关,但均没有达到显著性水平。

（5）HⅡD2

SOS1987—2012年的提前趋势非常明显,提前速率为0.76d/a;1983—1999年,SCD以3.14d/a的速率减少,SCS以0.89d/a的速率推迟,SCM以1.15d/a的速率提前,且都通过了$P<0.05$的显著性检验;2000—2012年,SCD显著增加,增加速率为5.72d/a,SCS显著提前,提前速率为1.26d/a,SCM推迟趋势较为显著,推迟速率为2.25d/a。该区SOS与积雪的相关性和HⅡD1区类似。

（6）HⅡD3

本区SOS和积雪参数的变化均不明显,只有SCM呈现出较为显著的提前趋势,提前速率为0.64d/a,$P<0.05$。该区域SOS与SCD和SCS存在二次关系,与SCM存在正相关,但均没有达到显著性水平。

（7）HⅠB1

该区 SOS 和积雪参数的变化最为复杂。SOS1983—1998 年和 2001—2012 年这两个时间段均呈现出提前趋势，提前速率分别为 0.58d/a 和 1.03d/a，达到了 $P<0.1$ 的显著性水平；而 1998—2001 年 SOS 出现了明显的推迟现象。SCD1983—1998 年呈现出较为显著的增加趋势（速率为 3.81d/a，$P<0.05$），1998—2004 年以 15.78d/a 的速率急剧减少，在 2004—2012 年又转为了不显著的增加趋势，增加速率为 4.13d/a。SCS 的变化与 SCD 类似，呈现出先提前后推迟然后又提前的趋势。而 SCM 则没有明显的变化趋势。该区域 SOS 与 SCS 存在较为显著的二次关系（$P<0.1$），当 SCS 早于第 319 天时，SOS 随 SCS 的推迟而推迟；当 SCS 晚于第 319 天时，SOS 随 SCS 的推迟而提前。

（8）HⅠC1

该区域 SOS 和积雪参数的变化均不明显，但 SOS 与积雪参数间存在显著的相关性。SOS 随 SCD 的增加显著提前，相关系数为 -0.61，$P<0.001$；SOS 随 SCM 的推迟而提前，相关系数为 -0.53，$P<0.001$；SOS 与 SCS 存在极显著的二次关系（$P<0.001$），当 SCS 早于第 324 天时，SOS 随 SCS 的推迟而推迟；当 SCS 晚于第 324 天时，SOS 随 SCS 的推迟而提前。

（9）HⅠC2

1983—2012 年，SOS 以 0.46d/a 的速率推迟，但推迟趋势并不明显。而积雪的变化较为显著，具体表现为 SCD 减少（速率为 1.69d/a，$P<0.01$），SCS 推迟（速率为 0.33d/a，$P<0.05$），SCM 提前（速率为 0.58d/a，$P<0.001$）。该区域 SOS 受积雪变化的影响显著，SOS 与 SCD 和 SCS 相关系数分别为 -0.63、0.64，且均通过了 $P<0.001$ 的显著性检验；与 SCM 的相关系数为 -0.49，通过了 $P<0.01$ 的显著性检验。

（10）HⅠD1

SOS1983—2012 年呈现出不显著的推迟趋势，推迟速率为 0.37d/a。积雪 1983—2012 年变化显著，SCD 减少，SCS 推迟，SCM 提前，变化率分别为 1.89d/a、0.47d/a、0.75d/a。该区域 SOS 与积雪的相关性和 HⅠC2 区类似，但相关程度要比 HⅠC2 区弱。

总体来看，除 HⅠC1，HⅠC2 和 HⅠD1 这三个区域的 SOS 表现出轻微的推迟趋势外，其余各区的 SOS 均出现提前的趋势，而积雪的变化在不同生态区内的差异很大。从各生态区 SOS 与积雪变化的相关性可以看出，高原亚寒带干旱半干旱地区（HⅠC1，HⅠC2，HⅠD1）的 SOS 与积雪物候的相关性要明显大于其他区域，说明气候越寒冷干燥，积雪对植被返青期的影响越显著。

11.4.3　不同海拔梯度下响应机制分析

青藏高原山脉纵横，地形复杂多变，不同区域的海拔高度相差很大，因此，植被和积雪在垂直梯度上的变化不容忽视。青藏高原平均海拔 4000～5000m,从东南向西北逐渐升高。青藏高原南部和东部边缘地区海拔低于 2500m,主要植被包括落叶阔叶林和常绿阔叶林,约占高原总面积的 2.6%;海拔 2500～3000m 的区域主要集中在北部的柴达木盆地,占 6.1%;高原东南部海拔在 3000～3500m,植被类型主要为灌丛;海拔 3500～4500m 的区域主要分布在高原东部,占总面积的 27.4%,主要植被类型为高寒草甸和苔原;海拔 4500～5000m 的区域所占面积最大,达到了 31.8%,主要分布在高原中部和西部,植被类型以高寒草原为主;海拔在 5500m 以上的区域所占面积较小,且地表植被分布稀疏。

为了反映不同海拔区间植被返青期与积雪物候的分布特征及返青期对积雪的响应机制,本书基于 DEM 数据,以 100m 为间隔将青藏高原划分为 28 个海拔区间,并分别提取了每个海拔区间内 1983—2012 年逐年的 SOS、SCD、SCS 和 SCM。

如图 11.24 所示,从整体来看,青藏高原植被的返青期随海拔升高逐渐推迟,推迟速率约为 0.2d/100m,且通过了 0.001 的显著性检验。然而,SOS 并不是随着海拔升高而持续性地推迟。当海拔小于 3500m 时,SOS 相对较晚且无明显的变化趋势,原因是海拔小于3500m 的区域主要分布在青藏高原南部的错那、墨脱和察隅三县,该区域属于亚热带湿润气候,主要植被类型为常绿阔叶林,进入雨季后持续的阴雨天会导致 NDVI 下降,对植被物候的提取造成较大的影响;当海拔为 3500～4800m 时,SOS 随海拔的升高呈现出显著的推迟趋势,(0.6d/100m,$P<0.0001$);而当海拔超过 4800m 时,SOS 又转为随海拔升高而提前,提前速率为 0.3d/100m,$P<0.0001$。

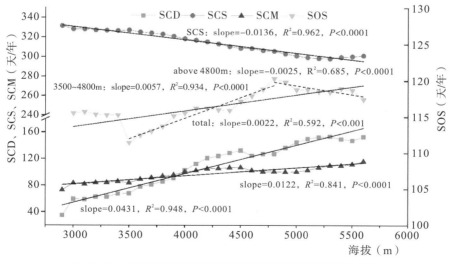

图 11.24 青藏高原植被返青期与积雪参数随海拔变化趋势

青藏高原积雪日数、积雪开始期和积雪融化期随海拔的升高均表现为极为显著的变化趋势($P<0.0001$),海拔每升高 100m,SCD 增加 4.3 天,SCS 提前 1.4 天,SCM 推后 1.2 天。从中我们发现,当海拔为 4600~5000m 时,SCD 和 SCM 的曲线均呈现出轻微的下降趋势,这是由于这部分区域主要位于藏北羌塘高原和青藏高原中部腹地,虽然海拔较高,但距离水汽源较远,降雪稀少,导致积雪相对匮乏。

我们同时计算了各个海拔区间 SOS 分别与 SCD、SCS 和 SCM 的相关系数,结果如图 11.25 所示。当海拔低于 4500m 时,SOS 与积雪的物候均没有明显的相关性;当海拔大于 4500m 时,随海拔的升高,SOS 与积雪物候的相关性显著增加,在海拔 5000m 处,均达到了显著相关,相关系数分别为 $R_{scdsos}=-0.56(P<0.01)$,$R_{scssos}=0.55(P<0.01)$,$R_{scmsos}=-0.38(P<0.05)$;而随着海拔进一步升高,相关性又急剧下降。

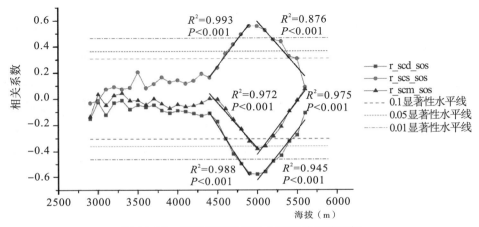

图 11.25　不同高程面 SOS 与积雪的相关系数

11.4.4　多因素协同作用下的 SOS 响应的数值模拟

通过上述分析我们发现,植被返青期和积雪以及两者之间的响应关系均会受到温度、降水、地理单元、海拔等多种因素的影响。在单独探讨了各因素影响下植被返青期与积雪的演变规律及其响应机制后,我们将综合多种因素,对青藏高原植被 SOS 进行数值模拟。

首先,在整个青藏高原地区随机生成了 1000 个点,然后选取了 4 种典型高寒植被(高寒草原、高寒草甸和苔原、高山稀疏植被、灌丛)以及它们主要分布的 6 个生态地理单元(HⅡC1,HⅠC1,HⅠC2,HⅠB1,HⅡA/B1,HⅡC2),将生成的随机点对应到每个分区,保证各区域内的样点不少于 30 个。以 SOS 为因变量,自变量分别设为年平均温度(X_t)、年降水量(X_p)、SCD(X_d)、SCS(X_s)、SCM(X_m)和海拔高度(X_a),采用逐步回归法建立各因变量与自变量间的回归模型,并对模型进行显著性检验,结果如表 11.7 所示。

表 11.7 　　　　　　　　　　　　SOS 与多因子间的回归模型及显著性

生态单元	植被类型	回归模型	显著性
HⅡC1	高寒草原	$Y=-1.636X_t+115.112$	$P<0.05$
	高寒草甸和苔原	$Y=-1.236X_t-0.036X_p+130.734$	$P<0.01$
HⅠC1	高寒草原	$Y=3.075X_t+0.038X_a-37.053$	$P<0.05$
	高寒草甸和苔原	$Y=4.494X_t-0.502X_s+292.460$	$P<0.1$
HⅠC2	高寒草原	$Y=1.572X_t+0.227X_m+116.576$	$P<0.1$
	高寒草甸和苔原	$Y=0.395X_d-2.292X_m-1.636X_s+818.779$	$P<0.05$
	高山植被	$Y=-0.093X_p+0.232X_d+144.946$	$P<0.1$
HⅠB1	灌丛	$Y=1.452X_t-0.517X_d-2.855X_s-0.023X_a+1167.538$	$P<0.1$
	高寒草甸和苔原	$Y=-0.071X_p-0.002X_m+156.333$	$P<0.001$
HⅡA/B1	灌丛	$Y=-0.201X_t-0.030X_p+127.019$	$P<0.1$
	高寒草甸和苔原	$Y=-0.031X_p+0.497X_s-0.009X_a-72.184$	$P<0.1$
	高山植被	$Y=1.789X_t+0.056X_p+1.108X_s+0.033X_a-427.759$	$P<0.05$
HⅡC2	高寒草甸和苔原	$Y=0.124X_d+2.645X_s-746.873$	$P<0.1$

从结果可以看出,绝大多数区域的 SOS 都会受到温度的影响,说明温度是控制 SOS 变化的主要因素,但并不是唯一因素。各区域内的高寒草甸和苔原受降水的影响也较显著,降水量的增加有助于返青期的提前。受积雪变化影响显著的区域为 HⅠC1、HⅠC2、HⅠB1和 HⅡC2,这也再次印证了前面中的结论,即寒冷干旱地区的 SOS 受积雪变化的影响显著。位于 HⅠB1 区的灌丛会同时受到温度、积雪和海拔高度的影响。而影响 HⅡA/B1 区高山稀疏植被 SOS 的因素更加复杂,温度、降水量、积雪日数和海拔高度的变化都会对其产生影响。

11.5　小结

本章主要分析了近 30 年在全球气候变暖影响下,青藏高原高寒植被生态系统生产力对植被物候变化的响应机制以及植被物候对其积雪环境变化的响应机制,可以得出以下结论:

(1)青藏高原植被 NPP 对物候变化的响应分析

总体上青藏高原地区植被 LOS 的延长对 NPP 累积有一定的促进作用,但是由于植被类型和生态分区的差异,LOS 对 NPP 的影响有所不同。就植被类型来看,只有针阔混交林 LOS 与 NPP 显示出显著的正相关性。全年 NPP 与 LOS 之间的响应关系没有与 SOS 的响应关系强。青藏高原植被春季 NPP 对 SOS 的变化有强烈的响应,各植被类型中高寒草原、高寒草甸和苔原、高山稀疏植被、灌丛春季 NPP 均与 SOS 呈十分显著的负相关,而植被 NPP 对 EOS 变化的敏感程度没有对 SOS 大。其次,青藏高原植被 NPP 对物候的响应有很明显的区域差异,LOS 对 NPP 有明显促进作用的区域集中在青藏高原东部高原温带干旱区和亚寒带半干旱区,对应地,该区域 SOS 的提前和 EOS 的推后对 NPP 累积共同起到促进作用;青藏高原西北部地区即使 LOS 延长、EOS 推后,NPP 还是有所减少。

(2)NPP 与物候响应关系受气候因子和地理单元的影响

首先从气候因子的年际变化和空间分布两个角度探讨了物候与 NPP 之间的气候驱动关系,研究发现青藏高原整体植被 SOS 与春季温度和上一年冬季温度都有显著的相关性,EOS 则与夏季温度相关性更高,夏季温度升高会导致 EOS 提前,EOS 与秋季温度呈正相关性,LOS 与年际温度呈现正相关性。各季度 NPP 以及年 NPP 都与相应时段的气温呈显著正相关,与降水量没有显著性相关关系。通过因子分析和回归分析发现,整体上生长季前移和延长以及气候的干热化程度都促进 NPP 累积,但气候因子影响更大。在不同的温度降水区间,NPP 对 LOS 变化的响应不同。总体来说,水热条件越好的区域(年均温度大于 2℃,年降水量大于 600mm),NPP 随 LOS 延长而增加的趋势越明显。就生态分区而言,高原亚寒带半湿润区和中亚热带湿润区 NPP 与 LOS 有较强的正相关,而在干旱区,NPP 与 LOS 呈显著的负相关。从垂直地带上看,海拔在 2700~3200m 的 NPP 与 LOS 呈显著正相关,NPP 的累积主要受到 SOS 变化的影响。海拔在 4300~4500m NPP 与 LOS 也呈显著正相关,但 NPP 的累积受到 SOS 与 EOS 两者的综合影响。

(3)多因子协同作用下 NPP 与物候响应机制分析

以往的研究通常从某种植被类型或生态单元出发,展开植被物候、植被 NPP 对气候因子的响应研究,本研究将青藏高原按海拔高度、生态分区和植被类型划分成若干地理单元,进行逐步多元回归分析,探讨了各因子对 NPP 累积的作用机制。研究发现,中低海拔区域(海拔低于 4800m),植被 NPP 累积受到气温、降水、植被物候、海拔高度的综合影响,其中,高寒草甸和苔原 NPP 对物候变化的响应强度较弱,高寒草原与灌丛 NPP 累积在半干旱区随 SOS 提前而增加,在干旱区随 EOS 推后而减少;在高海拔区域(海拔高于 4800m),除了 H I B1 高寒草甸和苔原 NPP 随海拔升高而减少,其他地理单元植被 NPP 受高程变化的影响很小,各个地理单元植被 NPP 累积主要受气温影响,温度越高,植物 NPP 累积越多。

(4)青藏高原植被返青期对积雪变化的响应

首先从空间分析了 SOS 与 SCD、SCS 和 SCM 的相关性。32.3% 的区域 SOS 与 SCD 有显著的相关性,主要分布在高原中部和西部地区,其中以显著负相关为主,占 29.6%;青藏高原的中部和藏北高原地区的 SOS 受 SCS 变化影响显著,面积约占 24.2%;17.6% 的区域 SOS 与 SCM 有显著的负相关性,主要分布在高原中部地区,5.1% 的区域存在显著的正相关性,主要分布在高原东部。从典型植被类型看,高寒草原与积雪的相关性最为显著,SOS 与 SCD、SCS 和 SCM 的相关系数分别为－0.61、0.58 和－0.49;采用二次函数可以更好地拟合高山稀疏植被 SOS 与积雪间的关系,且均达到了 $P<0.05$ 的显著性水平;高寒草甸和苔原 SOS 与 SCS 有显著的二次关系;灌丛的 SOS 与积雪参数间没有明显的相关性。青藏高原植被 SOS 对积雪关键参数变化的响应有明显的区域差异,位于青藏高原西北部的羌塘高原高寒草原区受积雪的影响最为显著,随着 SCS 推迟、SCM 提前、SCD 减少,该区域植被的 SOS 出现了显著推迟的趋势。

(5)植被返青期对积雪的响应关系受气候因素、地形因素和生态地理分区的影响

在年平均温度低于－9℃和年降水量少于 150mm 的地区,SOS 与积雪间没有显著的相关性;年平均温度在－8～0℃的区域,SOS 与 SCS 呈显著正相关,与 SCD 呈显著负相关;而随着温度的进一步升高,SOS 与积雪的相关性逐渐减弱;年降水量在 200～500mm 的地区 SOS 受积雪变化的影响显著,而年降水量超过 500mm 的地区 SOS 受积雪变化的影响较小。就各生态分区来看,青南高寒区(HⅠC1)、羌塘高寒区(HⅠC2)和昆仑高寒区(HⅠD1)的 SOS 表现出轻微的推迟趋势,其他各区域 SOS 均出现不同程度的提前,而积雪的变化在不同生态单元内的差异很大;处于高原亚寒带半干旱地区的 SOS 对积雪变化的敏感程度要明显大于其他地区。从垂直地带上看,随着海拔的升高,SOS 和 SCM 逐渐推迟,SCS 逐渐提前,SCD 逐渐增加;在海拔 4700～5400m 范围内的 SOS 受积雪变化的影响显著。

参考文献

[1] Peng S,Piao S,Ciais P,et al. Change in winter snow depth and its impacts on vegetation in China[J]. Global Change Biology,2010,16(11):3004-3013.

[2] Yu Z,Liu S R,Wang J X,et al. Effects of seasonal snow on the growing season of temperate vegetation in China[J]. Global Change Biology,2013,19(7):2182-2195.

[3] 于海英,许建初. 气候变化对青藏高原植被影响研究综述[J]. 生态学杂志,2009,28(4):747-754.

[4] 宋春桥,游松财,柯灵红,等. 藏北高原植被物候时空动态变化的遥感监测研究[J]. 生态学杂志,2011,35(8):853-863.

[5] Li N,Wang G X,Yang Y,et al. Plant production,and carbon and nitrogen source pools,are strongly intensifiedby experimental warming in alpine ecosystems in the Qinghai-Tibet Plateau. Soil Biology & Biochemistry,2011,43:942-953.

[6] Rui Y C,Wang S P,Xu Z H,et al. Warming and grazing affect soil labile carbon and nitrogen pools differently in an alpine meadow of the Qinghai-Tibet Plateau in China[J].

Journal of Soils and Sediments,2011,11:903-914.

[7] Gao J Q, Hua O Y, Lei G C, et al. Effects of Temperature, Soil Moisture, Soil Type and Their Interactions on Soil Carbon Mineralization in Zoigê Alpine Wetland, Qinghai-Tibet Plateau[J]. Chinese Geographical Science 2011,21(1):27-35.

[8] Kokelj S V, Riseborough D, Coutts R, et al. Permafrost and terrain conditions at northern drilling-mud sumps: Impacts of vegetation and climate change and the management implications[J]. Cold Region Science and Technology,2010,64:46-56.

[9] Merbold L, Rogiers N, Eugster W. Winter CO_2 fluxes in a sub-alpine grassland in relation to snow cover, radiation and temperature[J]. Biogeochemistry,2012,111:287-302.

[10] 郑度,赵东升.青藏高原的自然环境特征[J].科技导报,2017.

[11] 张戈丽,欧阳华,张宪洲,等.基于生态地理分区的青藏高原植被覆被变化及其对气候变化的响应[J].地理研究,2010,29(11):2004-2016.

[12] 郑度.中国生态地理区域系统研究[M].北京:商务印书馆,2008.

[13] Root T, et al. Fingerprints of global warming on wild animals and plants[J]. Nature,421,57-60.

[14] Korner C, Basler D. Phenology under global warming[J]. Science,2010,327(5972):1461-1462.

[15] 方精云.全球生态学:气候变化与生态响应[M].北京:高等教育出版社,2000.

[16] Loarie S R, Mooney H A, Field C B. Diverse responses of phenology to global changes in a grassland ecosystem[J]. PNAS,2006,103(37):13740-13744.

[17] Andrew D R, Andy T, Philippe C, et al. Influence of spring and autumn phonological transitions on forest ecosystem productivity[J]. Phil. Trans. R. Soc. B,2010,365:3227-3246.

第 12 章　全球变化影响下的青藏高原
植被生态系统碳过程

12.1　青藏高原植被生态系统碳过程关键参量反演

Biome-BGC 模型由于其机理性强、模型结构清晰、空间扩展性好、代码开源等优点已被广泛地用于陆地生态系统内的碳氮水循环模拟(Chiesi et al.，2007；Hidy et al.，2012；Mao et al.，2016；Yan et al.，2016)。本研究拟采用 Biome-BGC 模型对青藏高原高寒植被生态系统的固碳能力进行估算。然而，由于青藏高原地理环境的特殊性(如积雪冻土的广泛分布)，原始 Biome-BGC 模型在模拟高寒植被的物候参数时存在严重的滞后现象(Sun et al.，2017)，并且由于高寒植被特殊的生长习性，模型中对应各植被功能类型的植被生理生态参数也应进行相应的调整。为此，本研究首先采用遥感物候对 Biome-BGC 模型中的原始物候模块进行了改进，然后利用在通量站实测的碳通量数据对植被生理生态参数进行了优化，最后基于优化后的模型对青藏高原高寒植被生态系统在 1982—2015 年的植被碳过程关键参量进行了估算。

12.1.1　Biome-BGC 模型物候模块改进

Biome-BGC 模型中的原始物候模块是基于物候—气候的经验关系来模拟植被的生长开始日期与生长结束日期的。假设气象条件如累积降水量、温度、日照时长等满足一定的阈值条件时，植被开始生长，反之植被结束生长。但相关研究表明，该物候模型对于高寒地区并不适用，会导致高寒植被生长开始日期被严重滞后，从而使得植被生长季长度被缩短，最终对植被固碳过程产生严重影响(Sun et al.，2017)。这一现象可以归因于广泛分布于高寒地区的冻土与积雪，它们的春季融水能为植被的萌芽与生长提供水分，因此即使在植被生长初期降水较少，但地表的土壤水分条件并不差，因此植被的萌芽和生长受水分条件的抑制作用较小。然而，Biome-BGC 模型中原始物候模块对于土壤水分条件的控制主要是依据气象驱动数据中的降水来体现的，而未考虑积雪与冻土的融水，因此势必会导致物候的模拟存在偏差。

遥感技术具有空间连续、多时相等优点，能够很好地反映植被物候的时空特征，已经被广泛地应用于高寒地区的植被物候反演研究(Zhang et al.，2013；Cong et al.，2017；Wang et al.，2017；Wang et al.，2018）。本研究使用基于 GIMMS NDVI 数据集反演的遥感物候对 Biome-BGC 模型中的原始物候模块进行了改进，从而使得植被物候模拟得更加准确。目前，利用遥感技术反演植被物候的方法主要可以分为 NDVI 阈值法（Burgan and Hartford，1993；White et al.，1997；Jonsson and Eklundh，2004）、模型拟合法（Zhang et al.，2003）、滑动平均法（Reed et al.，1994；Archibald and Scholes，2007）与最大变化斜率法（Kaduk and Heimann，1996）。其中，NDVI 阈值法中的动态阈值法已经被证明是目前提取植被物候参数中最简单且有效的方法之一（Richardson et al.，2010；Hufkens et al.，2012）。因此，本研究也采用该方法从 GIMMS NDVI 数据集中提取植被的 SOS 与 EOS。

本研究对 Biome-BGC 模型物候模块的改进主要包括以下几个步骤：①对 1982—2015 年的 GIMMS NDVI 数据集进行预处理，从而消除由于云、雪等地物的干扰造成的突变噪声，具体过程可见第 2 章；②采用动态阈值法从经过预处理后的 NDVI 数据集中反演获得青藏高原高寒植被在 1982—2015 年的 SOS 与 EOS；③利用反演得到的 SOS 与 EOS 产品替换 Biome-BGC 模型中的原始物候模块，从而完成对物候模块的改进。其中，根据相关文献（Jönsson and Eklundh，2004；常清等，2014）并结合青藏高原高寒植被 NDVI 的特征，本研究采用 20% 的动态阈值来提取高寒植被的物候参数。NDVI 比率的计算公式如下：

$$NDVI_{ratio} = \frac{NDVI - NDVI_{min}}{NDVI_{max} - NDVI_{min}}$$

式中：$NDVI_{ratio}$ 为输出的 NDVI 比率；NDVI 为经过预处理后的 NDVI 值；$NDVI_{max}$ 为该年份最大的 NDVI 值；$NDVI_{min}$ 为上升方向或者下降方向上 NDVI 的最小值，分别用于定义 SOS 与 EOS。

具体而言，SOS 被定义为当 $NDVI_{ratio}$ 在上升方向上达到 0.2 时的日期，EOS 被定义为当 $NDVI_{ratio}$ 在下降方向上达到 0.2 时的日期。有关使用动态阈值法进行植被物候参数提取的示意图如图 12.1 所示（汪箫悦，2016）。

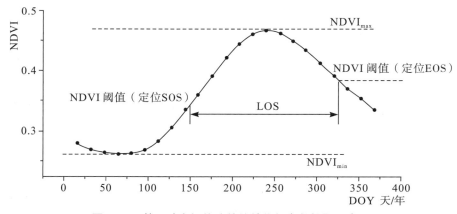

图 12.1　基于动态阈值法的植被物候参数提取示意图

12.1.2　Biome-BGC 模型参数敏感性分析与优化

模型参数对模型的模拟性能至关重要,其通常被视为模型的基石(Jorgensen and de Bernardi,1998),因此在将模型应用至特定区域之前通常需要结合实测数据对模型参数进行优化。然而,对于生态过程模型如 Biome-BGC 而言,模型内包括的参数往往非常多,对参数逐一进行优化不仅计算量大,而且可能由于参数间的相互关联导致对模拟精度的改善甚微。为此,在进行参数优化之前,一般需要对参数进行敏感性分析,以筛选出那些对模型模拟结果具有重要影响的参数,而后利用优化算法结合地面实测数据对这部分敏感性参数进行率定,从而使其符合研究区域内植被的生长特性。本研究首先结合 Morris 方法和 Sobol′方法分析不同植被类型下 Biome-BGC 模型的敏感性生理生态参数,而后使用模拟退火算法结合地面实测 GPP 数据对敏感性参数进行优化,具体过程将在下面进一步阐述。

12.1.2.1　模型参数敏感性分析

参数敏感性分析可以量化模型参数的变动对模型输出不确定性的贡献度,已经被广泛地应用于生态、水文以及农作物模型中来识别敏感性参数(Raj et al.,2014;Francos et al.,2003;Wang et al.,2013)。参数敏感性分析方法主要可以分为全局敏感性分析方法与局部敏感性分析方法两种(Saltelli et al.,2004)。其中,局部敏感性分析方法通过每次变动一个参数值而固定其他参数来探究输入参数的变化对模型输出的影响,该方法适合于线性或者近线性模型;而全局敏感性分析方法则通过每次变动多个参数值的同时考虑参数之间的交互作用来分析模型的各个输入参数对模型输出的贡献率,适合复杂的非线性模型(Saltelli and Annoni,2010)。对于 Biome-BGC 生态过程模型而言,由于涉及的生理过程众多且十分复杂,模型参数之间一般具有相互关联性,因此更加适合于采用全局敏感性分析方法。

全局敏感性分析方法主要包括 Morris(Morris,1991)、Sobol′(Sobol,1993)、FAST(Cukier et al.,1978)等方法。其中 Morris 方法属于定性分析方法,而 Sobol′与 FAST 方法则属于定量分析方法。由于定性敏感性分析方法只能给出各参数的相对敏感性大小排序,而无法给出各参数对模型输出的定量评价结果,而定量敏感性分析方法一般计算量又非常大,因此通常使用的策略是将定性与定量的分析方法相结合来执行参数敏感性分析(Gan et al.,2014;Vanuytrecht et al.,2014)。本书亦采用了该方法,即先使用 Morris 定性分析方法去除那些对模型输出结果基本没有影响的参数,而后使用 Sobol′定量分析方法对剩余参数开展敏感性分析。相比于采用单一的定量敏感性分析方法,本研究采用的组合式敏感性分析策略可以在不损失精度的前提下有效地提高计算效率。

在进行参数敏感性分析之前,我们从相关文献中搜集了草地与灌丛类型的植被生理生态参数的分布函数以及值域范围,如表 12.1 与表 12.2 所示。需要说明的是,由于 Biome-BGC 模型在最初设计时为了程序的易用性与一致性,它将所有植被功能类型的生理生态参数均设置成了 37 个,但这 37 个参数并非对所有植被功能类型均有效。例如,Live wood turnover、New stem C to new leaf C 等与 stem 和 wood 相关的参数对于 C₃/C₄草地植被功能类型无效,但对于灌丛、针叶林与阔叶林类型均有效。另外,植被生理生态参数中的某些参数是基于其他参数计算获得的,如 Litter labile 是基于 Litter cellulose 与 Litter lignin 计算得到的,对于该类型参数我们也不再进行敏感性分析。同时根据野外调查及相关文档资料,我们发现青藏高原地区在过去几十年基本无自然火灾发生,因此我们将参数 Fire mortality 的值直接设成了 0,也不再对其进行敏感性分析。最终草地类型共剩下 24 个参数需要进行敏感性分析,灌丛类型共剩下 30 个参数需要进行敏感性分析。另外,由于高寒草甸与高寒草原两种植被类型在 Biome-BGC 模型中均被划分成了 C3 Grass 植被功能类型,但实际上这两种类型的生理特性存在明显的差异,因此为了提高模拟精度,本书对高寒草甸与高寒草原分别进行了参数敏感性分析与优化。

表 12.1 草地类型的植被生理生态参数的分布函数与值域范围

编号	参数	过程	概率密度函数	分布参数	来源
1	TGGS	A	Uniform	$\alpha = 0.18, \beta = 0.54$	Engstrom et al. (2006),Wang(2014a)
2	LGS	A	Uniform	$\alpha = 0.135, \beta = 0.405$	Sun et al. (2017)
3	WPM	B	Uniform	$\alpha = 0.05, \beta = 0.15$	Default
4	FRC∶LC	C	Uniform	$\alpha = 0.281, \beta = 2.19$	White et al. (2000)
5	CGP	B	Uniform	$\alpha = 0.25, \beta = 0.75$	Default
6	C∶N_{leaf}	D	Normal	$\mu = 25, \sigma = 8.6$	White et al. (2000)
7	C∶N_{lit}	D	Normal	$\mu = 45, \sigma = 11$	White et al. (2000)
8	C∶N_{fr}	D	Normal	$\mu = 50, \sigma = 19$	White et al. (2000)
9	L_{lab}	E		$1 - L_{cel} - L_{lig}$	
10	L_{cel}	D	Normal	$\mu = 0.23, \sigma = 0.077$	White et al. (2000)
11	L_{lig}	D	Normal	$\mu = 0.09, \sigma = 0.043$	White et al. (2000)
12	FR_{lab}	E		$1 - FR_{cel} - FR_{lig}$	
13	FR_{cel}	C	Uniform	$\alpha = 0.378, \beta = 0.495$	White et al. (2000)
14	FR_{lig}	C	Uniform	$\alpha = 0.095, \beta = 0.361$	White et al. (2000)
15	W_{int}	C	Uniform	$\alpha = 0.018, \beta = 0.032$	White et al. (2000)
16	LEC	D	Normal	$\mu = 0.48, \sigma = 0.13$	White et al. (2000)
17	LAI_{all∶prj}	B	Uniform	$\alpha = 1, \beta = 3$	Default
18	SLA	D	Normal	$\mu = 49, \sigma = 16$	White et al. (2000)
19	SLA_{sha∶sun}	B	Uniform	$\alpha = 1, \beta = 3$	Default
20	PLNR	B	Uniform	$\alpha = 0.075, \beta = 0.225$	Default
21	G_{smax}	B	Uniform	$\alpha = 0.0025, \beta = 0.0075$	Default

编号	参数	过程	概率 密度函数	分布参数	来源
22	G_{cut}	E		$0.01 \times G_{smax}$	
23	G_{bl}	B	Uniform	$\alpha = 0.02, \beta = 0.06$	Default
24	LWP_i	C	Uniform	$\alpha = -1.7, \beta = -0.2$	White et al. (2000)
25	LWP_f	C	Uniform	$\alpha = -4, \beta = -1.3$	White et al. (2000)
26	VPD_i	C	Uniform	$\alpha = 700, \beta = 1500$	White et al. (2000)
27	VPD_f	C	Uniform	$\alpha = 2000, \beta = 12000$	White et al. (2000)

表 12.2　　　　灌丛类型的植被生理生态参数的分布函数以及值域范围

编号	参数	过程	概率密度函数	分布参数	来源
1	LFRT	C	Uniform	$\alpha = 0.196, \beta = 0.5$	White et al. (2000)
2	LWT	B	Uniform	$\alpha = 0.525, \beta = 0.875$	Default
3	WPM	B	Uniform	$\alpha = 0.01, \beta = 0.03$	Default
4	FRC : LC	C	Uniform	$\alpha = 0.347, \beta = 5.5$	White et al. (2000)
5	SC : LC	B	Uniform	$\alpha = 0.11, \beta = 0.33$	Default
6	LWC : TWC	B	Uniform	$\alpha = 0.5, \beta = 1.5$	Default
7	CRC : SC	C	Uniform	$\alpha = 0.151, \beta = 0.472$	White et al. (2000)
8	CGP	B	Uniform	$\alpha = 0.25, \beta = 0.75$	Default
9	$C : N_{leaf}$	D	Normal	$\mu = 35, \sigma = 12$	White et al. (2000)
10	$C : N_{lit}$	B	Uniform	$\alpha = 46.5, \beta = 139.5$	Default
11	$C : N_{fr}$	D	Normal	$\mu = 58, \sigma = 32$	White et al. (2000)
12	$C : N_{lw}$	D	Normal	$\mu = 58, \sigma = 32$	White et al. (2000)
13	$C : N_{dw}$	C	Uniform	$\alpha = 212, \beta = 1400$	White et al. (2000)
14	L_{lab}	E		$1 - L_{cel} - L_{lig}$	
15	L_{cel}	D	Normal	$\mu = 0.29, \sigma = 0.086$	White et al. (2000)
16	L_{lig}	D	Normal	$\mu = 0.15, \sigma = 0.061$	White et al. (2000)
17	FR_{lab}	E		$1 - FR_{cel} - FR_{lig}$	
18	FR_{cel}	C	Uniform	$\alpha = 0.378, \beta = 0.495$	White et al. (2000)
19	FR_{lig}	C	Uniform	$\alpha = 0.095, \beta = 0.361$	White et al. (2000)
20	DW_{cel}	E		$1 - DW_{lig}$	
21	DW_{lig}	D	Normal	$\mu = 0.29, \sigma = 0.031$	White et al. (2000)
22	W_{int}	D	Normal	$\mu = 0.045, \sigma = 0.012$	White et al. (2000)
23	LEC	D	Normal	$\mu = 0.55, \sigma = 0.1$	White et al. (2000)

编号	参数	过程	概率密度函数	分布参数	来源
24	$LAI_{all:prj}$	B	Uniform	$\alpha = 1.3, \beta = 3.9$	Default
25	SLA	D	Normal	$\mu = 24.74, \sigma = 6.78$	He et al. (2006)
26	$SLA_{sha:sun}$	B	Uniform	$\alpha = 1, \beta = 3$	Default
27	PLNR	B	Uniform	$\alpha = 0.02, \beta = 0.06$	Default
28	G_{smax}	B	Uniform	$\alpha = 0.0015, \beta = 0.0045$	Default
29	G_{cut}	E		$0.01 \times G_{smax}$	
30	G_{bl}	B	Uniform	$\alpha = 0.04, \beta = 0.12$	Default
31	LWP_i	C	Uniform	$\alpha = -1, \beta = -0.3$	White et al. (2000)
32	LWP_f	C	Uniform	$\alpha = -7, \beta = -1.8$	White et al. (2000)
33	VPD_i	C	Uniform	$\alpha = 600, \beta = 1500$	White et al. (2000)
34	VPD_f	C	Uniform	$\alpha = 2500, \beta = 6000$	White et al. (2000)

（1）基于 Morris 方法的参数敏感性分析

Morris 方法（Morris,1991）是一个典型的 One-At-a-Time 敏感性分析方法。该方法计算效率高,且通常被用作敏感性分析中的第一步来筛选出那些对模拟结果极其不敏感的参数。Morris 方法采用了均值与方差两个测度来评估输入参数对模拟结果的相对重要性。其中均值主要用于评估输入参数的独立作用对模型模拟的影响,方差则用于评估参数间的交互作用对模型模拟的影响。为了获得敏感性指标,Morris 方法需要执行 $r \times (n+1)$ 次模拟,其中 r 为轨迹数,n 为输入参数的个数。在本研究中,r 被设置为 10。另外我们将均值指标的阈值设置为 0.05,即 Morris 均值低于 0.05 的参数可被认为对模拟结果几乎没有影响,我们将这部分参数予以剔除,而后对剩余参数执行 Sobol' 定量敏感性分析。本节涉及的敏感性分析操作均在软件 SimLab 2.2 中执行。

以 GPP 作为 Biome-BGC 模型的输出变量,采用 Morris 方法对高寒草甸、高寒草原、灌丛 3 种植被类型进行参数敏感性分析的结果分别如图 12.2、图 12.3 和图 12.4 所示。综合来看,各植被类型对 GPP 模拟的敏感性参数存在较大的差异。其中,高寒草甸对 PLNR、C：N_{fr}、C：N_{leaf}、FRC：LC 这四个参数均比较敏感,高寒草原对参数 C：N_{fr} 最为敏感,而灌丛则对参数 FRC：LC 最为敏感。通过对 Morris 敏感性指标设定阈值 0.05,最终对于高寒草甸植被类型我们剔除了 3 个参数（L_{cel},VPD_i,VPD_f）,对高寒草原植被类型剔除了 6 个参数（L_{lig},FR_{cel},$SLA_{sha:sun}$,G_{bl},VPD_i,VPD_f）,对灌丛植被类型剔除了 16 个参数（LWT,LWC：TWC,CRC：SC,CGP,C：N_{dw},L_{cel},L_{lig},FR_{cel},FR_{lig},DW_{lig},LEC,$SLA_{sha:sun}$,G_{bl},LWP_i,VPD_i,VPD_f）。对于剩下的参数,我们将采用 Sobol' 方法继续进行分析,从而定量评估各参数独立及其相互耦合作用对模型输出不确定性的贡献率,即一阶敏感性指数与总敏感性指数。

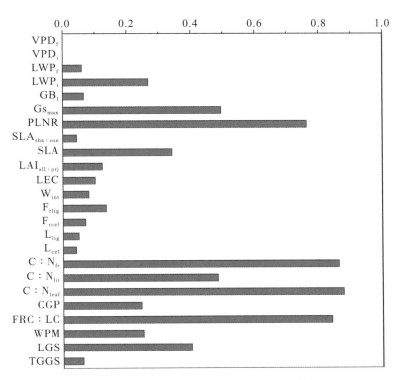

图 12.2 高寒草甸类型的 Morris 敏感性分析结果

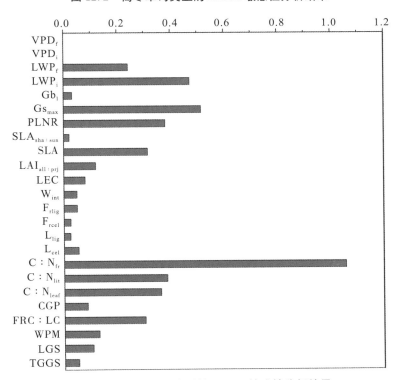

图 12.3 高寒草原类型的 Morris 敏感性分析结果

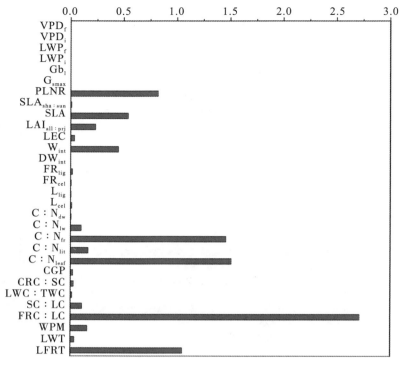

图 12.4　灌丛类型的 Morris 敏感性分析结果

（2）基于 Sobol 方法的参数敏感性分析

Sobol′方法（Sobol，1993）基于方差分解的原理，可分解获得各参数独立及其相互耦合作用对模型输出不确定性的贡献度，即可解释的程度。设定 $Y = f(x_1, x_2, \cdots, x_n)$，其中 $x_i(i = 1, 2, \cdots, n)$ 为参与敏感性分析的参数，n 为参数的个数，Y 为 Biome-BGC 模型的输出参量。通过多组参数样本进行模拟获得的输出参量的不确定性（即方差）可由以下方程表示：

$$V_Y = \sum_i V_i + \sum_i \sum_{j>i} V_{ij} + \sum_i \sum_{j>i} \sum_{k>j} V_{ijk} + \cdots + V_{1,2,\cdots,n}$$

式中：V_Y 为模型模拟参量的总方差；V_i 为各参数 x_i 独立作用的方差；$V_{ij} \sim V_{1,2,\cdots,n}$ 为各参数间耦合作用的方差。

对 Sobol′方差分解结果进一步计算，即可获得用于综合描述输入参数对模型输出参量的影响程度，即一阶敏感性指数与总敏感性指数。其中，一阶敏感性指数 S_i 可以反映每个参数 x_i 的独立作用对模型输出参量总方差的直接贡献率，将其定义为：

$$S_i = \frac{V_i}{V_Y}$$

同理，参数 x_i 的二阶与三阶敏感性指数可分别被定义为：

$$S_{ij} = \frac{V_{ij}}{V_Y}$$

$$S_{ijk} = \frac{V_{ijk}}{V_Y}$$

总敏感性指数主要用来描述该参数独立作用以及它与其他参数之间的耦合作用共同对模型输出不确定性的贡献率，将其定义为：

$$ST_i = \frac{V_Y - V_{-i}}{V_Y}$$

式中：V_{-i} 为除去参数 x_i 外涉及其他所有参数的方差总和。

为了计算得到一阶敏感性指数与总敏感性指数，Sobol′方法一般需要执行 $N \times (2n+2)$ 次模拟。式中 N 表示基准样本数，n 表示参与分析的参数个数。根据相关文献，本研究将 N 的值设为 512，因此，对高寒草甸植被类型 Biome-BGC 模型共需要进行 22528 次模拟，对高寒草原类型需要执行 19456 次模拟，而对灌丛类型则需要执行 15360 次模拟。另外，参照相关文献，我们将总敏感性指数的阈值设置成了 0.05 来判定此参数是否需要进行优化。

本研究设定 Biome-BGC 模型的输出参量为 GPP，而后基于 Sobol′定量分析方法对经过 Morris 定性分析方法筛选之后的参数进行计算，从而获得最终需要进行优化的参数。采用 Sobol′方法对高寒草甸和高寒草原两种植被类型中剩余的参数进行定量敏感性分析，结果分别显示在图 12.5 和图 12.6 中。另外，我们发现对于灌丛植被类型，以 GPP 作为输出参量时只有少数几个参数的一阶敏感性指数或总敏感性指数值比较大，而以 NEP 作为输出参量时仍有部分其他参数的总敏感性指数值很大，但这种情况在高寒草甸与高寒草原类型中均未出现。我们推测发生这种现象的原因可能是由于灌丛属于多年生植被类型，因此其涉及的生理过程相比于一年生植被如草地等更加复杂，同时 GPP 与 NEP 之间的差异为生态系统呼吸，涉及异养呼吸和自养呼吸两个复杂的生理过程，因此，以 NEP 作为模型输出参量时对其显示出敏感性的参数也相应地会增多。为此，我们将灌丛植被类型的输出参量设置成了 NEP，而后分析对其敏感的参数。灌丛类型的定量敏感性分析结果显示在图 12.7 中。

从 Sobol′敏感性分析结果中可以看出，高寒草甸与高寒草原两种植被类型的敏感性参数差异较小，它们均对参数 $C:N_{fr}$ 最敏感，同时，由于参数 $C:N_{fr}$ 的总敏感性指数与一阶敏感性指数的差值较小，表明该参数主要是通过独立作用对模型模拟产生影响。其次较为敏感的参数为 $C:N_{leaf}$ 与 $C:N_{lit}$，这两个参数中 $C:N_{leaf}$ 主要是通过与其他参数之间的交互作用来对模型模拟产生影响，而 $C:N_{lit}$ 则主要通过参数的独立作用对模型模拟产生影响。参数 $C:N_{fr}$、$C:N_{leaf}$ 和 $C:N_{lit}$ 显示出较大敏感性的原因主要是由于其控制着氮在各个组织中的分配比，如 $C:N_{leaf}$ 通过控制阴生叶与阳生叶内的氮含量的方式进一步对光合作用产生影响，而 $C:N_{fr}$ 通过控制细根中的氮含量从而作用于异养呼吸过程。对于灌丛植被类型，对模型模拟具有较大敏感性的参数包括 PLNR、$FRC:LC$、$C:N_{leaf}$ 和 LFRT，这 4 个参数均是通过与其他参数之间的交互作用来对模型模拟产生影响。其中，参数 PLNR 控制着通过 Rubisco 核酮糖-1,5-二磷酸羧化酶进行碳同化的速率，对光合作用模块有着重要的影响。

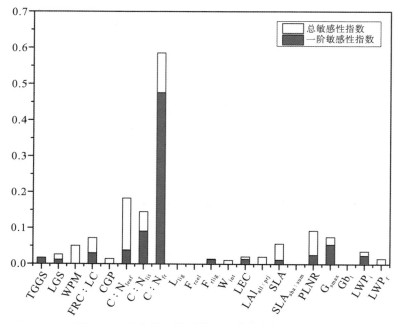

图 12.5　高寒草甸类型的 Sobol′ 敏感性分析结果

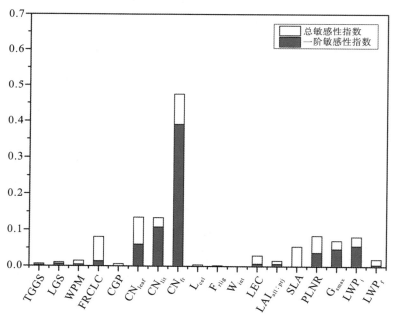

图 12.6　高寒草原类型的 Sobol′ 敏感性分析结果

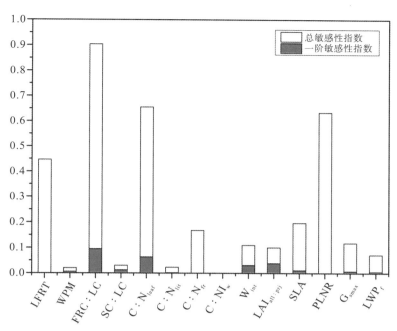

图 12.7　灌丛类型的 Sobol′敏感性分析结果

参照之前的研究,我们将总敏感性指数小于 0.05 的参数设为默认值,而将总敏感性指数大于 0.05 的参数予以保留而后进行优化。最终,高寒草甸类型保留了 7 个植被生理生态参数($FRC:LC$,$C:N_{leaf}$,$C:N_{lit}$,$C:N_{fr}$,SLA,$PLNR$,G_{smax}),高寒草原类型保留了 8 个参数($FRC:LC$,$C:N_{leaf}$,$C:N_{lit}$,$C:N_{fr}$,SLA,$PLNR$,G_{smax},$LWPi$),灌丛类型保留了 9 个参数($LFRT$,$FRC:LC$,$C:N_{leaf}$,$C:N_{fr}$,$Wint$,$LAI_{all:prj}$,SLA,$PLNR$,G_{smax})。

12.1.2.2　模型参数优化

模拟退火算法(Metropolis et al.,1953)是一种基于 Monte-Carlo 迭代求解策略的启发式优化算法,它可以在全局范围内找到一组参数值使得模拟值与观测值之间产生最佳匹配。该算法每次从当前解的临近解空间中选择一组最优解作为新的解,同时在算法寻优过程中也加入了随机因素,即以一定的概率接受一个比当前解更差的解,从而避免陷入局部最优解。模拟退火算法的流程如图 12.8 所示。

为了对上一节筛选出的敏感性植被生理生态参数进行优化,本研究首先利用 Biome-BGC 模型模拟的每日 GPP 值与基于涡度相关技术实测的 GPP 值构建目标函数,而后利用模拟退火算法在参数空间中找到一组参数值使得目标函数的值最小,从而实现敏感参数的优化。由于目前公开的实测碳通量数据较少(高寒草甸与高寒草原类型分别获取到了 2 年的实测数据,灌丛类型获取到了 5 年的实测数据),因此,本研究统一选用第一年的实测 GPP 数据用于优化模型的敏感性参数,同时使用剩余年份的实测 GPP 数据来评价优化后的模型的精度。利用 Biome-BGC 模型模拟的 GPP 和实测 GPP 数据构建的目标函数具有以下形式：

$$f = \sum_{i=1}^{K} \left| \mathrm{GPP_{MODi}} - \mathrm{GPP_{OBSi}} \right|$$

式中：f 表示绝对误差的和；$\mathrm{GPP_{MODi}}$ 表示由 Biome-BGC 模型模拟的每日 GPP 值；$\mathrm{GPP_{OBSi}}$ 表示由涡度相关技术实测的每日 GPP 值；K 表示观测数据的个数，在本研究中 K 等于 365（以一年的观测数据进行参数优化）。模拟退火算法的相关参数设置如表 12.3 所示。

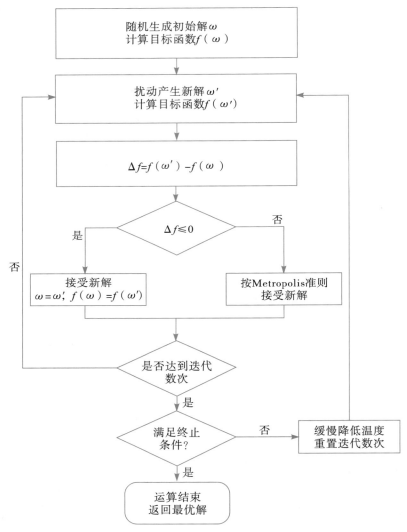

图 12.8　模拟退火算法流程图

表 12.3 模拟退火算法参数设置

初始温度：$T_{init}=1000℃$	马尔科夫链长度：$L=200$
退火策略：$T_i=d×T_{i-1}$	温度衰减因子：$d=0.95$
终止条件：$T_i<0.1$	

采用模拟退火算法结合地面实测 GPP 数据对高寒草甸、高寒草原、灌丛 3 种主要植被类型的生理生态参数进行优化后的参数值分别如表 12.4、表 12.5 和表 12.6 所示。

表 12.4 高寒草甸植被类型敏感性参数率定结果

序号	参数	缺省值	率定值
1	FRC：LC	2.0	2.07
2	C：N_{leaf}	24.0	32.93
3	C：N_{lit}	49.0	45.12
4	C：N_{fr}	42.0	43.66
5	SLA	45.0	44.39
6	PLNR	0.15	0.124
7	G_{smax}	0.005	0.0025

表 12.5 高寒草原植被类型敏感性参数率定结果

序号	参数	缺省值	率定值
1	FRC：LC	2.0	1.94
2	C：N_{leaf}	24.0	35.04
3	C：N_{lit}	49.0	44.23
4	C：N_{fr}	42.0	35.42
5	SLA	45.0	44.61
6	PLNR	0.15	0.137
7	G_{smax}	0.005	0.0059
8	LWPi	−0.6	−0.836

表 12.6 灌丛植被类型敏感性参数率定结果

序号	参数	缺省值	率定值
1	LFRT	0.25	0.27
2	FRC：LC	1.0	1.6
3	C：N_{leaf}	42.0	40.8
4	C：N_{fr}	42.0	44.5

序号	参数	缺省值	率定值
5	Wint	0.041	0.048
6	$LAI_{all:prj}$	2.6	2.52
7	SLA	12.0	13.2
8	PLNR	0.04	0.0424
9	G_{smax}	0.003	0.0028

12.1.3 所用数据源及处理

本研究使用的数据源主要包括五大类：驱动 Biome-BGC 模型运行的每日气象数据、地面观测站点数据、涡度通量观测数据、遥感数据以及基础地理数据。同时，为了使各类型空间数据的分辨率与 Biome-BGC 模型的模拟尺度保持一致，需要将所有空间数据的分辨率均重采样至 5km。关于各数据源的具体介绍如下。

12.1.3.1 气象数据

驱动 Biome-BGC 模型运行的气象要素中的温度及降水直接从"中国区域高时空分辨率地面气象要素驱动数据集"中提取得到，其下载网址为 http://westdc.westgis.ac.cn/。该数据集以 GEWEX-SRB 辐射数据、Princeton 再分析数据、TRMM 降水数据以及 GLDAS 数据为背景场，通过融合中国气象局常规气象观测数据制作而成（Chen et al.，2011；何杰和阳坤，2011），其空间分辨率为 0.1°，时间分辨率为 3h，存储格式为 NetCDF。另外对于驱动 Biome-BGC 模型运行的其他气象要素（如白天平均水汽压差、白天平均短波辐射通量密度、日长等），本书利用了 MTCLIM 模型对其进行计算。同时，由于 MTCLIM 模型对于气象要素的计算精度受日平均气温调和系数 TEMCF 的影响较大，因此，本研究在使用该模型前结合了青藏高原多个气象台站的观测资料，采用最小二乘拟合方法对该参数进行了本地化校正。

12.1.3.2 地面观测站点数据

驱动 Biome-BGC 模型运行的站点数据包括土壤质地数据、土壤有效深度数据、CO_2 浓度数据、氮沉降数据、地表反照率数据以及 DEM 数据。其中，土壤质地数据和土壤有效深度数据是从寒区旱区科学数据中心网站上下载的"新一代世界土壤数据库 HWSD V1.2"中提取得到；CO_2 浓度数据在 2003 年之前是通过冰芯与大气观测获得，2003 年之后则是由夏威夷气象观测站提供；氮沉降数据为中国农业科学院提供的空间化栅格数据，空间分辨率为0.1°；地表反照率数据采用了从国家地球系统科学数据共享平台网站上下载的"中国 0.05°分辨率反照率数据集"；DEM 数据是由 CGIAR-CSI 提供，空间分辨率为 90m，数据下载网址为 http://www.cgiar-csi.org。

12.1.3.3 涡度通量观测数据

为了对青藏高原几种主要植被类型的生理生态参数进行校正,本研究从全球通量网(http://fluxnet.fluxdata.org/)下载了位于青藏高原地区的 3 个通量站点的碳通量观测数据,分别对应了高寒草甸、高寒草原、高寒灌丛 3 种植被类型,各站点的具体信息如表 12.7所示。另外,由于目前无法获取到对应于针叶林植被类型的实测碳通量数据,因此,本研究直接采用了已公开发表的文献中(Yan et al.,2016)与青藏高原具有类似地理环境下针对针叶林植被类型进行率定后的参数值。

表 12.7 各通量站信息概况

序号	名称	植被类型	数据时间段(年)	纬度 N(°)	经度 E(°)	海拔(m)
1	海北灌丛站	高寒灌丛	2003—2007	37.67	101.33	3293
2	海北高寒草甸站	高寒草甸	2003—2004	37.61	101.31	3148
3	当雄高寒草原站	高寒草原	2004—2005	30.50	91.06	4333

12.1.3.4 基础地理数据

本研究采用的植被功能类型图(Plant Functional Types,PFTs)是从寒区旱区科学数据中心网站上下载的"中国植被功能类型图(1km)"(冉有华和李新,2011)中提取获得的。该数据是基于 Bonan 等(2002)提出的土地覆盖与植被功能类型转换的气候规则,对MICLCover 土地覆盖图(Ran et al.,2012)进行转换获得的。其中,MICLCover 土地覆盖图是基于 IGBP 分类系统结合 1∶100 万中国植被图集、1∶10 万土地利用数据、MODIS 2001年的土地覆盖产品以及 1∶10 万冰川分布图等数据制作而成的。在该植被功能类型图中去除了针阔混交林这一类,因此更加适合于陆面过程模型等相关研究。

另外,由于青藏高原上高寒草甸与高寒草原两种植被类型各自都占据了大部分区域,而它们在植被功能类型图中均被划分成了 C3 草地,因此,为了便于进一步的深入分析,我们根据 1∶100 万植被类型图将 C3 草地进一步细分成了高寒草甸与高寒草原,同时分别对这两种植被类型开展参数敏感性分析与优化研究。

12.1.3.5 遥感数据及预处理

GIMMS NDVI3g 数据集是基于先进甚高分辨率辐射计 AVHRR 获取得到的,其空间分辨率为 1/12 度,时间分辨率为 15 天,时间跨度为 1982—2015 年,数据下载网址为https://ecocast.arc.nasa.gov/data/pub/gimms/。该数据集在前期已经进行了几何精校正、薄云去除、坏线消除等处理,同时,其相比于之前的版本提高了在高纬度地区的数据质量,并被广泛地应用于区域及全球尺度上的植被动态研究(Zhu et al.,2013)。然而受云、雪等地物的影响,该数据集中仍然存在许多突变噪声,因此在使用之前仍需进一步处理。为此,本研究首先对青藏高原积雪覆盖区域非生长季的 NDVI 值采用 3 月的平均 NDVI 进行了替换,而后利用 Savitzky-Golay(Chen et al.,2004)滤波算法对其进行了平滑,从而消除 NDVI 时间序列数据中的突变噪声。另外,为了消除非植被区域的干扰,本研究对多年 NDVI 平均值小于 0.1 的像素也进行了去除。

12.1.4 模型改进与参数优化前后性能对比

对 Biome-BGC 模型物候模块改进前后以及参数优化前后 GPP 的模拟性能进行了对比分析。由于可获取到的实测数据较少,因此对于每种植被类型本研究均采用了第一年的实测 GPP 数据进行参数优化,然后利用剩余年份的实测数据来评估模型的精度。图 12.9(a)、图 12.9(b)、图 12.9(c)分别显示了海北高寒草甸站、当雄高寒草原站以及海北灌丛站在 V0、V1 和 V2 版本的 Biome-BGC 模型下的 GPP 模拟结果对比图。其中,V0 表示原始 Biome-BGC 模型,V1 表示改进了物候模块之后的 Biome-BGC 模型,V2 表示在改进了物候模块的基础上采用模拟退火算法对敏感性参数进一步优化之后的 Biome-BGC 模型。需要说明的是,由于灌丛为多年生植被类型,Biome-BGC 模型设定其在一年内均处于生长状态,因此,不需要对该植被类型的物候模块进行改进。

从图 12.9(a)和图 12.9(b)的 GPP 时序对比图可以看出,V0 在模拟 GPP 时出现了严重的低估现象,其原因主要可归因于 Biome-BGC 模型中的原始物候模块在模拟草地类型的生长开始日期时存在严重的滞后现象,会造成植被生长季长度被缩短,进而会严重影响植被的固碳能力。而由 V1 模拟的植被生长开始日期与根据涡度相关技术实测的 GPP 数据所定义的生长开始日期比较一致,由此说明遥感物候能够更加真实地反映出高寒植被的物候特征。造成 Biome-BGC 模型中原始物候模块在模拟植被生长开始日期时出现严重滞后的原因主要是由于该模块是基于物候—气候的经验关系发展而来,对物候参数的模拟受降水和温度的影响很大。然而对于青藏高原地区,尽管在春季降水较少,但由于积雪冻土的广泛分布,它们的春季融水可为植被萌芽和生长提供水分,因此植被在生长初期受土壤水分条件的抑制作用较小。但是原始物候模块尚未考虑到青藏高原地区冻土这一因素的影响,其假定土壤水分的唯一补给来源就是降水,因此由其模拟的高寒植被生长开始日期会被显著地推迟。然而需要注意的是,由 V1 模拟的 GPP 相比于实测 GPP 数据仍然存在一定偏差,因此还需要对模型参数进一步优化。

基于模拟退火算法对各植被类型的敏感性生理生态参数进行优化后的模拟效果显示在图 12.9(a)、图 12.9(b)、图 12.9(c)的 V2 模型上。从图 12.9 可以看出,经过参数优化后的模型模拟精度在各种植被类型上均有了很大提升,且它们与实测 GPP 数据的一致性较好。具体来说,在海北高寒草甸站,由 V2 模拟的 GPP 相比于 V0 而言其 R^2($P<0.05$)提升了 0.08,RMSE 降低了 1.25 gC/(m²·d);在当雄高寒草原站 V2 比 V0 的 R^2($P<0.05$)提升了 0.01,RMSE 降低了 0.13 gC/(m²·d);在海北灌丛站 V2 比 V0 的 R^2($P<0.05$)提升了

0.07，RMSE 降低了 $0.6 \ gC/(m^2 \cdot d)$。另外，从各站点的验证年份的模拟结果来看，V2 的模拟效果仍然较好，由此可以说明优化后的 Biome-BGC 模型能够较好地模拟青藏高原高寒植被的固碳能力。

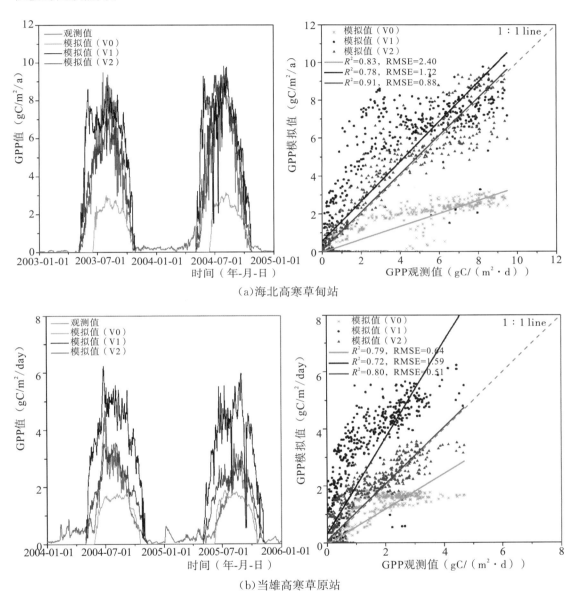

（a）海北高寒草甸站

（b）当雄高寒草原站

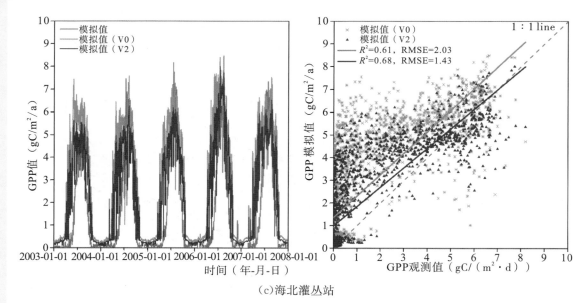

(c)海北灌丛站

图 12.9　GPP 模拟结果对比分析

另一方面,本研究将基于优化后的 Biome-BGC 模型模拟的 NEE 与实测 NEE 数据也进行了对比分析,结果如图 12.10 所示。从总体上来看,V2 对 NEE 的模拟精度相比于 V0 和 V1 而言有了提升,尤其是在生长季阶段。但是对于非生长季阶段的模拟,V2 的效果则相对较差,其原因主要是生态系统呼吸的模拟出现了偏差。另外,由于非生长季阶段生态系统呼吸消耗的碳的大部分均来源于土壤呼吸,因此造成非生长季阶段 Biome-BGC 模型对 NEE 的模拟效果较差可进一步归结于土壤呼吸模块的缺陷,这一问题在其他文献中也曾被报道过(Thornton et al. ,2002;Aguilos et al. ,2014;Mao et al. ,2016)。其原因可能主要在于以下几个方面:①Biome-BGC 模型中土壤呼吸算法的固有缺陷;②Biome-BGC 模型对土壤温度的模拟过于简单,不符合地表真实情况;③Biome-BGC 模型中未考虑过冻土因素的影响,而之前有研究表明青藏高原地区冻土的存在会对非生长季的土壤呼吸产生非常重要的影响(Wang et al. ,2014b)。因此,在下一步工作中需要根据青藏高原地区独特的地理环境对 Biome-BGC 模型的土壤呼吸模块做进一步的改进。

总体来看,经过物候模块改进和参数优化后的 Biome-BGC 模型能够较好地模拟青藏高原高寒植被的碳通量,与实测数据之间的吻合效果也较好。因此,将在下一节基于优化后的 Biome-BGC 模型估算整个青藏高原地区的植被碳通量。

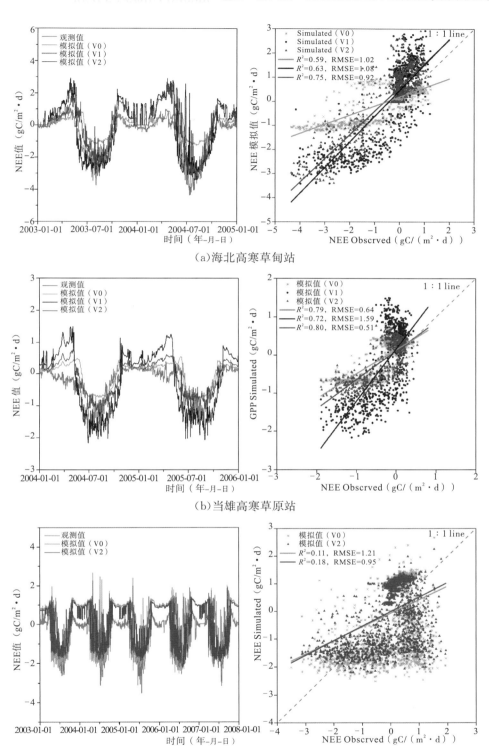

（a）海北高寒草甸站

（b）当雄高寒草原站

（c）海北灌丛站

图 12.10　NEE 模拟结果对比分析

12.2 青藏高原植被生态系统碳过程时空演变分析

在全球气候变化影响下,高寒植被的固碳能力也发生了显著变化。在本章中,我们将基于上一章节优化后的 Biome-BGC 模型结合空间化后的模型驱动数据对 1982—2015 年青藏高原高寒植被固碳能力进行估算,同时分析高寒植被固碳能力的空间分布格局与时间变化趋势,最后结合气象因子分析了高寒植被固碳能力对它们的响应。

12.2.1 高寒植被固碳参量空间分布格局

基于 Biome-BGC 的改进模型,同时结合地面实测碳通量数据对青藏高原上几种主要植被类型(高寒草甸、高寒草原、灌丛)的生理生态参数优化,对青藏高原高寒植被在 1982—2015 年的碳通量(包括 GPP、NPP、NEP)进行了模拟。另外,对于针叶林植被类型,由于无法获取到与其相对应的地面实测碳通量数据,本书直接采用已公开发表的文献中在黑河流域进行优化后的参数值(Yan et al. ,2016),而对于其他未进行参数优化的植被类型,因其所占比重很小,本书直接采用了默认值进行模拟。基于优化后的 Biome-BGC 模型模拟的 1982—2015 年的青藏高原高寒植被 GPP、NPP 以及 NEP 的空间分布图分别显示在图 12.11、图 12.12 以及图 12.13 中。

从图 12.11 中可以看出,GPP 的分布存在明显的空间分异性。受地形条件以及水热梯度的影响,GPP 从东南向西北呈现出逐渐减小的趋势。其中,GPP 年均值较大的区域主要集中在东南部以及南部区域,其覆盖的植被类型主要包括阔叶林、灌丛以及高寒草甸类型。从气候与地形条件来看,该区域内的降水较多,温度、光照和海拔等条件也比较适合植被的生长,因此植被的固碳能力也相对较强。而对于西部以及西北部地区来说,由于平均温度低、降水量少、海拔高等特点,该区域内以高寒草原为主导的植被类型的生长季长度也相对较短,这些因素综合起来使得该区域内植被的 GPP 年均值也相对较小。

如图 12.12 所示,从 NPP 的空间分布图可以看出,NPP 与 GPP 的空间分布格局较为相似。受地形条件和水热梯度的影响,NPP 的分布也明显地呈现出从东南向西北递减的趋势。在东南部地区,NPP 的年均值大多数在 700 gC/($m^2 \cdot a$) 以上,而在西北部地区,NPP 的年均值则大部分都小于 100 gC/($m^2 \cdot a$)。另外需要注意的是,由 Biome-BGC 模型模拟的南部地区的阔叶林植被类型的 NPP 值相对偏低,其原因可能是未对阔叶林植被类型的生理生态参数进行率定。

从图 12.13 中可以看出,NEP 的空间分布也存在较大的异质性。总体而言,东南部地区植被的固碳能力相比于西北部地区要强。另外根据 1982—2015 年 NEP 的平均分布结果来看,大部分区域(93.3%)的 NEP 值均大于 0,这表明青藏高原大部分植被区域在过去 30多年平均而言属于碳汇。

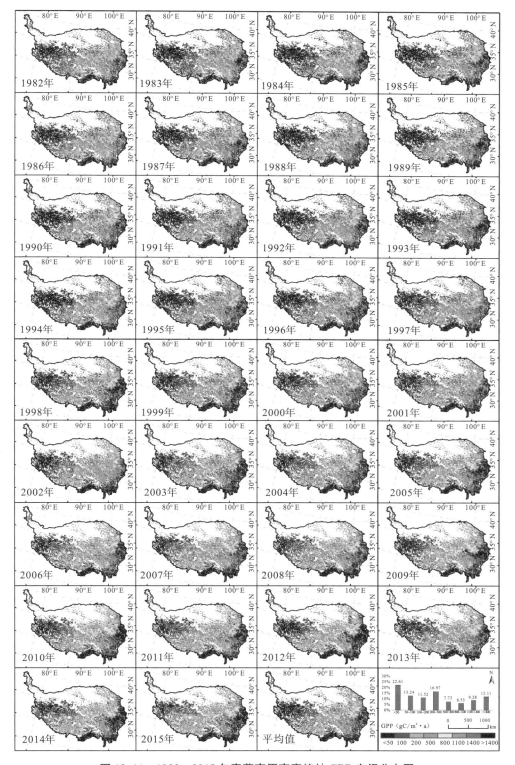

图 12.11　1982—2015 年青藏高原高寒植被 GPP 空间分布图

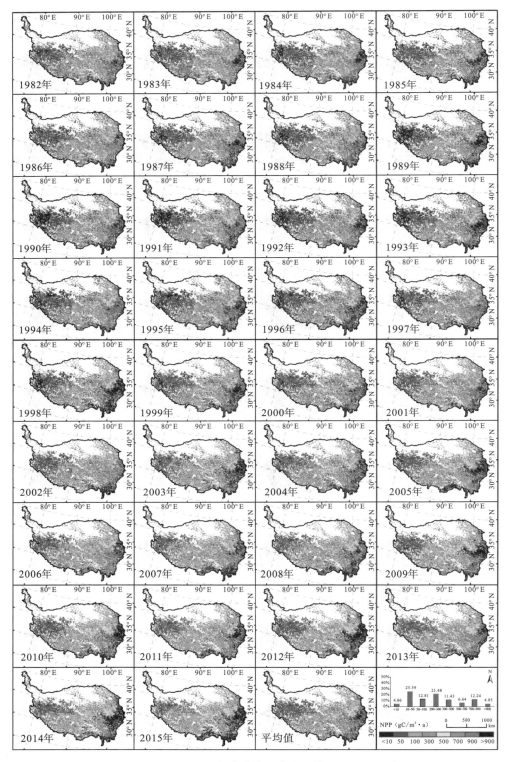

图 12.12　1982—2015 年青藏高原高寒植被 NPP 空间分布图

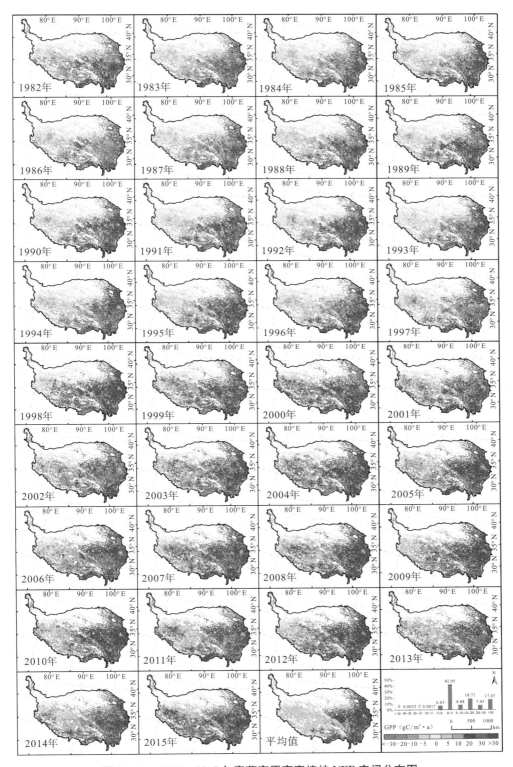

图 12.13　1982—2015 年青藏高原高寒植被 NEP 空间分布图

根据植被类型分布图,我们对青藏高原各典型植被类型的 GPP、NPP 以及 NEP 的年均值进行了统计,结果显示在表 12.8 中。

表 12.8　　　　1982—2015 年青藏高原典型及整体植被类型碳通量平均值

植被类型	GPP(gC/(m² · a))	NPP(gC/(m² · a))	NEP(gC/(m² · a))
高寒草甸	550.1	358.3	13.7
高寒草原	82.8	52.7	3.8
灌丛	895.1	278.3	31.1
针叶林	1797.8	810.1	109.3
整体	537.7	289.1	17.8

从图 12.8 可以看出,不同植被类型碳通量的平均值差异较大,其主要原因是不同植被的生理过程、生长环境等方面存在较大差异。

另一方面,目前已有许多文献开展了青藏高原高寒草地的碳通量估算研究,因此我们也将本研究估算的高寒草地碳通量结果与它们进行了比较,从区域尺度上评估优化后的 Biome-BGC 模型的精度,结果如表 12.9、表 12.10 以及表 12.11 所示。

表 12.9　　　　本研究与已发表文献估算的青藏高原高寒草地的 GPP 年均值

所用模型	GPP(gC/(m² · a))	研究时段(年)	参考文献
VPM	312.3	2003—2008	He et al.,2014
SIF-based model	307	2007—2015	Chen et al.,2019
TEM	712	1990	Zhuang et al.,2010
Biome-BGC	361.3	1982—2015	本研究

表 12.10　　　　本研究与已发表文献估算的青藏高原高寒草地的 NPP 年均值

所用模型	NPP(gC/(m² · a))	研究时段(年)	参考文献
CASA	127.5	1982—1999	Piao et al.,2006
CASA	120.8	1982—2009	Zhang et al.,2014
TEM	282.7	1990	Zhuang et al.,2010
ORCHIDEE	233.0	1980—1990	Tan et al.,2010
CENTURY	259.3	1981—2010	Lin et al.,2017
TEM	193.7	1961—2010	Yan et al.,2015
Biome-BGC	234.8	1982—2015	本研究

表 12.11　　　　　本研究与已发表文献估算的青藏高原高寒草地的 NEP 年均值

所用模型	NEP(gC/(m²/·a))	研究时段(年)	参考文献
ORCHIDEE	8.3	1961—2009	Piao et al.,2012
TEM	24.2	1990	Zhuang et al.,2010
CENTURY	10.1	1981—2010	Lin et al.,2017
TEM	10.1	1961—2010	Yan et al.,2015
Biome-BGC	9.4	1982—2015	本研究

从图 12.9 至图 12.11 可以看出,本书估算的碳通量结果与其他研究估算的结果之间存在一些差异,但基本位于已发表文献给出的范围之内。造成这种差异的原因主要有以下几个方面:①模型的差异;②植被分类数据的差异;③模型驱动数据的差异(如气象资料)。

12.2.2　高寒植被固碳参量变化趋势分析

在模拟获得 1982—2015 年青藏高原高寒植被的 GPP、NPP 以及 NEP 产品后,我们对其过去 30 多年的变化趋势进行了分析,同时采用了最小二乘拟合方法分析了它们的变化速率,结果如图 12.14 所示。

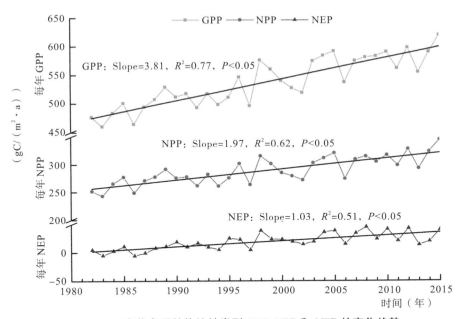

图 12.14　青藏高原整体植被类型 GPP、NPP 和 NEP 的变化趋势

从整个青藏高原区域来看,GPP、NPP 和 NEP 在过去 30 多年均呈现出显著增长的趋势。其中,GPP 的增长速率为 3.81 gC/(m² · a),NPP 的增长速率为 1.97 gC/(m² · a),NEP 的增长速率为 1.03 gC/(m² · a)。另外需要注意的是,1998 年和 2003 年的 GPP 年均值相比于前一年 GPP 年均值均增长了许多,其原因可分别归结于 1998 年发生的厄尔尼诺和拉尼娜事件以及 2003 年实施的退牧还草工程。具体而言,1998 年的总降水量和年平均温度相比于 1997 年都有了很大增长和升高,这直接促进了植被的生长,进而使得植被 GPP 也相应地出现增长。另外,2003 年实施的退牧还草工程不仅对退化草地实施了修复,同时也通过一系列有效措施来达到草畜平衡,在很大程序上保护了草地生态系统,从而有效地促使了 GPP 的增长。

由于不同植被类型对气候变化的响应存在差异,因此我们对青藏高原上几种典型植被类型的固碳能力分别进行了分析,结果如图 12.15 所示。总体上来说,各植被类型的 GPP、NPP 和 NEP 都呈现出了增长趋势,但它们的增长速率存在差异。其中,对于 GPP 而言,灌丛类型增长得最快,其增长速率达到 5.29 gC/(m² · a),其次分别为针叶林、高寒草甸和高寒草原类型;对于 NPP 而言,高寒草甸增长得最快,其增长速率达到 2.48 gC/(m² · a),其次分别为灌丛、针叶林和高寒草原;对于 NEP 而言,增长最快的属于针叶林植被类型,其增长速率达到了 1.67 gC/(m² · a),其次分别为灌丛、高寒草甸和高寒草原。另外可以看出,高寒草原的 GPP、NPP 和 NEP 的数值及其增长速率均比较小,其主要原因是高寒草原植被类型大多生长于青藏高原的西北部地区,该区域内降水较少且年平均温度低,因此植被的生长一般会受到温度和降水条件的抑制,从而导致植被生产力的值较小,进而使得增长率也相对较小。

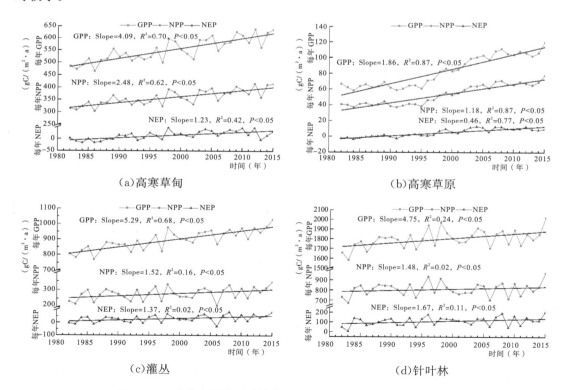

图 12.15 青藏高原典型植被类型 GPP、NPP 和 NEP 的变化趋势

　　另一方面,青藏高原不同区域内的地形因子与水热条件也存在显著差异,这将直接导致同种植被类型的固碳能力在不同区域内也会表现出截然不同的变化趋势。为此,我们也从空间上逐像素地分析了 GPP、NPP 和 NEP 的变化趋势,结果分别如图 12.16、图 12.17 和图 12.18 所示,这些图的右上方的插入图表示变化显著的区域($P<0.05$)。另外,参照之前的研究,我们将研究时间分为 1982—2000 年以及 2000—2015 年两个时段分别进行分析。

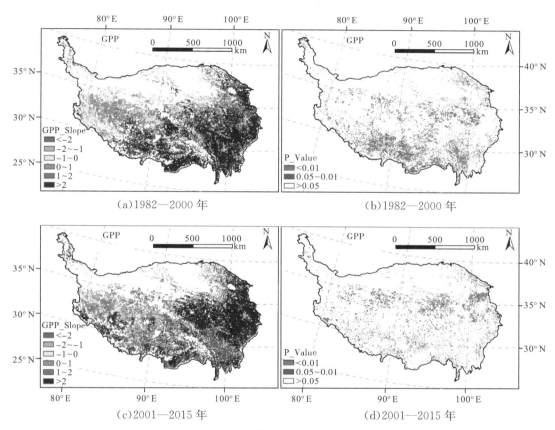

(a)1982—2000 年　　　　　　　　　　　(b)1982—2000 年

(c)2001—2015 年　　　　　　　　　　　(d)2001—2015 年

图 12.16　1982—2015 年青藏高原植被 GPP 变化趋势的空间分布

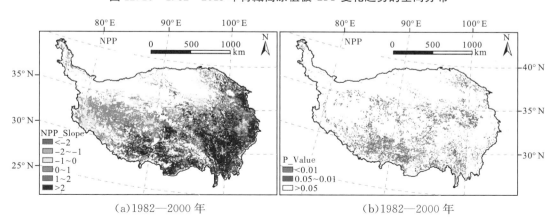

(a)1982—2000 年　　　　　　　　　　　(b)1982—2000 年

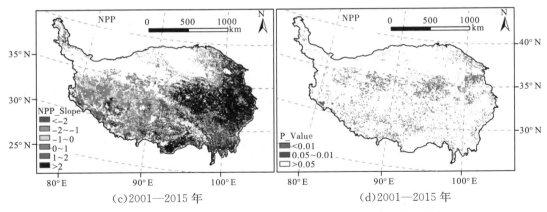

(c)2001—2015 年 (d)2001—2015 年

图 12.17　1982—2015 年青藏高原植被 NPP 变化趋势的空间分布

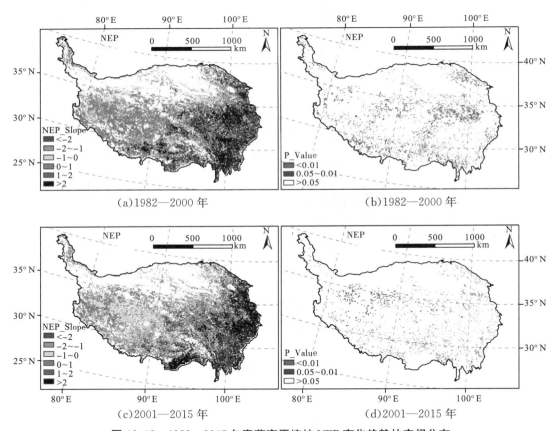

(a)1982—2000 年 (b)1982—2000 年

(c)2001—2015 年 (d)2001—2015 年

图 12.18　1982—2015 年青藏高原植被 NEP 变化趋势的空间分布

从 GPP 的变化趋势来看(图 12.16),在 1982—2000 年有 76% 的区域呈现出了增长趋势,且显著增长的区域达到了 22.9%,而 GPP 出现显著减小的区域仅占据了 5.69%。其中,GPP 显著增长的区域主要集中在藏南谷地与中东部地区,而 GPP 显著减小的区域则主要分布于青藏高原的中部与西部地区。另外,在 2000—2015 年有 72.2% 的区域的 GPP 呈现出增长趋势,且显著增长区域占据了18.8%,而GPP显著减小的区域仅占据了1.51%。其中,GPP显著增长的区域主要分布在青藏高原的中东部地区与中部地区。

从NPP的变化趋势来看(图12.17),其与GPP变化趋势的空间分布十分相似。1982—2000年,有75%的区域的NPP呈增长趋势,且显著增长区域占据了19.1%,NPP呈减小趋势的区域中仅有5.4%的区域显著。其中,NPP显著增长的区域也主要集中在藏南谷地与中东部地区,而NPP显著减小的区域则主要位于中部地区与西部地区。另外,2000—2015年,有73.8%的区域的NPP出现增长,且显著增长区域占据了16%,而NPP呈减小趋势的区域中只有不到1%的区域显著。其中,NPP出现显著增长的区域也主要位于青藏高原的中东部地区。

从NEP变化趋势的空间分布图来看(图12.18),其与GPP和NPP变化趋势的空间分布差异较大。1982—2000年,有74.6%的区域的NEP出现增长趋势,但显著增长区域只占据了12.6%,而NEP减小的区域中仅有1.4%的区域显著。2000—2015年,有50.3%的区域的NEP呈现增长趋势,但仅有5.9%的区域为显著增长,而NEP减小的区域中也仅有1.7%的区域显著。

12.2.3　高寒植被固碳过程关键参量对气候变化的响应

由于气象因子(如降水、温度、太阳辐射)的变化是导致高寒植被固碳能力出现变化的主要驱动因素,因此本节将分析高寒植被固碳能力对不同气象因子的响应。另外,目前有研究(Ding et al.,2018)发现饱和水汽压差(Vapor Pressure Deficit,VPD)对植被固碳过程也有着重要影响,VPD会通过控制植被的气孔导度从而作用于植被的光合作用与呼吸作用过程。为此,本节也额外分析了植被固碳能力对VPD的响应。

由于影响高寒植被固碳过程的气象因子通常并不单一,因此,为了更加真实地反映植被固碳能力与各个气象因子之间的相关关系,通常需要在去除其他影响因素的前提下进行分析。为此,本研究采用了偏相关分析方法来分析植被固碳能力对不同气象因子的响应。该方法是指在去除其他影响因素的条件下,对某两个变量之间的相关性进行计算,相比于简单相关性分析方法更能真实地反映两变量之间的相关关系。偏相关系数的计算公式如下:

$$r_{xy.z} = \frac{r_{xy} - r_{xz} r_{yz}}{\sqrt{1 - r_{xz}^2} \sqrt{1 - r_{yz}^2}}$$

式中:r_{xy}、r_{xz} 和 r_{yz} 分别为两变量之间的简单相关系数。

另外,偏相关分析的显著性检验采用 t 检验,其定义为:

$$t = \frac{r\sqrt{n-q-2}}{1-r^2}$$

式中:r 为偏相关系数,n 为样本数,q 为偏相关的阶数,0阶偏相关表示简单相关系数。

12.2.3.1　植被GPP对气候变化的响应

采用偏相关分析方法,对GPP与温度、降水、VPD和Srad进行偏相关分析的结果显示在

图 12.19 中。其中,图 12.19(a)表示在排除温度、VPD 和 Srad 因素的影响下对 GPP 与降水进行偏相关分析的结果,图 12.19(b)表示在排除降水、VPD 和 Srad 因素的影响下对 GPP 与温度进行偏相关分析的结果,图 12.19(c)表示在排除降水、温度和 Srad 因素的影响对 GPP 与 VPD 进行偏相关分析的结果,图 12.19(d)表示在排除降水、温度和 VPD 因素的影响下对 GPP 与 Srad 进行偏相关分析的结果。图中所有偏相关分析结果均满足 $P < 0.05$ 的置信度。

从图 12.19(a)中可以看出,大部分区域(74.2%)的 GPP 与降水呈现出了显著的正相关关系,其说明降水量的增加会促使 GPP 的增长。另外,青藏高原东南部地区的偏相关系数整体上来说比西北部地区的偏相关系数要大,表明降水量的增加对东南部地区植被固碳过程的促进作用更为明显。

从图 12.19(b)中可以看出,大部分区域(41.7%)的 GPP 与温度也呈现出了显著的正相关关系,而只有极少部分(1.4%)位于西北部地区的 GPP 与温度呈现出了显著的负相关关系。换言之,平均温度的升高会促进大部分地区植被 GPP 的增长,而同时也会导致极少部分地区的 GPP 出现减少。造成该现象的原因主要可能是西北部地区气候干燥、降水较少,温度的升高会使植被需水量增多从而增加植被体内的水分胁迫,进而抑制植被的光合作用。

从图 12.19(c)中可以看出,大部分地区(10.2%)的 VPD 与 GPP 之间呈现出了显著的负相关关系,说明 VPD 的增大会抑制植被的生长。由于 VPD 是空气中实际水汽压与饱和水汽压之间的差值,可反映空气的干燥程度,因此 VPD 的增长将使得植被的蒸散变强,从而会造成植被的气孔关闭并进一步对植被的光合作用产生影响。

从图 12.19(d)中可以看出,部分区域(8.9%)的 GPP 与 Srad 之间呈现出了显著的负相关关系,但同时也有一部分区域(5.5%)的 GPP 与 Srad 之间呈现出了显著的正相关关系,表明 Srad 对 GPP 的影响可能受地理环境及其他气象因子的影响较大。

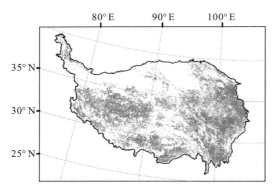

(a)去除温度、VPD 和 Srad 的影响后
GPP 与降水的相关性分析

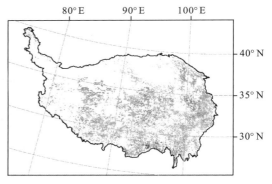

(b)去除降水、VPD 和 Srad 的影响后
GPP 与温度的相关性分析

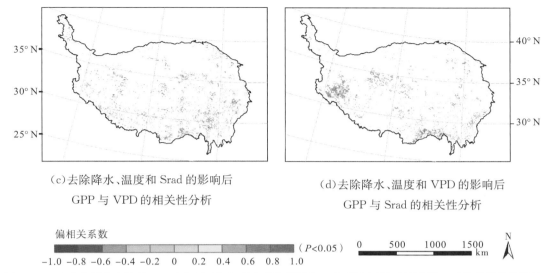

(c)去除降水、温度和 Srad 的影响后　　　　　(d)去除降水、温度和 VPD 的影响后
　　GPP 与 VPD 的相关性分析　　　　　　　　　　GPP 与 Srad 的相关性分析

偏相关系数

−1.0　−0.8　−0.6　−0.4　−0.2　0　0.2　0.4　0.6　0.8　1.0　（$P<0.05$）

0　500　1000　1500 km

图 12.19　青藏高原高寒植被 GPP 与温度、降水、饱和蒸气压差(VPD)以及太阳短波辐射(Srad)的偏相关分析结果

　　总体而言,在温度、降水、VPD 和 Srad 这 4 种气象因子中,降水因子对 GPP 的影响最大(显著相关的区域最多,且偏相关系数值均比较大),其次为温度因子,最后为 VPD 和 Srad 因子。这也可以进一步说明温度因子和降水因子在植被的生长中起着主导作用。

12.2.3.2　植被 NPP 对气候变化的响应

　　基于偏相关分析方法对 NPP 与降水、温度、VPD 和 Srad 因子进行分析的结果显示在图 12.20 中。从整体上来看,NPP 对不同气象因子的响应结果与 GPP 类似。具体而言,降水与温度的增长会促使大部分地区的 NPP 也出现增长,而 VPD 的增加则会使得植被的蒸散作用增强,从而导致植被气孔关闭并进一步影响植被的光合固碳过程,Srad 对 NPP 的影响因不同区域内地理环境的差异显示出不同的响应特性。

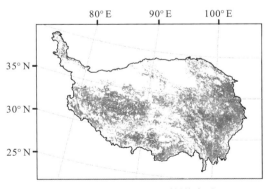

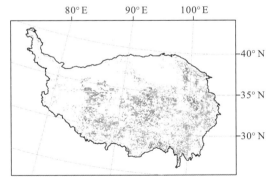

(a)去除温度、VPD 和 Srad 的影响后 NPP　　　　(b)去除降水、VPD 和 Srad 的影响后 NPP
　　　　与降水的相关性分析　　　　　　　　　　　　　　与温度的相关性分析

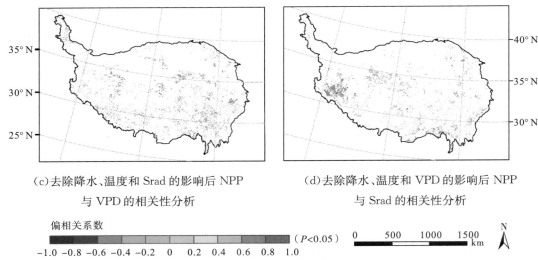

(c) 去除降水、温度和 Srad 的影响后 NPP 与 VPD 的相关性分析

(d) 去除降水、温度和 VPD 的影响后 NPP 与 Srad 的相关性分析

偏相关系数　　　　　　　　　　　　　　　　　（P<0.05）

−1.0 −0.8 −0.6 −0.4 −0.2　0　0.2　0.4　0.6　0.8　1.0

0　500　1000　1500 km

图 12.20　青藏高原高寒植被 NPP 与温度、降水、饱和蒸气压差 (VPD) 以及太阳短波辐射 (Srad) 的偏相关分析结果

12.2.3.3　植被 NEP 对气候变化的响应

基于偏相关分析方法对 NEP 与降水、温度、VPD 和 Srad 因子进行相关性分析的结果显示在图 12.21 中。可见，NEP 的偏相关分析结果与 GPP 和 NPP 的分析结果差异较大。

从图 12.21(a) 中可以看出，在很大一部分区域内 (29.5%)，降水与 NEP 之间呈现出了显著的正相关关系，同时也有少部分区域内 (6.2%) 降水与 NEP 呈现了显著的负相关关系，这表明降水量的增加在大部分区域可以促进植被的光合作用，从而固碳量更多，而在某些区域则可能抑制植被的固碳过程。

从图 12.21(b) 中可以看出，大部分区域 (28.2%) 内温度与 NEP 呈现显著的正相关关系，而另有一小部分 (7.6%) 呈现了显著的负相关关系。其中，在青藏高原南部区域的阔叶林植被类型中 NEP 与温度均呈现出了显著的负相关关系，其原因可能是温度的升高会提高土壤微生物的活性，进而会使得土壤异养呼吸作用变强并消耗更多的碳，导致 NEP 出现减小趋势。

从图 12.21(c) 中可以看出，有 7.1% 的区域内 NEP 与 VPD 之间呈现出了显著的负相关关系，而另有 5.7% 的区域内 NEP 与 VPD 呈现出了显著的正相关关系。

图 12.21(d) 中也显示出有 6.5% 的区域内 NEP 与 Srad 之间呈显著的负相关关系，而 4.4% 的区域内 NEP 与 Srad 呈显著的正相关关系。总体而言，决定植被生态系统属于碳源或者碳汇的主导气象因子为降水与温度，这一结论在 GPP 和 NPP 的分析结果中也能体现 VPD 与 Srad 对植被固碳过程具有一定影响，但影响不如温度与降水因子大。

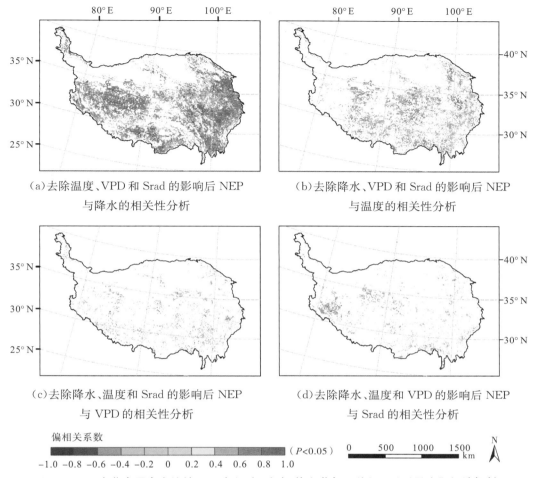

（a）去除温度、VPD 和 Srad 的影响后 NEP
与降水的相关性分析

（b）去除降水、VPD 和 Srad 的影响后 NEP
与温度的相关性分析

（c）去除降水、温度和 Srad 的影响后 NEP
与 VPD 的相关性分析

（d）去除降水、温度和 VPD 的影响后 NEP
与 Srad 的相关性分析

偏相关系数

-1.0 -0.8 -0.6 -0.4 -0.2 0 0.2 0.4 0.6 0.8 1.0 （$P<0.05$）

图 12.21 青藏高原高寒植被 **NEP** 与温度、降水、饱和蒸气压差（**VPD**）以及太阳短波辐射

12.3 青藏高原植被生态系统固碳过程对积雪变化的响应机制分析

在全球气候变化背景下，青藏高原的积雪环境也发生了显著变化。这些变化通过影响土壤温度以及土壤湿度进而对植被生态系统的碳—氮—水循环产生重要影响。在本节中，我们基于长时序 AVH09C1 数据集协同雪深数据反演的 1983—2012 年的逐日积雪产品，分析了青藏高原高寒植被固碳过程对积雪变化的响应，最后我们对高寒植被固碳过程响应积雪变化的驱动机制进行探讨。

12.3.1 高寒植被固碳过程对积雪变化的响应

有研究表明，积雪变化会影响高寒植被的物候期（Wang et al.，2017；Wang et al.，2018），进而会对高寒植被的固碳过程产生重要影响。在本节中，我们将基于前述章节反演获得的 GPP/NPP/NEP 植被生产力产品以及 SCD/SCS/SCM 积雪产品来研究青藏高原高寒植被的固碳过程对积雪物候变化的响应规律。

12.3.1.1　植被 GPP 对积雪变化的响应

从 GPP 与 SCD 的相关性分析结果来看(图 12.22(a)、图 12.22(b)),1983—2012 年约有 18% 的区域的 GPP 和 SCD 具有显著的相关关系($P<0.1$),空间位置主要集中在青藏高原的东南部以及藏北高原和冈底斯山区域。其中,GPP 与 SCD 主要以显著负相关为主,占据了青藏高原植被面积的 11%,且主要分布在藏北高原和冈底斯山地区。这说明积雪覆盖日数的增加会抑制这些区域内的植被生长,进而导致 GPP 减小。其原因主要可能是这些区域内的海拔较高且气候寒冷干燥,积雪不易融化,因此积雪覆盖日数的增加会相应地导致植被生长季长度被缩短,进而会影响植被的光合固碳过程。

从 GPP 与 SCS 的相关性分析结果来看(图 12.22(c)、图 12.22(d)),约有 17.6% 的植被区域的 GPP 和 SCS 呈现出了显著的相关关系($P<0.1$),其空间位置主要分布于青藏高原的东部地区以及藏北高原和冈底斯山区域。其中,GPP 与 SCS 的相关性也主要以显著的负相关为主,占据了青藏高原植被面积的 11.5%,但其地理位置则主要位于青藏高原的东南部地区。这表明 SCS 的提前有利于植被的生长,进而会使 GPP 出现增长。造成该现象的原因可能主要是青藏高原东南部地区的平均气温比西北部地区(如藏北高原)要高,且海拔相对更低,因此积雪更易融化,且积雪变化不会对植被物候期造成严重影响,同时 SCS 的提前也有助于积雪量的增加,从而使雪水当量也更大,能进一步促进植被生长。

从 GPP 与 SCM 的相关性分析结果来看(图 12.22(e)、图 12.22(f)),约有 15.7% 的植被区域的 GPP 和 SCM 呈现出了显著相关关系,其空间位置主要分布在青藏高原的西南部地区和藏北高原区域,且主要以显著负相关为主,占据了植被面积的 12.1%。这表明积雪融化日期的推迟会使得 GPP 减小,其原因可能主要是该区域内气候寒冷干燥,积雪不易融化,因此 SCM 的推迟会相应地导致植被生长开始日期被推迟,进而会缩短植被生长季长度,从而会对植被的光合固碳过程造成不利影响。

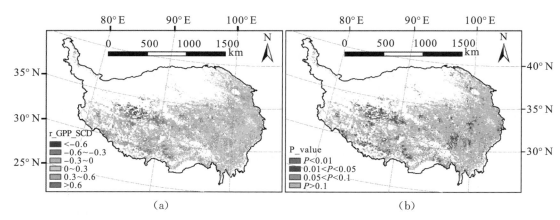

(a)　　　　　　　　　　(b)

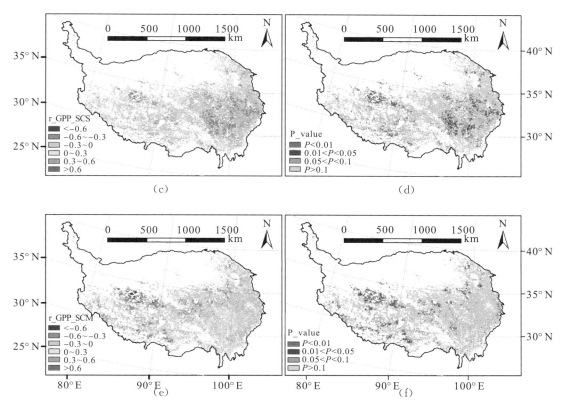

注:(a)与(b)分别代表 GPP 与 SCD 的相关性分布及其统计 P 值分布;(c)与(d)分别代表 GPP 与 SCS 的相关性分布及其统计 P 值分布;(e)与(f)分别代表 GPP 与 SCM 的相关性分布及其统计 P 值分布。

图 12.22　GPP 对积雪物候变化的响应分析

另一方面,由于不同植被类型的 GPP 对积雪物候变化的响应也会存在差异,因此我们针对青藏高原上 4 种典型植被类型的 GPP(高寒草原、高寒草甸、针叶林、灌丛)对积雪变化的响应分别进行了分析,结果如图 12.23 所示。可以看出,不同植被类型的 GPP 对积雪变化的响应存在显著差异。

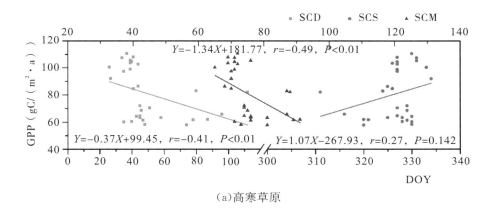

(a)高寒草原

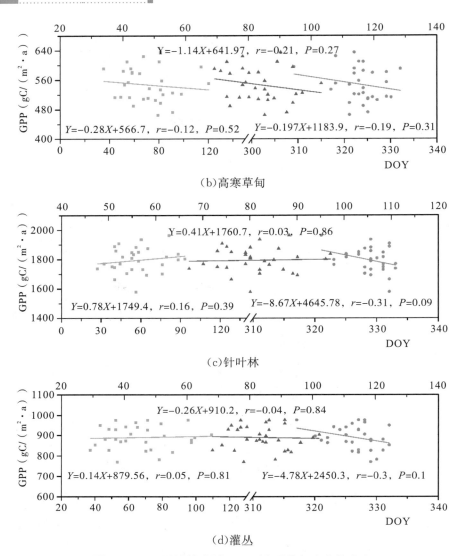

图 12.23　不同植被类型 GPP 对积雪物候变化的响应

从图 12.23(a)中可以看出,高寒草原类型的 GPP 与 SCD 之间存在着显著的负相关关系,即随着积雪覆盖日数的增加,GPP 会呈现出减小的趋势;GPP 与 SCM 之间也呈现出了显著的负相关关系,即随着积雪融化日期的推迟,GPP 也会出现减小趋势;GPP 与 SCS 之间呈现出了不显著的正相关关系,即随着积雪开始日期提前,GPP 也会相应地减小。造成这一现象的原因主要是由于高寒草原植被类型大多分布于青藏高原的西北部地区,该区域海拔较高且气候寒冷干燥,积雪不易消融,同时,SCS 提前或者 SCM 推迟均会导致 SCD 增加,进而导致植被生长季长度被缩短,从而对植被光合固碳过程产生不利影响。

另外,从图 12.23(b)、图 12.23(c)、图 12.23(d)中可以看出,高寒草甸、针叶林和灌丛植被类型的 GPP 与 SCD、SCM 和 SCS 之间均无明显的相关关系,其原因:一方面可能是由于这些植被的植株高度比较高,少量积雪无法完全将其覆盖从而为其提供保温作用;另一方面可能是由于这些植被类型生长的区域内水分条件尚可,因此积雪融水对植被生长的促进作用相对较弱,从而导致 GPP 受积雪变化的影响较小。

12.3.1.2　植被 NPP 对积雪变化的响应

植被 NPP 对积雪物候变化的响应分析结果显示在图 12.24 中。可以看出,其与 GPP 对积雪物候变化的响应基本类似。具体来说,1983—2012 年约有 16.5% 的植被区域的 NPP 与 SCD 具有显著相关关系,且以显著负相关为主(10.6%)。呈现出显著负相关关系的区域主要位于藏北高原以及冈底斯山地区,说明在该地区内 SCD 的增加会促使 GPP 也相应增加。从 NPP 与 SCS 的相关性分析结果来看,约有 16.6% 的区域的 NPP 与 SCS 具有显著相关关系。其中,NPP 与 SCS 主要以显著负相关为主,约占植被面积的 10.6%,位置主要集中在青藏高原的东南部地区,说明在该区域内 SCS 的提前会导致 NPP 增大。另外,从 NPP 与 SCM 的相关性分析结果来看,约有 15.1% 的植被区域内的 NPP 与 SCM 呈现出了显著的相关关系,且以显著的负相关为主(11.9%),其位置主要分布在青藏高原的西南部地区和藏北高原区域,说明 SCM 的提前会使 GPP 出现增长。造成这一现象的原因主要是各区域内的植被类型、气象要素和地形条件存在较大差异,从而导致不同区域内的 NPP 对积雪变化的响应也存在差异。

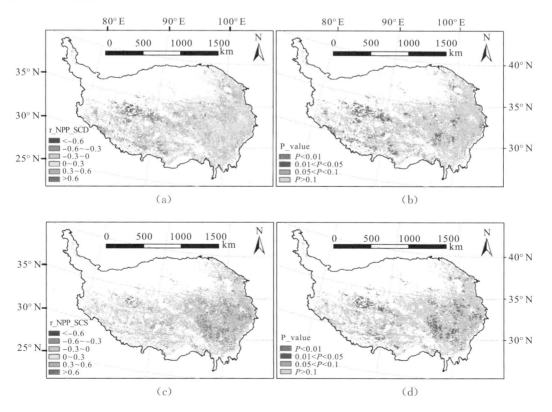

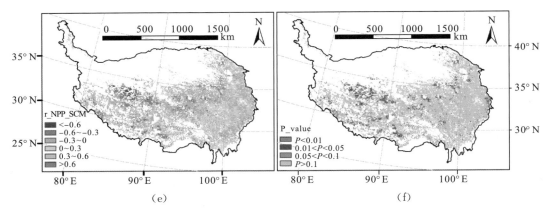

（e）　　　　　　　　　　　　　　　　　　（f）

注：（a）～（b）NPP 与 SCD 的相关性及其 P 值；（c）～（d）NPP 与 SCS 的相关性及其 P 值；（e）～（f）NPP 与 SCM 的相关性及其 P 值。

图 12.24　NPP 对积雪物候变化的响应分析

　　针对青藏高原典型植被类型的 NPP 探究其对积雪变化的响应的分析结果显示在图 12.25 中。可以看出，高寒草原类型的 NPP 与 SCD 和 SCM 均显示出了显著的负相关关系，而 NPP 与 SCS 则显示出了不显著的正相关关系，说明 SCD 增加、SCM 推迟或者 SCS 提前均会导致 NPP 减小。对于其他植被类型，NPP 与 SCD、SCS 和 SCM 之间均无明显的相关关系，说明这些植被类型的 NPP 受积雪变化的影响较小。

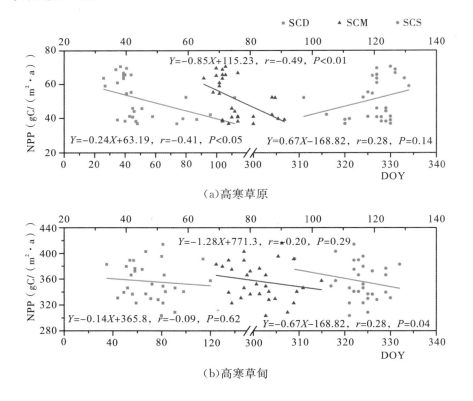

（a）高寒草原

（b）高寒草甸

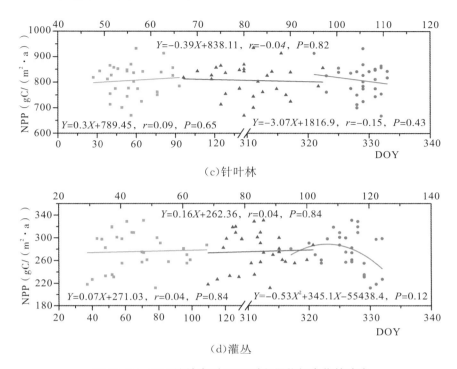

图 12.25　不同植被类型 NPP 对积雪物候变化的响应

12.3.1.3　植被 NEP 对积雪变化的响应

NEP 对积雪物候变化的响应分析结果显示在图 12.26 中。根据统计结果,约有 14.1% 的植被区域的 NEP 与 SCD 之间存在显著的相关关系。其中,呈显著正相关的区域占据了 6.3%,主要分布在青藏高原的东南部区域,说明在该区域内随着积雪覆盖日数的增加,植被净固碳量(NEP)也会增加;呈显著负相关的区域占据了植被面积的 7.8%,其地理位置主要集中在青藏高原的西南部区域以及藏北高原地区,表明在这些区域内积雪覆盖日数的增加会使得 NEP 减小。由于 NEP 等于 GPP 与生态系统总呼吸之间的差值,因此 NEP 的值受 GPP 的影响较大,并且其对积雪变化的响应与 GPP 也表现出了相似性。另外,造成西南部地区与藏北高原区域内的 NEP 和 SCD 呈显著负相关的原因主要可能是由于 SCD 的增加会缩短植被生长季的长度,进而影响到植被的固碳过程;而造成东南部区域内 NEP 与 SCD 呈显著正相关的原因可能是因为 SCD 的增加会促进积雪量的增加,进而可为植被生长提供更多的水分条件,同时由于东南部地区的气温相对较高,积雪消融较易,因此积雪变化对植被物候期的影响相对较小。

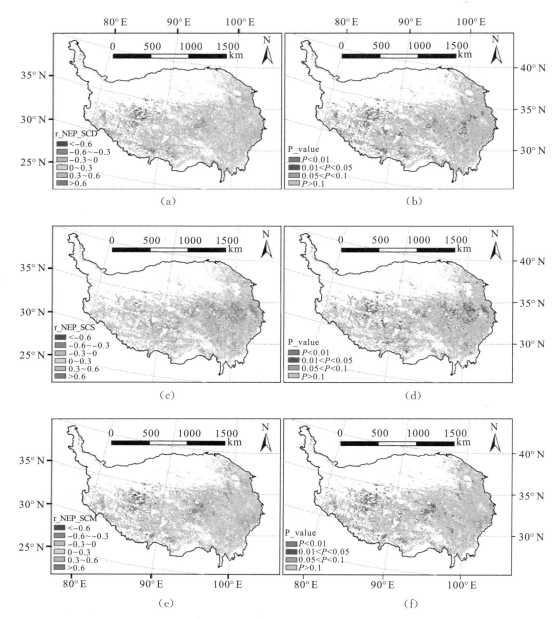

注:(a)~(b)NEP与SCD的相关性及其P值;(c)~(d)NEP与SCS的相关性及其P值;(e)~(f)NEP与SCM的相关性及其P值;

图12.26 NEP对积雪物候变化的响应分析

从NEP与SCS的相关性分析结果来看,约有15.6%的植被区域的NEP与SCS之间呈现出了显著的相关关系,且主要为显著负相关(10.4%),其地理位置集中在青藏高原的东部地区。这表明SCS的提前会促进植被的光合固碳过程,从而使得NEP出现增长。其原因主要是SCS的提前会使降雪量增加,从而可为植被生长提供更多水分,同时由于东部地区气温相对较高,因此植被物候期受积雪变化的影响相对于西北部地区而言也更小。

从 NEP 与 SCM 的相关性分析结果来看,约有 14％的植被区域的 NEP 与 SCM 之间呈现出了显著的相关关系,且以显著负相关为主(10.1％),其位置主要分布在唐古拉山与藏北高原区域。造成该现象的原因主要可能是 SCM 的推迟会增加积雪覆盖日数,从而导致植被生长季长度被缩短,并进一步对植被固碳过程产生不利影响。

针对典型植被类型,我们也分析了它们的 NEP 对积雪变化的响应,结果如图 12.27 所示。与前面对 GPP 和 NPP 的分析结果类似,只有高寒草原的 NEP 与 SCD 和 SCM 呈现出了显著的负相关关系,而其他植被类型的 NEP 与积雪参数之间均无明显的相关关系。

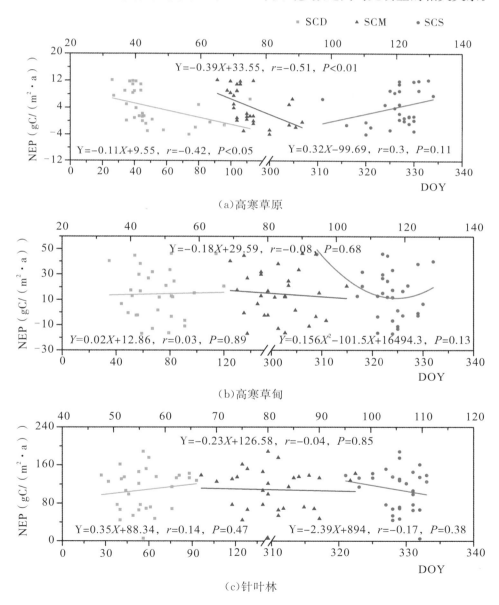

（a）高寒草原

（b）高寒草甸

（c）针叶林

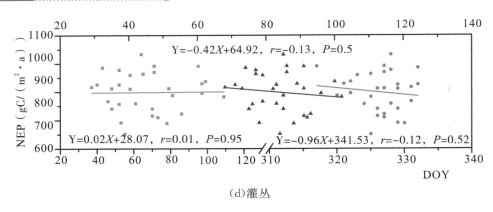

(d)灌丛

图 12.27　不同植被类型 NEP 对积雪物候变化的响应

12.3.2　高寒植被固碳过程响应积雪变化的驱动机制分析

由于青藏高原的地形与气候复杂多变,因此在不同地理环境背景下高寒植被固碳过程对积雪变化的响应势必会存在差异。为此,本节我们分析在不同温度、降水和地势因子以及不同生态单元内高寒植被固碳过程对积雪变化的响应。

12.3.2.1　温度因子控制下的响应机制分析

以 1℃为间隔,将青藏高原划分成 20 个温度区间,并在每个温度区间内单独分析 GPP/NPP/NEP 对 SCD/SCM/SCS 的响应关系,结果如图 12.28 所示。

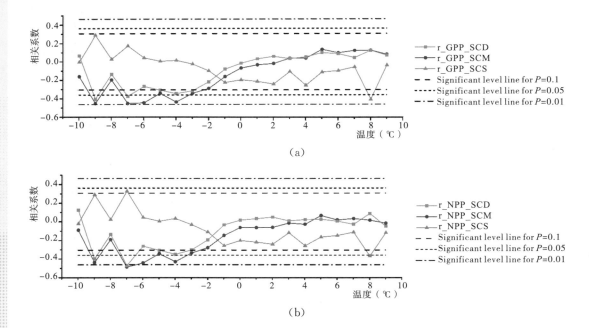

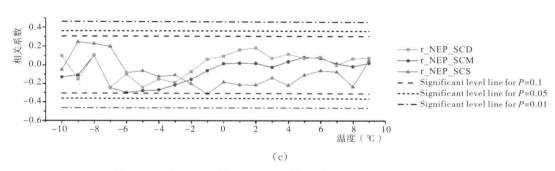

(c)

图 12.28　温度因子控制下高寒植被固碳过程对积雪变化的响应

从整体上来看,温度因子控制下的 GPP 与 NPP 对积雪变化的响应具有一致性。在年平均温度低于 -10℃的地区,GPP 与 NPP 对积雪变化的响应均无明显的相关关系,其原因主要是这些地区内气候异常寒冷,植被生长环境恶劣,因此植被生长周期往往较短且植被分布稀疏,其受积雪物候变化的影响也较小。而对于年平均温度处在 $-9 \sim -1$℃的地区内,GPP 和 NPP 对 SCD 和 SCM 均呈现出了显著的负相关关系,其原因主要是这些区域内气候寒冷干燥,积雪不易消融,因此 SCM 的推迟或者 SCD 的增加均会导致植被生长季长度被缩短,从而对植被固碳过程造成不利影响。而当年平均温度大于 -1℃时,GPP 和 NPP 对积雪变化均没有表现出明显的相关性,说明在年均温度较高的地区积雪物候变化对植被物候期和植被固碳过程的影响相对较小。另外,在任意温度区间内,GPP 和 NPP 对 SCS 均没有表现出明显的相关关系,表明温度因子控制下 SCS 对植被固碳过程的影响较小。

从不同温度区间内 NEP 对积雪变化的响应分析结果来看,它们在任何温度区间内均没有表现出明显的相关关系,其原因主要可能是 NEP 涉及土壤异养呼吸过程,该过程受到的影响因素较多,因此使不同温度因子下 NEP 与积雪变化呈现无明显相关性。

12.3.2.2　降水因子控制下的响应机制分析

以 50mm 为间隔,将青藏高原划分为 20 个降水区间,同时统计每个降水区间内植被固碳过程对积雪变化的相关性,结果如图 12.29 所示。

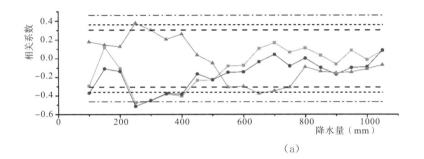

(a)

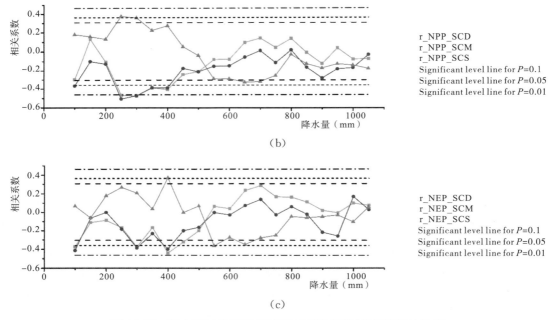

图 12.29　降水因子控制下高寒植被固碳过程对积雪变化的响应

　　从图 12.29 可以看出,降水因子控制下 GPP 和 NPP 对积雪变化的响应较为相似。在年均降水量小于 200mm 的区域内,GPP 和 NPP 与积雪参数之间基本上没有明显的相关性,其原因主要是这些区域属于极端干旱区域,植被生长受到严重水分胁迫,而春季积雪融水并不足以为植被生长提供足够的水分条件,因此积雪变化对植被固碳过程的影响较小。而对于年均降水量在 200～400mm 的区域,GPP 和 NPP 受 SCD 与 SCM 的影响显著,其原因主要是这些区域属于半干旱地区,SCD 与 SCM 的增加会促使积雪量增加,从而可为植被生长提供更多的水分条件,进而会促进 GPP 与 NPP 的增加。对于年均降水量在 400mm 以上的区域,GPP 与 NPP 对积雪变化均没有表现出明显的相关关系,其原因主要是该地区内地表水分含量充足,植被受水分条件的影响较小,因此积雪融水对植被生长的促进作用也相对较小。另外,在降水区间处于 200～300mm 以及 500～700mm 的地区内,GPP 和 NPP 与 SCS 之间均呈现出了显著的相关关系,说明这些地区的植被固碳过程受 SCS 的影响较大。

　　从不同降水区间内 NEP 对积雪变化的响应分析结果来看,在年均降水量小于 100mm 以及降水量处于 250～300mm 和 350～400mm 的区域内,NEP 与 SCD 和 SCM 之间分别都具有明显的负相关关系,说明 SCD 和 SCM 的增大会导致 NEP 减小。另外,对于降水量处在 350～400mm 以及 500～700mm 的区域内,NEP 和 SCS 之间也具有明显的相关关系。

12.3.2.3　地势因子控制下的响应机制分析

以 100m 为间隔,将青藏高原划分成了 30 个海拔区间,同时在每个海拔区间内分析植被固碳过程与积雪变化之间的相关性,结果如图 12.30 所示。

可以看出,地势因子控制下的 GPP 和 NPP 对积雪变化的响应也具有一致性。在海拔高于 4800m 的区域内,GPP 和 NPP 与 SCD 和 SCM 之间具有显著的负相关关系,而在海拔低于 4800m 的区域内,它们之间的相关关系不显著。其原因主要可能是海拔越高,温度也相对更低,积雪融化更加困难,因此 SCD 和 SCM 的增加会使得植被生长季长度被缩短,进而导致植被固碳能力减弱。而对于海拔较低的区域,其温度也相对较高,因此积雪融化相对较易,且植被物候期以及植被固碳过程受积雪变化的影响相对较小。另外,在海拔处于 4000~4600m 的区域内,GPP 和 NPP 与 SCS 之间分别都呈现出了显著的相关关系,说明在这些地区 GPP 和 NPP 受积雪开始日期的影响较大。

从不同海拔区间内 NEP 对积雪变化的响应分析结果来看,NEP 与 SCD 和 SCM 在绝大多数海拔区间内均没有呈现出明显的相关关系,而对于 SCS 也仅在海拔位于 4000~4400m 的区间内显示出了显著的相关关系,其原因可能主要是 NEP 涉及的生理过程较多,因此其受到的影响因素也更多,从而导致在单一海拔因子控制下进行分析时其相关性不显著。

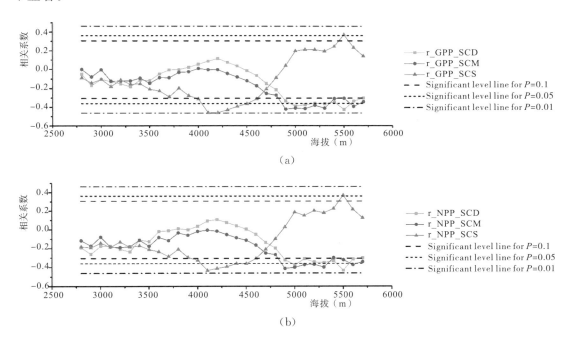

（a）

（b）

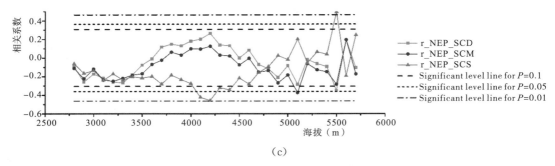

图 12.30　地势因子控制下高寒植被固碳过程对积雪变化的响应

12.3.2.4　不同生态地理单元内的响应机制分析

由于青藏高原不同区域内的水热条件存在明显差异,因此本研究基于青藏高原生态地理分区数据分析了不同生态地理单元内高寒植被固碳过程对积雪变化的响应关系,结果分别如图 12.31、图 12.32 和图 12.33 所示。

(1)HⅡD2(高原山地荒漠区)

在该区域内,GPP、NPP、NEP 与 SCD 之间均呈现出了正相关关系,同时与 SCM 和 SCS 之间呈现出了负相关关系,但它们均未达到显著性水平。其原因可能主要是该区域内植被稀疏、温度低且降水少,积雪融水不足以为植被生长提供充足的水分条件,因此该区域内的植被固碳过程受积雪变化的影响较小。

(2)HⅠD1(高原荒漠区)

在该区域内,GPP、NPP、NEP 与 SCD 和 SCM 之间均呈现出了负相关关系,同时与 SCS 呈现了正相关关系,但也均未达到显著性水平。由于该区域属于青藏高原西北部地区中地势最高的区域,气候十分寒冷,水资源多以固态如冰川的形式存在,因此植被生长环境异常恶劣,受积雪变化的影响也较小。

(3)HⅡD1(柴达木盆地荒漠区)

在该区域内,GPP、NPP、NEP 与 SCD 之间呈现出了正相关关系,同时与 SCM 和 SCS 之间呈现出了负相关关系,但也均未达到显著性水平。由于该区域全年受到蒙古高压反气旋的影响以及高空西风带的控制,气候十分干燥且降水极少,是整个青藏高原地区最干旱的区域,而积雪融水并不足以为其提供充足的水分条件,因此植被生长受到了严重的水分胁迫,受积雪变化的影响也相对较小。

(4)HⅡC1(高山盆地针叶林草原区)

在该区域内,GPP、NPP、NEP 与 SCD、SCM 和 SCS 之间均呈现出了负相关关系,但也均未达到显著性水平。其原因主要是该区域内气候温和,降水较多,因此积雪融水对植被生长的促进作用并不大,进而导致该区域内植被固碳过程受积雪变化的影响也相对较小。

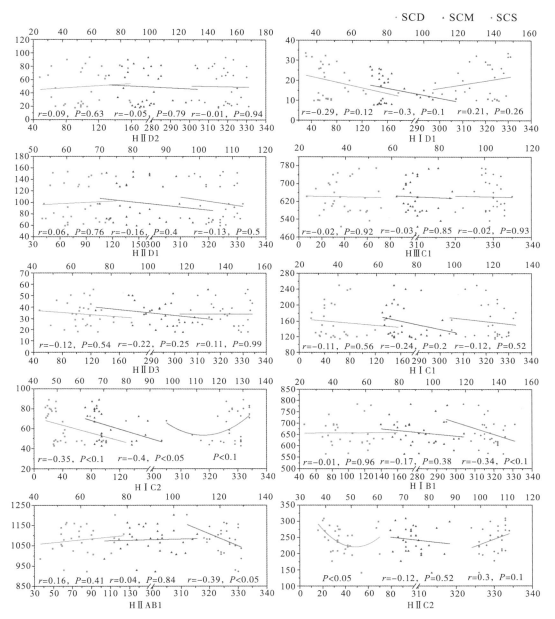

图 12.31 青藏高原不同生态分区内植被 GPP 对积雪变化的响应

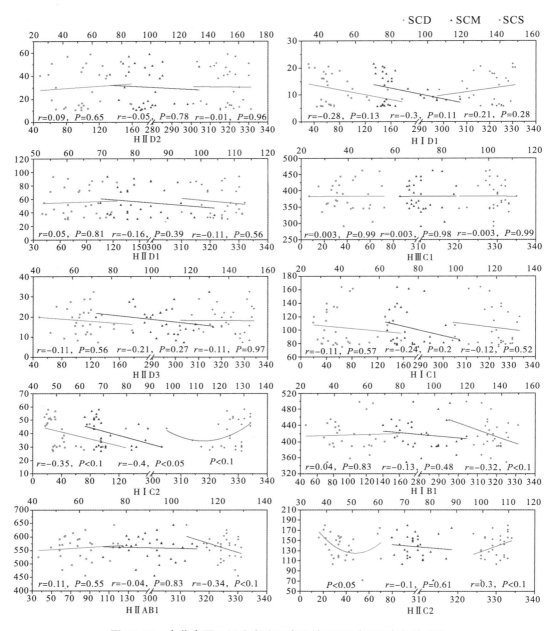

图 12.32　青藏高原不同生态分区内植被 NPP 对积雪变化的响应

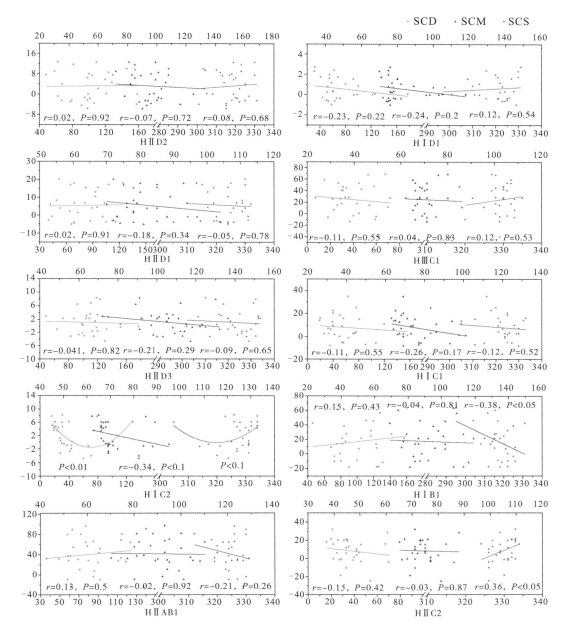

图 12.33 青藏高原不同生态分区内植被 NEP 对积雪变化的响应

（5）H Ⅱ D3（高原山地荒漠区）

在该区域内，GPP、NPP、NEP 与 SCD 和 SCM 之间均呈现出了负相关关系，同时与 SCS 之间呈现了正相关关系，但也均未达到显著性水平。由于该区域内地形复杂，植被分布稀疏，且受水分胁迫的影响严重，而积雪融水量不足以消除水分胁迫作用，因此植被生长受积雪变化的影响也很小。

（6）HⅠC1（高寒草甸草原区）

在该区域内，GPP、NPP、NEP与SCD、SCM和SCS之间均呈现出了负相关关系，但也均未达到显著性水平。其原因主要是该区域内广泛分布着多年冻土，且其冻结—融化作用频繁，同时该区域内植被的生长季长度也十分短暂，因此受积雪变化的影响也相对较小。

（7）HⅠC2（高寒草原区）

在该区域内，GPP、NPP、NEP与SCD和SCM之间均呈现出了显著的负相关关系，表明SCD增加或者SCM推迟均会对植被固碳过程造成不利影响，其原因可能主要是该区域的温度较低且降水较少，积雪不易消融，因此积雪覆盖日数的增加或者积雪融化日期的推迟均会使植被生长季长度变短，从而会减弱植被的固碳能力。另外，GPP、NPP、NEP与SCS之间呈现了正相关关系，但未达到显著性水平。

（8）HⅠB1（高寒灌丛草甸区）

在该区域内，GPP、NPP、NEP与SCS之间均呈现出了显著的负相关关系，表明该区域内SCS的提前会增强植被的固碳能力。另外，GPP、NPP、NEP与SCD之间均呈现出了正相关关系，同时与SCM之间呈现出了负相关关系，但均未达到显著性水平。

（9）HⅡAB1（高山深谷针叶林区）

在该区域内，GPP、NPP、NEP与SCS之间呈现出了显著的负相关关系，表明该区域内SCS的提前会促进植被生长。另外，GPP、NPP、NEP与SCD和SCM之间均呈现了正相关关系，但均未达到显著性水平。

（10）HⅡC2（高山谷地灌丛草原区）

在该区域内，GPP、NPP、NEP与SCS之间呈现出了显著的正相关关系，表明该区域内SCS的提前会减弱植被的固碳能力。另外，GPP、NPP、NEP与SCD和SCM之间均呈现了负相关关系，但均未达到显著性水平。

总体来看，在HⅠC2、HⅠB1、HⅡAB1和HⅡC2这几个生态单元内，植被固碳过程受积雪变化的影响显著，而在其他生态单元内积雪变化对植被固碳能力有一些影响，但同时植被固碳过程可能还受到了其他地理环境因素的共同作用，因此其受积雪的影响相对较弱。

12.4　小结

本章首先针对Biome-BGC过程模型中原始物候模块的缺陷采用了遥感物候对其进行改进，而后结合地面实测碳通量数据对青藏高原几种主要植被类型的植被生理生态参数进行了敏感性分析及优化，接着利用优化后的Biome-BGC模型反演了青藏高原在1982—2015年的植被固碳能力产品（含GPP/NPP/NEP），并且分析了高寒植被固碳能力的时空格局及其对气象因子的响应，然后分析了高寒植被固碳过程对积雪变化的响应关系，最后结合气象因子、地势因子以及生态分区数据分析了高寒植被固碳过程响应积雪变化的驱动机制。所取得的主要结论如下：

1）Biome-BGC 模型中原始基于气候—物候经验关系的物候模块严重推迟了高寒植被的生长开始日期，使植被生长季长度被明显缩短，导致模型模拟的植被固碳能力被严重低估，而采用了遥感物候对 Biome-BGC 模型中原始物候模块进行改进后的模型能够更加真实地模拟青藏高原高寒植被的物候参数。

2）组合 Morris 和 Sobol′敏感性分析方法对高寒草甸、高寒草原以及灌丛类型的植被生理生态参数进行敏感性分析的结果表明：高寒草甸与高寒草原两种植被类型的敏感性生理生态参数差异较小，它们均对植被组织中的碳氮分配比很敏感，而灌丛类型除了对碳氮分配比敏感外，其对 PLNR 和 LFRT 也表现出了很强的敏感性。采用模拟退火算法对这些筛选出的敏感性生理生态参数进行优化后的结果表明：经过物候模块改进以及参数优化后的 Biome-BGC 模型相比于原始 Biome-BGC 模型，其在各植被类型上的模拟精度均有了很大提升。具体来说，优化后的 Biome-BGC 模型对于海北灌丛草甸站的 RMSE 降低了 1.25 gC/（m^2·d），R^2 提升了 0.08；对于当雄草原站的 RMSE 降低了 0.13 gC/（m^2·d），R^2 提升了 0.01；对于海北灌丛站的 RMSE 降低了 0.6 gC/（m^2·d），R^2 提升了 0.07。另外，从各站点的验证年份的模拟效果来看，优化后的 Biome-BGC 模型仍然显示出了较好的模拟性能，表明该模型能够比较准确地模拟青藏高原高寒植被的固碳能力。

3）基于优化后的 Biome-BGC 模型对青藏高原高寒植被在 1982—2015 年的植被固碳能力（含 GPP/NPP/NEP）进行估算的结果表明：青藏高原整体植被类型的 GPP 均值为 537.7 gC/（m^2·a），NPP 均值为 289.1 gC/（m^2·a），NEP 均值为 17.8 gC/（m^2·a），同时将本书估算的高寒草地碳通量与已发表文献中的估算结果进行比较，可以看出：本书估算的碳通量值基本位于已发表文献中给出的范围之内，表明本书估算的植被固碳能力产品精度比较可靠。从植被固碳能力的空间格局来看，GPP、NPP 和 NEP 的空间分布存在明显的异质性，受地形条件与水热梯度的影响，它们从东南向西北呈现出逐渐减小的趋势，同时根据 NEP 在过去 30 多年的平均分布图，青藏高原大部分植被区域（93.3%）均属于碳汇。另外，从植被固碳能力的时间变化趋势来看，整个青藏高原区域的年均 GPP、NPP 和 NEP 在过去 30 多年均呈现出了显著增长趋势。其中，GPP 的增长速率为 3.81 gC/（m^2·a），NPP 的增长速率为 1.97 gC/（m^2·a），NEP 的增长速率为 1.03 gC/（m^2·a）。另外，根据典型植被类型变化趋势的统计结果可以看出，GPP、NPP、NEP 中增长速率最快的植被类型分别为灌丛、高寒草甸以及针叶林。

4）植被固碳能力对气象因子的响应分析结果表明，绝大部分区域内的植被固碳能力与温度和降水之间呈现出了显著的正相关关系，同时只有少部分区域内的植被固碳能力与饱和水汽压差和太阳短波辐射之间具有显著相关关系，且显著正相关与显著负相关的区域面积差异不大。另外，根据分析结果，各气象因子中对植被固碳能力起主导作用的因子为温度和降水，而饱和水汽压差与太阳短波辐射因子的影响则相对较小。

5) 根据高寒植被固碳过程对积雪变化的响应分析结果,约有18%的植被区域的GPP与SCD之间具有显著的相关关系,且以显著负相关为主,其位置主要分布在藏北高原和冈底斯山区域;约有17.6%的植被区域的GPP与SCS之间呈现出了显著相关关系,同样以显著负相关为主,空间位置主要集中在青藏高原的东南部地区;约有15.7%的植被区域的GPP与SCM之间呈现出了显著相关关系,同样也以显著负相关为主,地理位置主要分布于青藏高原的西南部地区和藏北高原区域。另外,不同植被类型的GPP对积雪物候变化的响应存在差异。其中,高寒草原类型的GPP与积雪参数之间呈现出了显著相关性,而高寒草甸、针叶林与灌丛植被类型的GPP与积雪参数之间均无明显的相关关系。类似的响应分析结果也体现在NPP和NEP上,它们对积雪变化的响应与GPP十分类似。

6) 在不同温度、降水和海拔梯度以及不同生态单元内,植被固碳过程对积雪变化的响应存在差异。其中,对于温度因子而言,在年平均温度处于$-9 \sim -1$℃的地区内,GPP和NPP对SCD和SCM均呈现出了显著的负相关关系,而在其他温度区间下GPP、NPP和NEP与积雪参数之间均无明显的相关性。对于降水因子而言,在年均降水量处于$200 \sim 400$mm的地区,GPP和NPP对SCD和SCM均呈现出了显著的负相关关系,同时对于年均降水量处于$200 \sim 300$mm和$500 \sim 700$mm的地区内,GPP和NPP与SCS之间也呈现出了显著相关关系,另外,对于年均降水量在100mm以下以及位于区间$250 \sim 300$mm、$350 \sim 400$mm、$500 \sim 700$mm的地区内,NEP与积雪参数之间也呈现出了明显的相关关系。对于地势因子而言,在海拔高于4800m的地区,GPP和NPP与SCD和SCM之间均呈现出了显著的负相关关系,同时,在海拔处于$4000 \sim 4600$m的地区内GPP和NPP与SCS之间也均具有显著的相关关系,另外,NEP对积雪参数仅在海拔位于$4000 \sim 4400$m的地区内呈现出了显著相关关系,而在其他海拔区间内无明显相关性。就各生态区分来看,在HⅠC2、HⅠB1、HⅡAB1和HⅡC2这几个生态单元内植被固碳过程受积雪变化的影响显著,而在其他生态单元内受积雪的影响则相对较小。

参考文献

[1] 常清,王思远,孙云晓,等.青藏高原典型植被生长季遥感模型提取分析[J].地球信息科学学报,2014,16(5):815-823.

[2] 陈建国,杨扬,孙航.高山植物对全球气候变暖的响应研究进展[J].应用与环境生物学报,2011,17(3):435-446.

[3] 何杰,阳坤.中国区域高时空分辨率地面气象要素驱动数据集[J].寒区旱区科学数据中心,2011.

[4] 李培基,米德生.中国积雪的分布[J].冰川冻土,1983,5(4):9-18.

[5] 冉有华,李新.中国植被功能型图(1公里)[J].寒区旱区科学数据中心,2011.

[6] 孙庆龄.基于改进Biome-BGC模型的三江源高寒草甸净第一性生产力模拟研究[D].

中国科学院地理科学与资源研究所,2018.

[7] 汪箫悦.青藏高原植被物候对积雪变化的响应机制研究[D].中国科学院遥感与数字地球研究所,2016.

[8] 王斌.三江源区退化和人工草地生态系统CO_2通量及其影响机制的研究[D].南开大学,2014.

[9] 延昊.NOAA16卫星积雪识别和参数提取[J].冰川冻土,2004,26(3):369-373.

[10] 于贵瑞,孙晓敏.陆地生态系统通量观测的原理与方法[M].高等教育出版社,2006.

[11] 袁文平,蔡文文,刘丹,等.陆地生态系统植被生产力遥感模型研究进展[J].地球科学进展,2014,29(5):541-550.

[12] 张镱锂,李炳元,郑度.论青藏高原范围与面积[J].地理研究,2002,21(1):1-8.

[13] 赵新全.高寒草甸生态系统与全球变化[M].北京:科学出版社,2009.

[14] 郑度.中国生态地理区域系统研究[M].北京:商务印书馆,2008.

[15] 郑度,姚檀栋.青藏高原隆升及其环境效应[J].地球科学进展,2006,21(5):451-458.

[16] Aguilos M,Takagi K,Liang N,et al. Dynamics of ecosystem carbon balance recovering from aclear-cutting in a cool-temperate forest[J]. Agricultural and Forest Meteorology,2014,197:26-39.

[17] Archibald S,Scholes R J. Leaf green-up in a semi-arid African savanna - separating tree and grass responses to environmental cues[J]. Journal of Vegetation Science,2007,18(4):583-594.

[18] Baldocchi D D,Wilson K B. Modeling CO_2 and water vapor exchange of a temperate broadleaved forest across hourly to decadal time scales[J]. Ecological Modelling,2001,142(1-2):155-184.

[19] Bonan G B,Levis S,Kergoat L,et al. Landscapes as patches of plant functional types:an integrating concept for climate and ecosystem models[J]. Global Biogeochemical Cycles,2002,16(2):5-1-5-23.

[20] Burgan R E,Hartford R A. Monitoring vegetation greenness with satellite data[M]. General Technical Report-US Development of Agriculture,Forest Service,1993.

[21] Chang A T C,Foster J,Hall D K. Nimbus-7 SMMR derived global snow cover parameters[J]. Annals of Glaciology,1987,9:39-44.

[22] Chen B,Zhang X,Tao J,et al. The impact of climate change and anthropogenic activities on alpine grassland over the Qinghai-Tibet Plateau[J]. Agricultural & Forest Meteorology,2014,s 189-190(3):11-18.

［23］ Chen J,Jönsson P,Tamura M,et al. A simple method for reconstructing a high-quality NDVI time-series data set based on the Savitzky-Golay filter[J]. Remote Sensing of Environment,2004,91(3-4):332-344.

［24］ Chen S,Huang Y,Gao S,et al. Impact of physiological and phenological change on carbon uptake on the Tibetan Plateau revealed through GPP estimation based on spaceborne solar-induced fluorescence[J]. Science of The Total Environment,2019,663:45-59.

［25］ Chen Y,Yang K,Jie H,et al. Improving land surface temperature modeling for dry land of China[J]. Journal of Geophysical Research Atmospheres,2011,116(D20).

［26］ Chiesi M,Maselli F,Moriondo M,et al. Application of BIOME-BGC to simulate Mediterranean forest processes[J]. Ecological Modelling,2007,206(1-2):179-190.

［27］ Cong N,Shen M G,Piao S L. Spatial variations in responses of vegetation autumn phenology to climate change on the Tibetan Plateau[J]. Journal of Plant Ecology,2017,10(5):744-752.

［28］ Cukier R I,Levine H B,Shuler K E. Nonlinear sensitivity analysis of multiparameter model systems[J]. Journal of Computational Physics,1978,81(1):1-42.

［29］ Ding J Z,Yang T,Zhao Y T,et al. Increasingly important role of atmospheric aridity on Tibetan alpine grasslands[J]. Geophysical Research Letters,2018,45(6):2852-2859.

［30］ Engstrom R,Hope A,Kwon H,et al. Modeling evapotranspiration in Arctic coastal plain ecosystems using a modified BIOME-BGC model[J]. Journal of Geophysical Research-Biogeosciences,2006,111(G2):G02021.

［31］ Farquhar G D,Caemmerer S,Von,Berry J A. A biochemical model of photosynthetic CO_2 assimilation in leaves of C 3 species[J]. Planta,1980,149(1):78-90.

［32］ Francos A,Elorza F J,Bouraoui F,et al. Sensitivity analysis of distributed environmental simulation models:understanding the model behaviour in hydrological studies at the catchment scale[J]. Reliability Engineering & System Safety,2003,79(2):205-218.

［33］ Gan Y,Duan Q,Gong W,et al. A comprehensive evaluation of various sensitivity analysis methods:A case study with a hydrological model[J]. Environmental Modelling & Software,2014,51:269-285.

［34］ Ganjurjav H,Gao Q,Gornish E S,et al. Differential response of alpine steppe and alpine meadow to climate warming in the central Qinghai-Tibetan Plateau[J]. Agricultural & Forest Meteorology,2016,223:233-240.

[35] Goodale C L, Apps M J, Birdsey R A, et al. Forest carbon sinks in the Northern Hemisphere[J]. Ecological Applications, 2002, 12(3):891-899.

[36] Gower S T, Kucharik C J, Norman J M. Direct and indirect estimation of leaf area index, fAPAR, and net primary production of terrestrial ecosystems[J]. Remote Sensing of Environment, 1999, 70(1):29-51.

[37] Hall D K, Riggs G A, Salomonson V V. Development of methodsfor mapping global snow cover using moderate resolution imaging spectroradiometer data[J]. Remote Sensing of Environment, 1995, 54(2):127-140.

[38] Han Q F, Luo G P, Li C F, et al. Simulated grazing effects on carbon emission in Central Asia[J]. Agricultural and Forest Meteorology, 2016, 216:203-214.

[39] He H, Liu M, Xiao X, et al. Large-scale estimation and uncertainty analysis of gross primary production in Tibetan alpine grasslands[J]. Journal of Geophysical Research Biogeosciences, 2014, 119(3):466-486.

[40] He J S, Wang Z, Wang X, et al. A test of the generality of leaf trait relationships on the Tibetan Plateau[J]. New Phytologist, 2006, 170(4):835-848.

[41] Hidy D, Barcza Z, Haszpra L, et al. Development of the Biome-BGC model for simulation of managed herbaceous ecosystems[J]. Ecological Modelling, 2012, 226:99-119.

[42] Hufkens K, Friedl M, Sonnentag O, et al. Linking near-surface and satellite remote sensing measurements of deciduous broadleaf forest phenology[J]. Remote Sensing of Environment, 2012, 117:307-321.

[43] Ide R, Oguma H. A cost-effective monitoring method using digital time-lapse cameras for detecting temporal and spatial variations of snowmelt and vegetation phenology in alpine ecosystems[J]. Ecological Informatics, 2013, 16:25-34.

[44] IPCC. Climate change 2007: impacts, adaptation and vulnerability. Contribution of working group Ⅱ to the fourth assessment report of the intergovernmental panel on climate change[M]. 2007:976.

[45] IPCC. Climate change 2014 - impacts, adaptation and vulnerability: part A: global and sectoral aspects: working group Ⅱ contribution to the IPCC fifth assessment report: volume 1: global and sectoral aspects[M]. Cambridge: Cambridge University Press, 2014.

[46] Jönsson P, Eklundh L. TIMESAT—a program for analyzing time-series of satellite sensor data[J]. Computers & Geosciences, 2004, 30(8):833-845.

[47] Jorgensen S E, De Bernardi R. The use of structural dynamic models to explain successes and failures of biomanipulation[J]. Hydrobiologia, 1998, 379:147-158.

[48] Kaduk J, Heimann M. A prognostic phenology scheme for global terrestrial

carbon cycle models[J]. Climate Research,1996,6(1):1-19.

[49] Klein J A,Harte J,Zhao X Q. Experimental warming causes large and rapid species loss,dampened by simulated grazing,on the Tibetan Plateau[J]. Ecology Letters, 2004,7(12):1170-1179.

[50] Lieth H. Modeling the primary productivity of the world[J]. Nature & Resources,1975,8(1):237-263.

[51] Lin X,Han P,Zhang W,et al. Sensitivity of alpine grassland carbon balance to interannual variability in climate and atmospheric CO_2 on the Tibetan Plateau during the last century[J]. Global and Planetary Change,2017,154:23-32.

[52] Liston G E,Hiemstra C A. The changing cryosphere:Pan-Arctic snow trends (1979-2009)[J]. Journal of Climate,2011,24(21):5691-5712.

[53] Mao F J,Li P H,Zhou G M,et al. Development of the BIOME-BGC model for the simulation ofmanaged Moso bamboo forest ecosystems[J]. Journal of Environmental Management,2016,172:29-39.

[54] Mark A F,Korsten A C,Guevara D U,et al. Ecological responses to 52 years of experimental snow manipulation in high—alpine cushionfield,Old Man Range,south-central New Zealand[J]. Arctic Antarctic and Alpine Research,2015,47(4):751-772.

[55] Maselli F,Barbati A,Chiesi M,et al. Use of remotely sensed and ancillary data for estimating forest gross primary productivity in Italy[J]. Remote Sensing of Environment,2006,100(4):563-575.

[56] Mcguire A D,Melillo J M,Kicklighter D W,et al. Equilibrium responses of soil Carbon to climate change:empirical and process-based estimates[J]. Journal of Biogeography,1995,22(4/5):785-796.

[57] Metropolis N,Rosenbluth A W,Rosenbluth M N,et al. Equation of state calculations by fast computing machines[J]. Journal of Chemical Physics,1953,21(6): 1087-1092.

[58] Morris M D. Factorial sampling plans for preliminary computational experiments[J]. Technometrics,1991,33(2):161-174.

[59] Ozanne C M P,Anhuf D,Boulter S L,et al. Biodiversity meets the atmosphere:A global view of forest canopies[J]. Science,2003,301(5630):183-186.

[60] Parton W J. observation and modeling of biomass and soil organic matter dynamics for the grassland biome worldwide[J]. Global Biogeochemical Cycles,1993,7(4): 785-809.

[61] Peng S S,Piao S L,Ciais P,et al. Change in winter snow depth and its impacts on

vegetation in China[J]. Global Change Biology,2010,16(11):3004-3013.

[62] Piao S,Fang J,He J. Variations in vegetation net primary production in the Qinghai-Xizang Plateau,China,from 1982 to 1999[J]. Climatic Change,2006,74(1): 253-267.

[63] Piao S,Tan K,Nan H,et al. Impacts of climate and CO_2 changes on the vegetation growth and carbon balance of Qinghai-Tibetan grasslands over the past five decades[J]. Global and Planetary Change,2012,98-99:73-80.

[64] Potter C S,Randerson J T,Field C B,et al. Terrestrial ecosystem production-a process model-based on global satellite and surface data[J]. Global Biogeochemical Cycles, 1993,7(4):811-841.

[65] Qiu B,Li W,Wang X,et al. Satellite-observed solar-induced chlorophyll fluorescence reveals higher sensitivity of alpine ecosystems to snow cover on the Tibetan Plateau[J]. Agricultural and Forest Meteorology,2019,271:126-134.

[66] Raj R,Hamm N A S,Van Der Tol C,et al. Variance-based sensitivity analysis of BIOME-BGC for gross and net primary production[J]. Ecological Modelling,2014,292: 26-36.

[67] Ran Y H,Li X,Lu L,et al. Large-scale land cover mapping with the integration of multi-source information based on the Dempster-Shafer theory[J]. International Journal of Geographical Information Science,2012,26(1):169-191.

[68] Reed B C,Brown J F,Vanderzee D,et al. Measuring phenological variability from satellite imagery[J]. Journal of Vegetation Science,1994,5(5):703-714.

[69] Richardson A D,Black T A,Ciais P,et al. Influence of spring and autumn phenological transitions on forest ecosystem productivity[J]. Philosophical Transactions of the Royal Society B-Biological Sciences,2010,365(1555):3227-3246.

[70] Root T L,Price J T,Hall K R,et al. Fingerprints of global warming on wild animals and plants[J]. Nature,2003,421(6918):57-60.

[71] Running S W,Coughlan J C. A general model of forest ecosystem processes for regional applications I. hydrologic balance,canopy GAS exchange and primary production processes[J]. Ecological Modelling,1988,42(2):125-154.

[72] Running S W,Jr E R H. Generalization of a forest ecosystem process model for other biomes,BIOME-BGC,and an application for global-scale models[J]. Scaling Physiological Processes,1993:141-158.

[73] Running S W,Nemani R R,Hungerford R D. Extrapolation of synoptic meteorological data in mountainous terrain and its use for simulating forest evapotranspiration

and photosynthesis[J]. Canadian Journal of Forest Research,1987,17(6):472-483.

[74] Saltelli A,Annoni P. How to avoid a perfunctory sensitivity analysis[J]. Environmental Modelling & Software,2010,25(12):1508-1517.

[75] Saltelli A,Tarantola S,Campolongo F,et al. Sensitivity analysis in practice:A Guide to assessing scientific models [J]. Journal of the American Statistical Association,2004.

[76] Sitch S S B,Prentice I C,Arneth A,et al. Evaluation of ecosystem dynamics, plant geography and terrestrial carbon cycling in the LPJ dynamic global vegetation model [Review][J]. Global Change Biology,2010,9(2):161-185.

[77] Sobol I M. Sensitivity estimates for nonlinear mathematical models[J]. Math Modeling & Computational Experiment,1993,1(14):407-414.

[78] Sun Q,Li B,Zhang T,et al. An improved Biome-BGC model for estimating net primary productivity of alpine meadow on the Qinghai-Tibet Plateau [J]. Ecological Modelling,2017,350:55-68.

[79] Tan K,Ciais P,Shilong P,et al. Application of the ORCHIDEE global vegetation model to evaluate biomass and soil carbon stocks of Qinghai-Tibetan grasslands[J]. Global Biogeochemical Cycles,2010,24(1).

[80] Thompson J A,Paull D J,Lees B G. Using phase-spaces to characterize land surface phenology in a seasonally snow-covered landscape [J]. Remote Sensing of Environment,2015,166:178-190.

[81] Thornton P E,Law B E,Gholz H L,et al. Modeling and measuring the effects of disturbance history and climate on carbon and water budgets in evergreen needleleaf forests[J]. Agricultural and Forest Meteorology,2002,113(1-4):185-222.

[82] Uchijima Z,Seino H. Agroclimatic evaluation of net primary productivity of natural vegetations(1)Chikugo model for evaluating net primary productivity[J]. Journal of Agricultural Meteorology,1985,40(4):343-352.

[83] Vanuytrecht E,Raes D,Willems P. Global sensitivity analysis of yield output from the water productivity model[J]. Environmental Modelling & Software,2014,51: 323-332.

[84] Veroustraete F,Sabbe H,Eerens H. Estimation of carbon mass fluxes over Europe using the C-Fix model and Euroflux data[J]. Remote Sensing of Environment, 2002,83(3):376-399.

[85] Wang J,Li X,Lu L,et al. Parameter sensitivity analysis of crop growth models based on the extended Fourier amplitude sensitivity test method [J]. Environmental

Modelling & Software,2013,48:171-182.

[86] Wang S,Hang Y,Yang Q,et al. Spatiotemporal patterns of snow cover retrieved from NOAA-AVHRR LTDR:a case study in the Tibetan Plateau,China[J]. International Journal of Digital Earth,2016,10(5):504-521.

[87] Wang X Y,Wu C Y,Wang H J,et al. No evidence of widespread decline of snow cover on the Tibetan Plateau over 2000-2015[J]. Scientific Reports,2017,7(1).

[88] Wang S,Wang X,Chen G,et al. Complex responses of spring alpine vegetation phenology to snow cover dynamics over the Tibetan Plateau,China[J]. Science of the Total Environment,2017:449-461.

[89] Wang S,Zhang B,Yang Q,et al. Responses of net primary productivity to phenological dynamics in the Tibetan Plateau,China [J]. Agricultural & Forest Meteorology,2017,232:235-246.

[90] Wang W,Ichii K,Hashimoto H,et al. A hierarchical analysis of terrestrial ecosystem model Biome-BGC:Equilibrium analysis and model calibration[J]. Ecological Modelling,2009,220(17):2009-2023.

[91] Wang X,Wu C,Peng D,et al. Snow cover phenology affects alpine vegetation growth dynamics on the Tibetan Plateau:Satellite observed evidence,impacts of different biomes,and climate drivers[J]. Agricultural & Forest Meteorology,2018:61-74.

[92] Wang Y H,Liu H Y,Chung H,et al. Non-growing-season soil respiration is controlled by freezing and thawing processes in the summer monsoon-dominated Tibetan alpine grassland[J]. Global Biogeochemical Cycles,2014,28(10):1081-1095.

[93] White M A,Thornton P E,Running S W. A continental phenology model for monitoring vegetation responses to interannual climatic variability [J]. Global Biogeochemical Cycles,1997,11(2):217-234.

[94] White M A,Thornton P E,Running S W,et al. Parameterization and sensitivity analysis of the BIOME-BGC terrestrial ecosystem model:net primary production controls[J]. Earth interactions,2000,4(3):1-85.

[95] Wipf S,Rixen C. A review of snow manipulation experiments in Arctic and alpine tundra ecosystems[J]. Polar Research,2010,29(1):95-109.

[96] Xiao X,Hollinger D,Aber J,et al. Satellite-based modeling of gross primary production in an evergreen needleleaf forest[J]. Remote Sensing of Environment,2004,89(4):519-534.

[97] Yan L,Zhou G S,Wang Y H,et al. The spatial and temporal dynamics of carbon budget in the alpine grasslands on the Qinghai-Tibetan Plateau using the Terrestrial

Ecosystem Model[J]. Journal of Cleaner Production,2015,107:195-201.

[98] Yan M,Tian X,Li Z,et al. A long-term simulation of forest carbon fluxes over the Qilian Mountains [J]. International Journal of Applied Earth Observation and Geoinformation,2016,52:515-526.

[99] Yuan W,Liu S,Yu G,et al. Global estimates of evapotranspiration and gross primary production based on MODIS and global meteorology data[J]. Remote Sensing of Environment,2010,114(7):1416-1431.

[100] Zhang G L,Zhang Y J,Dong J W,et al. Green-up dates in the Tibetan Plateau have continuously advanced from 1982 to 2011[J]. Proceedings of the national academy of sciences of the United States of America,2013,110(11):4309-4314.

[101] Zhang L,Wylie B,Loveland T,et al. Evaluation and comparison of gross primary production estimates for the Northern Great Plains grasslands[J]. Remote Sensing of Environment,2007,106(2):173-189.

[102] Zhang X Y,Friedl M A,Schaaf C B,et al. Monitoring vegetation phenology using MODIS[J]. Remote Sensing of Environment,2003,84(3):471-475.

[103] Zhang Y,Wang G,Wang Y. Response of biomass spatial pattern of alpine vegetation to climate change in permafrost region of the Qinghai-Tibet Plateau,China[J]. Journal of Mountain Science,2010,7(4):301-314.

[104] Zhang Y L,Qi W,Zhou C P,et al. Spatial and temporal variability in the net primary production of alpine grassland on the Tibetan Plateau since 1982[J]. Journal of Geographical Sciences,2014,24(2):269-287.

[105] Zhu Z C,Bi J,Pan Y Z,et al. Global Data Sets of Vegetation Leaf Area Index (LAI) 3g and Fraction of Photosynthetically Active Radiation(fPAR) 3g Derived from Global Inventory Modeling and Mapping Studies (GIMMS) Normalized Difference Vegetation Index(NDVI3g) for the Period 1981 to 2011[J]. Remote Sensing,2013,5(2):927-948.

[106] Zhuang Q,Luo T. Carbon dynamics of terrestrial ecosystems on the Tibetan Plateau during the 20th century:An analysis with a process-based biogeochemical model[J]. Global Ecology & Biogeography,2010,19(5):649-662.

图书在版编目（CIP）数据

青藏高原陆地生态系统遥感监测与评估 / 王思远等著.
—武汉：长江出版社，2019.10
（三江源科学研究丛书）
ISBN 978-7-5492-6721-7

Ⅰ.①青… Ⅱ.①王… Ⅲ.①青藏高原－陆地－区域生态环境－
环境遥感－环境监测－研究 Ⅳ.①X87

中国版本图书馆 CIP 数据核字(2019)第 227032 号

青藏高原陆地生态系统遥感监测与评估　　　　　　　　　　　　　　王思远 等著

责任编辑：郭利娜 李春雷
装帧设计：刘斯佳
出版发行：长江出版社
地　　　址：武汉市解放大道 1863 号　　　　　　　　　　邮　　编：430010
网　　　址：http://www.cjpress.com.cn
电　　　话：(027)82926557(总编室)
　　　　　　(027)82926806(市场营销部)
经　　　销：各地新华书店
印　　　刷：武汉精一佳印刷有限公司
规　　　格：787mm×1092mm　　　1/16　　　29.75 印张 8 页彩页　　　680 千字
版　　　次：2019 年 10 月第 1 版　　　　　　　　2019 年 11 月第 1 次印刷
ISBN 978-7-5492-6721-7
定　　　价：148.00 元